高等学校重点规划教材
生物与化学系列

U0198883

微生物
资源及利用

主　编◎燕　红 代英杰 彭显龙
副主编◎刘华晶 张文龙 安　堃 李维宏
参　编◎车京玉 邹　瑜

HEUP 哈尔滨工程大学出版社
Harbin Engineering University Press

内 容 简 介

微生物资源是地球上宝贵的生物资源,它们的开发和利用目前已经取得了非常丰硕的成果,对国民经济作出了重大的贡献。本书主要从实用的角度出发,分别对微生物与粮食、微生物与能源、微生物与资源、微生物与环境保护、微生物与人类健康、微生物资源的开发与利用的各个领域进行探讨,重点讨论微生物这一重要的资源与人类的关系,开发利用的新成就,新技术及存在的问题,开发利用的战略和策略,值得重点投入的领域及展望。

本书可作为生物工程、生物技术、生物科学专业的高年级本科生和研究生的教材或教学参考书,还可作为相关领域的研究人员、工程技术人员和管理人员的参考用书。

图书在版编目(CIP)数据

微生物资源及利用/燕红,代英杰,彭显龙主编.
—哈尔滨:哈尔滨工程大学出版社,2012.4(2022.1重印)
ISBN 978 − 7 − 5661 − 0336 − 9

Ⅰ.①微⋯　Ⅱ.①燕⋯②代⋯③彭⋯　Ⅲ.①微生物 −
生物资源 − 资源利用 − 研究　Ⅳ.①Q938

中国版本图书馆 CIP 数据核字(2012)第 063793 号

出版发行　哈尔滨工程大学出版社
社　　址　哈尔滨市南岗区南通大街 145 号
邮政编码　150001
发行电话　0451 − 82519328
传　　真　0451 − 82519699
经　　销　新华书店
印　　刷　哈尔滨圣铂印刷有限公司
开　　本　787 mm×1 092 mm　1/16
印　　张　19.75
字　　数　482 千字
版　　次　2012 年 5 月第 1 版
印　　次　2022 年 1 月第 7 次印刷
定　　价　38.00 元

http://www.hrbeupress.com
E-mail:heupress@ hrbeu.edu.cn

前言
Preface

　　微生物是除动物、植物以外的微小生物的总称。微生物资源是地球上宝贵的生物资源,是农业、林业、工业、医学、医药和兽医微生物学研究、生物技术研究及微生物产业持续发展的重要物质基础,与国民食品、健康、生存环境及国家安全密切相关。它们的开发和利用目前已经取得了丰硕的成果,对国民经济作出了重大的贡献。

　　本书主要从实用的角度出发,分别对微生物与粮食、微生物与能源、微生物与资源、微生物与环境保护、微生物与人类健康、微生物资源的开发与利用的各个领域进行探讨,重点讨论微生物这一重要的资源,它与人类的关系,开发利用的新成就、新技术及存在的问题,开发利用的战略和策略,值得重点投入的领域及展望。

　　本书由长期从事教学实践的一线教师和科学研究人员共同编写,并参考了国内外有关书籍及该领域的最新进展,希望本书的出版能对微生物资源的合理开发利用和保护有所帮助,对有关的研究人员、工程技术人员、管理人员、教师、研究生有所裨益。

　　第一章的第一、三、八节由东北农业大学刘华晶编写,第二、四、五节由黑龙江省农业科学院克山分院车京玉编写,第六节由大庆市让胡路区农业局农业站邹瑜编写,第七节由哈尔滨理工大学燕红编写;第二章由东北农业大学张文龙编写;第三章由东北农业大学代英杰编写;第四章的第一、二、三节由哈尔滨理工大学燕红编写,第四节由黑龙江生态工程职业学院安堃编写;第五章由山西农业大学李维宏编写;第六章由东北农业大学彭显龙编写。

　　由于编写者水平有限,书中可能出现错误和遗漏,敬请广大读者批评指正。

编　者

2011 年 8 月

目录
Contents

Contents

第一章　农业微生物

第一节　食用菌的生物学基础

一、食用菌简介

食用菌(Edible fungi)是可供人类食用或药用的大型真菌,具有肉质或胶质的子实体,通常也称为菇、蘑、耳、菌、蕈等。食用菌隶属于菌物界真菌门,约有90%的食用菌属于担子菌类(Basidiomycetes),少数属于子囊菌类(Ascomycetes)。全世界有10 000多种肉质菌(Fleshy mushroom),可食用的菌类已经超过2 000多种。目前,中国已报道的食用菌有1 000多种,人工栽培的有100多种,其中,已形成大规模商业性栽培的有60种左右,主要有平菇、金针菇、香菇、黑木耳、银耳、滑菇、蘑菇、草菇、猴头菇、灵芝,等等。

我国野生食用菌资源丰富,从分布上大致可以划分7个地区,东北地区有300余种,常见的有蜜环菌、松茸、猴头、黑木耳、牛肝菌、红乳菇等;华北地区260余种,常见的有侧耳、牛肝菌、红乳菇、灵芝、块菌等;华东、华中地区有350余种,常见的有鸡油菌、竹荪、鸡枞菌、松乳菇、红菇等;华南和滇、藏南部热带地区有400余种,常见的有牛肝菌、灵芝、鸡枞菌、乳菇属、红菇属等;蒙新地区,以适应干旱生态环境的种类为主,有阿魏侧耳、羊肚菌、蘑菇属、口蘑属、马勃属、秃马勃属等;西藏地区,气候条件恶劣,菌物资源贫乏,虫草属、蜜环菌是代表。

(一)食用菌的营养价值和药用价值

1. 食用菌的营养价值

食用菌的营养价值已广为人知,自古被视为"山珍",是宴席上的佳品。现代科学研究证明,食用菌是最适合人类食用的一种优质食品,因其富含蛋白质、多种维生素(维生素 B_1、维生素 B_2、维生素 D、维生素 C、泛酸、烟酸、叶酸、硫胺素、吡哆醇和生物素等)和矿物质(磷、钾含量丰富,其次是钠、钙、镁、铁等),具有很高的营养价值,是继植物性食品和动物性食品之后的第三类食品,称为菌类"健康食品",素有"植物肉"之美誉。例如,洁白肥嫩的蘑菇、香郁诱人的香菇、香美质脆的羊肚蘑、黏滑多胶的木耳、多肉美味的牛肝菌、具有鲍鱼风味的侧耳等。它们芳香味鲜,不仅可作为调料,更重要的是含有大量的蛋白质和氨基酸,包括人体必需的八种氨基酸(赖氨酸、苏氨酸、甲硫氨酸、亮氨酸、异亮氨酸、色氨酸、苯丙氨酸和缬氨酸),其中亮氨酸和赖氨酸这两种氨基酸在粮食中含量很少,但在食用菌中含量尤为丰富。同时,食用菌的热能值比较低,不饱和脂肪酸含量高,占脂肪总量的74.0%~83.1%,这正迎合了消费者对高蛋白、低脂肪的要求,是理想的减肥食品。

2. 食用菌的药用价值

食用菌不仅是美味佳肴,而且还含有人体需要的物质,可提高机体的免疫功能,增强体质,对治疗某些疾病起到了食物疗法的药物作用。如香菇可治疗软骨病,其浸出液中含有两种抗癌多糖,常食用可防胃癌、宫颈癌,同时有助于延缓衰老;双孢蘑菇可治疗消化不良及高血压;金针菇可以增强智力,又称"智力蘑",还可治疗肝脏系统、胃肠系统疾病;木耳能清肺、润肺,治疗缺铁性贫血;银耳自古以来即为珍贵补品;猴头可治疗神经衰弱、慢性胃炎;平菇、草菇、双孢蘑菇等多种食用菌还具有抗癌、防癌作用;茯苓、灵芝、冬虫夏草、天麻、马勃等均为传统的名贵中药。

(二)食用菌栽培发展历史

我国食用菌半人工栽培有规模的生产应始于元代,可以说是商品生产的开始。王桢撰写的《农书》详细记载了香菇伐树砍花的栽培法:"取向阴地,择其所宜木,枫楮栲等树伐倒,用斧碎砍成坎,以土覆压之,经年树朽,以蕈砍锉,均布坎内,以蒿叶及土覆之,时用泔浇灌,越数时则以槌击树,谓之惊蕈。雨露之余,天气蒸暖,则蕈生矣……采之讫,遗种在内,来岁仍复发"。至今,我国不少地方沿用其合理的部分,如选树、砍花、惊蕈等。这一时期的技术也逐渐成熟,如潘之恒于1500年完成的《广菌谱》,记载了鸡㙡菌和其他40多种可食菌的生态和利用价值。李时珍著的《本草纲目》中对前人记述的20多种有药用价值菌类的名称进行了考证,并对形态、栽培、采集方法和药用功效作了详细论述。始于1 000多年前的木耳半人工栽培方法,在林区代木,以粥培菌者今日也常有出现。茯苓作为重要药用真菌,也是1 000年前就在松根周围掘取菌块,切块就地下种栽培。800年前在浙江西南部山区由吴三公创始砍花栽培香菇的方法,龙泉、庆元、景宁三县山区农民遂以伐木栽培香菇为专业,并积累了在林内选场、倒树、砍花接菌和击树惊蕈的经验。这一时期从技术上总结可以说是"人工砍花,自然接种"。

我国近代食用菌生产新产业的形成,始于20世纪30年代,上海引进了双孢蘑菇的纯种堆料栽培技术,在向各地推广栽培中,逐步改进操作技术以适应各地的栽培条件,在引种中评比出优良菌株,并改进制种技术,就地以麦秆、稻草为基料,以猪粪、牛粪代替马粪配料,在室外堆制腐熟,还用土粒代替泥炭为覆土,并扩大了生产。20世纪50年代以来,随着战后经济复兴,在食用菌生产中推广了纯菌丝体接种,像传统的食用菌香菇、木耳,至今仍打孔接种。这一时期的技术比以前有了很大进步,总结为"人工培养纯菌丝,打孔接种"。

20世纪70年代,人工培养纯菌丝兴起,并开始采用木屑、棉籽壳等农副产品下脚料栽培食用菌。代料栽培的探索,使得人们可以利用其他农副产品及工业生产的下脚料如啤酒精、甜菜渣、中药渣、废棉等配料堆料,就地取材,使食用菌生产走出山区,向广大农村和城郊发展。栽培食用菌的培养料改进,以尿素、硫酸铵代替畜粪,发展了无粪合成堆料。这一时期主要技术是"代用料栽培,无菌接种"。科学家们预言,21世纪食用菌将发展成为人类主要的蛋白质食品之一。

根据国内外消费市场的变化,专家们预测,在今后一段时间内,我国食用菌发展的趋势,一是大力发展传统产品,如陕西应在陕南大力发展木耳、香菇生产。香菇的世界贸易量约在3 000~4 000 t,主要进口国(地区)为美国、新加坡、马来西亚及香港。香港香菇消费量为世界第一,年消费量在2 000~2 500 t左右,从我国进口干菇只有300 t左右,主要因为香菇品质差、花菇少、包装不讲究、货源不稳和缺乏竞争力。近年来,美国、德国、英国、加拿大、法国等欧美国家食用木耳数量也在增加,木耳一直处于紧俏状态,国内市场也在逐年扩大,福建省每年调入100 t,仍供不应求,可以大力发展。二是稳步发展菇类生产,应以平菇、香菇等为主,有计划地布局生产量,提高单产水平。要加强国内市场宣传,在市场尚未打开之前,要稳步发展,计划生产,防止宏观失控。三是开发野生菌类资源,我国野生资源十分丰富,应加强驯化,进一步开发新领域。四是发展观赏真菌和家庭园艺。用菌类制成盆景供观赏已出现在街头,城市居民利用阳台、走廊或起居室一角,进行家庭栽培,既可随时采食,又可丰富业余生活,增长科学知识,与养花相比,更是一件有趣的家庭园艺。

（三）食用菌的经济效益及开发前景

近半个世纪以来,菌物性的菇类食品逐渐发展起来,为人类提供了一种新食品。以菇类为代表的食用菌具有高蛋白、低脂肪的特点,属于"天然、营养、多功能"食品,经专家们验证,它能保证合理的饮食结构和营养平衡,是现代乃至未来的健康饮食潮流。进入 21 世纪,以联合国粮农组织(FAO)为首的国际健康组织提出餐桌"一荤、一素、一菌"的健康新理念,国际营养专家也提出"四条腿的(指陆地跑的动物)不如两条腿的(指天上飞的鸟禽类动物);两条腿的不如一条腿的(指菌类植物)"的营养标准。这给食用菌产业带来了无限商机。我国栽培食用菌历史悠久,同时又是世界上生产食用菌最多的国家之一。在我国栽培食用菌,原料充足,就地取材,成本低,周期短,销路好,对促进国民经济发展有着重要意义。国内外专家预测,21 世纪菌类食品将和动物性食品、植物性食品呈鼎立之势,是新兴的第三类食品。

在我国,食用菌既是一个传统产业,又是一个新兴产业,也是一个朝阳产业,发展潜力巨大,前景广阔。随着中国经济的发展,人们生活水平的提高,饮食需求将实现由温饱型向高营养型、再向健康型转变,食用菌兼有荤、素两者之长的风味,逐渐被人们所接受,食用菌悄然走上普通家庭的餐桌。

2005 年我国食用菌的总产量达 1.2×10^7 t,居世界第一,食用菌产业已成为我国种植业中的一项重要产业。我国虽然是食用菌产量最大的国家,但年人均消费量不足 0.5 kg,美国年人均为 1.5 kg,日本年人均为 3 kg,我国年人均消费量与世界一些国家相比,差距较大。据海关提供的数据,2001 年、2002 年、2003 年食用菌出口量分别为 4.76×10^5 t、3.8×10^5 t、4.3×10^5 t,换汇分别为 6 亿美元、4.6 亿美元、6.2 亿美元,出口量和总量相比才接近二十分之一。国外食用菌人均消费量每年正以百分之十三的速度递增,有大的国外市场空间可供开拓。我国内地食用菌人均消费量还不到香港的十分之一,因此国内市场潜力巨大。有调查表明,北京每年的食用菌产量为 1.5×10^5 t,按固定人口 1 500 万人计算,每人每年只能吃到 10 kg 左右的食用菌,远远不能满足人们的需求。今后对国内市场更要加大宣传力度及产业整合,扩大消费群体,提高消费总量,以拉动生产;对国际市场关键是提高产品各层面质量,以求增加国际市场占有份额。

食用菌产业是一项集经济效益、生态效益和社会效益于一体的短、平、快的农村经济发展项目,作为产品它又是一类集营养、保健于一体的绿色食品。因此,发展食用菌产业利国、利民,是提高居民健康水平、加快农村产业结构调整的有效途径。预计今后的食用菌市场行情仍然看好,主要原因如下:

一是随着我国国民经济的快速发展,居民的收入水平越来越高,对食品的需求日益提高。人们对绿色食品如低糖、低脂肪、高蛋白的食品消费需求日益旺盛,此类食品的营业额一直保持较强的增长势头。食用菌是营养丰富、味道鲜美、强身健体的理想食品,也是我们人类的三大食物之一,同时它还具有很高的药用价值,是人们公认的高营养保健食品。食用菌生产既可变废为宝,又可综合开发利用,具有十分显著的经济效益和社会效益。随着人民生活水平的不断提高和商品经济的进一步发展,食用菌产品不仅行销于国内各大市场,而且还畅销于国际。

二是我国食用菌行业发展态势明显,主要体现在以连锁经营、品牌培育、技术创新、管理科学化为代表的现代食品企业，逐步替代传统食用菌业的随意性生产、单店作坊式、人为经验生产型，快步向产业化、集团化、连锁化和现代化迈进，现代科学技术、科学的经营管理、现代营养理念在食用菌行业的应用已经越来越广泛。

三是从国家政策和社会大环境来看，食用菌已经到了发展的黄金时期。由于食用菌栽培技术是劳动密集型产业，因此在解决劳动就业方面有着非常重要的作用，而目前解决劳动就业问题是各级政府为民谋利的主要体现和政策取向。

四是食用菌业还能带动畜牧业、种植业的发展，是解决三农问题，增加农民收入的一个重要行业，在我国工业化、城镇化和农业现代化方面发挥着重要的作用，所以国家在税收政策、产业政策等方面给予了大力倾斜。

五是在市场方面，中国的城市化步伐加快，大量的农村人口逐步城市化，原有城市人口的消费能力逐步增强，由于人口众多和经济的持续高速发展，在"民以食为天""绿色健康饮食"的文化背景下，中国已经成为世界上最大的食用菌生产消费市场。

六是食用菌生产中，技术仍然是一个亟待解决的问题，相对于大田作物的生产，菇农对食用菌生产技术的掌握还需不断提高，技术与品种一样，一直制约着食用菌产业的发展，影响着食用菌产量。

食用菌生产中要随时根据情况进行技术调整，在今后的发展中应注意以下问题：

一是发展食用菌生产要因地制宜，一定要选择适销对路的品种。在菌株选择中，菇农要根据当地资源、气候等条件，搞好适应性试验示范，因地制宜地发展具有区域特色的品种，特别是要注意发展适销对路的名、特、优新品种。

二是积极推进食用菌产业化进程。当前，食用菌生产多是分散的家庭作坊式生产，不适应大市场、大流通的要求，因此必须进一步加快食用菌生产产业化的进程。在条件成熟的地方，应积极组建食用菌专业合作经济组织，逐步形成"市场+龙头企业和专业合作组织+农户"的生产经营模式，以市场引导生产，实现食用菌产业化发展运行机制。

三是强化竞争意识，提高产品质量。从生产食用菌培养料开始，到播种、发菌、出菇管理、采菇，以及加工、包装、储运、销售的全过程，都要严格遵循无公害的原则进行操作，一定要生产出有竞争优势的高质量产品，实现食用菌产品有机、绿色、无公害的目标。

四是建立符合市场需要的新技术研究和扩繁体系。各食用菌科研机构和各级菌种厂站、食用菌推广部门，应围绕食用菌优良品种选育、病虫害防治、产品保鲜、加工、储运等方面开展研究推广，及时将科研成果转化为生产力，尽快提高食用菌种植户的科技素质，抓好规范化栽培和标准化生产的示范基地建设。

五是以设施栽培为主，积极推进工厂化生产模式。这种栽培模式虽然投资大、风险大，但利润高、收入也高，是未来食用菌生产发展的方向。目前，工厂化设施栽培在一些地方异军突起，有的业主今年建了一个，明年又建一个。工厂化设施栽培最能做到月月日日均衡供应市场，做到旺季不旺，淡季不淡。目前工厂化设施栽培的品种有金针菇、杏鲍菇、真姬菇、秀珍菇等，发展前景广阔。

二、食用菌的形态构造

食用菌分布广，种类多，大小不一，形态亦多样。它们都是由菌丝体、子实体、孢子等部分组成的。

（一）菌丝体

菌丝是由一个孢子萌发而形成的管状细胞，大都无色透明，有分枝。许多分枝的菌丝交织在一起形成菌丝体，它的功能是分解基质，吸收营养和水分，供食用菌生长发育需要，因此它是食用菌的营养器官。但也可以繁殖，取一小段菌丝在一定的环境中，经一定时间后，可以繁殖成新的菌丝体（属无性繁殖），在生产上就是使用菌丝来进行繁殖的。

食用菌的菌丝是多细胞的。菌丝有初生菌丝、次生菌丝、三生菌丝之分（如图1-1所示）。

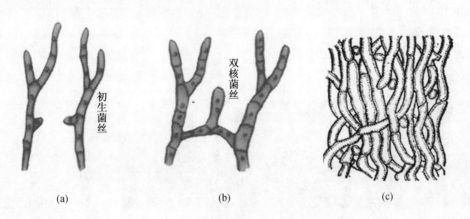

图1-1　初生菌丝、次生菌丝及三生菌丝
(a)初生菌丝；(b)次生菌丝；(c)三生菌丝

1. 初生菌丝

由孢子萌发形成的菌丝，称为初生菌丝或一次菌丝。开始含多核，很快在细胞上产生隔膜，使每个细胞内只含有一个核，又称单核菌丝。绝大多数的食用菌孢子萌发都形成单核菌丝，少数特殊，如双孢蘑菇的担孢子萌发形成的不是单核菌丝而是双核菌丝；银耳的担孢子萌发形成芽孢子，由芽孢子萌发再形成单核菌丝。

2. 次生菌丝

次生菌丝是由两条初生菌丝经过同宗或异宗结合，即一条菌丝细胞的原生质流入另一条菌丝的细胞质内，发生了细胞质融合，而两个细胞核未融合，细胞内含有两个核的称为双核菌丝，又叫次生菌丝或二次菌丝。

次生菌丝有很强的再生能力，菌丝体断裂可以反复无休止地再生。食用菌生产就是利用这种再生能力强的特点生产母种、原种和栽培种。菌种的生产和栽培就是逐级扩大次生菌丝的过程。次生菌丝达到生理成熟就形成子实体。

3. 三次菌丝

双核菌丝按一定的排列顺序形成一定的整体结构，这种具有特殊组织化、有编织能力的双核菌丝称为三次菌丝，也是结实性的双核菌丝，如子实体、菌核、菌索、菌丝束等。

（1）菌核　菌核是由双核菌发育而成的一种质地坚硬、颜色较深、大小不等的团块状或颗粒状的组织，是食用菌的储藏器官，也是休眠体，能抵抗不良环境，如茯苓菌核，在 -30 ℃下仍能过冬，并可以食用、药用及作菌种分离的材料。

（2）菌索　菌索是双核菌丝交织成绳索状的组织束，外形似根，内有髓部能疏导水分和养分，常分叉或角质化，对不良环境抗逆性强，可以发育成子实体，如蜜环菌。

（3）菌丝束　菌丝束是由双核菌丝紧密排列形成的束状组织，常为子实体原基的前身。

（二）子实体

子实体是由双核菌丝在特定的条件下形成的完整的整体结构,成熟时产生孢子繁殖后代。其形态多种多样,有头状、耳状、笔状、球状、树枝状、花朵状、伞状等,以伞菌为最多。典型伞菌子实体由菌盖、菌褶、菌柄、菌环、菌托等部分组成。

1. 菌盖

菌盖又名菌伞或菌帽,形状有半球形、草帽形、钟形、漏斗形、喇叭形、贝壳形、铆钉形、肾形等(如图1-2所示)。菌盖表面有的干燥光滑,有的湿润黏滑,有的上面有纤毛、环纹、鳞片;菌盖边缘有的圆整,有的波曲,有的呈撕裂状,有的内卷,有的反卷,有的上翘,有的延伸等。菌盖的皮层下部为菌肉,菌肉多数为肉质,少数为胶质,也有膜质、革质的,大多呈白色,也有淡黄或粉红、黄色、褐色等。菌肉有不同风味,如香味、辣味、鲍鱼味、臭味等。

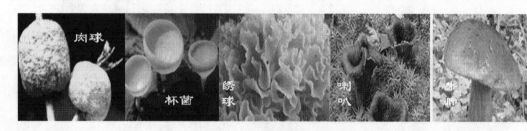

图1-2 不同形状和颜色的菌盖

菌盖下面有菌褶和菌管。菌褶为片状呈辐射状排列,幼时为白色,成熟后呈不同颜色。菌管呈管状,有长短粗细之分,管口有方有圆,颜色多种,菌褶两侧和菌管内壁为子实层,是产生孢子的场所,大多数食用菌为担子菌类,产生担孢子,少数为子囊菌类,产生子囊孢子。菌褶与菌柄的着生关系是分属的重要依据之一,通常有下列四种类型:

（1）离生 菌褶不着生在菌柄上,且有一段距离,如双孢蘑菇、草菇。

（2）弯生 菌褶一端的一部分着生在菌柄上,而另一部分稍向上弯曲,在菌褶与菌柄着生处有个凹弯,如金针菇。

（3）直生 菌褶的一端直接着生在菌柄上,如滑菇。

（4）延生 菌褶沿着菌柄向下着生,如平菇。

2. 菌柄

菌柄起支持菌盖的作用,也是输送养分的器官,多数为肉质,少数为革质、蜡质或纤维质,形状有圆柱状、棒状、纺锤状,颜色有白色或其他颜色。菌柄有中空或实心的,长在菌盖中央的为中生,长在菌盖偏心处的为偏生,长在菌盖一侧的为侧生,菌柄有单生、丛生和簇生的(如图1-3所示)。

3. 菌环

幼龄的子实体菌盖边缘与菌柄间有一层菌膜包着,该膜称为内菌膜。子实体长大后,内菌膜破裂,留在菌柄上的环状物称为菌环(如图1-4所示)。菌环有大有小,有薄有厚,有的着生在菌柄的上部,有的着生在中部或下部;有的有一层菌环,也有的有两层菌环。

4. 菌托

子实体发育初期外面有一层膜包被,该膜称为外菌膜,随着子实体长大,外菌膜破裂,留在菌柄基部托着菌柄的称为菌托。菌托有苞状、鞘状、鳞茎状、杯状、瓣状。菌托的大小、薄厚、光泽及存在的时间长短各不相同(如图1-5所示)。

 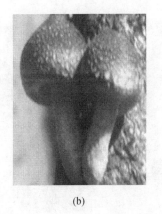 

(a)　　　　　　　　　　　(b)　　　　　　　　　　　(c)

图 1-3　菌柄与菌盖着生关系

(a)中生；(b)偏生；(c)侧生

菌环

图 1-4　菌环

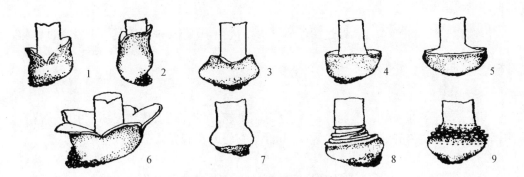

图 1-5　不同形状的菌托

1—苞状；2—鞘状；3—鳞茎状；4—杯状；5—杵状；6—瓣裂；

7—菌托退化；8—带状；9—数圈颗粒状

(三)孢子

孢子相当于植物的种子,是食用菌繁殖的基本单位。食用菌的孢子可分为有性孢子和无性孢子两种(如图 1-6 所示)。

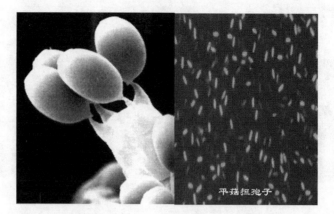

图 1－6　孢子电镜及显微镜下照片

1. 有性孢子

有性孢子是通过性细胞结合形成的。孢子形态很小,肉眼看不见,只有经显微镜放大后才能看到,形状有球形、卵形、椭圆形、圆柱形、腊肠形、星形、多角形,等等。

孢子成熟时从子实体上弹射出来,一般一枚子实体上形成孢子数多达几亿到几百亿个,如一枚平菇产生 600～855 亿个担孢子,一枚四孢蘑菇可产 18 亿个担孢子。

单个孢子为无色透明的,成万上亿个孢子散落时形成烟雾状,若散落在一处则形成孢子印。孢子印有白色的,如平菇、香菇、金针菇等,有红褐色的,如滑菇、灵芝,而双孢蘑菇为赭色,草菇为粉红色,还有的呈紫色、黑色,等等。

2. 无性孢子

没有经过性细胞结合的称为无性孢子,如木耳、滑菇的分生孢子,双孢蘑菇、香菇的厚垣孢子等。它们都是由菌丝分化形成的,如厚垣孢子的形成,在不良环境下某些菌丝的细胞质浓缩变圆,外壁加厚,形成厚垣孢子,成熟后脱离菌丝处于休眠状态,当条件适宜时萌发形成菌丝体。

食用菌就是通过孢子萌发,经过菌丝体到下一代孢子成熟,来完成其整个发育过程的。

三、食用菌的营养物质及其功能

(一)食用菌的营养类型

食用菌体内不含叶绿素,不能进行光合作用合成有机物,必须从周围环境中吸收营养物质,用作合成细胞物质的原料及生命活动的能源,它们的营养方式分为以下四种类型:

1. 腐生型

从死亡的有机物中取得营养的称为腐生。这是绝大多数食用菌的营养方式,如香菇、木耳、平菇等。

2. 寄生型

食用菌只能生长在活的有机体上,从活的生物体上吸收营养而生存的称为寄生,使被寄生的寄主致病甚至死亡,如冬虫夏草就是虫草菌寄生在鳞翅目蝙蝠蛾科的虫体上,从虫体吸收营养生长繁殖,使被寄生的昆虫僵化,最后形成虫草复合体,即冬虫夏草。

3.共生型

食用菌与高等植物相互依靠而生存的称为共生,如松乳菇与松树的共生,口蘑与牧草的共生,它们共同生活,营养互补,相互依存,互为有利。

4.兼性寄生型

这些食用菌既能腐生,又能寄生,它们生活方式多样,适应范围广,如蜜环菌,既能在枯木上腐生,又能在活树上寄生,还可与天麻共生;猴头也是既可腐生又可寄生的菌类。

(二)食用菌的营养物质及其功能

食用菌的营养物质包括碳素营养、氮素营养、矿物质营养及其生长辅助物质。

1.碳素营养

碳是构成食用菌细胞物质及供给菌体生长发育所需的能源。食用菌吸收碳素营养的20%左右用于合成细胞,80%左右用于各项生命活动的能源。自然界的碳素营养有无机碳和有机碳化物两大类。无机碳如 CO_2 食用菌不能利用,只能利用有机碳化物,如葡萄糖、果糖、半乳糖、蔗糖、有机酸、醇等,这些小分子的碳素营养可直接被菌体吸收利用;还有一类大分子化合物,如淀粉、纤维素、半纤维素、木质素、果胶等,菌丝不能直接吸收利用,必须由菌体内分泌出相应的水解酶将大分子的物质分解成简单的物质后,才能被吸收利用。

植物残体中纤维素含量50%以上,一年生植物中半纤维素常占干重的20%,果胶占15%~30%,还有木质素等,所以树木及作物秸秆是食用菌生长发育的良好碳源,但这些都是高分子碳水化合物,分解较慢。为加速菌丝生长,最好在木屑、秸秆的培养料中加入适量的蔗糖(1%),作为食用菌初期辅助营养,并能诱导一些酶的形成,加快菌丝生长。

2.氮素营养

氮是食用菌合成蛋白质和核酸不可缺少的原料。供食用菌生长发育的氮源,分为无机氮和有机氮两类。无机氮有铵盐、硝酸盐,多数食用菌都能利用,但效果不太好;有机氮如氨基酸、尿素、蛋白质等。氨基酸、尿素能直接被菌丝体吸收利用,蛋白质等大分子物质必须经蛋白水解酶分解成氨基酸后才能够被吸收利用。

培养基中氮源浓度对菌丝体生长和子实体发育影响很大,菌丝生长阶段培养基含氮量以0.016%~0.064%为宜;子实体发育阶段培养基含氮量以0.016%~0.032%为宜。

有机氮存在于麦麸、米糠、黄豆饼粉、棉籽饼粉、禽畜粪便中,栽培食用菌常以上述物质作为氮素营养。

食用菌对碳、氮营养吸收有一定比例,不同的食用菌在不同的生长发育阶段,对碳氮比的要求是不同的。菌丝生长时期要求培养料的碳氮比为15:1~20:1;子实体发育时期碳氮比为30:1~40:1为合适(见表1-1)。

表1-1　几种培养料的碳氮含量

种　类	碳含量/%	氮含量/%
稻　草	45.39	0.63
大麦草	46.78	0.64
菜籽饼	45.28	4.60
猪粪(干)	25.00	2.00

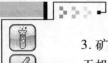

3. 矿物质营养(无机盐)

无机盐类也是食用菌生长发育不可缺少的营养物质,其功能是构成细胞成分、酶的组成部分、维持酶的作用、调节细胞渗透压、氢离子浓度及氧化还原电位。

常用的无机盐类有磷、钾、钙、镁、硫、锰等,其中以磷、钾、镁为主要。这些元素可从磷酸二氢钾、磷酸氢二钾、硫酸镁、硫酸钙、碳酸钙中获得,还有一些需求量少的,如铁、锰、锌、钼、铜等微量元素,在木屑、秸秆等原料中可以获得,一般不需要添加。

4. 生长辅助物质(生长因子)

生长辅助物质是食用菌生长发育所必需的,而菌体本身又不能合成或合成量少,不能满足正常生长需要的,指核酸、激素、维生素类物质,如维生素 B_1、维生素 B_2、维生素 B_6、维生素 C、维生素 D、维生素 H,等等。在马铃薯、麦麸、麦芽、酵母膏中含有较多维生素,所以用这些原料作培养基不必另外添加。但维生素不耐高温,120 ℃以上极易被破坏,所以灭菌时防止温度过高。

(三)食用菌对营养物质的吸收

营养物质是通过菌丝细胞膜进入体内的,细胞膜是吸收营养物质的器官,小分子或结构简单的营养物质,如糖、有机酸、醇、尿素、氨基酸等可直接通过细胞膜进入体内;而大分子或结构复杂的营养物质,如纤维素、半纤维素、木质素、蛋白质等由菌丝细胞分泌相应的水解酶,将其水解成糖、半乳糖、木糖、氨基酸后再被细胞膜吸收进入体内,然后通过体内各种酶的催化合成作用,使菌丝不断加长或增多,或组成子实体的各个部位。

四、食用菌对环境条件的要求

食用菌生长发育的环境条件有温度、湿度、氧气、酸碱度和光照。

(一)温度

温度是食用菌生长发育的重要因素之一,每种食用菌生长发育都有其最低和最高温度界限,在这个温度界限之内有个最适温度,即在最适温度生长发育最快(见表1-2)。

不同的食用菌最适温度是不同的,就是同一种食用菌,不同发育时期对温度要求也不同。

1. 菌丝体生长对温度的要求

多数食用菌生长发育的温度范围是 5 ~ 33 ℃,最适温度范围为 20 ~ 30 ℃,以 25 ℃生长最好。食用菌菌丝耐低温,不耐高温,低于最低温度时菌丝体只是停止生长,并不死亡,如枯木中香菇菌丝在 −20 ℃也不会死亡,但在 40 ℃经过 4 小时,42 ℃经过 2 小时,45 ℃经过 40分钟就会死亡,生产实践中常采用低温保存菌种,高温灭菌。

2. 子实体分化时期对温度的要求

子实体分化时期对温度的要求比菌丝体生长时期的温度低,不同食用菌子实体分化时对温度要求差异较大,可分为如下三种类型:

(1)低温型 子实体分化时最高温度 24 ℃,最适温度 15 ~ 18 ℃,如平菇、香菇、金针菇、滑菇、双孢蘑菇,等等。

(2)中温型 子实体分化时最高温度 28 ℃,最适温度 20 ~ 24 ℃,如木耳、银耳、灵芝、牛肝菌,等等。

(3)高温型 子实体分化时最高温度为 30 ~ 45 ℃,最适温度 25 ~ 30 ℃,如草菇。有些食用菌如香菇、平菇,子实体分化时,要求变温条件刺激(8 ~ 12 ℃),恒温不利于子实体的分化与形成,称为变温结实菇类;另一些食用菌在恒温条件下就能形成子实体,称恒温结实菇类,如木耳、银耳、灵芝等;又如金针菇、猴头、滑菇虽然不属于变温结实菇类,但在子实体分化时给予昼夜温差刺激也有利于子实体的分化和形成。

子实体发育时期对温度的要求:一般子实体发育的最适温度比菌丝体生长最适温度低,比子实体分化时温度略高些(见表1-2)。

表1-2 几种食用菌对温度的要求

测定项目 食用菌种类	菌丝体生长温度/℃		子实体适合温度/℃	
	生长范围	最适温度	子实体分化温度	子实体发育温度
双孢蘑菇	6~33	22~24	8~18	13~16
香 菇	3~33	24~25	12~21	14~18
草 菇	12~45	35	22~35	30~32
黑木耳	4~39	24~30	15~27	24~27
平 菇	10~35	24~27	7~12	13~17
银 耳	12~36	22~25	18~26	20~24
猴头菌	12~33	21~24	12~24	15~22
金针菇	7~30	23~25	5~19	3~14
口 蘑	2~30	20	2~30	15~17
滑 菇	5~33	20~25	5~15	8~14

由于食用菌子实体发育的最适温度不同,生产者可以选择不同品种进行搭配,调节上市时间,以满足市场的需求。

(二)水分和空气湿度

水是食用菌的重要组成成分,新鲜的食用菌含水量达85%~95%,水还是食用菌新陈代谢和营养物质吸收不可缺少的溶媒。营养物质必须溶解于水中才能被吸收,食用菌生长的各个阶段都需要水,没有水就不能生长。

食用菌生长发育所需要的水绝大部分来自于培养料。培养料含水量的多少直接影响食用菌生命活动。含水量指湿料中水分的百分含量,代料中含水60%左右,段木的含水量在38%~45%,适合食用菌菌丝生长,出菇时培养料含水量要增加到70%左右,不同的食用菌略有差异(见表1-3)。

培养料含水量多少不仅直接影响菌丝体对水分的吸收,同时还影响料中空气的含量,料中水分过多,空气相对减少,食用菌生长不好,因为食用菌是好气性微生物,而且空气不足菌丝体也发育不好。子实体发育除要求培养料有较高的含水量外,还要求空气有较高的湿度,空气相对湿度85%~95%适合。如果低于60%,子实体生长停止,降至40%~45%,子实体不分化,形成的幼菇也会死亡;如果湿度超过96%,易滋生杂菌,也阻碍菇体蒸腾,影响子实体发育。

表1-3　几种食用菌对培养料的含水量和空气湿度要求

菌　类	培养料含水量/%	空气相对湿度/%	
		菌丝发育时期	子实体发育时期
黑木耳	60～65	70～80	85～95
双孢蘑菇	60～68	70～80	80～90
香　菇	60～70(木屑) 38～42(段木)	60～70	80～90
草　菇	60～70	70～80	85～95
平　菇	60～65	60～70	85～95
金针菇	60～65	80	85～90
滑　菇	60～70	65～70	85～95
银　耳	60～65	70～80	85～95

（三）氧气和二氧化碳

氧气和二氧化碳也是影响食用菌生长发育的重要因素。食用菌不能利用二氧化碳,它是好氧性微生物,呼吸时吸收氧,排出二氧化碳。不同的食用菌对氧的需求量也有差异,当二氧化碳浓度增到10%时,双孢蘑菇菌丝生长量只有正常条件下的40%;平菇能耐较低的氧分压,当二氧化碳浓度为20%～30%,其生长量比在正常空气下还增加30%～40%,只有当二氧化碳浓度达到30%以上,菌丝生长量才迅速下降。同一食用菌的不同发育时期对氧的需要量是不同的,子实体分化阶段对氧的需求量略低,子实体发育时期呼吸旺盛,对氧的需要量急剧增加。二氧化碳浓度达到0.1%以上,对子实体发育有害,如灵芝,当二氧化碳浓度达0.1%,不形成菌盖,菌柄呈鹿角状;当二氧化碳浓度大于1%时,双孢蘑菇就会出现菌柄长,开伞早,品质下降现象;当二氧化碳浓度达到6%时,菌盖发育变阻,菌体畸形,商品价值下降。

生产上为防止二氧化碳积累过多,菇房内经常开门开窗,通风换气,保证子实体发育,适当通风及调节室内空气相对湿度还能减少病害的滋生(如图1-7所示)。

（四）光照

食用菌体内无叶绿素,不能进行光合作用,所以不需在直射光的照射下培养。光线对某些食用菌菌丝生长起抑制作用,如灵芝菌丝在马铃薯葡萄糖培养基上,30 ℃光照下培养,不如黑暗条件下培养长得快,光照越强,菌丝生长速度越慢,在3 000 lx时每天生长速度不到黑暗时的一半,同时日光中的紫外线有杀菌作用。光照使水分蒸发快,空气相对湿度降低,对食用菌生长是不利的,所以菌丝生长都不需要光,因此需要对门、窗的玻璃进行遮光,或者是在菌袋、瓶上用报纸盖上遮光。子实体发育时期,不同的食用菌对光照的要求是不同的,如双孢蘑菇、大肥菇及茯苓、块菇、地薯等在完全黑暗条件下就能完成其生活史。大部分食用菌子实体发育都需要一定的散射光,如香菇、滑菇、草菇等在完全黑暗条件下不能形成子实体;平菇、金针菇在无光条件下虽能形成子实体,但只长菌柄,不长菌盖,菇体畸形,也不产生孢子。光线能促进子实体色素的形成和转化。草菇光照不足呈灰白色,黑木耳色泽也变淡,黑木耳只有在250～1 000 lx时才出现正常的黑褐色。

光线对食用菌的影响在生产上意义很大。子实体发育需要光照,其绝不能在完全黑暗

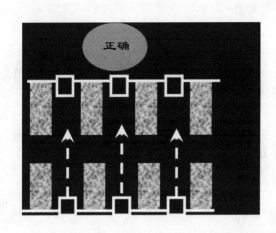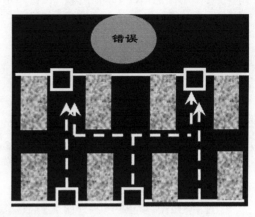

图1-7 菇房通风示意图

条件下培养,要想丰产,必须给予菇房一定亮度,如毛柄金钱菇每天6小时的散射光获得子实体质量是黑暗条件下的1.7倍;如果每天有18~24小时散射光照,子实体质量是黑暗条件下的11倍,所以散射光是促进早熟、丰产、优质的重要条件之一。

（五）酸碱度（pH值）

每种食用菌都有一定的pH值适应范围和最适宜的pH值。不同的食用菌适应于不同的pH值,如猴头耐酸,在pH 2~4条件下菌丝仍然生长,但不耐碱,pH值大于7.5时就不能生长,最适的pH值为4~5;草菇耐碱力强,孢子萌发、菌丝生长最适pH值在7.5左右,在pH值8.0的草堆中仍然发育良好;双孢蘑菇喜欢中性,最适pH值为6.5~7.0;其他大多数食用菌喜欢偏酸性条件,如平菇、金针菇、黑木耳、滑菇等,最适pH值为5.5~6.0。

pH值影响细胞表面电荷改变,从而影响菌丝体对营养物质的吸收,也是影响新陈代谢的重要因素。在栽培时必须考虑pH值,一般培养料灭菌后pH值要下降,菌丝生长时产生的有机酸等酸性物质也会使培养基pH值下降,因此配料时应将pH值略提高些（提高0.5~1）。在配制培养基时加入磷酸氢二钾或磷酸二氢钾、碳酸钙不仅可以提供矿物质营养,而且还能对培养基的pH值起缓冲作用。

五、食用菌与生物环境

食用菌不论是在自然界,还是人工栽培条件下,无时无刻不与周围的生物发生关系,相互影响,有的生物对食用菌生长发育有利,有的则有害。所以,从事食用菌生产,一定要重视这些生物因素,研究它们之间的相互关系,发展其有益的方面,避免或控制其不利的方面。

（一）食用菌与微生物的关系

有益微生物能为食用菌生长提供营养和促进子实体的形成。如假单胞菌、嗜热性放线菌、真菌等,能分解纤维素、半纤维素、木质素,使结构复杂物质变为简单的物质,被食用菌吸收利用;这些微生物死亡后,体内的蛋白质、糖类也是食用菌的营养。如银耳的芽孢子缺少分解纤维素、半纤维素的酶,不能单独在木屑上生长,有一种香灰菌分解纤维素、半纤维素能力很强,形成的养分供银耳利用,如果没有香灰菌,银耳就生长不好,所以制备银耳菌种时要混上香灰菌菌丝,二者结合接种效果更好。

有些微生物能使食用菌发生各种病害,如细菌病害、真菌病害、病毒病等。还有些微生

物能污染食用菌的菌种和培养料,如根霉、木霉、链孢霉、青霉等是污染食用菌的主要杂菌。

（二）食用菌与动物的关系

对食用菌有害的动物能吞食菌丝,或咬食子实体,造成对食用菌的直接危害。咬食后的伤口,易被微生物浸染带来病害,这是间接危害,如菇蚊、菇蝇、跳虫、线虫等,虫体小,繁殖快,危害很大;家鼠、田鼠也会啃食培养料,毁坏菌床,破坏生产。

有的动物对食用菌是有益的。如白蚁对鸡枞菌的形成有利,鸡枞菌就是从白蚁窝中长出来的,它们是一种共生关系。如果白蚁搬家了,此处就再也不长鸡枞菌了。有些动物对食用菌孢子传播也是有益的,如竹荪的孢子就是靠蝇类传播的,著名的块菌子囊果生于地下,它的孢子只能通过野猪挖掘采食后通过排泄才能传播。

（三）食用菌与植物的关系

有些食用菌能与植物共生,形成菌根,彼此受益。菌根真菌能分泌乙酸等刺激物质刺激植物生根,并帮助植物吸收无机盐,而植物光合作用合成有机物供给食用菌,一种食用菌与一定的植物根系相结合,如松乳菇与松树,红菇与红栎,口蘑与黑栎共生形成菌根。

我国常见的菌根食用菌均属于伞菌目,约有 78 种,分属于 11 个科、25 个属。

第二节　食用菌的制种技术

一、无菌操作技术

无菌操作是食用菌制种工作成败的关键。它包括两方面内容:一是制种过程中使用的全部材料是无菌的;二是必须采用无菌操作方法(也包括培养条件),二者结合起来,才能保证制种的全部过程是无菌的,才能培养出纯菌种。

（一）灭菌

1.高温灭菌

（1）火焰灭菌

接种环、接种钩、接种铲、镊子等金属器皿可直接在酒精灯火焰上烧灼灭菌,试管口、瓶口也要通过火焰烧灼达到灭菌目的。这种方法简单迅速、灭菌彻底。

（2）常压蒸气灭菌

将灭菌物品(培养料)放在蒸笼内蒸煮。从开锅（100 ℃）开始算起,连续加热开锅 4～12 h 达到彻底灭菌。个体户或菌种厂自制的灭菌灶,在生产原种、栽培种或栽培菌袋时,均采用此法灭菌。此法简单、适用、成本低。

（3）高压蒸气灭菌

高压蒸气灭菌是生物灭菌技术中应用最广、灭菌时间短、效果最佳的灭菌技术,其是根据蒸气温度随压力增加而提高,压力越大温度越高的原理。水在封闭的灭菌器中（高压灭菌锅中）,通过加热使灭菌器中的水产生水蒸气,在排除灭菌器内冷空气后,关闭排气阀,蒸气不能逸出,增加了灭菌器中的压力,水的沸点或蒸气的温度随之上升,因而获得了比 100 ℃ 更高的温度,达到有效灭菌的目的。一般培养基在高压灭菌器中待压力升到 1.05 kg/cm²（121 ℃）时灭 40 min,也可在 1.5 kg/cm²（126 ℃）灭 30 min,达到彻底灭菌,固体培养料在 1.5 kg/cm² 灭 1～2 h 即可。高压灭菌器有手提式、立式、卧式等多种型号

（如图1-8所示）。热源有电、煤、煤气、蒸气等。

图1-8 手提式、立式、卧式高压灭菌器

2. 紫外线杀菌

波长在2 600~2 800 Å①的紫外线有很强的杀菌能力。电子通过水银蒸气可产生波长2 357 Å的紫外线,以此制成的紫外线灯管,杀菌力强而稳定。距被照物体20~30 cm照射3~5 min,即可杀死细菌的营养体,十几分钟可杀死细菌的芽孢。紫外线灯管在生产实践中应用较广,用于空气消毒,但穿透力不大,只能用于表面消毒。接种室、按种箱、手术室、药厂等均可安装。接种箱安15 W,接种室可视大小安30 W或100 W的紫外线灯管,照射30 min即可达到灭菌目的。紫外线对眼黏膜、视神经、皮肤等均有杀伤力,故不能在开着的紫外线灯下工作,必要时需穿防护衣帽,并戴上有色眼镜工作。

3. 化学药物杀菌

（1）甲醛(福尔马林) 40%甲醛溶液用于接种箱、接种室、培养室熏蒸消毒,用量6~8 mL/m³,加热时挥发产生气体对空气杀菌。具体杀菌有两种方法:①直接加热熏蒸,关闭门窗,按空间大小称其用量,倒入铁或铝盒中,放在酒精灯上或电炉上加热,挥发出甲醛气体,密闭24 h;②氧化熏蒸,高锰酸钾与甲醛混合熏蒸,因为高锰酸钾是一种氧化剂,与甲醛混合时发生氧化还原反应,使甲醛挥发为气体,甲醛与高锰酸钾比例为2:1,将甲醛倒入瓷碗中,再按2:1比例加入高锰酸钾,混合后立即产生气体。甲醛熏蒸应在工作前24 h进行。甲醛蒸气对眼黏膜、呼吸道有强烈的刺激作用,且有毒,熏蒸后短时间不能入室工作,待甲醛蒸气散光后才能入室工作。

（2）硫磺 常用在接种室、培养室熏蒸,用量15 g/m³,关闭门窗,点燃熏蒸,闭密12 h。

（3）高锰酸钾 0.1%的高锰酸钾,用于工具、器皿和手的消毒。

（4）来苏儿(煤酚皂液) 3%的来苏儿,用于器皿或室内喷雾消毒。

（5）石碳酸 3%~5%的石碳酸,用于器皿消毒或室内喷雾消毒。

以上消毒药品可根据情况选用,为避免杂菌产生抗药性,可轮换使用,以提高杀菌效果。

---

① 1 Å = 10⁻¹⁰ m。

（二）无菌操作

为避免杂菌污染,菌种的移接、分离、接种工作要求在一个相对无菌的环境下,通过无菌操作进行。小规模的可在无菌箱内进行,工作量稍大的,可在超净工作台上或无菌室内进行。

1. 无菌室（接种室）的设计与要求

无菌室应分里外两间。里间为接种室,面积 $5 \sim 6 \ m^2$,外间为缓冲间,面积为 $2 \sim 3 \ m^2$,两间高度均为 $2 \sim 2.5 \ m$,过大不易保持无菌状态。房间的地板、墙壁、天棚要平整光滑,便于擦洗消毒;门设拉门,门窗能关严密闭。接种室、缓冲间均应安装紫外线灯。接种室应备有酒精灯、火柴、接种钩、接种铲、剪刀、镊子、75% 酒精棉球,等等;缓冲间应备有工作服、托鞋、帽子、口罩、消毒药品、喷雾器,等等（如图 1 – 9 所示）。

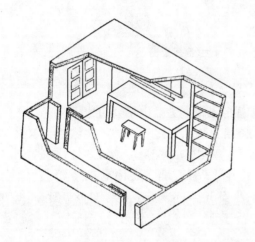

图 1 – 9　无菌室设计图

2. 接种箱的设计与要求

接种箱是木柜镶玻璃结构,大小不一,一般为 $100 \ cm \times 70 \ cm \times 50 \ cm$。要求严密,操作口要安装套袖,箱上方装 15 W 紫外光灯,两侧设有能开关并且严密的门,以便取放接种物品。

接种室、接种箱要保持清洁,使用前进行消毒。

具体的消毒方法如下:

（1）熏蒸　用甲醛、硫磺或甲醛与高锰酸钾混合进行熏蒸,按空间大小称其用量,关闭门窗密闭 24 h,熏蒸完毕,打开门,待甲醛气体扩散后,再入室工作。

（2）喷撒　用 3% 来苏儿或 5% 石碳酸向地面喷洒,向空气喷雾以及擦洗桌面进行消毒。

（3）超净工作台　超净工作台是利用多层滤板过滤空气,使操作台上的空气得以净化,是接种的良好设备（如图 1 – 10 所示）。操作台安有 15 W 紫外线灯,接种前照射 30 min,关灯后工作。

图1-10 单人、双人超净工作台

二、菌种分离

菌种是食用菌生产的根本,菌种的好坏直接影响经济效益,所以分离、筛选菌种是食用菌生产的重要环节之一。

（一）孢子分离法

将收集到的食用菌孢子接种到培养基上,经培养后长成菌丝,再经转管后获得纯种的方法称孢子分离法。孢子分离法有单孢分离法和多孢分离法。

同宗结合的食用菌可采用单孢子分离法获得纯菌种,异宗结合的食用菌不能用单孢子分离法分离。因为异宗结合的食用菌（如平菇、香菇、黑木耳、滑菇等）单孢子萌发后相同性的菌丝不能结合,就不能形成子实体,就是说单孢子不孕。因此异宗结合的食用菌必须是两个不同性的单孢子萌发后形成不同性的单核菌丝才能结合,发育形成子实体。

1. 多孢分离法

就是把许多孢子接种在同一培养基上,让它们萌发、自由交配来获得食用菌纯菌种的一种方法。具体操作方法有以下几种:

（1）种菇孢子弹射法 选择个体健壮、朵形圆正,无病虫害、出菇均匀、高产稳产、适应性强的八九分成熟的种菇,切去大部分,菌柄用无菌水冲洗数遍后再用已灭菌的纱布或脱脂棉、滤纸吸干表面水分。在接种箱或无菌室内,把种菇的菌褶朝下用铁丝倒挂在玻璃漏斗下面,漏斗倒盖在培养皿上面,上端小孔用棉花塞住。培养皿放在一个铺有纱布的搪瓷盘上,静置12~20 h,菌褶上的孢子就会散落在培养皿内,形成一层粉末状孢子印（平菇为极淡的紫色,蘑菇、草菇为褐色,香菇、金针菇孢子印为白色）。用接种针沾取少量孢子在试管中的琼脂外面或培养皿上划线接种。待孢子萌发生成菌落时,选孢子萌发早、长势好的菌落进行试管培养。还可用孢子采集器收集孢子,方法是选好种菇后,按上述程序,轻轻掀开玻璃钟罩,将种菇柄朝下插在孢子采收器的钢丝架上,放在培养皿正中央,随即盖好玻璃罩,用纱布将钟罩周围塞好,并在纱布上倒少许升汞或无菌水（如图1-11所示）,移入20 ℃左右恒温箱培养。

（2）褶上涂抹法 按无菌操作进行分离时应选择成熟的种菇,用接种针直接插入褶片

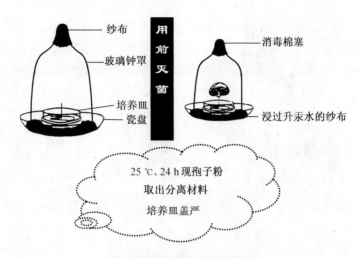

用前灭菌

纱布
玻璃钟罩
培养皿
瓷盘

消毒棉塞
浸过升汞水的纱布

25 ℃、24 h现孢子粉
取出分离材料
培养皿盖严

图 1-11 种菇孢子弹射法

之间,轻轻抹取褶片表面子实体尚未弹射的孢子,再在培养基上划线接种。

（3）钩悬法 黑木耳、银耳常用钩悬法分离。选新鲜成熟的耳瓣用无菌水多次反复冲洗,然后用无菌纱布把水吸干,取一小片挂在钩上,钩的另一端钩在三角瓶上,瓶底装有PDA培养基(钩与三角瓶均为灭菌的),耳片距培养基表面 2~3 cm(如图 1-12 所示),置于 25 ℃左右培养。24 h 后培养基表面看到有孢子后,取出钩和耳片,塞好棉塞继续培养。如果是黑木耳,经 5~6 d 培养,看到瓶底有白色菌落时,挑取少许菌丝接种到 PDA 斜面培养基上继续培养,可获得纯菌种。若为银耳,经 2~3 d 培养,看到瓶底有乳白色、糊状、边缘光滑凹陷的菌落,这是银耳的芽孢子,挑取少许芽孢子菌落接种到 PDA 培养基上,继续培养,可获得银耳菌种。

（4）贴附法 按无菌操作将成熟的菌褶或耳片取一小块,用溶化的琼脂培养基或阿拉伯胶、浆糊等贴附在配管斜面培养基正上方的试管壁上。经 6~12 h 的培养,待孢子落在斜面上,立即把孢子连同部分琼脂培养基移植到新的试管中培养即可。

2. 单孢分离法

就是将采集到的孢子群单个分开进行培养,让它单独萌发成菌丝而获得纯种的方法,单孢子分离的方法,按分离的手段可分为以下三种。

（1）稀释分离法 这是通过不断稀释孢子悬浮液,使孢子分散,最终孢子浓度控制在 300~500 个孢子/mL,吸

棉塞
铁丝钩
耳片或菇片
弹射的孢子
培养基

图 1-12 种菇孢子钩悬法

取 0.1 mL 的孢子液注入平板均匀涂布,分散孢子各自萌发形成单孢菌落,其步骤如下:

①制备无菌水试管 取 10 支试管,其中 1 支装 100 mL 蒸馏水,其他 9 支装 9 mL 蒸馏水,经高压灭菌即成无菌水。

②制孢子悬液 取一小块收集有孢子的滤纸条,浸入 10 mL 无菌水试管中,振摇使孢子分散成悬液,用无菌的 1 mL 移液管吸取 1 mL 孢子悬液于第 2 支试管中,振摇使其分散,再从第 2 支试管中吸取 1 mL 注入第 3 支试管中,如此反复稀释直到孢子浓度达到 300~

500 个孢子/mL,备用。

③制培养基平板　配制 PDA 培养基,装入三角瓶中进行高压灭菌,准备倒平板的培养皿也经过高压灭菌备用,待已灭菌的 PDA 培养基冷却至 50~60 ℃时,在无菌操作下倒 15~20 mL PDA 培养基至培养皿中,培养皿放平,尽量使培养基表面光滑,厚度一致。

④孢子涂布　在无菌操作下,吸取 0.1 mL 的孢子悬浮液滴在平板培养基表面上,使用 T 氏棒把孢子均匀涂布在平板上,盖上培养皿盖,放置于 24~25 ℃恒温箱中培养。

⑤挑选单孢子萌发菌落　一般孢子经过 5 d 的培养开始萌发长出菌丝,培养皿经过显微镜的镜检确定孢子萌发的菌落是由单个孢子萌发成长而成的,可使用打孔器进行打孔把该菌落移接至新鲜的 PDA 斜面试管中继续培养。打孔器的外径应小于显微镜的视野范围,而且打孔之前须检查该菌落周围是否有孢子或其他菌落,尽量使打孔不会触及周边的孢子或菌落,确保纯种。

(2)毛细管法　孢子悬浮液经过稀释,使用毛细滴管把孢子悬浮液滴一小滴于皿盖内,尽量使每一滴只含有一个孢子,从而达到单孢子分离,其方法如下:

①孢子悬浮液制备同稀释分离法,孢子浓度控制在 200~300 个孢子/mL。

②毛细滴管制备　取洁净的玻璃管在酒精喷灯上先拉成外径 1 mm 的细管,稍冷却后再加热并迅速拉长,使管尖内径约为 200 μm,剪断即成毛细滴管,在滴管后端塞棉花,装入消毒盒中后进行灭菌,备用。

③点样镜检　用毛细滴管吸取经稀释的孢子悬浮液约 0.1 mL(可滴 30 滴),在无菌操作下,快速点于皿盖内壁的标记圈中央,滴液应小于低倍镜的视野,点样后的培养皿仍盖在有水琼脂的皿底上,贴胶布固定后再用低倍镜检查皿盖内壁的液滴,确定是单孢者,即在皿盖上标上记号。

④培养基推贴及刺激培养:使用接种针取一小块 PDA 培养基(约 2 mm×2 mm 方块)推贴至标记为单孢子的液滴,使液滴中的孢子能够吸附到培养基边缘。将事先培养好蘑菇气生菌丝的平板培养皿盖取下,套在菌丝平板的底部,再把已分离并推贴好的培养基的皿盖罩在套有菌丝平板的玻璃皿上,使两个皿盖对接,贴胶布封口(要留 0.5 cm 缝用作通气),这样就形成一个刺激单孢子萌发的培养室,置培养箱中 24 ℃下培养,待单孢子萌发,及时撕下胶布,用接种铲挑取已萌发的单孢菌丝贴块,移接到新鲜 PDA 斜面试管中,置 24 ℃恒温箱中培养,即可取得单孢纯种。

(3)器械分离法　应用显微操作器,直接挑选单孢子,移至 PDA 平板中进行孢子刺激萌发培养,获得单孢纯种。

①孢子悬浮液制备　同稀释分离法,孢子浓度控制在 1 000 个/mL。

②平板涂布　将稀释后的孢子悬浮液滴 0.1 mL 于平板上,用无菌的 T 氏棒进行均匀涂布,每个平板含孢子大约 100 个左右。

③镜检分离　待涂布均匀的平板琼脂表面水分干燥后即可于显微镜下观察,当在视野中心见到孢子,而视野周围无其他孢子时,可用显微操作器操纵玻璃针把孢子从培养基表面挑取,随后把孢子转移至 PDA 平板的表面上,进行孢子萌发培养,孢子萌发培养须使用蘑菇气生菌丝刺激培养,才能提高萌发率,培养的具体操作方法与涂布分离法相同。

(4)单孢子菌落分离　当孢子经过 10 d 的刺激培养,肉眼可见到菌丝生长而成的小菌落时,应及时用打孢子器把该菌落分离,应每天观察孢子萌发情况,如果不及时把菌落移接,该菌落会快速生长而影响较迟萌发的单孢子的分离。

(二)组织分离法

组织分离法是利用子实体组织来分离获得纯菌丝的方法。组织分离是一种无性繁殖法,双亲的染色体没有经过重组,因此组织分离基本上可保持亲本的生物学特征不变,操作简便,取材广泛,在过去传统的稳定菌株中常采用此方法进行菌种的分离,菌种退化不明显,但是随着蘑菇杂交菌种的应用,由于杂种本身所具有的不稳定性,组织分离常造成菌株的退化,目前生产上很少采用,只是进行野生菌株分离时,才比较常用。

1. 菇类组织分离法

选形状好,菇体大,无病虫害,七八分成熟的子实体切去菌柄基部,在无菌环境中,用75%酒精棉球擦拭菇体表面进行消毒,然后将菇体由中间撕成两半,用无菌的尖镊子在菌柄与菌盖交界处撕下 0.2 m³ 小块,放在试管斜面培养基上,在 25 ℃恒温下培养,经 3～5 d 长出绒毛状菌丝,两周左右长满试管斜面,检查无杂菌即为纯种,然后进行结菇试验,确认良菌后,作为新菌种使用。

2. 耳类组织分离法

选色泽黑褐、耳片大、厚的木耳耳片放在 95%酒精中浸泡 3 min 消毒,然后用无菌水反复冲洗,最后放在灭菌培养皿中,用无菌剪刀将耳片切碎,再用无菌镊子取一小片放入试管斜面培养基上 28 ℃下培养,5～6 d 后长出白色菌丝,经转管培养,菌丝长好后进行出耳试验,确认良种后保留备用。

3. 菌核分离法

茯苓、猪苓、雷丸等子实体不易采集,常见的是菌核。因菌核是储藏营养的,大部分是多糖类物质,只含少量菌丝,所以选菌核时应选稍大点的,如果菌核太小就不易分离出菌种。方法:将菌核表面洗净,用 75%酒精棉球擦拭消毒后,用消毒的剪刀切开菌核,再用消毒的镊子取中间一小块,接种到试管斜面培养基上,保温培养,当菌丝长出后无杂菌即为纯种,经栽培确认良种后保留备用。

4. 菌索分离法

蜜环菌形成菌索,用菌索进行组织分离。先用 75%的酒精棉球将菌索表面黑褐色菌鞘轻轻擦拭 2～3 次,然后剥去,抽出白色菌髓部分,用无菌刀将菌髓剪一小段,接种在培养基上保温培养,即可获得该菌菌种。

菌索比较细小,分离时易污染,因此在 PDA 培养基中常加入抑菌剂(青霉素或链霉素),每 1 000 mL 培养基中加 40 μg。

(三)耳木(菇木)分离法

选出耳多、耳片大、色泽好的木段,横断面锯下 1～1.5 cm 的薄片,放入 0.1%升汞溶液中,30 s 捞出后用无菌水反复冲洗,洗去残留的升汞,然后用无菌纱布吸干水分,再用无菌刀切去树皮部分,把木片切成火柴梗大小的木条,用无菌镊子取一小条放入试管斜面培养基上,28 ℃培养 5～6 d 后长出白色的菌丝,转管培养,待菌丝长出后进行出耳试验,确认良种后保留备用。

三、制作菌种的基本设备

(一)配料室设备

不同的生产规模,配料所需要的设备有所不同,但配料应在有水、有电的室内进行,其主要设备有以下几类。

1. 衡量器具

配料室一般应配备磅秤、手秤、粗天平、量杯、量筒等,以供称(量)取用量较大的培养料、药品和拌料用水等。

2. 拌料机具

拌料必备的用具有铁铲、铝锅、电炉或煤炉、水桶、专用扫帚和簸箕等。具有一定规模的菌种厂,还应具备一些机械设备,如枝丫切片机、木片粉碎机、秸秆粉碎机和拌料机等。

3. 装料机具

采用手工装料,无需特殊设备,只要备一块垫瓶(袋)底的木板和一根丁字形捣木(供压料时用)。但具有一定规模的菌种厂,为了提高装料效率,应购置装料机。装料时,以玻璃瓶作容器的要压料和打接种穴,可用瓶料专用打穴器。以塑料袋作容器,制银耳和香菇栽培种,一般装料后随即要在袋壁打接种穴,可用塑料袋专用打穴器。

(二)灭菌设备

灭菌设备,一般是指用于培养基和其他物品消毒灭菌的蒸气灭菌锅。灭菌锅是制种工序中必不可少的设备。灭菌锅消毒的原理,是利用水吸收一定的热量之后而成为饱和蒸气,当蒸气冷凝时就会释放出一定的热量。在消毒灭菌时,饱和蒸气在一定的温度和压力下拥有大量热量,遇到冷的消毒物体时,冷凝而改变状态随之就释放出大量的热量,使被消毒物体受热、受潮,在热和湿的作用下,可在较短时间内有效地将顽抗性的细菌芽孢以及其他杂菌杀死,达到消毒的目的。

1. 高压蒸气灭菌锅

高压蒸气灭菌锅是一个密闭的、能承受压力的金属锅,在锅底或夹层中盛水,锅内的水煮沸后产生蒸气。由于蒸气不能向外扩散,迫使锅内的压力升高,即水的沸点也随之升高,因此可获得高于100 ℃的蒸气温度,从而达到迅速、彻底灭菌的目的。高压蒸气灭菌锅有以下几种类型:

(1)手提式高压灭菌锅 此种灭菌锅的容量较小,主要用于母种斜面培养基、无菌水等灭菌用,可用煤气炉、木炭或电炉作热源,较轻便、经济。

(2)立式和卧式高压灭菌锅(柜) 这两类高压锅(柜)的容量都比较大,每次可容纳几十至几百个750 mL的菌种瓶,主要适用于原种和栽培种培养基的灭菌,用电作热源。

(3)自制简易高压锅 菌种生产量较大的菌种厂可自制简易高压锅。采用10 mm厚的钢板焊接成内径为110 cm×230 cm的筒状锅体,底和盖用15 mm厚的钢板冲成半圆形,否则平盖灭菌时棉塞易潮湿。锅口用紧固的螺丝拧紧密封,锅上安装压力表、温度计、安全阀、放气阀、水位计、进出水管等设备。以煤作燃料,用鼓风机助燃升温。菌种袋(瓶)放入铁提篮内,吊入锅中,一般约放4~5层,每锅装800~1 000袋(瓶),适合于专业菌种厂制作栽培种培养基的灭菌。

2. 土法灭菌锅

土法灭菌锅有多种多样的类型,一般分为土法蒸锅和蒸笼锅等形式。

(1)土蒸锅 用砖砌成灶,灶上用砖和水泥砌成桶状或方形蒸气室,底部为大铁锅。可从侧面开门,也可以从顶盖进出。门上附有放温度计的小孔,铁锅上沿设有进出水管。每锅可容装1 200~1 400袋(瓶)不等。土蒸锅形式简单,制作简易,可以就地取材,造价低廉,但杀菌时间较高压锅长。

(2)蒸笼锅 蒸笼灭菌适宜于农村制种量小、条件差的单位。采用蒸笼灭菌时,密闭条件较

差,由于锅内温度最高是 100 ℃,所以灭菌时间从温度达 100 ℃ 开始计时,需保持 6~9 h。

(三)接种设备

接种设备,是指分离和扩大转接各级菌种的专用设备,主要有接种室、接种箱、超净工作台以及各种接种工具。

1. 接种室

接种室又称无菌室,是进行菌种分离和接种的专用房间。此室的设置不宜与灭菌室和培养室距离过远,以免在搬运过程中造成杂菌污染。生产量较大的菌种厂,应充分注意各个工作间的位置安排。

接种室的面积一般 5~6 m²,高 2~3 m 即可,过大过小都难以保证无菌状态。接种室外面设缓冲间,面积约 2 m²。门不宜对开,最好安装移动门。接种室内的地面和墙壁要求光滑洁净,便于洗清消毒。室内和缓冲间装紫外线灯(波长 265 nm,功率 30 W)及日光灯各一支。接种室具有操作方便、接种量大和速度快等优点,适宜于大规模生产。

2. 接种箱

接种箱是供菌种分离、移接的专用木制箱,实际上是缩小的接种室。接种箱有多种形式和规格,医药器械部门出售的接种箱,结构严密,设备完善,但价格较高。目前多数生产者采用木材和玻璃自己加工制作成一人或双人操作箱,其样式形似接种室,大小以 0.5 m³ 为宜,两侧上方安玻璃窗,以便接种操作。

接种箱内顶部装紫外线杀菌灯和日光灯各一盏。箱前(或箱后)的两个圆孔装上 40 cm 长的布袖套或橡皮手套,双手由此伸入操作。圆孔外要设有推门,不操作时随即关门。箱体安装玻璃,木板均要注意密封,箱的内外均用油漆涂刷。

接种箱结构简单,制造容易,造价较低,移动方便,易于消毒灭菌,由于人在箱外操作,气温较高时也能维持作业,适合于专业户制作母种、原种。

3. 超净工作台

超净工作台是一种局部层流(平行流)装置,能够在局部造成洁净的工作环境。室内的风经过滤器送入风机,由风机加压送入正压箱,再经高效过滤器除尘,洁净后通过均压层,以层流状态均匀垂直向下进入操作区(或以水平层流状态通过操作区),以保证操作区有洁净的空气环境。由于洁净的气流是匀速平行地向着一个方向,空气没有涡流,故任何一点灰尘或附着在灰尘上的杂菌,都很难向别处扩散转移,而只能就地排除掉。因此,洁净气流不仅可以创造无尘环境,而且也是无菌环境。

使用超净工作台的好处是接种分离可靠,操作方便,尤其是炎热夏季,接种人员工作时感到舒畅。

4. 接种工具

接种工具是指分离和移接菌种的专用工具,样式很多。用于菌种分离、母种制作和转接母种的工具,因大多在试管斜面和平板培养基上操作,一般是用细小的不锈钢丝制成。用于原种和栽培种转接的工具,因培养基比较粗糙紧密,可用比较粗大的不锈钢制成。

(四)培养菌种设备

培养菌种设备,主要是指接种后用于培养菌丝体的设备,如恒温培养室、恒温培养箱、摇床机等。

1. 恒温培养室

恒温培养室用于培育栽培种或培育较多的母种和原种。恒温培养室的大小,视菌种的生产量而定;室内放置菌种培养架;可采用电加温器或安装红外线灯加温,最好在电加温的电源上安一个恒温调节器,使之能自动调节温度。

2.恒温培养箱

在制作母种和少量原种时,可采用恒温培养箱,根据需要使温度保持在一定范围内进行培养。市售的恒温箱多为专业厂家生产的电热恒温培养箱,使用比较方便,但价格较贵,而且购买和运输多有不便,因此可以用木板自己制造。自制恒温箱用一只大木箱做成,箱的四壁及顶、底均装双层木板,中间填充木屑隔水保温,底层装上石棉板或其他绝缘防燃材料,箱内装上红外线灯泡或普通灯泡加温,箱内壁安装自动恒温器,箱顶板中央钻孔安装套有橡皮塞的温度计以测试箱内温度。

3.摇瓶机(摇床)

食用菌进行深层培养或制备液体菌种时,需设置摇瓶机。摇瓶机有往复式或旋转式两种。往复式摇瓶机的摇荡频率是每分钟 80~120 次,振幅(往复距)为 8~12 cm。旋转式的摇荡频率为每分钟 180~220 次。旋转式的耐用,且效果较好。

(五)实验室设备

具有一定规模的专业菌种厂,为了便于对菌种、培养料及其代谢产物进行检查、观察、化验和分析,有必要设置普通的实验室。实验室常用的仪器设备有天平、干湿温度计、玻璃器皿和器具、孢子采集器、光学显微镜、电冰箱、冷藏箱及电热干燥箱等,可根据单位的具体条件设置。

1.天平

天平的类型有多种。常用的托盘天平,又称架式天平,称量为 1 000 g,感量 1.0 g(即精确度为 ±1.0 g);扭力天平,称量 100 g,感量为 0.01 g;分析天平,称量 100 g,感量 0.1~1.0 mg。

2.干湿温度计

常用的是市售干湿球温度计,可同时观察环境的温度与湿度。将干球温度计的读数减去湿球温度计的读数得差数。旋转制动螺丝,对准其差数,差数与干球温度垂直交叉处的读数即为空气的相对湿度。例如,干球温度计的读数为 22 ℃,湿球温度计的读数为 19.5 ℃,干湿温度差 2.5。在纵行 22 ℃ 与横行 2.5 垂直交叉处的读数为 73,即说明空气相对湿度为 73%。

自动记录温度计,能自动记录一天 24 h 内的温湿变化,因价格较贵,一般菌种厂很少购置。可以购买 2 支普通温度表(用前最好进行校对),找一个薄木板,将 2 支温度表并列固定在木板上。2 支温度表中间留出 10 cm 左右的间隔,以便安放盛水的小瓶。其中 1 支温度表的水银柱头用易吸水的纱布条包裹扎牢,纱布的另一端放入装有清水的小瓶内作为湿球,即成为自制干湿球温度计。观测时先看干、湿温度计的度数,计算出干湿球温度差,再查看温湿度换算表即可。例如,干球温度计读数为 18 ℃,湿球温度计读数为 16 ℃,在温、湿度换算表纵行中查找 18 ℃,再查横行干、湿温度差为 2 ℃,其垂直交叉处的读数为 76,即空气相对湿度为 76%。

3.玻璃器皿和器具

常用的玻璃器皿有烧杯、烧瓶、培养皿、漏斗、量筒、酒精灯、称量瓶、试管、接管研钵等,其他器具有剪刀、镊子、试管架等。

4.孢子采集器

是采取菌类孢子的一种专用装置,它是由有孔钟罩、搪瓷盘、培养皿、不锈钢丝支架和纱

布等组成。

5. 光学显微镜

采用一般双目或单目光学显微镜,观察菌丝的生长状况,分辨杂菌及病虫害的种类等。显微镜是贵重的光学仪器,使用时应严格遵守操作程序,平时应避免与酸碱、氯仿、乙醚、酒精等放在一处,以免受腐蚀。

6. 电冰箱和冷藏箱

电冰箱和冷藏箱是冷冻器具中的两种小型冷藏设备,在食用菌制种中主要用于保藏菌种和其他物品。

7. 电热干燥箱

用于烘干测定产品及配料等的含水量,以及各种玻璃器皿的干热消毒。

四、菌种制作

食用菌生产所用的菌种,是提供繁殖而分级制作的菌丝体培养物,相当于高等植物的种子。在自然界中,食用菌繁衍后代依靠孢子,孢子在适宜的环境下,萌发成菌丝体。菌丝体生长繁衍达到生理成熟后,在适宜的环境下,就可形成子实体。在人工栽培食用菌时,孢子虽然是它的种子,但人们至今都不用孢子直接播种,而是用孢子或子实体组织萌发而成的纯菌丝体作为播种材料。因此,通常所指的菌种,实际上是经过人工培养并进一步繁殖的食用菌的纯菌丝体。

制种是食用菌生产最重要的环节。常言道:"有收无收在于种,收多收少在于管",可见菌种在生产中的重要性。在食用菌生产过程中,菌种好坏,直接影响食用菌的产量和质量。因此,培育优良菌种,是提高食用菌生产水平的重要环节。人工培养的菌种,根据菌种培养的不同阶段,可分为母种、原种和栽培种三类。一般把从自然界中首次通过孢子分离或组织分离而得到的纯菌丝体称为母种(或称一级种),它是菌种类型的原始种。原始母种通过移接(转管)成数支试管(斜面)种,这些移接的试管种,亦可称为母种。把母种移接到木屑、谷粒、棉籽壳、粪草等瓶(袋)培养基上培养而成的菌种称为原种(或称二级种)。它是母种和栽培种之间的过渡种。把原种扩接到相同或类似的材料上,进行培养直接用于生产的菌种称栽培种(或称三级种)。原种和栽培种,均能直接用于生产。栽培种不能再扩大繁殖成栽培种,否则会导致生活能力下降。

(一)母种制作

1. 母种培养基配方

母种培养基常用琼脂作凝固剂,琼脂又名洋菜或冻粉,从海藻石花菜或其他红藻中提取加工而成,为透明、无味、粉条或粉末状。琼脂的主要化学成分是多聚半乳糖的硫酸酯,包括D-葡萄糖醛酸、L-半乳糖、D-半乳糖、3,6-脱水-L-半乳糖和丙酮酸等。干琼脂一般含水16%,灰分4.4%,氧化钙1.15%,氧化镁0.77%,氮0.4%。琼脂化学结构稳定,不易被菌丝分解利用,在培养基中仅起凝固剂的作用,其在96℃时融化成液体,冷却到45℃以下即重新凝固。由于用琼脂配制的固体培养基清晰透明,便于观察菌丝的形态,故成为常规斜面或平板培养基不可缺少的材料。其用量因使用季节、目的和琼脂本身质量的不同而异,一般在冬天加1.5%~1.8%,夏天为2%;分离菌种时加2.5%,生产时加1.5%~2%。琼脂用量过多,培养基较硬,保水性好,不易干燥,但成本高。须指出,即使是最纯品的琼脂,也仍然含有微量的含氮化合物及残存无机盐,因此在进行营养要求精确的实验中,最好不用

琼脂。对于生产而言,要求培养基营养丰富,菌丝健旺,因此采用各种加富培养基。常用的母种培养基如下:

(1)马铃薯-葡萄糖-琼脂培养基(PDA) 去皮马铃薯200 g,葡萄糖20 g,琼脂20 g,水1 000 mL。这种培养基养分较少,菌丝不会陡长,常用于菌种分离、提纯及转管保存菌种。

(2)去皮马铃薯200 g,葡萄糖20 g,磷酸二氢钾2.5 g,硫酸镁0.5 g,蛋白胨3 g,维生素B_1 20 mg,琼脂20 g,水1 000 mL。

(3)去皮马铃薯200 g,葡萄糖20 g,磷酸二氢钾2 g,硫酸镁0.5 g,琼脂20 g,柞木屑100 g,水1 000 mL。

(4)高粱粉50 g,葡萄糖10 g,磷酸二氢钾2 g,硫酸镁0.5 g,琼脂20 g,水1 000 mL。

(5)平菇200 g,葡萄糖20 g,磷酸二氢钾2.5 g,硫酸镁0.5 g,蛋白胨3 g,琼脂20 g,水1 000 mL。

2.试管斜面的制备

(1)配制培养基 选择优质马铃薯,去皮(挖去芽眼),切成薄片,称取200 g,加水1 000 mL放入小铝锅内煮沸20~30 min,趁热用3层纱布过滤后取滤液,并用热水补充到1 000 mL,倒回小铝锅内。加琼脂继续加热,并用玻璃棒搅拌至琼脂全部溶化后,加葡萄糖,再补水至1 000 mL。

(2)分装试管 母种培养基一般以试管为容器,常用的规格为2种:18 mm×18 mm及20 mm×20 mm,培养基装量为10~15 mL,为试管长度的1/4~1/5,培养基不可沾附试管内壁,如有沾附物必须擦试干净。

(3)做棉塞 取适量棉花制作棉塞,棉塞要做得圆滑硬实,棉塞总长3~4 cm。标准的棉塞应是塞头较大,不易变形,入管的部分占塞总长的2/3,露在管外的部分则为1/3(不少于1 cm)。棉塞的大小、松紧要与试管口配套,塞入试管的棉塞要紧贴管壁,不留缝隙。过紧妨碍空气流通,也不便操作;过松则达不到滤菌目的,且棉塞易掉入或脱离试管。松紧度以提起棉塞而试管不脱落,拔出棉塞有轻微的声音为适宜。

(4)灭菌 将6~8支试管捆成1把,上面用牛皮纸或双层报纸包住,用皮筋或线绳扎紧,以防棉塞受潮。直立放在高压锅内灭菌。加热灭菌时,排尽锅内冷气,当温度升到121 ℃(压力1.0 kg/cm²)时,维持30~40 min后停止加热,待指针回到零点,先打开锅盖的1/5,利用余热烘干棉塞,等到无直冲蒸气时,再打开锅盖,取出试管。

(5)摆斜面 趁热将试管一端垫放到木条上,使其成一定角度的斜面,一般斜面长度达试管全长的1/2为宜。气温低时,覆盖保温,以防冷凝水过多,待完全凝固后,收取备用。

(6)灭菌效果检查 随机抽取5支试管,在25 ℃下进行空白培养3~5 d后,检查斜面上有无杂菌,如果发现有杂菌,说明灭菌不彻底,要废弃或重新灭菌,无杂菌出现即可供接种用。

3.接种与培养

(1)灭菌 接种前先将接种用具、培养基以及菌种等放到接种箱(或接种室)内,然后按每立方米用高锰酸钾5 g、40%甲醛溶液10 mL的量进行熏蒸消毒30 min,如有紫外线灭菌灯,同时开启照射30 min后进行接种。

(2)母种接种技术 接种在经过消毒的接种室、接种箱或超净工作台上,按无菌操作技术进行。

方法:①点燃酒精灯,将接种钩火焰灭菌;②将试管棉塞拧转松动,以利接种时拔出,然后左手托着两支试管,一支为母种,一支为斜面培养基,斜面朝上,并使其位于水平位置;③右手拿接种钩在酒精灯上烧红灭菌,凡进入试管的部分,均用火焰烧灼灭菌;④用右手的小指、无名指及手掌拔掉棉塞;⑤将烧红的接种钩伸入母种试管内,先将钩触到没有长菌的培养基上,使钩冷却,然后钩取少许母种,可带部分培养基,慢慢将钩抽出试管,迅速将钩上的母种放入试管斜面培养基中间,将接种钩从试管内抽出,并在火焰上烧灼灭菌;⑥最后将两支试管棉塞塞紧。一切动作需要在酒清灯火焰附近进行,如图1-13所示。

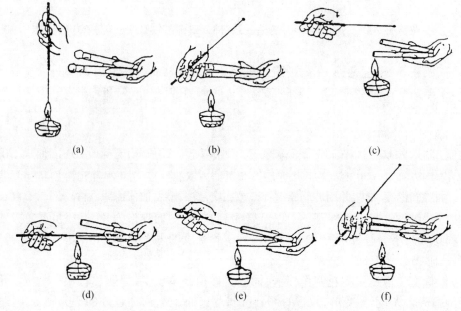

图1-13　母种接种技术

接种完毕,试管上贴上标签,注明菌名、接种日期。

(3)培养　将接种后的试管放入25 ℃的培养箱或培养室进行恒温培养至菌丝长满试管斜面。在培养过程中要随时检查,挑除有杂菌感染或有异常现象的试管,以保证母种的质量。

(二)原种制作

原种是将母种转接于装有培养料的菌种瓶或袋中进行扩大培养的菌种(二级种)。原种制备程序如下(工艺流程图如图1-14所示):

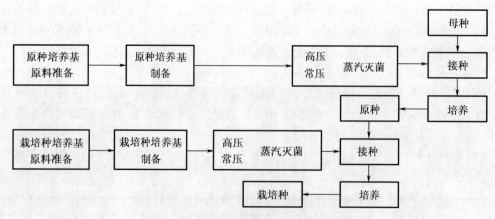

图1-14　原种及栽培种生产工艺流程图

1. 配方与拌料

(1)阔叶树的木屑 78%，麸皮 20%，红糖(或白糖)1%，石膏 1%。含水量在 60% 左右，pH 值 5.5~6.5。

(2)棉籽壳 90%，麸皮 8%，红糖 1%，石膏 1%。含水量在 60% 左右，pH 值 5.5~6.5。

(3)棉籽壳 42%，木屑 40%，麸皮 16%，红糖 1%，石膏 1%。含水量在 60% 左右，pH 值 5.5~6.5。

(4)麦粒 99%，石膏 1%。麦粒用 1% 石灰水浸泡 12~24 h(因气温而定)，加热煮沸 15 min，以麦粒不开花为适，然后捞出麦粒稍微晾干，拌入石膏立即装入专用菌种瓶或输液瓶，每瓶装湿麦粒 300 g，瓶肩处装一薄层棉籽壳封口料，以减少杂菌污染。

在配料过程中，要注意以下几点：

(1)锯木屑要过 2~3 目筛，除掉木块、木条、木片、霉料团等硬物，按照生产计划配料，用机器或人工充分拌匀，将红糖溶于水中，随水均匀拌入料内。要做到主、辅料均匀，干湿均匀，酸碱度适宜，无生料团。

(2)搞好环境卫生，拌料的场地最好是水泥地，要提前用水冲刷干净，尽量减少污染。

(3)灵活掌握含水量，对干料、细料加水宜多一些；对湿料、粗料加水宜少些。在水泥场地拌料加水宜少一些，在干泥渗水场地拌料，加水宜多一些，具体加水量以拌好料堆闷半小时后，用手紧握料有水从指缝渗出、但不成滴下落为准。

(4)操作要快速，在气温高时(28 ℃左右)，如拌料至灭菌时间过长，则料易变酸。轻者影响发菌，重则不发菌。因此，要合理安排好生产量，保证在高温期从拌料到灭菌不超过 4 h，在低温期从拌料至灭菌不要过夜。

2. 装瓶与封口

所用菌种瓶要提前刷洗干净，控干后备用。木屑或棉籽壳培养料装瓶，装料至瓶颈可用木棒压实、压平，料面须在瓶肩以下。然后要在料中间扎直径为 1.5~2 cm 的孔，将瓶口内外壁擦净。

取一块完整、略大于掌心的棉絮卷成棉塞，棉塞要比瓶口略粗，稍用力即可旋入瓶口为宜。塞入瓶口 2/3，外露 1/3，棉塞头部与瓶颈的底口平，要松紧适度。过紧，影响通气，发菌慢；过松不但棉塞易脱落，且起不到过滤杂菌的目的，引起杂菌感染。塞好棉塞后，盖上牛皮纸或双层报纸，用皮筋扎紧。

3. 灭菌

采用高压灭菌或常压灭菌。高压灭菌的压力通常为 1.5~2 kg/cm^2，灭菌时间为 2~2.5 h。常压灭菌需 8~10 h。

4. 接种

接种前必须使瓶温降至 30 ℃左右，防止高温接种热死菌种。有冷却室的在冷却室冷却，没有冷却室的可直接在接种室冷却。每支母种可转接 3~4 瓶原种。接种前，首先把接种室(箱)打扫干净，喷 2% 来苏儿或新洁尔灭净化空气，再把已灭菌的菌种瓶及用具全部搬进去，然后按常规对接种室(箱)进行严格消毒。接种需严格按照无菌操作进行。

具体操作方法：接种者手持母种试管，用酒精棉球将试管擦 2 次，然后拔开棉塞，试管口对准酒精灯火焰上方，用火焰烧一下管口，把烧过的接种耙迅速插入种管内贴玻壁冷却，将斜面前端 1 cm 长的菌丝块挖去，剩余的斜面分成 3~4 段，另一个人在酒精灯火焰上方，在接种者取好菌种块的同时拔开原种瓶棉塞，接种者将菌种块取出，快速接入原种瓶的接种穴内,棉塞过火焰后塞好。如此一支试管可接3~4瓶原种。每接完一支试管,接种耙要重新消毒,防止交叉感染。接完种后,立即将台面收拾干净,将各种残物如试管、洒落的培养基、消毒用过的棉花等均清出室外,照前述方法进行第二轮接种。

5.原种培养须注意如下事项:

(1)提前几天打扫培养室,对水泥墙壁、地面进行清洗,严格消毒处理后方可使用。培养室要求保持空气干燥、清洁、避强光,留有能启闭的通风口,空气流通无死角。

(2)将接种后的原种瓶搬入培养室,保持温度在25 ℃左右,空气湿度55%~65%。一般3~5 d菌丝即可吃料,7~10 d菌丝即可封面。待菌丝封面后,加强通风换气,保持室内空气新鲜,一般培养25~85 d菌丝即可长满瓶。

(3)培养期间要随时检查,发现杂菌污染应及时采取措施。原种瓶内杂菌滋生部位不同,其污染原因亦不同:如棉塞受潮,空气湿度过大,瓶口部位易滋生红色链孢霉;如瓶内上下均出现绿霉及毛霉等杂菌,则可能是灭菌不彻底;如随机发现接种块四周发生杂菌,则可能是接种操作不熟练或棉塞过松所致;如紧邻几瓶的种块全部滋生杂菌,可能是母种带杂菌或接种工具灼烧灭菌不严所致。不管哪种情况,一发现杂菌危害后,必须及早清除,以防蔓延导致大批菌瓶出现杂菌感染。初期污染物的种瓶,必须重新彻底灭菌、重新接种,不可延误。

除染杂菌外,有时可能出现种块不萌发。其原因有:一是接种工具灼烧后未冷却就挖取菌种块,菌丝被烫死或菌丝过火焰时被火焰烧死;二是母种干缩老化,失去萌发力;三是培养温度不适宜,菌种瓶灭菌后未冷却,菌种受热而死。

有时菌种块虽能萌发,但不吃料,其原因主要是:菌种块与培养料结合不紧密;培养料偏干;培养料的酸碱度不适宜;培养料内加入了过量抗杂菌药物,如多菌灵等。因此接种时要使菌种块与培养料紧密结合;坚持随拌料随装瓶,及时灭菌防止培养料变酸;选用木屑时要严防混入松柏木屑;配料时不要随意添加或过量添加多菌灵等抑菌药物,以防菌丝生长受到抑制;要保持室内空气湿度55%~65%,要远离热源,使种瓶受热均匀。

6.原种标准

优良原种的主要标准如下:

(1)菌丝洁白无杂菌,棉塞纸盖均无霉点,菌丝满瓶。菌丝长满瓶后,表面分泌茶色液滴,有少数原基形成,可视为正常。

(2)打开瓶塞有食用菌独特的芳香味,无霉味和酸臭味。

(3)从原种瓶中随机挖取一块菌种,成块而有韧性,不松散。将种块接于新的培养基上,在25 ℃下培养,菌种萌发正常。劣质原种的表现是菌丝表面出现杂菌斑纹(拮抗线),菌丝细弱,脱壁萎缩,发黄老化,这样的原种不能用于生产。

(三)栽培种制作

1.栽培种培养基制作

栽培种培养料配方、配制方法均同原种配方1、配方2和配方3。培养料配好后装聚丙烯塑料袋中(34 cm×17 cm)。边装袋边稍压实,料装至袋的2/3处,擦掉塑料袋表面的料渣,中间用木棒扎眼,扎到底部,封袋口。袋口套一直径为2 cm的颈圈后,将袋口反折下,颈圈塞上棉塞,然后灭菌。若采用高压灭菌,则在1.5 kg/cm² 压力下灭菌1 h;常压灭菌,开锅后蒸8 h。灭菌后取出放入消毒的接种室内接种。

2. 接种与培养

当塑料袋温度降到 30 ℃ 以下时接种,工具用接种钩、接种铲。二人合作,手用 75% 酒精棉球擦拭消毒,菌种用新培养好的无杂菌原种,点燃酒精灯,一人用烧灼的接种钩钩取一小块原种,另一人拔掉袋口棉塞,放入原种后,迅速塞好棉塞,每瓶原种可接 30~50 个塑料袋,然后放在培养室内遮光适温(25~28 ℃)培养。3~5 d 后菌丝开始萌动,7~10 d 开始吃料。发现杂菌及时清除。适当开门通风,保持培养室干净温暖、空气新鲜,经 50~60 d 后菌丝长满塑料袋,无杂菌即为栽培种。

第三节　黑木耳栽培技术

一、概述

(一)黑木耳食、药用价值

黑木耳,生长在朽木上,形似人的耳朵,色黑或褐黑,故名黑木耳。黑木耳学名 Auricularia auricula(L. ex Hook) underw, 又名木耳、光木耳、云耳等,属于真菌门、担子菌纲、银耳目、黑木耳科、黑木耳属。黑木耳是我国主要食用菌之一。其产量与质量居世界首位,是我国传统的出口商品,在国际市场上信誉很高,世界年需要量约 1 000 t 以上,我国约占一半。黑木耳自古以来就是人们喜爱的山珍,它质地细嫩,滑脆爽口,是一种营养丰富的食用菌,有显著的保健功效。黑木耳中含有丰富的纤维素和一种特殊的植物胶质,能促进胃肠蠕动,促使肠道脂肪食物排泄,减少食物脂肪的吸收,从而起到减肥作用。黑木耳中的胶质,有润肺和清涤胃肠的作用,可将残留在消化道中的杂质、废物吸附排出体外,因此它也是纺织工人和矿山工人的重要保健食品之一。经常食用黑木耳能起到良好的保健作用。其蛋白质含量远比一般蔬菜和水果高,且含有人类所必需的氨基酸。据专家测定,每 100 g 黑木耳含蛋白质 10.6 g,脂肪 1.2 g,碳水化合物 65.5 g,粗纤维 7.0 g,钙 357 mg,磷 201 mg,铁 185 mg;还含有维生素 B_1、维生素 B_2、胡萝卜素、烟酸等多种维生素和无机盐、磷脂、植物固醇等。黑木耳的含铁量是芹菜的 20 倍,猪肝的 7 倍,是一种非常好的天然补血食品,而且钙含量相当于鲫鱼的 7 倍。

黑木耳被营养学家誉为"素中之荤"和"素中之王",每 100 g 黑木耳中含铁 185 mg,它比绿叶蔬菜中含铁量最高的菠菜高出 20 倍,比动物性食品中含铁量最高的猪肝还高出约 7 倍,是各种荤素食品中含铁量最高的。明代的名医药学家李时珍在《本草纲目》中记载,木耳性甘平,主治益气不饥等,有补气益智,润肺补脑,活血止血之功效;近代医学工作者对黑木耳的药用价值又有新的发现,认为黑木耳还具有清肺、润津、去淤生新的功效,黑木耳中还含有抗癌物质,是一种抗癌药用食品。黑木耳还可以促进人体血液循环,治疗冠心病等。黑木耳具有益智健脑、滋养强壮、补血治血、滋阴润燥、养胃通便、清肺益气、镇静止痛等功效。据美国明尼苏达大学医学院的研究发现,黑木耳内还有一种类核酸物质,可以降低血中的胆固醇和甘油三酯水平,对冠心病、动脉硬化患者颇有益处。黑木耳中的多糖有抗癌作用,可供肿瘤病人食疗。最新研究发现,黑木耳具有化解体内结石的功效,这主要是因为黑木耳中含有的发酵素和植物碱能够有效地促进消化道和泌尿道内各种腺体的分泌,并可催化体内结石、润滑管道、促使结石排出。此外,黑木耳中所含有的多种矿物质元素还能使体内的各

种结石产生化学反应,剥脱,瓦解,不断脱屑缩小,然后再经管道排出。另外,黑木耳中还含有较多量的具有清洁血液和解毒功效的生物化学物质,有利于人体健康。大力发展黑木耳的生产有着重要的意义。

（二）黑木耳生物学特性

黑木耳是一种大型真菌,由菌丝体和子实体组成。菌丝体无色透明,由许多具横隔和分枝的管状菌丝组成;子实体薄而呈波浪形,形如人耳(如图 1-15 所示),侧生于树木上,是人们食用的部分。子实体初生时为杯状,后渐变为叶状或耳状,半透明,胶质有弹性,干燥后缩成角质,硬而脆。耳片分背腹两面,朝上的叫腹面,也叫孕面,生有子实层,能产生孢子,表面平滑或有脉络状皱纹,呈浅褐色半透明状;贴近木头的为背面,也叫不孕面,凸起,青褐色,密生短绒毛。子实体单生或聚生,直径一般为 4~10 cm。

图 1-15　黑木耳子实体

（三）黑木耳对环境条件的要求

黑木耳生长发育过程中,主要需要适宜的营养、温度、水分、空气、光照和酸碱度等环境条件。

1. 营养

黑木耳是一种木腐菌,对营养的要求以碳水化合物和含氮物质为主。碳源如葡萄糖、蔗糖、麦芽糖、淀粉、半纤维素、木质素等,氮源如蛋白质、氨基酸等,还需要少量的无机盐,如钾、镁、磷、钙等。黑木耳菌丝在生长发育过程中,能分泌多种酶,对木材有很强的分解能力。木材中的纤维素约占 50% 左右,木质素和半纤维素各含 20% 左右,因此木材中的碳源十分丰富。木材的氮源相对较少,特别是生长在脊薄、背阴山坡上的耳树含氮量更少;而生长在土壤肥沃、向阳山坡上的耳树,含氮量较大,木质疏松,边材发达,心材小,营养丰富。特别是收浆时砍树,储藏的养分更为丰富,栽培黑木耳能获得优质高产。

2. 温度

黑木耳是中温型菌类,对温度的适应范围较广。黑木耳菌丝体在 5~35 ℃ 之间都能生长,但以 22~28 ℃ 适宜。低于 15 ℃ 或高于 30 ℃,菌丝的生长便会受到抑制。自然界常会出现高温或低温,而生活在耳木里面的菌丝对高温或严寒都有很强的适应能力,所以经过严冬和盛夏也不至于死亡,但低温和高温对菌丝的影响是不一样的。低温,菌丝生长发育慢,但健壮,生活力旺盛;高温,菌丝生长发育速度快,但易衰老,且生活力弱。黑木耳子实体生长的适宜温度以 18~25 ℃ 为宜;担孢子萌发的适宜温度为 22~28 ℃,温度过高或过低都很

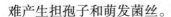

难产生担孢子和萌发菌丝。

3. 水分与湿度

黑木耳在不同的生长发育阶段,对水的需要量是不同的,从菌丝的生长发育到形成子实体,需要的水分应由少到多。菌丝体生长发育时期,段木的含水量以40%~50%为宜,栽培料的含水量以60%~70%为宜。这种含水量利于菌丝在基质中定植和蔓延。子实体生长发育阶段,段木的含水量以70%~80%为宜,空气的相对湿度应保持在85%~95%。若段木水分和空气相对湿度不足,子实体不易形成或干缩。

4. 空气

黑木耳是好气性真菌,在其整个生长发育过程中都需要充足的氧气,因此要保持栽培场地的空气流通,以满足菌丝体和子实体对氧气的需要,使其正常地生长发育。

5. 光照

黑木耳菌丝体,在完全黑暗的条件下可以发育,但充足的散射光对菌丝体的发育有促进作用。木耳子实体,在充足的散射光下,才能生长良好,子实体肉质肥厚,颜色深褐,鲜嫩茁壮;在弱光下,子实体发育不良,色淡质薄;在完全黑暗环境中,子实体难于形成。

木耳对直射光的适应性强,强光曝晒,对幼耳的形成无大影响,但烈日曝晒必将引起水分大量蒸发,使耳木干燥,子实体生长缓慢,影响产量,应及时搭棚或增加喷水量,以适应木耳的生长发育。

6. 酸碱度

黑木耳菌丝生长的酸碱度,以pH值5~6.5之间最为适宜,pH值在3以下和在8以上则不能生长。在段木栽培中,一般很少考虑酸碱度这一因子,然而在菌种制备中,需要将培养料pH值调至适度,以便于菌丝的生长。

二、黑木耳段木栽培技术

(一)栽培场地

木耳的栽培场所叫耳场。选择耳场的标准应是避风、向阳、空气流通,水源近、排灌方便。栽培黑木耳的场地,最好选择海拔在1 000 m以下的背风向阳,光照时间长,遮阴较少,比较温暖,昼夜温差小,湿度大,而且耳树资源丰富,靠近水源的地方。耳场选好后,要进行清场,即伐净过高的杂树及灌木,清除腐朽的树桩、枯枝、乱石,同时开好排水沟,并撒上石灰进行场地消毒和灭虫。

(二)选择树种

木耳是一种腐生菌,除含有松脂、粗油、醇、醚等杀菌性物质的松、杉、柏等针叶树,以及含有少量芳香性杀菌性物质的阔叶树如樟科、安息香等树种外,一般阔叶树种都能生长木耳。我国栽培木耳常用的树种有壳斗科的栎树、栗树,榆科的白榆、青榆、大叶榆,胡桃科的核桃树,桦木科的白桦,杨柳科的大青杨、白杨、山杨,蔷薇科的苹果树、梨树、杏树、李树等,都是较为普遍的树种。果园整枝和更新的树干,人行道树木修剪下的枝条均可利用。耳木直径在4~10 cm,树龄7~10年较为适宜。

(三)准备耳木

选定树种后,于老叶变黄到新叶初发前砍伐(即冬至到立春),伐后就地干燥10~15 d,待树木稍干再削梢剃枝,同时把树干和大枝条锯成1~1.2 m的段木,用井字形堆叠在地势高燥,通风向阳的地方,堆高1 m左右,上面及四周盖上枝叶或茅草,使其适度干燥,防止曝

晒造成树皮脱落。此后每隔 10~15 d 翻堆一次，使段木上下内外互调位置，促使干燥均匀，一般堆晒 1 个月，雨天最好盖上薄膜，防雨淋回潮。段木七成干左右，两端截面出现丝毛裂纹时，即可接种。如冬伐段木和整枝剪下的枝条过于干燥，可在接种前放河水畔泡浸数小时，取出曝晒 2~3 d，使树皮干燥，内部含适量水分，再接种。若将段木进行熏烤处理，能达到病虫害少、出耳早、产量高、质量好的目的。其具体方法是挖一地槽，里面堆放柴草，点燃，逐一将段木架在地槽上面熏烤，不断移动，到段木表面见到火星为止，待段木温度下降以后再进行接种。

（四）接种

把培养好的菌种接到耳木上，是人工栽培木耳的关键环节。接种质量好，木耳菌丝占领段木早，杂菌难侵入，当年可产耳，并连续收获三年。

1. 播种时间

冬季砍伐段木，播种时间一般在春季 3~4 月间进行。同一时间各地气温有差异，一般应在气温稳定在 15 ℃左右时播种。亦可适当提前，当气温在 5 ℃左右时，进行播种，能够减少与大田作物争夺劳力的矛盾，同时，由于木耳菌丝体先占据段木，将减少杂菌入侵的机会。耳木播种，最好抓紧在雨后初晴、空气湿度比较适宜的情况下进行，不宜在烈日下或雨天进行，以防菌种干燥和雨水浸入，影响成活率。

2. 播种方法

木耳菌种的类型不同，在播种时其操作方法亦有差异，现介绍几种主要的播种方法。

（1）木屑菌种播种方法　段木接种的要点是将菌种接入树皮下富含营养成分的形成层，要做到这一点就得在段木上打孔。段木打孔要使用特殊打孔器，即在特制铁锤的前端装上配有口径 12 mm 可拆卸的冲头冲击段木，冲出一孔穴，这种方法较迅速。段木上击孔，树径越大，效率越高；反之，树径过小，易打偏孔，可改用电钻打孔，在电钻头上加止钻弯还可控制钻孔深度，钻头直径为 12 mm。无论采用哪种打孔方法，孔径均要求 12~13 mm、孔深 18~25 mm。气候干燥、树皮厚、段木过干的可打深点；反之，浅些。用皮带冲、手摇钻或电钻在段木上打穴，一般行距 4~6 cm，穴距 10~12 cm。由于菌丝在段木中纵向生长速度大于横行生长，所以穴距大于行距，菌丝才能均匀地长满耳木。若段木粗，材质硬，可适当密些，反之亦可稀些。穴的直径 1~1.2 cm，穴深达木质部 1.2~5 cm。第一穴位应离段木两端 5 cm 左右，行与行的穴交错成品字形或梅花形。打穴后，取一小块菌种塞进穴内，以装满植穴为止，但装量不宜过多。菌种装完后，即刻放一个稍大于植穴口径的树皮盖，用小铁锤或打孔器背面铁锤敲紧、敲平。树皮盖不能凹下，也不应凸出。树皮盖凹陷，容易积水腐烂菌种，也容易滋生杂菌；树皮盖凸出，容易碰落，使菌种干燥，影响菌种的成活率。也可涂抹石蜡封口，具体方法是：取石蜡 70%，松香 20%，猪油 10%，加热熔化均匀，待稍冷却时用毛笔蘸取涂抹即可。播种操作在室内或室外荫蔽处进行，勿在阳光下接种，以防菌种晒死，更不能在雨天进行，以免杂菌污染。接种最好采用流水作业，边打穴，边接种，随即加盖，当天打的穴当天接完，当天挖出的菌种，当天用完。另外，还须用 14 mm 皮带，在废弃的段木上敲击出树皮盖，以便接种后盖封穴口，防止杂菌侵入。段木节疤和分叉处，接种穴距应相应缩短（多打几个孔穴）。

（2）枝条菌种播种法　枝条菌种播种法，其行距、穴距、深度皆与锯木屑菌种播种方法相同。取一枝条菌种插入植穴内，用小铁锤轻轻敲打，使枝条与段木表面贴平。由于枝条粗细不一，应使用大小不同的打孔器，分批在段木上打孔，以便选用适合的枝条进行插入。在细枝条菌种播种之前,可先在孔穴里塞入少量木屑种,然后插入枝条种,或者在一个植穴内插入几根枝条菌种。接种后,要求植穴内无明显空隙,以防菌种干燥。使用种木菌种时,直接将种木塞入孔穴,用木锤轻轻锤击扣紧,注意种木应和孔穴相吻合。切勿在雨天接种。一般做封口的树皮盖厚度以 0.3 cm 左右为佳,树皮盖太薄,容易晒裂脱落。树皮盖应比接种穴略大些,才能盖紧,不能用打孔器打出的小木块做盖子。盖接种穴时,盖皮纹理应与段木平行。木屑种培育方便,成本低,播种后植穴暴露面小,杂菌不易侵入,成活率高,但播种时加盖比较费工。

(3)楔木菌种播种法　楔木菌种播种时,用特制的口刃约 1.5 cm 宽的接种斧,在段木上凿成 45 度斜角的接种口。用接种斧背敲打楔木使之与段木表面相平。

(五)栽培管理

播种之后,生产管理又是重要的一环,直接关系到菌丝体成活率的高低、产量的多少,只有切实地加强日常的栽培管理工作,才能争取木耳的优质高产。

1. 段木上堆发菌——困山

人工播种后的段木,需集中堆放在一起进行发菌,使菌丝体在段木中萌发和生长。将接种后的段木暂集中在一个适合菌种恢复生长的场所,栽培上叫假困山,它是提高接种成活率的重要措施之一。假困山宜选择避风、向阳、有一定遮阳度的林地缓坡,根据场所海拔高度、接种时气温、场所大小,选择不同的假困山方式。

(1)假困山方式

①竖堆　适合于 12 月份至翌年 2 月份高海拔寒冷地区接种后进行保温。方法是在平地处打 90 cm 高的木桩,地上铺层薄树叶更好,在木桩的周围逐渐地竖堆,将接种好的段木,小头朝下、大头朝上,堆顶用树枝叶铺顶,厚度为 20 cm,再用塑料薄膜盖上,用绳子将塑料薄膜及段木扎紧,最后再盖上草帘。

②横堆　在地面石块上面横放两根段木,将接好种的段木堆放在上面,大口径段木排上、小口径段木排下,堆高 80～100 cm,上面覆盖厚枝叶,四周用草帘围上。此法适用于干燥气候和持水力较差的坡地。

③"井"字形堆放　在栽培场地内选择干燥、阳光充足的地方,先打扫干净,用砖块或枕木在地面垫上作堆脚,堆高 10～15 cm。把已经播种的段木依不同的树种、粗细、长度分类横向摆放在枕木上。段木之间应留有一定的空隙,以便通气。第一层摆满之后,再在其上放第二层,与第一层垂直交叉,即上下层段木呈"井"字形。依此类推,堆积成 1 m 左右高的段木堆。段木含水量较大的,彼此之间距离稍大些,以利通风干燥。当段木上堆以后,为了给木耳菌丝体的定植、生长创造条件,还需用草帘或塑料薄膜覆盖,藉以保温、保湿。将细口径段木放下层,粗口径段木置上层,"井"字形紧密堆放,上覆盖 20 cm 厚枝叶,其适用场地小或含水量较高的段木。假困山堆放时,无论采用何法,都必须覆盖枝叶,严寒地区需外盖塑料薄膜保温、保湿,但底部不能盖得过于严实。

④接种成活率检查　假困山时间的长短,视当地气候条件而定。秋季接种的,从堆垛到春初,每个月巡视 2 次,并注意防止堆温上升到 18 ℃,最适温度在 15±2 ℃,以防杂菌滋生。接种 20 d 后,随机抽出 1～2 根段木观察,如在接种穴四周有白色菌丝蔓延,说明已成活;也可用小刀撬开树皮盖或刮掉蜡层,观察菌丝是否长到段木的木质部与形成层中。如菌种保持原来的黄白色,并有大量白色棉毛状菌丝向四周伸展,说明困场干湿适宜;如菌块仍为黄色,一碰即碎,说明段木过干,应马上淋水增加湿度;如菌块变黑、发黏、有臭味等,说明段木

过湿,易致杂菌侵入,应把堆木排开,通风干燥后补种。

(2)困山　假困山之后,菌丝已在段木中蔓延,由于气温回升快,再继续假困山,必将使堆内湿度过大,有利于杂菌的滋生,因而必须把段木堆拆散,移入较通风、适于木耳生长的环境中继续培养,这一过程称为困山。困山场所宜选择有较大昼夜温差的东南平缓坡,一般在阔叶混交林内,上阴下干,遮阳度为70%。常用覆瓦式困山法。根据困山场坡向坡度,在遮阳度较高的阔叶林内困山,段木可排稀些;针叶林内,通风较强,光线较亮,为防止树皮开裂,段木顶面上还要覆盖枝丫或其他不易腐烂的遮阳物,段木可排密集些;空旷地段木排列更密集,并用枝丫、树叶等遮阳,覆盖宽度至少要超过段木堆一倍,以防夕阳斜晒,覆盖厚度为30 cm。困山与假困山的区别在于假困山以保温发菌为主,困山以遮阳、通风、防杂菌为主。

(3)发菌管理　在上堆发菌期间,应加强温度、湿度、通风和翻堆的管理工作,以促使菌丝早定植、早出耳。

①温度管理　上堆发菌时期,自然气温较低,用塑料薄膜覆盖的,在阳光充足的天气,特别是中午前后,堆内容易出现短时间的高温,甚至超过32 ℃,夜间的温度有时低于15 ℃或5 ℃。高温时应及时揭膜降温,低温时应盖膜保温,以利于木耳菌丝的生长。

②湿度管理　木耳菌丝体发育阶段,堆内空气相对湿度以不超过80%为宜。当见到塑料薄膜内有水珠附着时,即表示湿度已够。随着堆积时间的延长,气温逐渐升高,可视段木干湿程度,每隔5～6 d喷水一次,或者翻堆时适当喷水,以保持堆内有较适宜的湿度条件,但切忌湿度过大危害菌丝的生长。在每次喷水之后,不应急于盖上薄膜,应晾一段时间,待段木表皮稍干再重新覆盖。

③通风　草帘覆盖的段木通气较好,容易管理。用塑料薄膜覆盖的,如果不注意及时通风换气,必然会使二氧化碳等有害气体增加,严重时会使菌丝体窒息死亡,同时也给杂菌造成滋生的机会。一般在上堆之后一周左右不必换气,一周后就应经常揭开覆盖物通风,气温较低时应在中午进行。换气时将塑料薄膜底边卷起一些,或将塑料薄膜全部揭掉。上堆20 d之后,应每天换气一次,务必使堆内空气新鲜,氧气充足。

④翻堆　在上堆发菌过程中,还应翻堆,使堆内段木温湿度一致,发菌均匀。段木上堆一周之后,开始第一次翻堆。把堆中上下内外的段木调换一下位置,原来在外层和上层的段木,摆到中间和下层,翻堆完成后,再用覆盖物盖好。此后,每隔一周左右翻堆一次,前后翻3～4次。翻堆时,如果发现段木上已生杂菌,应及时用小刀刮除,杂菌着生部位用1%～3%生石灰液或2%～5%漂白粉液消毒杀菌。

(4)菌丝生长情况检查　若段木含水量合适,接种方法正确,在15 ℃以上气温下,3～4 d即可看到接种材料长出白色菌丝。10 d左右,挖出菌种观察,可见木质部长有白色菌丝,这就是菌丝已在耳木定植。一个月左右,树皮盖子已被菌丝黏紧,孔穴周围可见到白卷,用手轻压孔穴附近觉得松软,叩打段木时发出浊音或半浊音,说明菌丝发育良好,即将出耳。如果段木仍然很坚实,叩打声音清脆,菌种变黑色,孔穴周围被黄、青、红等杂菌所侵占,树皮盖子脱落,则为没接活的表现,要立即打孔重种。

发菌时间的长短,应根据气温与段木种类、大小等情况确定。堆内温度15～20 ℃,发菌时间需要30 d左右或稍长一点。若堆内温度经常在20 ℃以上时,只需20 d左右即可。木质较硬、树龄较大以及容易萌发新芽的段木,发菌时间适当延长。

2. 散堆排场

段木上堆一个月左右,木耳菌丝体开始纵横蔓延,并有少量子实体发生,这时应散堆排

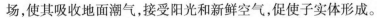

场,使其吸收地面潮气,接受阳光和新鲜空气,促使子实体形成。

排场时将段木一根根平铺在栽培场地上,每根段木相距6~8 cm;也可用枕木将其一端或两端架高10~15 cm,以利于通风及周身出耳,避免段木贴地因荫蔽过度,滋生杂菌。在段木排场时期内晴天早晚各喷水一次,以保持段木的湿度。每10 d左右要翻动一次,使吸潮均匀。经40 d左右的排场,耳芽大量发生,便可起棚、上架。

3. 起架出耳

段木经过排场管理,会产生大量子实体,应进行起架出耳。

(1)起架方法 一般多采用"人"字架形。具体做法:用4根长约1.5 m的木杆交叉地绑成两个"人"字形,把横木放在交叉处的上面卡住,也可在横木两端埋立有叉的木桩,把横木放在叉内或用铁丝牢固地绑在木桩上。横木距离地面70 cm左右。把段木交叉搭在横木两侧。立棒角以45°为宜,雨少可平些,雨多可陡些,每根段木之间相距6~10 cm,做到"上能伸拳,下能伸脚",架与架之间留下作业道,便于采收管理(如图1-16所示)。

图1-16 黑木耳人字形起架及出耳

(2)出耳期间的管理 起架以后出耳期间的管理主要是湿度,要创造"干干湿湿"的外界条件。木耳子实体生长需保持相对湿度在90%左右,若低于70%,则难以形成耳芽;若长期天旱,应每天喷水1~2次,有条件的地方可用喷灌机、旋转喷雾机等人工降雨设备,喷水宜在下午或黄昏进行。每次采耳后,应停止喷水,让耳木在阳光下晒一段时间,待其表面稍干燥、菌丝恢复生长后再喷水,促使新的耳芽生长。头两天在早晚要浇足水,以后看天气和耳片开展情况适当浇水,原则是气温高,水分蒸发快,场地及耳木干燥,喷水多些,反之少些;晴天多喷,阴天少喷,雨天不喷,喷时早晚进行,中午前后不喷,用手摸耳片,有湿润感觉即可。空气相对湿度一般保持在85%~95%,约7~10 d子实体长大成熟。有些地方掌握干湿的经验是采取"七湿三干"的方法,即晴天每天喷水1~2次,经5~6 d耳芽即长大成大木耳。

从耳芽出现到成熟,在湿度正常情况下,一般需15 d。当耳片颜色由深变浅、舒展变软,子实体腹面产生白色孢子粉时,应及时采收。采耳最好在雨过天晴或晴天的清晨进行,木耳在半干时采摘,质量最好。采收后,把每根段木上下倒头,使湿度均匀,并卷起或掀去覆盖物,停止喷水,让阳光照晒段木2~3 d,可使段木表面干燥开裂,有利于菌丝向纵深发展,促使菌丝发育成新耳芽,还可使木耳色黑健壮。然后再盖上覆盖物进行喷水管理,这时耳芽又

大量涌现。这样每 10~15 d 就可采收一批木耳。

在高湿高温的季节,要做到及时采收,加强通风,遮盖段木,避免雨淋。木耳生长最适温度为 20~28 ℃,气温超过 30 ℃,又遇连续阴雨时,木耳容易发菌腐烂。烂耳严重的段木,需要洗净,以利重新长出耳芽。

在出耳期间,可结合喷水施 0.5%~1% 的糖水或木屑煮出液、洗米水、豆腐废水等,也可喷 30 mg/kg 的柠檬酸和苹果酸水作追肥。追肥最好在木耳生长中、后期进行。若等段木养分耗尽才追肥,效果不大。在摘木耳后连续喷施追肥 2~3 次也有一定作用,但当木耳杂菌较多时,还是不追为好。

(六)越冬管理

每年的 10 月份以后,气温下降,菌丝休眠,停止出耳,此时即进入越冬管理。耳木仍按"井"字形堆叠在清洁高燥处,上面加盖碎枝叶保温保湿,一般不需喷水。如久旱无雨,耳木过干,可每隔半月喷些水,增加湿度(质地坚硬的耳木也可排场越冬,即在地面先放一枕木,然后将耳木一根根横放上面,一头搭地,一头架空)。在寒冷的北方和高山地带,可将耳木集中放在背风、向阳、干燥的场地上,平卧于地面,让耳木在积雪下越冬,依靠积雪和地温的保护,耳木内的菌丝能安度寒冬,避免耳木结冰,破坏木材结构,损伤菌丝。到第二年 3~4月气温回升,耳芽发生后,再行散堆起架管理采收。

(七)防治病虫害

黑木耳在生育过程中,如果管理粗放或在高温高湿的条件下往往病虫害发生严重。因此,在栽培中必须加强管理和认真做好病虫害的防治工作。

危害黑木耳的杂菌,较常见的有黑疔、革菌、多孔菌、青霉、木霉等。常见的害虫有蜗牛、菌蛆、蓟马、蛞蝓、伪步行虫、四斑丽脂等。防治上应认真贯彻"预防为主、综合防治"的方针。一般应抓好以下几点防治措施:

(1)在砍树、剃枝、截段、翻堆等过程中,尽量不要损伤树皮,截口和伤口要用石灰水消毒,以防杂菌侵入。

(2)选用优良菌种,适当提早接种季节,把好接种质量关,使黑木耳菌丝在耳木中首先占优势,以抑制杂菌危害。

(3)认真清理耳场,并洒施石灰粉进行地面消毒和喷 200 倍的敌敌畏药液消灭越冬害虫,以切断病源和虫源。

(4)耳木上出现杂菌,应及时刮除,以防孢子扩散,并用石灰水洗刷耳木,放于烈日下曝晒 2~3 天,然后再用来苏儿喷雾杀灭。

(5)害虫应根据不同的种类采用不同的药物防治。对蜗牛、蛞蝓等可用 300~500 倍的五氯酚钠喷洒地面驱除,或于清晨、傍晚进行人工捕捉,也可用 1∶50∶50 的砷酸钙加麦皮加水制成毒饵诱杀。蓟马可用 1 500~3 000 倍的乐果喷杀。伪步行虫,可用 1 000~1 500 倍的敌敌畏或 0.1%~0.2% 的敌百虫喷雾杀灭。四斑丽脂可用鱼藤精喷杀,也可用 300~500 倍的敌敌畏喷洒地面驱赶成虫。

(八)采收及加工

成熟的黑木耳,颜色由深转浅;耳片舒展变软、肉质肥厚,耳根收缩,子实体腹面产生白色孢子粉时,应立即采收。

采收的时间,最好在雨后初晴或晴天早晨露水未干、耳片柔软时进行。采收时用手指齐耳基部摘下,并把耳根处理干净,以免溃烂。如遇阴雨天,成熟的耳片也要采摘,以免造成烂耳。

采下的黑木耳,摊薄在晒席上趁热晒干。未干前不得翻动,防止耳片内卷失去美观。阴雨天可把湿耳在室内摊开晾干,等晴天再晒或用炭火烘干。干制的黑木耳,随即装入塑料袋,藏放干燥通风处,以防吸潮变质。

三、黑木耳代料栽培

黑木耳传统的段木栽培方法,生产周期长,资源受到很大的限制。随着木耳需要量的增加,人们在生产上已广泛采用代用培养料栽培技术。

（一）代用料的种类与配制

栽培木耳可采用的代用培养料及配方很多,现介绍如下几种供选用:

1. 棉籽壳78%,麸皮或米糠20%,糖1%,石膏粉1%。

2. 木屑78%,麸皮或米糠20%,糖1%,石膏粉1%。

3. 甘蔗渣83%,麸皮或米糠15%,石膏粉1%,黄豆粉1%。

4. 玉米芯79%,麸皮或米糠20%,石膏粉1%。

5. 豆秸(粉碎)88%,麸皮或米糠10%,糖1%,石膏粉1%。

6. 棉籽壳49%,稻草49%,石膏1%,糖1%。

配制方法是:按配方选好各种原料,先将培养料曝晒,去掉杂物、霉块,按比例称好拌匀,加水调节到含水量60%左右,一般料与水的比例为1:1.1～1:1.4。上述配方经各地试验证实以棉籽壳较好,次为木屑、蔗渣和玉米芯。利用代用料进行黑木耳栽培时要满足如下条件:

（1）营养 碳源、氮源(碳氮比20:1)、无机盐、生长素。

（2）温度 中温型黑木耳菌株具有耐寒怕热的特点,因此菌丝生长发育阶段生长温度范围为5～30℃,最适温度为25～28℃。子实体分化生长发育阶段温度范围为18～28℃,最适温度为20～24℃。

（3）湿度 培养料含水量控制在60%～65%;菌袋培养室空气相对湿度为65%～70%;子实体生长发育空气相对湿度85%～95%。

（4）空气 黑木耳属于好氧性真菌,整个生长发育阶段需要充足的氧气供应。

（5）光照 养菌阶段(菌丝生长发育阶段)不需光照,子实体分化生长发育需要"七阳三阴",需要散射光和一定的直射光。

（6）酸碱度 喜微酸性,pH值范围4～7,最适pH值为5.0～6.5。

（二）工艺流程

黑木耳代料栽培形式多样,场所不同,但工艺流程基本分为两大部分:一是菌丝体生产,二是开口出耳,其工艺流程如图1-17所示。

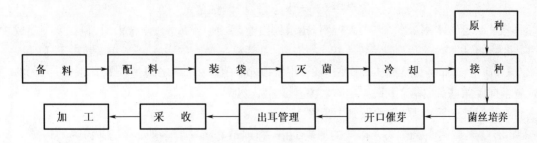

图1-17 黑木耳栽培流程图

（三）栽培季节

应当根据它的菌丝生长和子实体发育所需要的最适环境条件，进行合理安排。一般一年可以春秋种两季。

关键技术：必须掌握好黑木耳属中温型菌类这一关键。菌丝生长阶段最适温度为 25～28 ℃，当温度低于 14 ℃时，菌丝生长缓慢，生长时间拖长易老化；高于 30 ℃时，菌丝生长过快，但细弱易衰退。子实体生长最适宜温度为 20～24 ℃，低于 15 ℃不易出耳，高于 28 ℃开片快，片薄色淡，超过 30 ℃，子实体自溶，造成严重减产和影响产品质量。

代料栽培黑木耳，要先培育菌袋 40～50 d；然后开口出耳，生长期还需要 50～60 d，因此在安排栽培季节时，要照顾好两个方面：既要考虑到菌袋培养期间内的最适温度和不允许超出的范围；同时又要兼顾长耳期间及最适温度和不允许超出的范围。要错开伏天，避开高温期，以免高温造成杂菌污染和流耳。

黑龙江省利用自然气温条件生产黑木耳，以中部气温为例，春季宜 2 月初至 4 月上旬培育菌袋，4 月中旬至 5 月底出耳；秋季宜 6 月上旬至 7 月中旬培育菌袋，7 月下旬至 8 月上旬出耳。栽培季节的安排见表 1－4。

表 1－4　黑木耳栽培季节选择

品种 ＼ 月份	1	2	3	4	5	6	7	8	9	10	11	12
黑木耳			养菌		出耳							

春栽：5 月上旬养好菌，5 月中旬至 7 月出耳。秋栽：8 月立秋前养好菌，秋后出耳。

（四）培养基的配制

培养料配制时，要掌握好以下四个关键技术。

1. 拌料力求均匀。

2. 严格控制含水率　标准含水率应是 60%左右，含水率偏多，菌丝蔓延速度降低，且易引起杂菌感染；含水过低，菌丝也难生长。

培养料含水率计算公式：

$$培养料总量 = 干物质 + 水$$

$$水总量 = 干物质本身固有含水量 + 水$$

$$含水率/\% = 水总量/培养料总量$$

感官测定含水率：用手掌用力握料，指缝间有水渗出但不成滴，伸开手指，料在掌中能成团，即为适合的含水率。

3. pH 值应适宜　黑木耳喜欢偏酸的环境，在 pH 值 5～6.5 之间生长发育正常，但配料时应掌握偏碱些，因菌丝生长产生酸。生产上用石灰调节 pH 值。

4. 注意杜绝污染源，必须做到"四要"

（1）要选择优质、足干、无霉变的原料，在配料前最好将料置于烈日下暴晒 1～2 d。

（2）要选择晴天上午拌料。

（3）要用 0.2%的高锰酸钾溶液拌料。

（4）要迅速拌料。在2h内拌匀转入装袋。若时间拖长，料加水后易发酵而增加酸度，容易导致杂菌滋生。

（五）装袋

配制好的培养料，要及时分别用装料机或手工把料装入袋内。

短袋套环装料法：采用17 cm×33 cm折角聚丙烯袋。装料高度17～18 cm，湿重1.1～1.2 kg，袋的上下内外松紧一致，袋面光滑无褶，料面平整，装紧压实，不能有散料。料中间打一直径1.5～2.0 cm的孔至袋底。套上直径3.0 cm，高2.5 cm的硬质塑料套环，并将袋口径外翻，形成像瓶口一样的袋口，再塞上棉塞，棉塞不能触料面，应距料面5 cm为宜，外面包上牛皮纸。料袋装入内径长45 cm、宽34 cm、高26 cm的铁筐，每筐装12袋。

（六）料袋灭菌

1. 常压灭菌

常压灭菌又称常压蒸气灭菌或流通蒸气灭菌。料袋进入蒸仓后要用旺火猛攻，要求在4h内仓内温度达100 ℃开始计时，经过6～8 h才能达到彻底无菌。

常压灭菌操作时要注意四点：

（1）防止灭菌存在死角 未装筐的料袋需逐层依次排放，不要交叉叠放，前后排料袋间要留一定空隙，使蒸气流通，防止有灭菌死角。

（2）防止中途降温 4 h温度达100 ℃开始计时，保持6～8 h，中间不得停火降温。

（3）防止烧焦料袋 灭菌过程中观察水位，缺水及时加热水。

（4）防止搬运时污染 在板车上铺上麻袋，把料袋轻放在车上，盖上薄膜。

2. 高压灭菌

高压灭菌又称高压蒸气灭菌。料袋在高压锅内灭菌，压力为1.5 kg/cm² 时，蒸气温度为128 ℃，1.5～2 h即可达到灭菌目的。

高压锅灭菌时要注意以下几点：

（1）先检查安全阀、压力表、排气阀等是否完好，是否有异物堵塞，以防止意外事故发生。

（2）向锅内加水至水位标记高度，过多会使棉塞受潮，过少易烧干造成事故。

（3）料袋排列整齐，应留有适当空隙，使蒸气流动通畅，提高灭菌效果。

（4）当锅内压力上升至0.5 kg/cm² 时，应逐渐开大放气阀，排净锅内冷空气，使压强下降至"0"后，关闭放气阀，连续两次排冷空气，防止造成"假压现象"。

（5）继续加热，当压力达到1.5 kg/cm²，即为灭菌开始的时间，不断调节使压力保持恒定。

（6）停火后，要让压强自然降至"0"，打开排气阀放出余气，防止放气太快造成内外压差大，导致料袋破裂。

（7）打开锅盖后，慢放蒸气，利用余热烘干棉塞。

（七）接种

经过灭菌后的料袋，待料温降到30 ℃以下，搬入接种室接种。接种要求在无菌条件下进行，要严格遵守操作规程，要做到"四消毒"。

1. 接种室消毒

每立方米空间用福尔马林10 mL，加上高锰酸钾5 g，进行熏蒸消毒，24 h通风排除药物余味后，把料袋搬进房内。

2. 菌种外表消毒

检查菌种是否有污染,合格菌种,用接种铲挖去表面老菌膜,并用镊子夹 75% 酒精棉球擦洗瓶内爬壁的气生菌丝及残余物。

3. 料袋进房消毒

把料袋和经过预处理的菌种,连同接种工具一起拿进接种室进行消毒,用 5% 的苯酚喷洒室内,打开紫外线灯消毒 2 h。

4. 接种操作消毒

按接种无菌操作规程进行。

(八)菌袋菌丝体培育

经过接种后的料袋称为菌袋。菌袋培育需 40 ~ 50 d,这个时期管理内容如下:

1. 培养室消毒与菌袋排放　培养室应预先消毒,菌袋进房后,短袋立式排放。早春接种因室内气温低,可把袋子集中重叠放在 1 ~ 2 个架床上,用薄膜围罩,发菌 2 ~ 3 d,使之增加袋温,加快菌丝定植,然后再分开排放。

2. 调节适宜温度　黑木耳菌丝生长对温度的要求,应按照不同的生长阶段区别掌握。

萌发期:即接种后 15 d 内,室温头 3 d 控制在 26 ~ 28 ℃ 为宜,使菌丝在最适温度条件下加快吃料,定植蔓延,占领培养料造成优势,减少污染,但不宜超过 30 ℃。第 4 天起至第 15 天,室温调节在 25 ~ 26 ℃,因菌袋内温度逐渐上升,一般袋温比室温高 2 ℃。

健壮期:第 16 天起至第 35 天,是菌丝分解吸收营养能力最强的阶段,其舒展旺盛、健壮,新陈代谢加快,袋温继续升高,室温以 23 ~ 24 ℃ 为宜。

成熟期:即 35 d 之后,菌丝进入生理成熟阶段,即将由营养生长阶段过渡到生殖生长发育阶段,室温以 18 ~ 20 ℃ 为宜。

掌握好温度是菌丝培育关键的技术,为此在室内挂温度计,随时观察温度变化,调温可采用空调、门窗开关、煤火升温等办法,注意通风换气。

3. 掌握好空气相对湿度　菌丝培育阶段要求室内干燥,湿度应在 55% ~ 65% 之间,后期不超过 75%,雨天开窗通风降湿,或地面洒石灰粉。

4. 室内防光　菌丝培育阶段要求黑暗环境,见光早易形成耳芽,影响产量。

5. 通风增氧　黑木耳是好气性菌类,整个生长发育过程,要求经常通风换气,为此必须注意每天通风换气 1 ~ 2 次,每次 30 min。

6. 经常检查杂菌　菌袋培养期间,每天检查 1 次,若发现袋内有黄、红、绿、青等杂色斑块,即为杂菌,用福尔马林注射患处,单独培养。污染严重的,特别是有红色的链孢霉时,要立即隔离,远处深埋,防止蔓延。

(九)野外露地袋栽出耳管理

露地栽培是模拟野生黑木耳的生态条件,以满足其生长发育过程对温、湿、光、空气等要求的培养方法。由于野外阳光中紫外线的照射、通风良好,可提高抵抗杂菌能力,减少污染;同时利用地温地湿,可更好地促进耳芽迅速形成、子实体正常生长发育,所以具有管理方便、速生丰产、优质的优点。

大田露地袋栽黑木耳(如图 1 - 18 所示),当菌袋长满菌丝后,即可从室内搬到田野耳棚内,进行划口出耳。一般春栽选当地气温平均为 13 ℃ 左右,秋栽选在气温平均为 18 ℃ 左右进行。

图 1-18 黑木耳地摆全光出耳

1. 作床及床面处理

出耳床分为地上床和地下床。地下床宽 1.0~1.2 m,可摆 8 排,床高可在 10~20 cm 范围,床长不限,但不要过长,可控制在 30 m 内。床之间留步行道,宽 60~80 cm,一般每平方米摆 23 袋左右,一亩地可摆一万袋。

床做好后先在床面上灌透水后喷洒 500~800 倍多菌灵或克霉灵等杀菌剂。

2. 荫棚准备

菌床上荫棚有两种方式,一是平棚,高 20 cm,另一是拱形架棚,高 50 cm,根据棚大小编制草帘子(稻草或其他秸秆),草帘子在使用前要用多菌灵液等药物浸泡处理,处理后的草帘子药液不滴水方可使用。也可不用棚架,直接盖草帘子于菌袋上。

3. 划口出耳

当菌丝刚长到袋底或距离袋底还有 1~2 cm 时就可划口出耳,方式有两种:

(1)扎袋划口出耳　先用尼龙膜将袋口扎紧,然后拔除棉塞脱掉颈圈,再将颈圈部分袋口折回扎紧。划口前要用 0.1% 高锰酸钾溶液进行菌袋表面消毒。划口最好选择雨后天晴,空气湿润清新时进行,有利于耳芽的形成。

在菌床附近边划口边摆袋。划口时手要经过消毒,使用消毒后的刮脸刀片或手术刀,每袋划 3 排,每排 4 个,共 8~12 个,口成"V"形口,角度 45~60°,边长 2 cm,深 0.5 cm,品字形排列。

(2)窝口倒立出耳　菌袋长满后,把棉塞颈圈脱掉,将余袋扭半圈窝进菌袋原接种穴中,然后倒立划口出耳,此法方便、省工省时。

划口后及时摆袋、盖草帘子,进行出耳管理。

4. 出耳期管理

(1)原基形成期　菌袋划口后,到原基封住划口线,称为原基形成期,此期的管理,关键是保温保湿、散射光刺激。

床面空间湿度 80% 左右为宜,不宜过大,也不能使床面和划口处干燥,气温在 15~25 ℃ 之间,原基 5 d 便可出现,7~10 d 封住划口线。适当通风,适当的散射光,才能保证黑木耳子实体原基正常分化。特别注意不允许为了保湿直接向菌袋上喷水,此期最怕水分过大,水分过大原基自溶。雨天盖上薄膜,晴天通风调湿。

(2)子实体分化期　子实体原基形成后 4~5 d,原基长出耳芽,称为子实体分化期或耳芽期。此期管理基本与原基分化期相同。此期就像庄稼"蹲苗"一样,给予一定温度(15~25 ℃)、湿度、光、通风等条件,逐渐分化出耳片。

湿度应控制在80%~90%之间,保证原基表面不干燥即可,切忌浇大水,适当通风换气。

此期注意菌袋"发烧"的危害,此期菌袋菌丝新陈代谢旺盛,如果此期温度高,通风不良,菌袋"发烧",在划口处分泌出褐色汗液,易被杂菌感染,严重影响子实体分化,甚至栽培失败绝产,因此应及时通风换气,降温。在季节安排上要避免高温期。

(3)子实体生长成熟期　经过分化阶段的营养积累,子实体已达到快速生长阶段,这阶段主要加大湿度,加强通风,温度适宜(15~25 ℃),有一定的散射光,保证子实体新鲜水灵,色深肉厚。

空气相对湿度90%~95%之间为宜,耳片展开1 cm后,可以直接向菌袋上浇水。水分管理要"干干湿湿,干湿交替"。"干"是为了让菌丝积累营养,并抑制霉菌侵染。耳片湿后,由于营养供给充足,生长迅速。

子实体进入采收期的标志是耳片充分展开,边缘变薄、耳根收缩、将要弹射孢子或见到少量白粉。子实体生长发育阶段管理技术整理见表1-5。

表1-5　子实体生长发育阶段管理技术日程表

开口后天数	子实体长势	作业内容	环境条件要求			注意事项
			温度/℃	湿度/%	日通风次数	
1~5	透明粒状原基分化	喷雾空间,绝不能向划口喷水	18~25	85~90	2次,每次20 min	保温、保湿、散射光是关键
6~10	耳芽伸展膨大	每天于空间及菌袋喷水1~2次	20~25	90	1~2次,每次40 min	喷雾状水于菌袋,防止开口积水
11~20	耳片肥厚,色黑,日长0.5 cm	每天于菌袋及空间喷水2~3次	23~25	90~95	3次,每次30 min	温度不能超过25 ℃,防止流耳
21~25	耳根收缩,耳片起皱,光面粉白	停水1 d,采收后再停水1~2 d	23~25	85~90	3次,每次1 h	选择晴天采收,不留耳根
26~30	二茬耳芽初露喇叭状	每天于菌袋及耳片喷水2~3次	23~25	90	2次,每次30 min	控温保湿,防止洞口积水
31~40	耳片逐渐膨大成朵状	停止喷水,边采收边喷水,每天2次	23~25	90~95	3次,每次1 h	保湿保温,防止流耳
41~60	幼耳逐渐膨大成熟	每天喷水2~3次,采收前停水2 d	23~25	90~95	2~3次,每次40 min	控温保湿,干湿交替

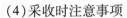

（4）采收时注意事项

①采收前 1~2 d 停水,降低湿度,使子实体含水量下降有利于加工。

②采收最好上午进行,以便当天晒至七、八成干。

③尽量一起采下,便于二茬耳的管理。

④采收时要整朵连根拔下,并带一小块培养基,使袋上形成一个小坑,以便二茬耳的形成。

⑤在采收时禁止阳光长时间直射菌袋,防止菌丝体超温,降低菌丝活力,短时间照射 1~2 h,干燥防止杂菌产生,以便二茬耳的形成。

（5）转潮耳的管理技术

菌袋栽培管理好,可以采三茬耳,第一茬占 70%,第二茬占 20%,第三茬占 10%。

①将采收的耳床清理干净,全面消毒处理。

②将菌袋晾晒 1 d,使菌袋和耳穴干燥,防止杂菌。

③盖好荫棚草帘子,停止喷水,使菌丝休养生息积累营养,恢复生长。

这期间,在半月内一般不需浇水,待原基形成后,再按第一茬耳的管理方法进行。如遇到长期持续干旱,20 d 左右不形成耳芽,要进行水分管理。

（十）林下菌袋栽培法

1. 森林内有利的生态条件

（1）植物杀菌作用 稠李、冷杉等植物能向空气中分泌出杀菌素,所以森林中的细菌含量比市区少 85% 以上。

（2）降温作用 据报道森林比空旷地气温低 3~5 ℃,一棵树可降温 7.5 cal/d[①],相当于 10 台空调每天工作 10 h。

（3）调湿作用 据报道每公顷森林每年向空气中蒸发 8 000 t 水,消耗能量 4.0×10^9 kcal,林内湿度比市区高 38%。

（4）森林光合作用吸收 CO_2 放出 O_2,每公顷森林每天吸收约 1 t CO_2,产生 0.73 t O_2。

上述林下条件,正好为黑木耳生长发育创造有利条件。

2. 林地的选择

地势平缓、背风、向阳、透光度 50% 左右林地为宜。人工落叶松林郁闭度均匀,排列有序,便于摆袋成床,地面松针似地毡,干净无菌、保湿,是最好的林下栽培场地,最好靠近水源地。

3. 栽培管理,关键是湿度

林下栽培比露地水分管理少得多,但在自然条件下如正好是菌袋划口出耳时期,天气干旱,需要保湿催耳,林地湿度也低,无水源,会拉长耳芽形成期,如靠近水源就好解决。其他管理基本随其自然条件。在正常年景下,对产量不会产生影响。

四、袋栽黑木耳常见问题及解决方法

（一）黑木耳菌袋大量污染杂菌的原因及防止

大面积生产黑木耳菌袋,威胁最大的是杂菌污染菌袋,不少农菇多因污染,其菌袋成功率仅占 50%,这就使成本增大,经济效益降低;有的菇农甚至因污染杂菌而亏损,尤其是老

---

① 1 cal＝4.186 8 J。

生产区。提高成品率,避免或减少损失,已成菇友关切的问题,根据实践经验,并经过广泛调查分析,菌袋污染的根源及防止办法如下:

1.原料品质低劣 杂木屑发霉,麦麸陈旧变质引起虫蛀、虫滋生,带来杂菌,尤其是麦麸变质,链孢霉极易侵入繁殖,为此原材料要求"三无",即无腐烂、无发霉、无变质。

2.培养基酸败 杂菌喜酸,如基料含水量过高,配料时间拖长,容易引起发酵变酸,杂菌滋生,为此要求配料时"三注意":即注意晴天上午或傍晚气温低时配料,注意含水量控制在55%左右,注意从加水搅拌到装袋结束,时间不要超过 5 h,培养基宜偏干不宜过湿。

3.料袋破漏 袋子破裂或扎口不牢,有利杂菌侵入,为此要求装袋要轻,不留空隙,扎牢袋口不漏气。

4.灭菌不彻底 灭菌未达到规定的时间,致使灭菌不彻底,为此料袋灭菌必须做到进灶要迅速,时间不宜超过 2 h,点火加温至 100 ℃,时间不超过 5 h;达标后保持 6~10 h,中间不停火,不降温;趁热卸袋,及时贴破补漏。

5.菌种老化 常因菌龄过长,菌种老化抗逆力弱;有的菌种本身带杂菌。优良菌种应是40 d 左右菌丝已到瓶底、浓白、均匀、粗壮、无间断,表层无变褐的菌膜,料与瓶吻合,菌丝无扭结成团的原基出现。

6.接种把关不严 接种时操作不当,造成"病从口入",为此接种前 2 d,接种室(箱)先消毒,料袋进房后再一次消毒;工作人员身手消毒;接种用具消毒。接种时袋温必须在 28 ℃以下,接种必须预先除去表层老化菌膜和扭结原基;接种最好在深夜 12 点后进行,此时气温低,杂菌处于休眠状态,活动力弱;接种后必须开窗 30 min 通风换气。

7.高温为害 发菌期控制好气温,必须掌握:前期室内不超 30 ℃,后期不超过 25 ℃,注意疏袋散热。

8.出锅环境污染 从灭菌室菌袋出锅送至冷却室的环境,往往杂菌飞扬,造成冷热空气交换,将带有杂菌的空气带入灭过菌的冷却室。为此菌袋灭好要出灭菌锅之前,灭菌室进入冷却室的通道环境要消毒灭菌。

9.培养室环境污染 接种室、培养室及叠袋场地,要远离猪牛家禽舍和微生物发酵酿造厂;耳房四周清理干净,定期撒石灰粉和喷杀虫农药,室内外均要保持干燥,清洁卫生。

杂菌污染因素很多,有的是单独原因引起,也有诸因并存,分析时要认真观察,针对杂菌类型进行处理。

(二)菌种入穴后不萌发的原因及补救措施

黑木耳菌种接入穴内后,正常情况下 1~2 d 就会萌发吃料定植,如迟迟未能萌发,其原因如下:

1.菌种质量不好 因母种传宗接代繁殖次数过多或菌龄过长,造成菌种老化;或菌种在培育过程中受到 30 ℃以上的高温伤害,致使菌丝失去活力。

2.菌种干死 多因培养基水分偏干,接种后菌种本身的水分被料吸收,加之菌种水分的自然蒸发,使菌丝干燥;也有的因接种穴打得太浅,菌种曝露穴外造成干枯致死。

3.菌种浸死 培养基含水率过高,使菌丝无法正常生长,菌种被浸死,且容易引起杂菌污染。

4.菌种烧死 常因接种器过酒精灯火焰时,操作速度缓慢,使菌种被烧死。另外,发菌温度 30 ℃以上,或排袋过密、袋温过高、通风不良等,均会造成菌丝烧死。

发现菌丝不萌发必须认真分析,针对不同症状采取措施挽救。如果穴口无感染杂菌,可

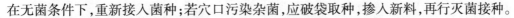

在无菌条件下,重新接入菌种;若穴口污染杂菌,应破袋取种,掺入新料,再行灭菌接种。

（三）黑木耳近成熟期发生流耳原因及防治措施

黑木耳在出耳过程中往往会出现"流耳"现象,主要症状表现在从耳根或边缘起逐渐变软,进一步会自溶腐烂(烂耳),流出乳白、黄或粉红色黏稠的汗液,如被腐生菌感染则产生臭味。

1. 流耳原因及病原物

木耳流耳是因细胞流水而破裂的一种生理障碍现象。造成流耳的原因是多方面的:黑木耳在接近成熟期,不断产生担孢子,消耗子实体里面的营养物质,使子实体趋于衰老,此时遇到过高的温度极容易腐烂。在温度较高时,特别是湿度较大,而光照和通风条件又较差的环境中,子实体也易发生溃烂。基质 pH 值过高和过低,温差过大,细菌的感染和线虫危害也是造成流耳的原因之一。

据黄定欢报道,在广西省黏菌侵染是引起流耳的主要原因,细菌和线虫是继发性的,并非真正的病原物。

2. 防治方法

（1）针对上述发生流耳的原因,应选好耳场,加强栽培管理,注意通风换气和光照等。

（2）及时采收,耳片接近成熟或已成熟要及时采收,采耳后一般停止喷水 2～3 d。

（四）黑木耳木霉病因及防治

黑木耳培养好的菌袋开口摆袋出耳阶段,往往在菌袋顶部(窝口倒立出耳菌袋顶部实际是菌袋的底部),开口处原基以及耳片和耳根遭受杂菌的侵染,其中最重的,危害极大的是木霉菌引起的木霉病。侵染初期长出白色纤细的菌丝体,几天后产生分生孢子,变成浅绿至绿色粉状物,病原菌与木耳菌丝体争夺养料和空间,木耳生长受抑制而萎缩,或者腐生细菌参与而引起湿腐。

1. 病原菌　常见的是绿色木霉(*Trichoderma viride*)和康氏木霉(*T. Koningii*)。木霉属于半知菌亚门、丛梗孢目、淡色菌科、木霉属,生产上称为绿霉菌。绿色木霉菌菌丝纤细,宽度为 1.5～2 μm,分生孢子球形或椭圆形,绿色。其适应性很强,特别在木质素、纤维素丰富的基物上生长快,传播蔓延迅速,由于它具有一种高度活性的纤维素酶,因此对纤维素的分解能力强。栽培食用菌的各种培养料,都是它良好的营养物质。

木霉菌喜高温、高湿,培养基偏酸性和通风良好的环境条件。

（1）温度　菌丝在 8～42 ℃的温度下均能生长,以 25～35 ℃内生长最快,分生孢子在 15～30 ℃范围内萌发率最高。在 24 ℃温度培养,PDA 平板下木霉菌落扩展速度:培养 2 d,扩展 3.5～5.0 cm;培养 3 d,7.3～8.0 cm;培养 4 d,菌落扩展 8.1～9.0 cm。

（2）湿度　绿色木霉菌的分生孢子,在相对湿度 95% 条件下萌发良好,培养基含水量达到 40% 以上时菌丝生长迅速。

（3）pH 值　绿色木霉菌丝发育的适宜 pH 值是 3.5～5.8,在 pH 4～5 之间生长最好。

2. 病原菌的侵染源和传播方式　病原菌广泛分布在空气、水、土壤等各种杂物上。病原菌分生孢子主要借助气流和喷水传播。菌袋微孔、开口处,采收后的耳根,分化期的原基及破伤的耳片都容易受到侵染。

防治方法:黑木耳木霉病的防治同食用菌其他病虫害的防治一样,都必须贯彻"预防为主,综合治理"的方针,病害一旦发生蔓延流行,便无法挽回病害危害造成的损失。

（1）选用发菌快、抗霉性强的菌种　培养料中氮素含量不能过高,另加石灰 2%～4% 调节 pH 值至 6.5～7.5 为宜。

（2）保持培养室周围的环境卫生，清除所有的杂质，地面经常撒石灰粉。

（3）在菌袋培养过程，以及发好菌运往耳场开口出耳过程，要轻拿轻放，千方百计防止菌袋破损造成微孔，减少病原菌侵染门户。

（4）代料栽培的菌袋适时发好菌，春栽 5 ~ 6 月出耳，避开 25 ℃ 以上的高温期，秋栽 8 月下旬 ~ 9 月出耳。

（5）出耳开口以"V"形方式为宜　耳房或耳场中出现少数杂菌袋，可用药棉醮 30% 的 NaOH 溶液或 15% 漂白粉溶液，用镊子将药棉轻轻盖住杂菌面，如杂菌危害面过大，应立即清理出耳场（房），深埋。

（6）污染较重的耳场（房），在采收之后用 70% 甲基托布津 1 500 倍液或 50% 多菌灵 1 000 倍液喷雾，间隔 3 d 后再喷一次，喷药后 3 ~ 5 d 再作正常的喷水管理。

（7）用"三王"牌克雷灵 1:200 ~ 1:300 浓度（一包 50 g 加水 200 ~ 300 倍），在污染部位局部喷洒（或注射），隔一天一次，连用三次，基本可控制继续扩展危害。

第四节　金针菇栽培技术

金针菇又名冬菇、朴菇（因为生长在朴树上）、毛柄金钱菌等。在真菌分类上属于担子菌亚门、层菌纲、伞菌目、口蘑科、金钱菌属。该属在自然界分布有十多个种，人工栽培的主要是金针菇。根据金针菇子实体的颜色，可将金针菇分为黄色品系和白色品系两大类。

黄色品种的来源有由国内野生菌株驯化而来的菌株、国内通过杂交育种育成的优良菌株、从日本引进后再经筛选的菌株。黄色菌株的性状表现与栽培环境、栽培技术关系很大。温度低、光线暗、湿度和通风适宜条件下，黄色菌株的子实体颜色也会变成黄白色，仅在菌柄基部为淡黄色。如果以上环境条件之一不合适，菌柄基部变为黄褐色，菌盖变为金黄色。与日本引进的黄色菌株相比，国内育成的黄色菌株具有菌丝生长速度快、出菇快、产量高、温度范围广、适应性强、抗病力强等特点，在我国南方、北方的各种气候条件都比较适合栽培。黄色菌株色泽金黄，有光泽，菌盖开伞较快，菌肉薄，菌柄硬挺而脆嫩，口感好，在国内市场上很受欢迎，销量占 90% 左右。

白色金针菇菌株目前主要是从日本引进后筛选而来的，无论在任何栽培条件下子实体都是白色的，环境条件不易改变其色泽。白色菌株对高温及病害的抗性远不如我国培育的黄色菌株。它适合在 4 ~ 8 ℃ 左右的温度下栽培，如果气温超过 15 ℃，则生长发育受到不良影响。因此，白色菌株在我国北方地区栽培成功率比较高，而在我国南方的广东、福建等省区，却因气温过高和栽培季节不适合而造成大批腐烂。白色菌株的菌丝生长速度和出菇速度都比我国的黄色菌株慢，从接种至第一批采收，需要延长 20 d 左右。白色菌株的生物学效率也比我国的黄色品种低，主要产量集中在第一茬，第二茬不仅产量低，而且菌柄短、菌盖易开伞，商品价值低。白色菌株子实体菌盖厚，内卷，但菌柄软、不脆，基部绒毛较多，口感较差，在国内市场销量仅为 10% 左右。

金针菇分布十分广泛。国外主要分布于日本、俄罗斯、欧洲、北美洲和澳大利亚等地。国内主要分布于河北、山西、内蒙、黑龙江、吉林、河南、浙江、福建、广西、四川、云南等地。在自然界中，金针菇多发生于秋末冬初或早春的寒冷季节，菇体较小，耐寒冷，在枯死的朽木上生长，多数丛生。金针菇喜低温，冬季气温低时也能旺盛生长，是较理想的冷凉地区或冷凉季节栽培菌类。

金针菇菌柄细长脆嫩,菌盖黏滑,营养丰富,美味适口。子实体内含有较高的碱性蛋白质,有抗癌作用,经常食用对肝脏疾病、高血压、胃肠道溃疡均有一定预防和治疗作用。据报道,金针菇蛋白质中含有 18 种氨基酸,其中人体必需的 8 种氨基酸占总量的 44.5%,高于一般菇类,特别是赖氨酸和精氨酸含量较高。金针菇中的脂溶性成分、麦角甾醇、食物纤维、核酸、有机酸、抗肿瘤活性多糖、游离糖和游离糖醇等成分含量都较高。金针菇中还含有牛磺酸,对大脑有益,学龄前儿童常食用对智力发育有益,因此,又被称为"智力菇"。

金针菇在我国栽培历史悠久,最早的栽培方法可追溯到公元 6 世纪贾思勰的《齐民要术》。1928 年日本人发明了以木屑和米糠为原料栽培金针菇的方法,其后在 20 世纪 30 年代我国科学家进行了瓶栽试验,20 世纪 80 年代初我国开始用塑料袋栽培,产量和品质都有很大提高。目前,金针菇代料栽培已遍布全国,除使用木屑做主料外,还使用棉籽壳、甘蔗渣和多种农作物秸秆。栽培方式有袋栽、瓶栽、畦栽等。现在金针菇已成为我国人工栽培的主要食用菌之一,在国际食用菌市场上,金针菇的产销量居第四、五位左右。

一、金针菇的形态特征

金针菇由菌丝体和子实体组成。

金针菇菌丝体呈白色绒毛状,有粉质感,稍有爬壁现象,生长速度中等。显微镜观察,菌丝粗细均匀,有锁状联合。在试管斜面培养基上,菌丝体见光易形成子实体,因此,一级菌种要注意避光保藏。

子实体丛生(如图 1-19 所示),菌盖较小,直径 2~15 cm,小时半球形,后逐渐平展,中间厚,黄褐色,边缘薄,浅黄色。在湿润条件下,表面黏滑。菌肉白色较薄,肉质柔嫩,菌褶稀疏,与菌柄离生或弯生。菌柄圆柱形,中生,中空,长 3~14 cm,上部淡黄色,肉质,下部黄褐色,密生短绒毛,革质。金针菇的子实体除了有正常生长的健壮的主枝外,还可以产生第一次和第二次分枝。一般来说,分枝比主枝生长缓慢,菌盖小,菌柄短,也容易形成畸形菇。根据分枝的情况,金针菇的株丛大体可以分成两种类型,即细密型(菌柄多、容易分枝、株丛细密)和粗稀型(菌柄较少、不容易分枝、株丛粗而稀)。分枝的类型与各品系固有的遗传特性有关,与外界条件也有关系。

图 1-19 金针菇子实体

金针菇的担孢子显微镜下无色,表面光滑,椭圆形或卵形,大小为$(5\sim7)\,\mu m\times(3\sim4)\,\mu m$,内含 1~2 个油球。孢子印为白色。以前都以为金针菇的担孢子是单核的,但 Singer 在《现代分类中的伞菌目》一书中指出,金针菇的担孢子是双核的。我国的林晓名等也报道(1990),金针菇担孢子中绝大多数是双核的(98.89%),单核的只占 0.78%。担孢子萌发时,发生去双核化,形成没有锁状联合的单核菌丝。金针菇的双核菌丝在正常生长的时候有时会发生去双核化,产生单核的粉孢子(培养时间长或养分不足等不利条件下更容易产生粉孢子),粉孢子萌发也可产生单核菌丝。金针菇的生活史与其他木腐真菌(如香菇、平菇等)略有不同,即金针菇单核菌丝能形成正常形态的的单核子实体。但与双核菌丝相比,单核菌丝生长速度慢,出菇晚,结菇数和产量显然不如双核菌丝。而且单核菌丝抗逆性差,容易感染杂菌,出菇不整齐。初步实验表明,单、双核菌丝分化形成的子实体在菌柄直径、菌柄长度、菌盖直径、菌盖厚度以及蛋白质和赖氨酸含量方面无显著差异。并非所有单核菌丝都能形成单核子实体,只有一部分单核菌丝能形成单核子实体。能形成单核子实体的比例各菌株表现不同。另外,据日本报道,金针菇杂交育种时,如采用能形成子实体的单核菌丝作亲本,杂交后代中容易出现产量高、出菇快的个体。

二、金针菇对营养和环境条件的要求

1. 营养

金针菇是一种木腐真菌,生长于多种阔叶树枯木树桩上。分解木质素、纤维素的能力很强,人工栽培以木屑为主要原料,棉子壳、玉米芯、稻草等也都可用来培养金针菇,其中以棉籽壳为原料的产量最高。金针菇可以利用多种含氮化合物,其中以有机氮化物最为适宜,如蛋白胨、氨基酸、尿素、牛肉浸膏、麦芽浸膏等。栽培实践中,金针菇一般以麦麸、米糠、玉米粉、豆饼粉为氮源。与其他食用菌相比,金针菇所需的氮素营养比较多,是一种喜氮的菌类。在培养料中如果没有木屑,单用米糠、麦麸也可以形成子实体。但是,如果没有米糠、麦麸,菌丝长不好,子实体不能发生。金针菇对磷、钾、镁等元素的需求量较大,栽培时应适量加入。金针菇属于维生素 B_1、维生素 B_2 天然缺陷型,如果培养料中缺少维生素 B_1、维生素 B_2,菌丝生长会减缓,粉孢子数量增加。但在培养料中添加一定量的麦麸和米糠,就可以满足金针菇对维生素 B_1、维生素 B_2 的需求。

2. 温度

金针菇较耐低温,菌丝能在 3~34 ℃的范围内生长,最适温度为 20~23 ℃。菌丝耐寒性强,但不耐高温,温度超过 35 ℃时菌丝枯死。子实体形成所需的温度是 5~20 ℃,子实体分化后,在 3~20 ℃范围内能够生长,低于 3 ℃子实体发育不良,高于 18 ℃生长不良。原基形成最适温度为 12~15 ℃,在 13 ℃子实体分化最快,数量也最多。

3. 湿度

菌丝生长阶段要求培养料含水量为 63%~65%,但因金针菇不能在子实体上喷水,实际配料时以 70% 为佳。空气相对湿度 60%~70%,子实体形成期要求空气相对湿度 80%~90%。

4. 空气

金针菇是好气性真菌,通气不良将抑制子实体生长,在催蕾阶段要供给适量的氧气,保持室内空气新鲜。但在子实体形成后,菌盖的直径随二氧化碳浓度的增加而变小,二氧化碳的浓度超过 1% 时,菌盖的发育会受到抑制;二氧化碳的浓度达到 3% 时,不会影响菌柄的发育,相反,菌柄生长会加速,而且菇的总重增加,但二氧化碳浓度一般不应超过 5%。因此,

在子实体形成后,人们为了获得优质金针菇子实体,往往控制氧气进入量,适当提高二氧化碳进入量,从而达到抑制菌盖伸展、促进菌柄伸长、获得优质金针菇的目的。

5. 光照

菌丝体生长不需光照,子实体生长需要微弱的光线,光照使子实体容易开伞,菌柄变短,而且菌柄基部容易变褐色。强光能抑制菌柄生长,弱光有利于诱导子实体尽快形成并朝着光源方向快速生长。在生产中,子实体生产阶段,一般采取遮光措施或采用微弱光,以保证金针菇的质量。

6. 酸碱度

金针菇在 pH 3 ~ 8 范围内都能生长,最适 pH 值为 5 ~ 6。

三、菌种的制作

金针菇一级菌种制作过程与其他菌种相似,这里不介绍。主要介绍二、三级菌种制作过程中与其他菌种相区别的特点。

1. 二、三级菌种的配方

二、三级菌种的配方相同。

(1)阔叶树木屑 73%,蔗糖 1%,细米糠(麦麸)25%,碳酸钙 1%。

(2)棉籽壳 88%,蔗糖 1%,细米糠(麦麸)10%,碳酸钙 1%。

(3)麦粒(玉米粒)99%,碳酸钙 1%。

2. 装瓶、灭菌、接种方法与黑木耳类似。

3. 培养

接种后,将菌种瓶置于 23 ℃黑暗的菌种室中培养,当菌丝尚未布满培养料表面时,每天都要检查菌丝生长状况和料面状况,因为在这段时间内,接种时带入培养料中的杂菌孢子很容易萌发生长,若不及时剔除,杂菌一旦被金针菇菌丝覆盖,很难区别,必然会影响菌种的纯度。凡是染上杂菌的菌种,一定要及时淘汰,否则将给生产造成巨大损失。一般一级种 30 ~ 40 d 可长满菌瓶,而三级种 25 ~ 30 d 可长满瓶。

四、金针菇的栽培管理

(一)培养料配方

(1)棉籽壳 78%,细米糠 20%,糖 1%,碳酸钙 1%。

(2)豆秸屑 78%,麦麸 10%,玉米粉 10%,糖 1%,石膏粉 1%。

(3)硬木屑 63%,玉米芯 10%,麦麸 20%,玉米芯 5%,蔗糖 1%,石膏粉 1%,硬木屑必须经过 2 ~ 3 个月的风吹日晒、雨淋的自然发酵。

配方(2)、(3)也是经过多年验证的,效果较好,在无棉籽壳的地区比较适用。

(4)木屑 70%,麦麸 25%,玉米粉 3%,蔗糖 1%,碳酸钙 1%,木屑需用疏松阔叶树木屑,并经过 3 ~ 6 个月的堆积发酵。

(5)稻草 70%(切碎),麦麸 25%,玉米粉 3%,碳酸钙 1%,糖 1%。

(6)麦秸 70%(切碎),麦麸 25%,玉米粉 3%,糖 1%,石膏粉 1%。

以上材料要求新鲜、干燥、无霉,木屑要过筛。

在众多的配方中,加入棉籽壳的培养料金针菇产量最高、采收的潮数多、金针菇菌盖厚、菌柄长、不易开伞,而只用木屑的配方则收不到上述效果。

金针菇属于喜氮菇类，在一定范围内，金针菇的产量与培养料的含氮量成正比。同时金针菇的产量与培养料的通气性有很大关系，这点与其他菇类有明显区别。疏松的木屑因空隙大、透气好，其栽培金针菇比硬实的木屑产量高。因此，对于金针菇来说，培养料的配方除满足营养要求外，还必须注意到培养料的透气性，这两方面都直接关系到金针菇的产量。

（二）拌料、装袋、灭菌

按比例称好各种原料、混匀，可溶于水的原料溶于水中随水加入，边加水边混匀，待到用手用力攥料，指缝间有 1、2 滴水滴下时，培养基的含水量正合适（65%），一般干料与水的比例为 1∶1.3～1∶1.5。

如果采用棉籽壳和废棉团为原料，因为棉籽壳和废棉团不易吸水，需要提前加水预湿。具体做法是：称取定量的棉籽壳，缓慢加入 1.5 倍的水，预湿后，堆成小山状，盖上塑料布，让水分渐渐渗入到棉籽壳内。一般当天傍晚预湿，第二天早上使用。

栽培金针菇一般采用 17 cm×33 cm 的聚丙烯塑料袋装料。拌好的料要求当天装完，开始装时应将袋底边角用料填实，装袋时要求边装边压实，装满袋后，用直径为 2 cm 的锥形木棒打一接种孔，加 3 cm×3 cm 套颈圈后用棉塞封口。装袋需装紧，让培养料紧贴袋壁，表面要光滑，不可凹凸不平，防止金针菇子实体从袋壁空隙间长出，造成浪费，也可预防培养料表面菇蕾数量减少。不要让棉塞接触到培养料，以免棉塞吸湿引起杂菌污染。

灭菌时菌袋不要重叠排放，最好使用灭菌筐，这样袋不受挤压，可保持接种孔的完整，防止菌袋被挤压，培养料与菌袋之间出现缝隙。灭菌初期火势要猛，应在 4 h 内使仓内温度达到 100 ℃，在此温度下维持 8～10 h 后停火，闷锅 6 h 后出锅。

灭菌室与接种室间的距离越近越好，在运送灭菌后的袋（瓶）时，使用的工具及人员力求洁净。

（三）接种、养菌

接种时 2～3 人一组，菌袋应水平放置，袋口用酒精灯、蒸气或其他热源封住，一人拔下棉塞，另一人用接种铲（叉或枪）取菌种并迅速移入待接袋内，最好进入接种孔（越深越好）内，然后封口即可。整个接种过程要求干净利落。接种后，轻轻摇动菌袋，让少量菌种进入到接种孔内，这样可以加速养菌过程，一般可以缩短养菌时间 10～15 d，而且菌丝上下一起生长，菌龄比较一致。

养菌室要求洁净、保温、有通风条件，室内可搭 5～8 层架子，每层高度为 50 cm，但最下层距离地面最少 30 cm。发菌期间室内前期温度应控制在 22～23 ℃，后期降至 18 ℃以下。养菌室可遮光，室内保持洁净无尘，相对湿度小于 70%，每天通风 1～2 次。接种后 7～10 d检查淘汰污染菌种，并根据菌丝长势定期调换上下层菌种位置（一般上层温度高、菌丝生长快，下层则慢）。菌丝培养过程中，在菌丝未覆盖培养料表面之前要经常检查培养料表面是否有杂菌污染，发现污染应立刻清除。菌丝生长到深入培养料表面 1 cm 以下后，可不必经常检查，几天检查一次即可。若是脉孢霉引起的污染，在塑料袋表面形成一团红色的球状物，发现后，用旧布将整个栽培袋包住，然后放至远处处理。处理时千万小心，防止杂菌孢子的扩散。

接种后 30～35 d 可长满袋，5 d 后菌丝生理成熟。

金针菇属于原基发生快的品种，在培养过程中，经常发生菌丝未长满菌袋以前培养料的表面出现大量子实体原基的现象，如果原基出现在菌袋的侧面，则会造成营养的浪费。原基过早出现的原因，一是因为培养温度低于 18 ℃，二是由于受到了光线刺激。因此，只要使培

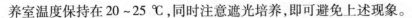

养室温度保持在20~25℃,同时注意遮光培养,即可避免上述现象。

(四)栽培管理

金针菇菌丝生长期相对较短。而出菇至收获期相对较长,是决定产量和品质的重要时期。另外,由于金针菇菌蕾发生数量多,可以达到几百个以上,因此,子实体生长期间的管理工作必须十分细致,这样才能栽培出产量高、品质好的产品。目前,我国栽培金针菇的方法较多,按栽培容器可以分为瓶式栽培和袋式栽培两种。袋式栽培以产量高、栽培技术实用而得到大面积推广,袋栽技术包括搔菌法栽培、再生法栽培、直接出菇法栽培和两头出菇法栽培等,这里主要介绍金针菇袋栽技术。

1. 搔菌法管理技术

金针菇和平菇一样,属于菌丝体营养繁殖后很快产生子实体的菇种,同时又是产生很多菇蕾的品种。搔菌是指将培养料表面的老菌皮和菌种一起耙去并弃除的方法,是金针菇栽培技术中的特有操作。通过搔菌去掉老菌皮和菌种,培养基表面长出新菌丝,新菌丝生命力强,分化子实体的能力也强,同时,菌柄的伸长好,比不搔菌的更硬挺,并能产生菌盖圆形、菌肉厚的金针菇。所以搔菌管理法具有可培养出生长得极其整齐、菌柄挺拔、质地优良的金针菇的特点。搔菌必须及时,搔菌时间过晚,金针菇则菇朵减少,产量下降,出菇不整齐,质量下降。据报道,对于800 mL的菌瓶,晚搔菌1 d,减产2.5 g;晚搔菌5 d,减产5.0 g左右。因此,当菌丝长满菌袋后,营养生长阶段已经结束,必须及时将栽培袋转移至黑暗的栽培室中进行搔菌。

(1)搔菌 将长满菌丝菌袋的棉花塞和茎环去掉,再将塑料袋上端部分完全撑开,接着从袋口处把塑料袋往下卷至距培养料表面3~4 cm处,然后用铁丝制成的搔菌耙将培养料表面的老菌皮和菌种一起耙去并弃除。不可将培养料耙除,否则菌丝受到损伤,难以愈合,推迟出菇时间(如图1-20所示)。如果大规模栽培,搔菌方法可以简单化,戴上消过毒的塑料手套,将培养基上的菌块拣去即可。为了防止杂菌污染,搔菌工具在使用前必须在酒精灯火焰上灭菌后再使用。搔菌过程中,如发现染上杂菌的菌袋,搔菌工具必须重新清洗并灭菌后再使用。

(2)催蕾 催蕾是金针菇栽培管理工作中最关键的一环,它关系到金针菇产量的高低和质量的优劣。催蕾好的菌袋产量高、质量也好;催蕾差的菌袋,其后的管理十分困难,再认真细致的管理也难以补救,不仅产量低,子实体经常柄粗、盖大。催蕾成功的关键是,必须在适合的温度、水分和通气下,促使菌丝体产生大量的菇蕾。金针菇在5~20℃范围内都形成菇蕾,大量发生菇蕾的温度是13~14℃,温度过低条件下发生菇蕾数量少,温度过高条件下发生的子实体菌柄参差不齐。

搔菌后培养料暴露在空气中,必须要注意湿度的管理。如果培养基干掉,会妨碍菌丝的再生,菌丝发育不好,不仅原基难以形成,发生率低,长出来的子实体参差不齐,而且容易在培养料和菌袋之间形成子实体(因为此处湿度比较适宜)。同时,干燥的培养基表面菌丝活力降低,细菌和木霉等病菌容易侵入,造成金针菇的根腐病和心腐病。为促进搔菌后原基的形成,培养室的相对湿度应该控制在85%~90%之间。具体的管理方法是:菌袋搔菌后放在培养架上,立即在塑料袋袋口上覆盖无纺布、纱布、塑料薄膜或报纸等,覆盖物应比培养架长度多30 cm,宽度多20 cm,使之覆盖到菌袋上之后四周下垂10 cm左右,喷水时水不易滴到袋中。在培养室的地面和周围空气中喷水保湿,并在覆盖物上喷水保湿。在这些覆盖物中以深色的无纺布效果较好,它具有一定空隙,既能透气,又能保湿、遮光,可满足金针菇子

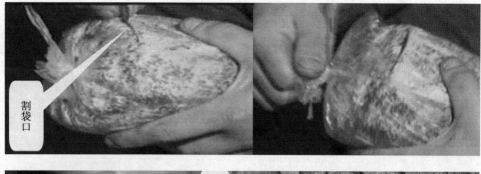

割袋口

搔菌

搔菌面恢复

图1-20 金针菇搔菌管理方法

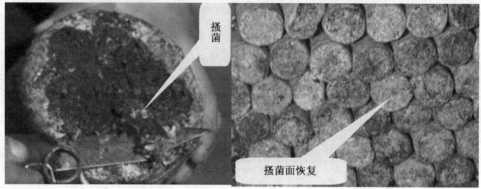

实体发生、发育的要求。无纺布的规格可根据场地的大小任意裁剪,喷水时,水应喷在无纺布的上面,水滴要呈细小的雾状,无纺布上不能有积水,以防止水渗透过无纺布流入袋中,引起培养基表面积水。一旦发现袋中有积水,要及时倒掉,否则子实体不容易发生,而且培养料容易腐烂发臭。比较简单的办法是,将无纺布浸入到水中,浸透水后,捞出稍加拧干,再盖在塑料袋上保湿,不仅湿度均匀,而且可以避免水流到塑料袋中。浙江、江苏以及大部分北方地区采用塑料薄膜覆盖,也收到比较好的效果。但广东、广西、福建等气温较高的省区不宜采用塑料薄膜覆盖,因为在高温条件下,盖上塑料薄膜后,菌袋内不透气,容易导致子实体发生病害。一般每天上午、下午、傍晚各喷一次水,使无纺布保持湿润,基本上可以保持金针菇子实体形成所需的相对湿度,即85%~90%。

搔菌保湿4~5 d后,搔菌后的培养基表面上出现一层白色绒毡状物,而且出现琥珀色水滴,即所谓饴滴,这是原基出现的先兆。饴滴出现后,要加强通风,增加氧气量。如果氧气不足,会使原基的发生受到抑制,不仅原基的数量减少,而且还会延长出菇时间,菌柄和菌盖生长不整齐。所以,在保持湿度为85%~90%的前提下,以培养基表面不干为原则,进行适当的通风换气对子实体的正常发生是十分重要的。具体的做法是:每天利用喷水时间,掀开覆盖物通气1 h左右,使之大量通气,促进原基的更快发生。要注意在保持培养室较为黑暗的情况下把门窗轮流打开,让室外的新鲜空气进入室内,防止室内由于氧气的不足而影响原基的正常发生。2~3 d后在培养料表面出现无数的白色或淡黄色小的突起,这是菇蕾的前期——原基。原基形成后,要在地面或四周喷水以保持空气的相对湿度在85%~90%,并注意经常将覆盖物打开通风,直至培养料表面布满菇蕾,这是决定金针菇高产、优质的关键。因为通风和保湿有一定的矛盾性,因此,在生产上要精心管理,克服这一矛盾,使温度和氧气能同时满足金针菇的需要。

（3）菇体的生长

当菇蕾长满塑料袋培养料表面之后，分化出菌柄和菌柄先端大小的菌盖，即形成子实体。最初产生的子实体数量有限，但随着菌柄的伸长，在菌柄的基部发生侧枝，使菌柄数量增加。一般情况下，不是所有的菌柄都能顺利地发育，其中柄细、发育迟的菌柄不能充分伸长。因此，在金针菇子实体发育初期给予一定的低温、吹风和黑暗条件，金针菇就会生长得整齐，也就是抑制阶段。抑制温度最好是 4~6 ℃，此时虽然金针菇生长缓慢，但健壮有力，也很整齐。低温的同时要注意每天揭开覆盖物通风，这是使菌柄生长整齐的重要措施。如果让覆盖物一直覆盖在菌袋上，菌柄则生长得参差不齐。但如果通风过度，金针菇子实体过于干燥，则生长不好。因此，应当采取覆盖与揭开通风交替进行的管理方式。只有足够的通气量，子实体才能生长得整齐，水菇较少，这是提高子实体质量的重要手段之一。在栽培中如果发现菌盖未能正常形成，生成针尖菇时，表明覆盖物覆盖的时间过长，袋中的氧气不足，必须打开覆盖物通风，让菌盖形成后再重新盖住。抑制期间二氧化碳浓度应该在 1 000~2 000 μL/L 之间。子实体生长期间基本不需要光线，因此栽培室应保持黑暗，1~2 lx 的光线足够满足其生长要求。抑制阶段金针菇对湿度的要求比催蕾时低，一般相对湿度应保持在 80%~85%。少喷水，湿度低，子实体较为干燥，质量好，保存时间也长。

当菌柄长度达到 3~4 cm 时，抑制阶段结束，进入生长阶段。此阶段子实体的适合温度为 6~8 ℃，但如果没有遇到气温的急剧变化，只要使室温保持在 4~16 ℃ 范围内，子实体一般可以正常生长，也可获得优质高产的金针菇产品。进入此阶段后，要及时将卷下的塑料袋往上提高，一般情况下分两次提高。要注意提高后的塑料袋口必须高于子实体 5 cm 左右，否则子实体长出袋口后容易开伞，同时，菌盖碰到覆盖物上的水容易发生腐烂或产生细菌性斑点病。不要一次性将袋口拉直，因为塑料袋是圆筒形，容易使周围的子实体生长受阻。而且在气温偏高的地区，如通气不良可能导致子实体枯萎或腐烂。该阶段栽培室的相对湿度应保持在 80% 左右，湿度过大，容易发生根腐病，而且菌柄基部易呈黑褐色。当子实体张至 15 cm 时，相对湿度应控制在 75%~80%，这样，子实体较干燥，颜色白，菌盖不易开伞，同时因含水量较少，便于销售和储藏。生长阶段对氧气（通气）的要求比催蕾和抑制阶段低，相反对二氧化碳的要求更高，因为较高浓度的二氧化碳可以促进菌柄的生长。因此，塑料袋口的覆盖物不要经常揭开，只是在喷水管理时揭开 15~20 min 左右，即可满足要求。此阶段应尽量保持黑暗，以使整株子实体颜色浅，有光泽。

在子实体生长过程中，有时会发现一丛金针菇中有一至数朵长得特别快，菌柄粗壮且菌核特别大。这时可以用镊子或手指将这几株金针菇从基部拔掉，注意不要伤及其他子实体。若不及时拔除，这几株子实体将变得特别粗大，而又没有商品价值，同时影响大多数子实体的生长，使一些较小的子实体枯萎。

（4）第二茬菇的栽培管理

第一茬采收完毕后，当培养室的温度低于 15 ℃ 时，只要将培养料表面的残菇柄拣除或耙干净，再把塑料袋口卷至离培养基表面 2~3 cm 处，上面盖上覆盖物，喷水保湿时经常揭开覆盖物通风。当温度在 13 ℃ 左右时 3~4 d，温度低于 13 ℃ 时 5~6 d，培养基表面就会出现菇蕾。一旦发现菇蕾出现，要经常揭开覆盖物通风，增加塑料袋中的氧气量，让菇蕾更多、更快地发生，2~3 d 后，菇蕾全部长出。催蕾好的菌袋，菇蕾基本上可以长满培养基表面。当采收第一茬前后遇到高温时，残余的菇柄数量多而且基部变黑，因而要用搔菌耙将菌柄基部的残余物耙去，再进行第二次搔菌，要注意不可将培养基整层或整块耙掉，否则不仅会造成浪费，而且会影响第二批菇出菇的时间。二次搔菌后一般要 7~8 d 才能出现菌蕾，而且菌蕾的数量也比不搔菌的少，但二次搔菌是对付高温的一种有效的处理方法。

第二茬金针菇的生长发育管理方法与第一茬菇管理方法类似。但因为培养基的水分已经减少，所以管理过程中，要特别注意在地面上喷水保湿及预防覆盖物干燥。同时由于培养料中营养减少，菌盖更易开伞，所以在第二茬子实体生长管理过程中，只在喷水保湿时将覆盖物揭开通气，一般情况下必须将覆盖物盖在培养料表面，以防止菌盖很快开伞。

在第二茬菇生长过程中，当气温升高至 18 ℃ 时，有时会出现子实体生长至 4~6 cm 时，菌盖和菌柄上半部变软的现象。这是气温高不适合金针菇生长和塑料袋内水分已明显不足的表现，出现这种现象时，应及时将萎缩的子实体从培养料表面耙除，然后在培养料表面喷少量的清水，将覆盖物盖上保持湿润，过 6~7 d 后，原基仍可正常发生。

采用添加棉籽壳的培养料栽培金针菇，第二茬子实体的产量和质量都较好，菌柄长度在 13~15 cm，菌盖直径在 1.5 cm 以下。第三茬与第二茬的管理方法类似，但因第二茬之后的培养料已偏干、萎缩，应将培养料表面清理干净后，泡在清水中 2~3 h，让培养料吸水后再把水倒掉，这样可以保证第三茬菇蕾形成时所需要的湿度，促进第三茬菇正常的生长发育。

下面总结一下子实体形成、生长阶段对温度、湿度、通气、光线等因子的管理要点。

（1）温度　金针菇子实体形成的适宜温度是 10~16 ℃，最适 13 ℃ 左右；子实体抑制阶段最适温度为 4~5 ℃；子实体生长阶段最适温度为 6~8 ℃，此条件下子实体生长虽然缓慢，但菇体洁白，盖小柄长，产品的货架寿命长；10~16 ℃ 金针菇生长发育较快，管理得当，也可以获得优质高产；18 ℃ 以上金针菇容易开伞，子实体质量差，色泽深。

（2）湿度　金针菇子实体虽然在相对湿度为 80%~95% 的范围内都能够生长，但各个时期对湿度的要求又有所不同。在催蕾阶段必须保持在 85%~90% 左右，湿度太低或太高都不能使子实体正常发生。子实体生长阶段相对湿度以 85% 左右为好。采收之前，相对湿度以 75%~80% 左右为好。相对湿度的高低还应该根据气温的高低而有所不同。一般气温偏高时湿度不可太大，因为高温、高湿可能引起斑点病。湿度太大还会引起畸形，如菇体相连和菇柄偏生的不正常子实体。下雨天的时候，应该少喷水或不喷水，以预防金针菇菌盖边缘出现水菇现象。

当空气干燥时，必须勤喷水，以提高栽培房的相对湿度。如培养基中湿度不足，菇蕾难于形成，可在搔过菌的培养基表面喷少量雾状清水，但不能过多，袋内不允许有积水。采用这种直接增加湿度的方法，能使菇蕾正常发生，一旦菇蕾形成，就要停止在培养料表面喷水，而应在覆盖物上喷水保湿，这样可以弥补培养基中水分的不足，从而满足金针菇对湿度的要求。

（3）空气　金针菇生长时要吸入氧气，呼出二氧化碳，特别是在菇蕾发生时，需氧量更大。如果覆盖物一直遮住培养基表面，则产生的菇蕾少，经常揭开增加氧气量就可以使培养基表面布满菇蕾。当氧气不足时，金针菇生长缓慢，而且菌柄纤细，不能形成菌盖，出现针尖菇。但是与一般菇蕾相比，金针菇对氧气的需求不太严格，而且二氧化碳浓度的增加有利于菌柄的伸长和抑制菌盖的开展。因此，在栽培时除了在菇蕾发生期间加大通风外，一般情况下，只要结合喷水打开门窗，即可满足金针菇对氧气的需求。气温升高时，还要注意晚间打开门窗，让栽培室通风换气，促进菇的发育，同时也能减少病虫害的发生。

（4）光线　金针菇要求栽培室黑暗，对于黄色金针菇来说，这点尤其重要，光线明亮虽然可以促进子实体的形成和发育,但子实体的色泽深,基部绒毛长,菌盖大,这对金针菇的产量没有大的影响,但却会影响金针菇的商品价值。黑暗可以使菇的颜色变浅,又能促进菌柄生长,因此对于容易变褐色和开伞的菌株,栽培时可以在菌袋上加盖深色覆盖物或将栽培室遮光,这样既可以提供黑暗栽培的条件,又可以增加二氧化碳的浓度,从而使子实体颜色变白,保持菌盖内卷,抑制菌盖展开。

在气温较高的地区,栽培过程中如果突然遇到气温升高,这时要尽量通风换气和降低温度,以促进子实体发育,保持一定产量。此时,在高温条件下,如果因为强调保持黑暗而不通风,会造成子实体的腐烂、变质。可见,在不同条件下要灵活处理温度、通气和光线之间的关系,这样才能避免损失,取得效益。

2. 直接出菇法管理技术

这是一种较为简单的金针菇栽培方法。即菌丝长满袋后,不必通过搔菌而直接出菇的方法。因为不进行搔菌,菌丝未受到伤害,无需恢复生长阶段,可比搔菌法早出菇 3~5 d,而子实体生育期与搔菌法相同,因此栽培周期比搔菌法短。直接出菇法生产的子实体不如搔菌法整齐、挺拔,但产量与搔菌法相同,而且不易引起污染,成功率高,是一种简单方便的栽培管理方法。

在对金针菇的规格、等级要求不严格的市场,可以采用直接出菇法进行出菇。直接出菇法生产与搔菌法基本相同,只是在催蕾之前的操作上有所不同。

(1)接种 采用直接出菇法栽培,栽培袋中的菇是直接从菌种块上长出来的,因此,菌种块的数量决定了第一批菇的数量。为了第一批菇能获得高产,在接种时,应加大接种量,除部分菌种掉到接种孔中外,菌种块应尽量分布在培养料表面,这样,不仅可以缩短养菌时间,而且出菇时菌蕾可以布满培养基表面。如果接种量少,出菇时仅在接进去的菌种块上出现菇蕾,势必影响第一批菇的产量。

(2)催蕾和生长 直接出菇法催蕾的条件与搔菌法一致,不同之处是不用搔菌。当菌丝长满袋后转移至栽培室中,去掉棉塞和颈圈,将塑料袋口卷至距培养基表面 3~4 cm 处,直接在袋口盖上无纺布保湿,催蕾过程与搔菌法一致,特别注意保持空气的相对湿度在 85%~95%,预防菌种块干燥,造成出菇困难。在适宜的条件下,经过 4~5 d 即在老菌块上布满菇蕾。菇蕾出来以后的管理方法与搔菌法一致。第一批菇采收完毕,必须将培养料上面的菌种块耙掉,倒出,然后再进行第二批菇的管理,第二批菇的管理方法与搔菌法相同。

3. 再生法管理技术

金针菇具有在菌柄上产生二次分枝的再生特性,菌丝长满袋后,调节温度和光线,诱导培养基表面形成原基。原基因袋内二氧化碳浓度过高,不断伸长形成细长的菌柄,而未能形成菌盖。待菌柄长到一定数量后,翻折袋口露出菌柄,进行吹风干燥,然后利用已近枯萎的菌柄在适宜的条件下再生出许多细小的原基(侧枝),侧枝不断生长形成大量子实体,此项技术称为再生技术。

(1)制袋技术 培养料的配制与装袋过程和搔菌管理技术相同。但必须强调的是:①含水量要求高些,以 70% 为佳,以利于老菌柄再生时水分的补给;②装颈圈时,要把颈圈尽量往下拉,套在距离培养料表面 3~4 cm 处。颈圈若套得太高,袋内培养基表面第一次发生的原基数量多,菌柄长得很长,再生菇头大,占去很大分量,影响商品价值,而且产量不高;若套得太紧,不仅不易接种,而且长出来的菌柄因空间小,通风差,一旦没有及时开袋,就容易烂掉,因此,套颈圈技术是再生法技术中的关键一环。如果采用线绳扎袋口封袋,省去了

棉塞和颈圈,但一般不用于再生法栽培技术,因为用绳子扎的袋内通气性不好,原基数量少,再生后原基很难长满整个袋口。

(2)接种技术　接种量可以多些,这样培养基表面长出的菌柄可再生出数量较多的菇蕾。接种时,适当将菌种搅碎,均匀分布在培养基表面。但如果用麦粒制作菌种,接种量不必太多,因为菌种量多时,长出大量多而细的菌柄,反而对再生菇不利。

(3)培养措施　接种后置于23 ℃下培养,一般25 d可以长满袋。菌丝长满袋后可以直接放到栽培室内,温度降为10~15 ℃左右,再通过光线诱导,促进袋内菇蕾形成。

(4)栽培管理

①再生技术　再生法与搔菌法和直接出菇法的不同之处是,要先在袋内培养基表面上部空间内形成原基。原基形成后,不急于将袋口打开,让原基继续生长。待袋内子实体菌柄长到2~4 cm时,将袋打开。但必须掌握好在黄色金针菇菌柄(细须状)变成褐色之前,白色金针菇菌柄变成黄色之前,将袋口打开,否则开袋后,子实体容易腐烂,这是再生法栽培的关键技术。如果菌丝尚未长到袋底,而培养基表面的子实体已经达到了上述要求,也可以开袋进行培养。但如果培养料表面的子实体稀疏,数量很少时,不要急于打开袋口,否则会因为子实体数量少而影响产量。开袋时将棉塞、颈圈拔除,塑料袋口外折卷至距离培养料面2~3 cm处,把子实体向下压使之倒伏,紧贴培养料表面,如果个别菌柄太长可用剪刀修剪;有的袋中因为棉塞没有塞紧导致菌盖形成,可用剪刀剪去菌盖。开袋后加强通风,袋口不加覆盖物,使针尖菇逐渐失水而枯萎变成深黄色和黄褐色,然后再在枯黄的菌柄上形成新的菇蕾丛。枯萎的方法有以下几种:一是对于在原培养室内进行栽培的,把翻折后的栽培袋直接放在栽培架的顶层,利用顶层空间相对湿度比较低的条件,使针尖菇枯萎;二是在室内放置旋转式电风扇,采用机械吹风的方法加快菇柄枯萎的速度;三是将开口后的菌袋放在通风较好的房间,将门窗打开,使之形成对流,逐渐使其枯萎。

翻卷后,机械吹风或风力大的地方菌柄枯萎得快,1~2 d后,原有的纤细菇柄就干枯变色,但要注意风量不可太大,针尖菇若过度枯萎则容易枯死,再生效果差。因此,最好是微风吹干,一般需要2 d时间,气温较低时需要3~4 d。另外还要注意,这个阶段空气相对湿度不要太高,如果相对湿度超过90%,仅仅针尖菇的尖端枯萎,停止吹风后,又继续恢复生长,不能达到增产的目的。因此吹风枯萎阶段的空气相对湿度控制在75%~80%为宜,同时要掌握好枯萎的程度,这是再生法成功与否的关键。适宜的枯萎程度的简单判断方法是:菌柄没有完全发软,用手触摸菌柄有轻微的硬实感即可。通风吹干结束之后,将置于培养架顶层的菌袋移到最底层,在底层地面洒水,利用底层地面相对湿度较高的条件,让枯萎的菌柄上形成密集的菇蕾丛。对于采用机械吹风和通气吹风的栽培袋,可以在菌袋上覆盖湿无纺布,使菌袋内部无纺布与培养料之间形成一个相对湿度较高的小气候,让接近枯萎的菌柄吸湿恢复,形成菇蕾丛。一般经过2 d,栽培袋的原枯萎菌柄上又形成新的、整齐的、密集的菇蕾。

②子实体生长　当菌柄长到3 cm、菌盖直径为2~3 mm时,分两次将卷下的袋口拉直。子实体生长期间的温度、湿度、光线、通气管理方法与搔菌法管理相同。因为再生菇要去除基部的老菌柄,所以可以在菌柄长达18 cm时再采收,采收后可剪掉3 cm左右的菌柄。

采收完第一茬菇后,耙去培养基表面的老菌种及残菌柄,将塑料袋上端重新套入颈圈和棉塞,继续培养10~15 d,第二批原基发生,仍然采取上述方法管理第二批再生的金针菇。但是由于第一茬菇采收后,培养基的含水量大幅下降,因此再生时要及时地在塑料袋口覆盖较多的湿布、无纺布,以促进菌蕾的再生和再生后子实体的生长发育。如果袋内水分明显下降,可在采收后培养一周,直接向袋内倒水,让水淹没培养基,经过 3~4 h 后,倒去多余的水,把棉塞塞上,促使第二批金针菇菌柄尽快发生。第二批菇从再生开始到采收需要 10 d 左右,但菌柄短,菌盖大,产量质量都比第一批菇差,培养基也严重收缩。一般再生法栽培黄色金针菇采收两批后丢弃,而对于白色金针菇,采收一批后丢弃。

第五节　双孢蘑菇栽培技术

双孢蘑菇,俗称蘑菇、白蘑菇、洋蘑菇,是世界上最著名的食用菌。双孢蘑菇的产销量在食用菌中居世界首位。

蘑菇在真菌分类上属担子菌亚门、伞菌目、蘑菇科、蘑菇属,本属包括双孢蘑菇、四孢蘑菇、大肥菇等数种,其中双孢菇栽培最普遍。双孢菇栽培起源于法国。据记载,1605 年法国农学家拉昆提尼(La Quintinie)曾在法国国王路易十六花园的草堆上栽培出了双孢菇。现在世界上栽培双孢蘑菇的国家达 80 多个,栽培水平比较高、产量比较大的有法国、荷兰、美国等国家,这些国家已经走上工厂化和专业化道路。

我国 1935 年才开始引进双孢蘑菇种植技术。目前我国双孢蘑菇的栽培已发展到十多个省、市、自治区,产量居世界第二,是我国最大宗的出口创汇食用菌。但我国的双孢蘑菇栽培水平与世界发达国家相比还很落后,单产比较低,在品种选育、栽培技术、病虫害防治、设备等方面与先进国家都存在差距,需加强科技投入。

双孢蘑菇外形美观,肉质洁白肥嫩,味道鲜美可口,营养价值很高。双孢蘑菇干粉蛋白质含量达 42%,蛋白质由 19 种氨基酸组成,还含有多种维生素、核苷酸。双孢蘑菇味甘性平,有提神、消食、平肝阳(降血压)等功能。用其浸出液制成的糖浆、片剂等对预防和治疗迁延性肝炎、慢性肝炎、肝肿大、早期肝硬化、白血病、肝肿瘤均有一定疗效。另外,工业上还利用其菌丝体制造抗生素和草酸。

一、双孢蘑菇的形态特征

双孢蘑菇是由菌丝体和子实体两部分组成。

菌丝体为白色、绒毛状。菌丝的功能是吸收营养物质,菌丝的先端是生长点,先端细胞比其他细胞的细胞核多,因此,细胞核分裂最旺盛是在先端细胞核中进行的。先端细胞分泌适合于基质的胞外酶,可分解高分子化合物,把产生的低分子化合物作为营养吸收,构成能量和菌体成分。在适宜条件下,就这样继续营养生长,但当营养源枯竭、温度降低等环境条件出现时,菌丝就会集合,分化,组织化,最后形成子实体。担孢子萌发形成的菌丝含有两个核,称为双核菌丝。由两条双核菌丝质配,而细胞核不融合,含有多个核的称为异核体,可形成子实体。而双核菌丝发育到一定时期,许多菌丝交织在一起形成子实体。

子实体是由双核菌丝组成的,子实体由菌盖、菌褶、菌环、菌柄等部分构成。菌盖初期半球形,后期平展,开伞后菌盖达 7~12 cm。菌褶生于菌盖下面,初期白色,渐变成粉红色,开伞后黑褐色,菌褶表面产生担子,每个担子上生有 2 个担孢子,故称双孢蘑菇。担孢子褐色,椭圆形,大小为 $(6~8.5)\mu m \times (5~6)\mu m$。担孢子成熟后,在担子的顶端,担孢子着生的地方出现小液滴,这个小液滴迅速变大,大约达到孢子的 1/5 大时,担孢子和液滴完全从担子上弹射出去。菌柄白色、圆柱形,长 5~9 cm,粗 2~3 cm,中生,菌柄上着生菌环(如图 1-21

所示)。

图 1-21 双孢菇子实体

二、双孢蘑菇对营养和环境条件的要求

（一）营养

蘑菇是一种腐生真菌,没有叶绿素,不能进行光合作用,完全依靠吸收环境中的碳素营养、氮素营养及无机盐类进行生长发育。碳素营养来自作物秸秆中的纤维素、半纤维素、木质素被分解成的简单糖类、有机酸。氮素营养来自禽畜粪便中的蛋白胨、氨基酸、尿素等。再适量补些过磷酸钙、石膏、碳酸钙等,就能满足蘑菇对各种营养元素的需要。磷素对于氮素的利用有一定制约作用,如果有适量的磷素存在,那么氮素浓度较高时菌丝也能生长;如果磷素不足,氮素增加后菌丝则停止生长,氮的同化也减少。磷素的适宜浓度为0.001 mol/L,高于或低于此浓度,菌丝的生长都会受到阻碍。钙素也是一种重要的元素,堆肥中添加钙素可以增加堆肥的透气性,促进蘑菇菌丝繁殖,钙离子还能缓解高浓度的钠、钾、镁离子的毒害作用,同时具有保护菌丝生长、促进子实体形成的作用。

（二）温度

温度是蘑菇生长的重要条件,蘑菇不同发育时期对温度的要求不一样。孢子萌发的最适温度为 $23 \sim 25 \, ℃$;菌丝在 $6 \sim 33 \, ℃$ 均可生长,最适生长温度为 $23 \sim 25 \, ℃$,在最适宜温度下,菌丝生长快、浓密、健壮有力;子实体在 $5 \sim 22 \, ℃$ 均能形成,最适温度为 $13 \sim 17 \, ℃$,在此温度下形成的子实体,菌柄矮粗肉厚、质量好,高于 $20 \, ℃$ 时,菌柄细长、肉薄、质量差,高于 $27 \, ℃$ 时,虽能形成子实体,但不释放孢子,制种时应注意。

（三）湿度

蘑菇的菌丝体生长与子实体发育要求的湿度不同。菌丝生长要求培养料含水量以 $63\% \sim 68\%$ 为宜,低于 55% 或高于 75% 时,菌丝生长不好,子实体形成和发育要求较高湿度。发菌期间栽培室的相对湿度应保持在 $90\% \sim 95\%$,以防止堆肥干燥。出菇时要求培养料表层湿度 $60\% \sim 65\%$;覆土的土粒含水量 $16\% \sim 20\%$;空气相对湿度 $85\% \sim 90\%$。过干子实体形成慢,菌盖上有鳞片,菌柄易空心;过湿易感染杂菌,发生病害。孢子萌发也要求一定湿度,过干、过湿对孢子萌发都是不利的。

（四）空气

蘑菇是一种需氧性真菌。生长发育需要吸收氧气,排出二氧化碳,如果菇房通气不良,二氧化碳积累过多，菌丝会逐渐萎缩，子实体发育缓慢，形成的小菇体也会变黄死掉，如果开伞时氧气不足，便不能释放孢子，就是已经形成的孢子，也不能萌发。因此菇房一定要通风，保持空气新鲜。为了达到这个目的，每小时必须通风几次，特别是在子实体大量发生时通风换气是十分必要的。但必须注意，要尽可能不使室温和相对湿度发生变化。例如冬天空气又干又冷，就没有必要排除室内的水分和热量，只要排除二氧化碳就可以了，所以采用通风量少的措施是合理的。可是夏季因为外界高温高湿，必须除去菇床上的水分和热量，所以比冬天要多通风换气。

一般来讲，养菌期间不必供给氧气，可以将门窗关闭，这样有利于保温，只有在菇床温度上升时才通风换气，以使温度降低。室内二氧化碳浓度在 0.5%～1.5% 左右会促进菌丝生长，即使达到 2% 菌丝也可以生长，但二氧化碳浓度达到 3% 时会抑制菌丝生长。另外，二氧化碳浓度达到 0.1% 时子实体原基不能形成，二氧化碳浓度在 0.06% 以下时原基可以形成。

（五）酸碱度（pH）

蘑菇菌丝生长要求的酸碱度范围在 pH 3.5～9.0 之间，最适宜为 pH 6.5～7.4。如果堆肥中不含有游离氨，堆肥的 pH 对菌丝的生长和产量的影响不大，接种时堆肥的 pH 为 6.5～8.2，蘑菇菌丝的生长没有变化。由于菌丝生长产生酸性物质对蘑菇生长不利，即有利其他杂菌生长，因此要求培养料进房时的 pH 值应调得略高一些，pH 最好在 7～7.5，覆土时土粒的 pH 在 7～8.0 之间，可以抑制其他霉菌生长，同时有利于蘑菇菌丝生长。

（六）光照

蘑菇无叶绿素，不能进行光合作用，对光照要求不严，菌丝可以在完全黑暗条件下生长，子实体形成时最好有微弱的散射光。强光能使子实体变黄，表面硬化，品质下降。

（七）游离氨

游离氨对蘑菇菌丝的生长和产量有直接的负面影响。接种时游离氨的浓度必须降到 0.07% 以下。如果游离氨的浓度达到 0.1%（人的鼻子能够闻到），菌丝的生长就会受到抑制；如果游离氨的浓度达到 0.2%，菌丝就会死亡。

三、双孢蘑菇的栽培技术

（一）菇房设置

菇房是蘑菇生长的场所，应为蘑菇生长创造适宜的环境。因此，要求菇房冬暖夏凉，要有加温设备，保温、保湿性能好，而且通风换气方便。同时菇房还要求密闭，便于消毒，具备以上条件，无论是空房、温室、地窖、仓库等都可以作菇房。如果新建菇房，应选择地势高燥、靠近水源、排水方便、周围环境清洁，并有堆料场所的地方。菇房的方位最好是坐北朝南（东西走向），有利于通风换气，又可提高冬季室温，夏天减少日晒，为充分利用空间，菇房内要设床架，以 3～4 层最好，每层床架间距离 60 cm，床架四周留有过道，便于操作管理，地面要求平整坚实，最好建造水泥地面，便于清扫、消毒、灭菌，减少杂菌污染。

（二）培养料的准备堆制

栽培蘑菇的培养料是由粪草混合，经过发酵、腐熟而制成的，培养料的好坏直接关系到蘑菇产量和栽培的成败。因此，配制培养料既要考虑营养成分比例，又要考虑培养料的通气状况和酸碱度。培养料除粪草外，还要加适量的化肥，以补充养分的不足和改善培养料的理化性状。

粪肥有猪粪、牛粪、马粪、鸡鸭粪等。粪可干用也可湿用，粪肥收集后堆成堆，拍紧上面，盖上覆盖物防止雨淋,堆周围开好排水沟。稻草、麦秆都可,但要新鲜无霉,腐烂发霉的草不能用,刚收的鲜稻草、麦草必须经干燥后才能使用。

由于蘑菇生长要求的碳氮比为30:1~40:1,因此粪草比例要适当。若粪多草少,通气性差,造成厌气发酵,养分损失;若草多粪少,培养料通气性好,但养料不足。应根据粪的种类及其质量进行合理搭配。

1. 培养料配方

总结各地经验,下列配方较合适。

(1)干粪(猪粪或牛粪)1 300 kg,干草(稻草或麦草)2 000 kg,饼肥80 kg,石灰粉50 kg(预混合,2 d后建堆),尿素30 kg(建堆时加入),硫酸铵30 kg,过磷酸钙30 kg(第一次翻堆时加入),石膏粉50 kg(第二次翻堆时加入),碳酸钙40 kg,石灰粉50 kg(第三次翻堆时加入)。

(2)干麦草1 000 kg,干稻草500 kg,干牛粪1 500 kg,菜籽饼200 kg,尿素20 kg,石膏40 kg,碳酸钙40 kg,磷肥50 kg,人畜尿500 kg,石灰30 kg,杀螨矾1.5 kg。

(3)干稻草2 000 kg,干牛粪1 300 kg,尿素30 kg,石膏75 kg,石灰50 kg,复合肥30 kg。

(4)干稻草1 750 kg,干牛粪1 750 kg,菜籽饼200 kg,草木灰50 kg,尿素10 kg,石膏100 kg,过磷酸钙50 kg,猪粪尿1 000 kg,石灰25 kg。

2. 第一次发酵

目的:通过高温发酵使粪草中的大分子有机物质充分分解,利于蘑菇吸收利用,使粪草疏松消除臭味,杀死害虫和杂菌,为蘑菇生长创造有利条件。

堆积:选择地势高、靠近菇房和水源的地方作为堆积场所,四周挖好排水沟。堆前将草切成30 cm长的段,放入清水中浸泡。麦草浸2~3 d,稻草浸1 d。干粪用清水或尿水调湿,预堆2~3 d,含水量以手握粪指缝间能出1~2滴水即可。

堆料时(如图1-22所示),先铺一层25 cm左右厚的草。草上再铺一层3 cm厚的粪,其上再铺一层草,这样一层草,一层粪,共计10~12层。料堆一般长11.5 m,宽1.8 m,高1.8 m,料堆的宽度取决于空气能够从料堆的侧面渗透到料堆的中心的最大距离。堆顶弧形,便于雨水流淌。堆的大小要适中,堆过大,温度升高快、发酵快,易发酵"过劲",产生白化现象,还会造成通气不良,容易产生厌气发酵,导致发酵失败。堆过小,保温、保湿差,发酵慢。粪草要铺平。从第四层往上浇水增多。菜籽饼、尿素、硫酸铵、石膏在第三层开始加入,加到第八层。料堆好后用草帘盖上,防止日晒,下雨时盖塑料布,防止雨淋,有利保湿、保温、

(a)

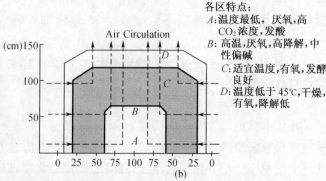

各区特点:
A:温度最低,厌氧,高CO_2浓度,发酸
B:高温,厌氧,高降解,中性偏碱
C:适宜温度,有氧,发酵良好
D:温度低于45℃,干燥,有氧,降解低

(b)

图1-22 双孢菇培养料发酵示意图

保肥。

堆肥从外向内可以分为冷却层(D层)、放线菌活动层(C层)、最适发酵层(B层)、嫌气层(A层)4个层次。

D层(堆表向内约20 cm)直接与外界空气接触,温度低,是微生物的保护层。含有大量有益的微生物,可以通过翻堆向整个堆供应微生物。

C层(D层向内约20 cm)是稍干的层料,可以看到放线菌的白色斑点。翻堆时加水量的多少可以以B层产生白色斑点为标准。

B层位于料堆的中间,温度可以达到75~80 ℃,这一层中微生物是不能生存的,而化学反应却十分活跃。该层即使不经过二次发酵,直接用来栽培蘑菇,也可以充分供给菌丝生长所需的营养。

A层位于料堆底部中心,是嫌气层,温度低,呈过湿状态,是对蘑菇菌丝生长完全不适合的层次。

从料堆最外部的冷却层向堆的中央堆温逐渐升高,高温微生物的活动也逐渐活跃。如果中央部位的堆温已经升高,微生物被活化,表明整个料堆温度全部升高。

翻堆:为了促进微生物繁殖,使料发酵均匀,需要进行翻堆。通过翻堆改善堆内空气状况,调节水分,散发废气。但是料堆的总氧量在翻堆后数小时就被微生物消耗掉了,因此从补充氧气的观点来看,翻堆只起有限的作用,其重要的目的在于使料堆的各部分制成均匀的堆肥。在翻堆的间隔期间,料堆的通风是通过烟囱效应引起的。自然通风补氧比翻堆补氧更重要。

渗透到料堆中央的氧气几乎全被高温细菌消耗掉,料中央的二氧化碳浓度达到20%是比较合理的。如果二氧化碳浓度超过20%,料堆呈厌氧状态,不利于发酵;如果二氧化碳浓度小于20%,通风性太好,料温降低,也不利于发酵。

料堆各部分的氧气浓度存在差异,通常中心部位底边的氧气浓度低(D层),而且水平方向氧气浓度差比垂直方向氧气浓度差大。

当堆温开始下降时进行翻堆,把上层、下层、中间及四周相互调换位置。把粪草料松散、拌匀。一般翻堆3次,每次翻堆间隔大致为4 d、3 d、3 d。具体翻堆时间、次数,应根据天气、粪草种类、堆温度变化情况灵活掌握。堆必须当天翻完,每次翻堆后,必须同样覆盖好。

第一次翻堆一般在堆料4 d后。堆料后第3天堆温一般可达到70 ℃左右,如达不到则要提前翻堆,翻堆时料内应浇足水分,并加入余下的石膏粉。大约3 d以后,进行第二次翻堆,这次翻堆,只在水少的地方补水,避免水分过多,将堆宽缩至2.0 m,堆高缩至1.0 m,以加强堆内通气性,同时加入过磷酸钙。第二次翻堆3 d后,进行第三次翻堆,此次翻堆一般不加水,料内含水量一般控制在用力握料,指缝间有7~8滴水滴下为宜。将堆宽缩至1.7 m,加入石灰粉。第三次翻堆2 d后,应将料趁热移入菇房进行第二次发酵。可进行第二次发酵的培养料的标准是:料应呈咖啡色,无臭味,草有弹性,一拉能断,粪草均匀一致,料疏松,pH 7.5左右,含水量65%左右(用力握料,指缝间有4~5滴水滴下)。

3.第二次发酵

目的及原理:第一,杀死菇房和培养料中的杂菌和害虫。一次发酵无论如何规范,因为是在室外堆积完成的,所以也会含有许多有害生物(线虫、螨、苍蝇、虫卵、幼虫、病原菌、孢子等)。除去这些微生物是二次发酵的目的之一,但二次发酵并不意味着根除所有的生物。第二,在一定条件下继续发酵,促进培养料中有益高温微生物大量繁殖与生长,使培养料中养分进一步转化,积累有益的营养源,以利于双孢蘑菇吸收利用。仅仅不含病原菌和虫害的堆肥还不是适宜的堆肥。杀菌过程结束后的堆肥,还必须经过腐熟过程。腐熟是在限定的温度、氧气、湿度条件下,完成进一步发酵过程。在化学上,其目的是消耗易分解的有机物和同化易挥发的游离氨。消耗简单的糖可以防止竞争性杂菌的生存,而微生物利用游离的氨和硝酸盐合成蛋白质,则是为了积累蘑菇营养源。

堆肥的腐熟是通过无数微生物的活动而实现的,这些微生物的最适生活条件是堆肥含水量为70%,温度为46~53 ℃。另外,通气量和初期游离氨的浓度对腐熟也有一定影响。堆肥中的细菌肉眼是看不见的,但共存的放线菌在腐熟过程的初期就以白色斑点的形式出现。后期出现腐质霉,呈灰色,特别是在表面多湿的堆肥上,呈现模糊不清的淡灰色。腐熟过程中高温细菌和霉菌产生的胞外多糖是蘑菇的营养源,多糖积累在秸秆表面黑色层的内部。把这一层放在显微镜下观察,可以看到含有腐质霉菌丝断面的不定形物质,它含有大量的多糖。多糖随着菌丝的生长而迅速消失,堆肥的颜色也从暗褐色变为明亮的黄色。这种多糖很容易被蘑菇菌丝吸收,因为其他竞争性杂菌不能利用这种多糖,这便使这种多糖成为蘑菇菌丝的特异性营养源。二次发酵中的有益微生物菌群可分为高温细菌(最适温度50~60 ℃)、高温放线菌(最适温度为50~55 ℃)和高温真菌(最适温度45~53 ℃)。因此,堆肥腐熟的温度界限一般定为46~53 ℃。

堆肥温度在40~45 ℃时,游离氨迅速减少,50 ℃以上时游离氨减少的速度下降。而如果堆肥长期维持在57 ℃以上,高温微生物被激活,游离氨再次产生,堆肥的特异性也会丧失,变得不再适合蘑菇菌丝生长。如果将少量正常的堆肥混合到这种堆肥中,温度维持在50 ℃,游离氨会消失,变成适宜的堆肥。

游离氨对蘑菇菌丝的生长极为不利,必须消除。另外,氨是蘑菇菌丝生长的重要营养物质。因此,如何减少游离氨,并使之转化为蛋白质,对蘑菇的增产至关重要。减少游离氨可以从以下几个方面考虑:控制温度在46~53 ℃,这是高温放线菌和高温真菌的最适生长温度,特别是高温真菌——*Torula thermophila*;进行适当的通风,增强好氧菌的活动;向堆肥中加入蔗糖、糖蜜等可溶性糖类使高温细菌迅速增殖;调整堆肥培养料的结构,使之具有一定的空隙度,有利于氨的消耗和蛋白质化。

二次发酵是在有氧条件下进行的,所以通入氧气是十分重要的,如果将氧气的浓度从19%降到14%,二氧化碳浓度增加,二次发酵所需要的时间将延长一倍。另外,要想在不破坏有益高温微生物的前提下达到杀死病虫害的目的,应将室温定为57 ℃ 5 h,而且随后要尽快将温度降到腐熟的温度。

过程:将堆制好的料趁热运进事先消毒过的菇房内的床架上。在进房前一天向料面及四周喷0.3%乐果或0.5%敌敌畏,喷药后盖上塑料布,以杀死残留在料面的杂菌和害虫。

第一天,料运进菇房后,关闭门窗,加热保温,采用煤炉室内加热或将蒸气导入室内的方法对培养料加热。但是这时菇床与菇床之间的温差较大,不要立刻杀菌,菇床温度达到平衡之前,要继续空气循环,到菇床之间温差很小的时候再加热。当堆肥温度全部达到40 ℃时,关闭热源,进行少量的通风换气,堆肥自然发酵,温度慢慢上升,同时注意堆肥中心温度不超过60 ℃。

第二天,室温接近40~45 ℃,堆肥温度接近55 ℃。加热使室温至57 ℃左右,保持4~6 h,这期间为了保持各菇床之间的温差最小,要最大限度地进行空气循环(不必通入新鲜空气,否则造成热量损失),把堆肥温度控制在60 ℃,完成杀菌过程。然后迅速通风,使料中心温度降至 55 ℃。

　　第三天,料中心温度保持在 55 ℃,室温保持在 40~45 ℃。然后按照料温 1 d 1 ℃的速度降低到 52 ℃。当料中心温度达到 52 ℃时,整个堆肥的温度基本在 46~53 ℃之间,即为堆肥腐熟的最适温度,此时室内的温度为 40~45 ℃,通风换气量要以保持上述温度为好,但是当堆肥没有活性时,必须加热。当堆肥的 pH 值下降到 7.4 以下时堆肥活性降低,温度开始下降,腐熟的过程就完成了。

　　在吸气孔上安装过滤器,对预防病虫害的侵入是很重要的。特别是在二次发酵结束之后导入大量的空气,因为温度降低,适于中温微生物生长,病原菌侵入的危险性更大。

　　第二次发酵好的堆肥呈现如下特征:培养料成为红棕色或棕褐色,表面因出现放线菌菌落而呈灰色霜状(如图 1-23 所示);秸秆抗拉力减弱,但有弹性;用手握堆肥不黏手,用手搓一搓堆肥没有黏性;两手用力拧堆肥才有少量水分渗出(含水量在 65%~68%);无臭味、氨味,具有酵香味;含氮量 2%~2.4%、C/N 为 16~17、pH 值为 6.8~7.4、游离氨为 0.04%。

图 1-23　双孢菇发酵料

　　(三)播种

　　在颗粒菌种中,谷粒菌种包括小麦、小米、高粱等,由于小米、高粱等小型谷粒数量相对较多,萌发点多,发菌快,使用较为普遍。

　　第二次发酵结束,开始铺料做床,把料面拍平,稍压实,料厚 15 cm,当料温降至 28 ℃以下时可以播种。

　　播种前打开门窗加大通风,使料中的氨气散尽。要掌握培养料的含水量在 65%左右,即用手握料见水线出现,但无水滴滴下。如水分偏低可加入 1%~2%的石灰水,如含水量偏高可加大通风量,降低其含水量。料的酸碱度以 pH 7.0~7.5 为宜。

　　播种可采用散播法或穴层播法。散播法是先将 4/5 菌种撒在料面,然后用手将菌种翻入料内,剩余的 1/5 菌种均匀覆盖料面,轻轻拍平。穴层播法是先将 1/3 的菌种(直径 1~2 cm 的菌种块)按 10 cm×10 cm 的密度穴播于培养料中,深度为 5 cm,余下的 2/3 菌种均匀散于料表面,压实。每平方米培养料约用 3 瓶菌种(750 mL 菌种瓶)。散播法产量较高,比较流行。

接种后将杀虫剂喷到菇床表面和通路之上，菇床上全面盖上报纸，在菇床中央重叠，两端稍垂下盖好。然后在报纸上喷 0.5% 的福尔马林液体，充分湿润，可以防止水分从菇床表面蒸发，也可以防止病原菌孢子落入菇床。要经常喷水，保持报纸成湿润状态，这样菌丝就会很快长满料面。

（四）采收

1. 采收

当蘑菇菌盖长至 3～5 cm、尚未开伞时，应采收。采收时不要损伤料面，不要碰伤周围幼菇及损坏菌丝。采菇有扭菇和拔菇两种方法，出菇前期，菇的密度大，可用扭菇方法，即用拇指、食指及中指捏住菌盖，轻轻旋转采下。出菇后期，菇体密度小，可采用拔菇方法，即用左手按住土层，右手将菇柄轻轻拔起。此法可以将衰老的菌丝一同拔出，同时起到更新菌丝和松土的作用。如菇体丛生在一起，则用刀小心割下，不要整个搬动，以免影响未长成的小菇。每次采收之后，再过几天又可出第二茬菇，一般可采收 6～9 茬。

2. 采收后床面的管理

每次采菇后用镊子及时去掉菇床上残留的菇脚和死菇，以免腐烂，同时把采菇时带走的泥土用较湿的细土粒补上，以免影响下潮菇蕾的形成和发育。

蘑菇采收几潮后，养分大量消耗，应采取追肥措施补充养分，提高蘑菇产量。一般是将蔗糖配成 1% 的水溶液，尿素配成 0.2% 的水溶液，硫酸铵配成 0.5% 的水溶液，过磷酸钙配成 0.5% 的水溶液，结合喷水施入料面。追肥可在采收 2～3 次后进行。追肥时应少施、勤施，不可一次施量过多，以免造成药害。

第六节　灵芝栽培技术

一、概述

灵芝（如图 1-24 所示）别名灵芝草、木灵芝、红芝、赤芝、瑞草、万年蕈，是中国医药学伟大宝库中的一颗璀璨的明珠，早在 2 000 年前就被国人所认识，并总结出治病保健的经验。《列子·汤问》中云："煮百沸其味清芳，饮之明目、脑清、心静、肾坚，其宝物也。"现代医学研究证明，灵芝药效十分广泛，对中枢神经系统有镇静、安定和镇痛作用；对呼吸系统有镇咳和平喘作用；对心血管系统有强心、增强心肌营养性血流量作用，并可使动脉粥样硬化斑块形成缓慢；对肝脏能提高解毒功能，促进肝细胞再生，减轻肝小叶炎症细胞浸润。除此还能提高机体的整体机能，如激发机体的免疫功能，增强抗病能力，特别是抗肿瘤和抗辐射作用较明显，因此被誉为"疾病的克星"。近年来，国内科技人员利用灵芝孢子粉和灵芝精粉，研制成"中华灵芝宝"、"灵芝复康宝"等，经临床应用，已作为目前最佳的抗癌中药，受到医药界的高度重视和广泛应用。

二、生长要素

灵芝营腐生生活，个别在活树上寄生（如槟榔树），属兼性寄生。供香菇等食用菌生长的原料，一般均能满足灵芝生长、发育的需求。

菌丝体最适生长温度为 26～28 ℃，子实体分化最适温度为 25～30 ℃，稍高或低于此范

图1-24 灵芝及灵芝盆景

围,生长速度明显减慢,其中25℃时,子实体生长虽稍减慢一些,但质地紧密,皮壳发育良好,色泽光亮。

对水分的要求,菌丝生长阶段,培养料含水量比一般食用菌偏高,要求达65%左右,子实体发生阶段,环境应保持湿润,空气相对湿度控制在85%~90%为宜,湿度过低,幼嫩的菌蕾易枯死,湿度过高则易造成缺氧,形成畸形,或霉烂,或死亡。

子实体发生时对空气十分敏感,当空气中二氧化碳浓度超过0.1%时,子实体就不能发育成伞状,往往产生鹿角状分枝,因此,务必保持空气清新。

灵芝菌丝在黑暗环境下生长最快,而子实体发生时需要光的刺激,光照不足,子实体瘦小,生长慢,发育不正常,因此需充足的散射光。同时,子实体有向光生长的特性,发生室内不宜轻易移动菌瓶(袋)的位置和改变光源,否则影响正常生长和形成畸形芝。pH 4~6为适,但为防止菌丝培养过程中培养料变酸,因此一般调pH 6左右为宜。

三、菌事安排

(一)菌种的选择

人工栽培的灵芝主要有红芝(赤芝)、紫芝、薄树芝和树舌(平盖灵芝)4种。目前供保健、药用和出口的大多选用红芝。红芝栽培品种繁多,先行良种有如下几种:

1. 信州

抗逆性强,经济性状好,菌盖大而厚,单生,朵形完整,商品性能好,产量高,生物学效率稳定,是出口创汇的优良品种。

2. 慧州

商品价值高,单生,菌盖中型、厚,深受外商欢迎。

3. NG-7

菌柄特别短,对外界条件要求不高,较低湿度和较高的二氧化碳浓度对子实体发生影响不大。

4. 泰山1号

菌盖大,柄短,色泽好,生长迅速,产量高,符合出口标准,适合代料栽培。

此外,表现较好的还有台湾G808、京大G803和南韩银菜等。

（二）制种和栽培时间

根据灵芝子实体生长以 25 ℃最好，往前推 40 d 左右为瓶（袋）栽接种的适宜时间，栽培种制种时间需安排在接种前 1 个月进行，原种再需提前 40 d 制作。以江浙地区为例，春栽 5 月中下旬栽培接种，4 月中下旬扩制栽培种，3 月上中旬制作原种；秋栽 10 月中旬栽培接种，9 月中旬扩制栽培种，8 月初制原种。短段木熟料栽培，接种和菌种扩制需稍提前进行。段木生料接种一般安排在春季 4 月进行。

（三）培养基及组成

培养基及组成见如下配方。

1. 杂木屑 77%，麸皮 18%，玉米粉 3%，糖 1%，石膏粉 1%。

2. 甘蔗渣 50%，杂木屑 48%，黄豆粉 1%，石膏粉 1%。

3. 棉籽壳 44%，杂木屑 44%，麸皮 5%，玉米粉 5%，糖 1%，石膏粉 1%。

4. 甘蔗渣 78%，麸皮 15%，玉米粉 5%，糖 1%，石膏粉 1%。

5. 玉米芯 45%，杂木屑 45%，麸皮 8%，黄豆粉 1%，石膏粉 1%。

6. 松杉木屑 35%，杂木屑 42%，麸皮 18%，黄豆粉 3%，糖 1%，石膏粉 1%。

木屑越陈越好，但不霉变，其他原料需新鲜、干燥。麸皮可用米糠代替，石膏可用碳酸钙代替，甘蔗渣可用玉米秆粉代替，料水比为 1∶1.4 ~ 1∶1.6。

四、栽培技术

目前国内灵芝栽培方式可分为代料栽培、段木生料栽培和短段木熟料栽培。菌丝体培养分固体培养和液体深层培养。此外，尚有富锗、富硒、富锌灵芝的培养等。这里仅将应用较多的栽培方式简介如下。

（一）瓶栽

750 g、口径 4 cm 的蘑菇瓶最理想，也可采用广口瓶或罐头瓶。瓶栽一般用于采收孢子和制作灵芝盆景。

1. 拌料装瓶

上述培养基配方任选一种，主料与麸皮、玉米粉、石膏粉等先拌匀，把糖溶于水中而后逐渐加入料中并充分拌匀，并将块状物弄碎。每 100 kg 干料需加入 140 ~ 160 kg 水，估测时以手紧握料指缝中有少量水下滴为宜。然后采用徒手或装瓶机分装，要求松紧适中，直至离瓶口 1 cm 处，压平，中央用捣木打孔直至近瓶底，洁净瓶口、瓶壁的污物。瓶口用两层牛皮纸包扎。

2. 灭菌接种

常压灭菌 100 ℃保持 10 h，高压灭菌 0.137 MPa 保持 1.5 h。待料瓶充分冷却后，在无菌条件下，每瓶接入一匙菌种，压平实。

3. 发菌管理

接种后将瓶子放在培养室内层架上，控温 26 ~ 28 ℃，室内相对湿度控制在 70%以下。培养 4 d 后进行第一次检查，凡染有杂菌的种瓶应拣出处理，以后隔 3 d 再检查一次即可。培养室保持黑暗状态，以利菌丝洁白、生长旺盛，延缓菌被和原基的过早发生。

4. 子实体发生管理

一般经 20 d 左右发菌培养，菌丝长至 1/2 ~ 1/3 瓶时，料面可能出现白色突起的原基，这时应及时除去封口纸，将瓶子搬至子实体发生室，增加光照亮度，提高空气相对湿度达

80%~90%,空间、地面常喷水,忌向原基上喷水,加强通气,控温 26~28 ℃,促菌丝和子实体同步生长。

原基继续生长达 1.5~3.0 cm 后,顶端向水平方向膨大,开始形成菌盖。此时控温 25 ℃,相对湿度增至 90%~95%,保持空气清新,增强散射光。基于子实体具有较强的趋光性,因此,不可搬移瓶子方位和移动室内灯光的位置,以免发生畸形。这期间主要虫害是造桥虫和蕈蚊,前者及时捕杀,后者悬挂敌敌畏棉球驱杀。

菌盖不断生长,直至四周白色生长圈消失,即停止生长扩大,但仍可继续加厚。子实体形成菌管,弹射出红褐色的孢子。

（二）袋栽

1. 拌料装袋

培养料加水均匀分装入 15 cm×33 cm×0.004 cm 的低压聚乙烯袋内,分层压实,不留缝隙,直至离袋口 10 cm 处,收拢袋口,按常规套塑料袋环,加棉塞。粗木屑、蔗糖等加水前最好过孔径 3.2 mm 筛,除去针状、片状物,以防刺破袋膜。分装时宜轻巧,防止拉薄袋膜而产生污染,平底袋还应事先塞角。

2. 灭菌接种

将料袋排放于土蒸锅内,每 3 层留空隙数厘米,100 ℃保持 10 h,然后闷 2~3 h。出锅后在无菌条件下充分冷却,然后在无菌条件下每袋接入 1 铲菌种。凡灭菌时弄湿的棉塞,接种时必须更换经灭菌后的干棉塞。

3. 菌丝培养

培养室层架上铺 1 层薄膜,将袋直立排放在架上,26~28 ℃条件下培养,约 40 d 左右菌丝可长满袋。培养过程中排除污染的菌袋,室内保持黑暗,注意防鼠害。

4. 发生管理

将菌袋搬至子实体发生室,采用"叠瓶式"紧密叠放在靠墙壁的地面上,高度以不倒塌和便于操作为度,拔去棉塞和套环,满足新鲜空气,空间、墙壁、地面喷湿,增加散射光,数天后,当原基发生并长大后,拉大袋口往下翻卷,露出料面,让其出芝。注意不要过早打开袋口,以免菌丝干涸而影响子实体发生。

也可在菌袋中部用小刀作浅环切,脱去下半袋薄膜,使半袋菌丝体曝露。在离地 10~15 cm、宽 55 cm、长不限的畦块上,将脱去一半的菌袋排放在畦的里面,具套环和棉塞端朝畦外,菌袋间相距 5 cm,两排间距 3~5 cm,也可相连接,然后袋间填入含水量约 60%的疏松泥土,分层压实直至超过菌袋 5 cm,再排放第 2 层菌袋和填土。这样 1 层袋 1 层土共 8~10 层,最上层为松土,外搭荫棚防太阳和雨淋。原基发生后拔去棉塞和套环,逐渐打开袋口。其他随子实体形成和生长扩大,逐渐打开袋口。其他管理方法同上。每采收 1 批灵芝后,在堆顶分几次浇足水,使土层保持潮湿而不积水。

（三）大田栽培

1. 菌袋制作培养

采用 15 cm×55 cm×0.004 cm 低压乙烯袋,将配料分装入袋内,分层压实,直至离袋口约 5 cm 处,用绳子紧扎袋口。常规灭菌后,在无菌条件下用打孔器在料袋同侧打 4 个直径 1 cm、深 1~1.5 cm 的孔穴,要求两端穴位距袋端约 5 cm,中央各穴距约 10 cm。接入菌种,贴上胶布,26~28 ℃条件下遮光培养,约 30~40 d 菌丝可长满袋。

2. 栽培场地的设置

选土质疏松、排水良好、地势平坦、用水方便的田、地块，采用蘑菇中棚畦栽，标准棚占地 2.2 m×15 m，每个棚内作 2 畦，畦宽 0.85 m，畦间沟宽为 0.5 m。棚间距 0.7 m，棚间沟宽 0.3 m，上搭拱棚。

3. 作畦排袋

棚内中沟两边畦下挖 15 cm，撒石灰消毒，将菌袋接种穴周围用小刀切去直径 3 cm 左右的袋膜，露出菌丝体，然后与畦向平行排放于畦内，孔穴朝上，每行菌袋间距 4 cm 左右，袋间填土，最后袋面覆 1 层约 1 cm 厚的松土或糊泥加稻壳。棚上覆薄膜或草帘，防雨淋和直射光照射。

4. 发生管理

排袋后一般经 2 周原基发生并伸出土面，3 周后菌盖平展并迅速扩大。此时，控温 25 ～ 28 ℃，棚内相对湿度控制在 90%～95%，加强通风换气，增加散射光，土壤发白时应喷水，保持湿润状态。

(四)段木生料栽培

分长段木和短段木两种，前者长 1 m，后者长 10 ～ 15 cm。

1. 选树及处理

(1)适生树种 枫树、杨树、悬铃木、栎树、榆树、桦木、樱桃、梨树等阔叶、落叶、无芳香、无毒的树种均可采用，常绿阔叶树也可用。树龄 7 ～ 10 年，树径 6 ～ 15 cm。

(2)砍伐截段 伐树应在落叶后至翌年萌芽前进行，枫树等含水量高、易发芽抽青的树种应在年内冬至前砍伐。砍伐时要求不损伤树皮，砍伐后让其吹风失水，促使组织死亡。接种前锯成段，浸水 12 ～ 15 h，增加含水量，以利发菌。

2. 接种发菌

(1)打孔接种 将直径 9.6 mm 的皮带冲安装在接种锤上打孔，穴距 8 cm，行距 4 cm，深 1.5 cm，随即用短柄接种枪逐穴接入新鲜的灵芝菌种，然后用树皮盖封穴。接种选晴天进行，做到边打孔、边接种、边封穴，流水作业。接种量适中，达八分满即可。

(2)堆叠发菌 长段木以"井"字型堆叠，高约 1 米，底部用石块或废木垫空 15 cm 以上；短段木则将数段连成一长木段，平行直放一排，上层横放一排，直至约 1 m 高，底部用木块、竹帘或木板垫离地 15 cm 左右，顶部及四周覆盖薄膜控制保湿。要求堆内温度控制在 20 ℃以上、28 ℃以下，晴天中午气温高时应撑膜通风降温。

(3)翻堆控湿 每周将段木上下、内外翻动一次，促进发菌均匀。翻堆时酌情喷水，保持树皮盖潮润状态。第 2 次翻堆后薄膜要求封而不严，避免高温、高湿、不通气而遭杂菌滋生。约经 30 d 后，接种穴和树皮下长满菌丝，发菌结束。

3. 埋土养菌

(1)制菌床 选排水良好、有水源、清洁卫生处或树荫下做菌床。畦床宽 1.2 m，深 20 cm，长不限，畦床间留走道，四周开排水沟。畦床底部撒白蚁粉或石灰防止虫蚁，而后撒一层细土覆盖药剂。

(2)排木段 长段木横向排在菌床内，段木间距 5 cm，段木上部要求在同一水平面上；短段木则竖放在菌床内，间距 7 ～ 10 cm，上部高出床沿 2 cm。

(3)覆土 以无杂菌的细壤土填埋段木间隙，而后上面覆盖 2 cm 厚的土层；竖排的短段木用土填满床面后，露出土面部分用土覆盖成龟背形。忌用黏土，红黄壤土需掺砂或稻壳拌匀后覆盖。

(4)搭荫棚 离菌床高50 cm搭矮棚,棚上盖草帘,外覆薄膜,防止直射光和大雨冲刷。菌床四周种瓜蔓保湿,夏季可降温。如有条件搭高棚,则通透性更好,管理也方便。

(5)养菌管理 发菌阶段菌丝仅向树皮方向生长蔓延,积累养分不多。只有促使菌丝向木质部延伸,积累充足养料,子实体才能茁壮生长。这阶段控温25 ℃左右,减少水分供给,仅在连续晴天、表土干燥发白时喷水,以达湿润为度,下层土应保持稍干燥状态。养菌约30 ~ 40 d。

4. 发生管理

当段木两端断面上具有一圈黄白色菌丝即进入子实体发生阶段,此时应增加空间的湿度、段木的含水量和明亮的散射光,促使原基形成。晴天喷水1 ~ 2次,保持土壤湿润。7月初子实体陆续发生,第二年5 ~ 7月盛产,第3年仍可发生。

5. 短段木熟料栽培(如图1 - 25所示)

(1)段木要求 树种与前述相同,一般用于栽培香菇的树种均可用于灵芝栽培。段木直径8 ~ 15 cm,长12 ~ 15 cm,断面平滑,削去表面突起物。要求做到边砍伐、边截段、边装袋。砍伐后放置时间长的树,截段后应浸水增湿。

图1 - 25 灵芝段木及覆土栽培

(2)装袋灭菌 采用厚0.005 cm的低压乙烯袋,每袋装1 ~ 3段,以便于操作为度,袋口加套环和棉塞。常压100 ℃保持10 h,高压0.137 MPa保持1.5 ~ 2.0 h。

(3)接种培养 无菌条件下将稍挖松散的菌种接入袋内,要求断面和部分袋壁或缝隙内均有菌种,使之多点发菌,采用麦粒木屑菌种则效果更好。置26 ~ 28 ℃条件下培养,约40 ~ 50 d,菌丝深入木质部并由白色转为淡黄色即结束。接种可在2 ~ 3月进行,最好安排在12月,此期污染少,发菌、养菌时间长,积累养料多,产量高。

(4)埋土出芝 除去袋子,将短段木垂直埋入事先经整理、消毒的床畦内,段木间距10 cm左右,上端露出土面1 ~ 2 cm,覆盖稻草或稻壳,搭拱棚,再架1.8 ~ 2.0 m高的荫棚。控温25 ~ 30 ℃,空气相对湿度90%,光照明亮,空气新鲜,土面保持湿润。原基发生后应注意晚间保温,防止昼夜温差大而产生畸形。菌盖增大后注意防治虫害。当菌盖周围白色生长圈消失后再继续培养15 ~ 20 d,使菌盖增厚。1年可采收2 ~ 3批芝。除垂直埋土外,也可采用前述横向埋土出芝。

五、采收、干制、再生

当菌盖四周白色生长圈消失，整个菌盖皮壳部分呈红褐色，出现咖啡色粉末状孢子时，即可用利刀从菌柄基部切割下菌。一般从接种至采收约需 50～60 d。采后置竹帘上晒干，也可低温烘干。皮壳上应保留孢子粉，子实层白色或淡黄色，洁净无杂，含水量在 12%～13% 以下，分级密封保藏。

子实体采收后，清理栽培场室，停水 1～2 d，待切口愈合，喷水增湿，覆盖封口纸培养半个月左右，见原基形成，除去封口纸，按常规管理。菌袋埋土法栽培，第 1 批采收后，扒去表土，用小刀在菌袋上半部纵切，除去袋膜，露出菌袋上半部的菌丝体，同时用大号铁钉在菌丝基质上打些孔洞，浇足水，然后覆好土，约经 20 d 可发生第 2 批芝，共采 2～3 批。已被污染的瓶、袋，不可再用于出芝材料。段木栽培采收方法与上述相似。

六、优质高产栽培要点

(一)选好制好菌种

实践证明，供段木栽培的品种以信州和慧州较理想；代料栽培以泰山 1 号和韩国银菜为好。

制种中应考虑灵芝菌丝体极易结皮老化的特点，要求菌龄短，菌丝生长洁白、健壮、旺盛。因此，母种最好采用糯米粉或藕粉培养基。如用糯米粉 50 g、葡萄糖 15 g、蔗糖 15 g、琼脂 20 g、水 1 000 mL 配制斜面。原种、栽培种以麦粒培养基为好，可防止结皮和提高抗衰老功能。

(二)选制好培养料

段木栽培以壳斗科树种最为理想；代料栽培中，加 15%～30% 的麸皮对菌丝生长和子实体形成有利，采用甘薯粉 50%、棉子壳 48%、黄豆粉 1%、石膏 1% 的配方栽培，生物学效率可达 60.7%。料中加"真菌茁壮素"(维生素 B_1、比久、硫酸镁、硼酸、硫酸锌、尿素等)，经灭菌培养，具有发菌快、出芝早、产量高的效果。

(三)提高子实体品位

灵芝具有多态性，同一时间、同一地点、同一菌株，可得到 30 余种形态不同的子实体。保证灵芝优质高产，除选好菌种、配料外，还需做到提早接种。短段木熟料接种安排在春节前后，代料在 3 月，培养温度稍低，让其缓慢生长，增加养菌时间，达到消耗少、积累多，以充足的养分满足子实体生长的需要。基于菌丝体见光后很易生成原基，因此应在黑暗条件下培养或适当增加氮源以抑制原基过早发生。根据野生灵芝的生态要求，发生场地应设在避风、向阳、昼夜温差较小、土壤肥沃、腐殖质丰富和近水源的地方；为防止菌盖连体，埋土时应拉大菌棒间距离；床畦最好设拱棚，外搭 1.7 m 以上高的荫棚，以利控温、保湿；控制原基数量，删去过密、瘦弱的原基，或原基发生后，降低土壤和菌棒的含水量，以减少原基的数量；菌盖充分开展，生长圈消失后继续培养，待菌盖边缘出现增厚的卷边圈，色泽同盖面一致时，才采收。

(四)严控温、湿、气、光

温度是决定灵芝长势和产量的主导因素，子实体发生时最适为 25～26 ℃，高于 28 ℃ 或低于 22 ℃ 以及温度变化过大均会导致减产。灵芝为恒温结实菌类，温度忽高忽低、忽冷忽热或遭受风和冷空气袭击都会造成二度分化成母子芝，或者形成拳头芝等畸形芝；湿度是正形结盖的关键因子，空气相对湿度以 88%～93% 最佳，低于 80% 对生长不利，超过 95% 易引起死亡;空气要新鲜,当二氧化碳浓度超过 0.1% 时,子实体就不能正常发育而呈鹿角状分枝,二氧化碳对菌柄的伸长有明显的促进作用,这对以获得菌盖为目的栽培就失去了意义;2 000 ~ 4 000 lx 的散射光对子实体的发生和生长有利,光线不足,子实体瘦小,子实体有较强的趋光性,栽培中不要轻易变动光源,以免发生畸形。

此外,还应做好防止杂菌和病虫害的工作。

七、灵芝孢子粉的采收

(一)菌丝培养和子实体发生

菌种采用"多孢灵芝"菌株。栽培方式,一般选用瓶栽和短袋熟料栽培。培养基配方、分装瓶(袋)、灭菌接种、发菌和出芝管理与前面介绍方法相似。子实体发生后,将瓶(袋)直立排放在孢子采收场或室内,要求水泥地面,使用前冲洗干净,瓶(袋)间距 4 ~ 6 cm,为了便于操作,分若干组,每组瓶(袋)占地宽 1.2 米,长不限,每组间留操作道宽 50 cm 左右。

(二)孢子发生及套袋

菌盖扩大过程中,子实体逐步形成菌管、菌孔,孢子在菌管中发育。子实层初为白色,菌孔呈封闭状态,逐渐转变成黄色,菌盖周围的白色生长圈消失,菌孔张开,弹射出孢子。见瓶颈上有少量咖啡色孢子粉沉积时即可套袋。套袋时将瓶壁上的尘埃、污物抹净,然后将袋子套在瓶子的上半部,用皮筋固定,袋栽则套在袋口下,套袋工作需分批进行,子实体成熟一批套一批。以收集孢子为目的,一般不拔去棉塞,原基发生后会穿过棉塞向外生长,棉花纤维成为子实体生育过程中的培养基,长出的灵芝呈环状,菌盖肥厚,产孢子量多,同时可防止瓶(袋)内基质污染霉烂。

套袋后管理上应确保空气相对湿度达 85% ~ 90%,地面、空间、墙壁经常用水喷湿,控温24 ℃ 左右,同时增强散射光和通风换气,促使菌盖正常发育和产孢子。套袋后盛产孢子约1 个月,见瓶(袋)内基质收缩,表明产孢结束。

(三)采收干制

先擦去瓶(袋)壁及套袋外的尘埃,取下套袋后用刷子轻轻刷下袋内、瓶肩和菌盖上的咖啡色孢子粉。采收后应及时置于避风向阳处晒干或低温烘干,如有条件最好采用真空干燥。干制后过 0.17 mm 筛,用新聚乙烯袋密封保藏(如图 1 –26 所示)。

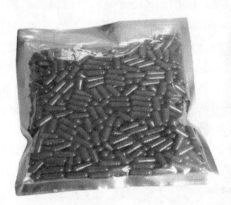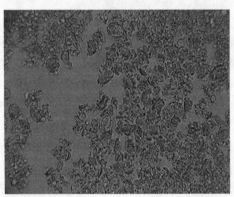

图 1 –26　灵芝孢子粉及破壁孢子

第七节　平菇栽培技术

平菇又叫侧耳,也称蚝菇,真菌分类上属于担子菌亚门,担子菌纲,伞菌目,侧耳科,侧耳属。本属共有 30 多个种,被广泛栽培的有 10 多个种。最常见的有糙皮侧耳(即通常所谓平菇)、榆黄菇、凤尾菇、佛罗里达侧耳等。平菇是世界上栽培量最大的食用菌之一,也是我国发展速度较快、种植面积较广、经济效益较高的食用菌种类。目前,除我国外,种植面积较大的国家有韩国、日本、泰国、印度、新加坡、意大利、匈牙利、德国等。美国、加拿大、法国、波兰、澳大利亚等国家也开始重视平菇的生产,平菇已成为世界性的食用菌。

平菇肉质肥厚、风味独特、营养丰富,味道鲜美可口。分析结果表明,平菇含蛋白质丰富,且含有人体必需的多种氨基酸和矿物质元素,经常食用可以增强人体的免疫力、降低体内的胆固醇、降低血压并防治肝炎,有健身强体的功能。

由于平菇长势强,抗逆能力强,适应性广,因此可以采用熟料、发酵料、半熟料栽培,也有人采用生料栽培。它的原料来源十分广泛,木屑、作物秸秆,以及蔗糖渣、甜菜渣、木糖肥料等工业生产的下脚料都可以用来栽培平菇。平菇栽培方式多种多样,可以是袋栽、畦栽,也可以是地栽。平菇栽培相对容易、出菇快、生产周期短、产量高,因此,初学者可以以栽培平菇为起点,逐步掌握其他菇种的栽培技术。

一、平菇的形态特征

平菇也是由菌丝体和子实体两部分组成。

菌丝为白色、绒毛状。菌丝有初生菌丝(单核菌丝)和次生菌丝(双核菌丝)之分。子实体由双核菌丝发育而成,子实体为丛生或叠生,由菌盖、菌柄、菌褶等部分组成。菌盖有圆形、扇形或肾形,初期呈扁球形,后期平展、中央下凹,下凹处有絮状绒毛。幼小时为青灰色,长大后呈现灰白色或黄白色,直径 5～20 cm,菌肉白色。菌柄长在菌盖一侧,为侧生或偏生,长 1～3 cm,粗 1～2 cm,基部有绒毛。菌褶白色、延生,与菌柄交织,两侧产生担子及担孢子。担孢子圆柱形,大小(7～11)μm×(2.5～3.5)μm。平菇子实体发育可分为桑椹期、珊瑚期和成形期三个阶段。双核菌丝发育到一定阶段,在培养料表面纽结成一堆堆白色小米粒大小的子实体原基,形状似桑椹,称为桑椹期。子实体原基继续向周围辐射生长,经过 2～3 d 后,长成粗细不等、长短不齐的小菌柄,如同珊瑚,称为珊瑚期。菌柄不断伸长和变粗形成青灰色扁球状的原始菌盖,为成形期。原始菌盖继续发育,成为成熟的子实体。

根据平菇原基的外部形态可将原基分为三种类型:

(1)颗粒型　原基多呈圆形颗粒,密集成堆于培养料表面,每堆数量达几十个至上百个,外形似菜子、鱼卵等,发育成熟后多形成丛生型菇体,如常见的糙皮侧耳、紫孢侧耳。

(2)瘤球形　由若干个原基合成的团块物,发生时单个原基分辨不清,团块表面凹凸不平,体积大小不等,似不规则的瘤状物,发育成熟时多形成簇生或丛生型菇体,如金顶侧耳、灰白侧耳等。

(3)针刺型　原基散生或群生,单个,原基清晰,近直立长条形,顶端细尖,下部较上部粗,易与培养料脱离,外观似松针、棒针头。多发育成单生或群生菇体,且多为高温型种类,如凤尾菇、榆干侧耳、桃红侧耳等。

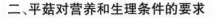

二、平菇对营养和生理条件的要求

(一)营养

平菇的生活力很强,可以从各种天然材料中获得生长发育所需要的碳素营养、氮素营养及维生素物质。各种农林副产品,如木屑、棉籽壳、玉米芯、蔗渣、甜菜废丝、麦麸、米糠、豆饼粉、稻草等都可以作为栽培平菇的原料,再加些过磷酸钙、石膏等使平菇生长更好。这些原料变化很大,应根据具体情况进行合理搭配。

(二)温度

平菇的不同发育时期对温度要求不同。孢子萌发的最适温度为 24~28 ℃;菌丝在 3~35 ℃ 之间均可生长,在 25~27 ℃ 间生长最快。子实体形成需要较低温度,最适宜温度为 10~18 ℃,但也因平菇的品种不同而略有差异。平菇属于变温结实性菇类,菌丝成熟后,人工变温能刺激子实体的分化和形成。在平菇的生长温度范围内,使昼夜温差为 10 ℃ 左右,可促进子实体的形成。

(三)湿度

水是平菇生长的重要条件。菌丝生长要求培养料含水量为 60%~65%。含水量过高、过低都不利菌丝生长。子实体发育要求较高湿度,以空气相对湿度 85%~90% 为合适。低于 80%,子实体发育缓慢;高于 95%,子实体易腐烂,容易污染杂菌。

(四)空气

平菇是好气性真菌,需要吸收氧、排除二氧化碳。但菌丝生长对氧的需要量不太高,发菌前期,混在培养料中的氧就够了,后期养菌室需要通风换气。子实体发育要求通风换气良好,如果二氧化碳过多,则抑制子实体的形成和发育,甚至形成畸形菇。所以当平菇子实体形成时,菇房要通风换气,保持空气新鲜。但风不能直接吹在菇体上,否则也会影响子实体发育。

(五)光照

平菇菌丝在黑暗条件下能正常生长。子实体形成需要一定散射光,因此,在平菇形成子实体时,菇房内要能射进一定散射光,利于菇体发育。光线过暗则形成畸形菇。直射光照射能抑制子实体形成或使形成的子实体干裂。

(六)酸碱度(pH)

平菇在 pH 3~9 之间均能生长,但喜欢偏酸的环境,生长的最适 pH 为 5.5~6。如果培养料过酸可用石灰水调节。

(七)促进原基分化的技术措施

平菇在温度合适的情况下,菌丝长满培养料后即出现原基分化,产生子实体。但出过一茬菇后,第二茬菇、第三茬菇的原基形成得比较慢,可采取以下措施,促进原基分化,缩短生产周期。

1. 生态刺激法

(1)温差刺激　平菇为变温结实菇类,可利用昼夜温度的变化,结合人工管理措施,使环境的温度变化在 10 ℃ 以上,有利于原基的发生。

(2)干湿刺激　在菇床喷重水或培养料内灌水,提高了培养料的含水量和环境湿度后,采用加大通风量和延长通风时间的方法,造成培养料面干湿交替的生长环境,以加快菌丝的扭结分化。

(3)光线刺激　根据平菇原基发生具有光效应的特点,给予一定的光线刺激,可促进子实体分化。

2. 机械刺激法

（1）搔菌　如气生菌丝生长旺盛,培养料表面形成一层厚菌皮,则影响原基分化。此外,采收第一、二茬菇后,由于停水养菌,培养料表面板结,透水、透气能力下降,加快了菌丝衰老,也会影响原基分化。因此要根据不同情况,采取不同搔菌措施。料面板结,菌皮过厚,失水过多,严重时料面出现干裂,可将料表面薄薄铲去一层菌皮,或将老化菌丝切去一层;对于菌皮较厚,但菌丝尚未老化的,可用小刀等尖利工具在料表面划出纵横交错的小沟来搔菌;室外畦床栽培的,可用扫帚在料面来回扫动,将老菌皮划破。不论采取何种搔菌方法,都应该将刮下的老菌丝清除干净,同时提高环境湿度,待菌丝恢复生长后,再进行喷水。搔菌后被切断的菌丝形成愈伤组织,加快养分积累与扭结,一般在搔菌7 d后,即能形成大量原基。

（2）惊菌　这是一种古老的机械刺激方法。用木板敲击培养料表面,也可以挤压菌袋,使培养料表面出现细微裂痕,给营养菌丝以一定刺激,称之为惊菌。惊菌之后,在培养料表面喷施重水,加膜覆盖,一般经过7 d左右时间,即可出现大量菌蕾。

（3）接触（阻碍）刺激法　对于畦床栽培,当菌丝长满后,将消过毒的小木片、薄木板、竹片或玻璃碎片插入培养料并留在培养料以下2 cm处,可促进子实体的形成,提前出菇。

（4）镇压刺激　对于畦床栽培,菌丝长满后,在床面放小石块、砖块等重物镇压,对菌丝施加重力刺激,会在镇压物周围出现更多的原基。

（5）打洞填土　对于畦床栽培,用直径为4 cm的木棒成品字型在床面打洞,洞穴距20 cm,深至料底。打洞时,木棒在料内稍摇动几下,使边缘培养料出现裂缝,然后在洞内放入经过曝晒的土粒,土粒要高出床面1 cm,并结合喷水管理,土洞周围会出现大量子实体原基。

（6）碎块灌水　平菇畦床栽培经过1~2潮菇后,用竹片将培养料撬动,使其表面出现裂缝,然后用大水浇灌,灌后覆膜保湿,在缝隙及附近块面上会出现大量菌蕾。

3. 化学刺激法

施用三十烷醇、2,4 - D或赤霉素等,可促进菌丝生长,加速菌蕾形成。另外,喷施磷酸盐、硫酸盐、维生素和一些有机酸（如苹果酸、柠檬酸等）可促进菌蕾形成。

三、熟料大袋墙式栽培技术

平菇栽培模式很多,推广面积较大的有熟料大袋墙式栽培和阳畦栽培两种。

（一）菌种制作

1. 代料栽培平菇的原料很多,主要的有杂木屑、玉米芯等,各地可因地制宜选用。

常用配方有如下几种:

（1）杂木屑78%,麸皮（或米糠）20%,糖1%,石膏0.5%,石灰0.5%。

（2）杂木屑78%,玉米粉15%,黄豆粉5%,糖1%,石膏0.5%,石灰0.5%。

（3）玉米芯80%,麸皮18%,糖1%,石膏粉1%。

（4）玉米芯60%,木屑20%,麸皮18%,糖1%,石膏粉1%。

（5）棉籽壳100%,石灰2%。

（6）棉籽壳100%,石膏2%,过磷酸钙2%,石灰2%。

（7）棉籽壳100%,米糠10%,石灰1%,石膏2%,过磷酸钙2%。

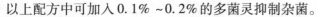

以上配方中可加入 0.1% ~ 0.2% 的多菌灵抑制杂菌。

2.拌料、接种

不管选择何种原料,要求培养料必须新鲜、干燥、无霉变。杂木屑使用前必须过筛,玉米芯要粉碎成蚕豆大小的颗粒。溶于水的料要先分批用适量水溶解,其他不溶于水的预先和主料进行干拌。拌料时必须注意使培养料的总含水量维持在 65% 左右(用力攥时指缝间有水线),做到吸湿均匀。

料拌好后,要迅速分装。用 23 cm×55 cm 的聚丙烯塑料筒装料,边装边压实,装料后形成直径约为 15 cm、高为 35 cm 的料柱,袋的两端可用颈圈加棉塞封口,也可用书钉形铁丝垂直插入料内固定端口塑料以封口,每袋约装干料 1.5 kg 左右。

3.灭菌、接种、养菌

采用常压灭菌,灭菌开始时要用猛火在 4 h 内使灭菌仓内温度达 100 ℃,再保持 8 h,闷一晚后至第二天起锅。

料袋起锅后要及时放入已消毒好的无菌室,待料温下降至 28 ℃ 以下时在无菌操作条件下以足量蒸气封口,向袋两头接入菌种。一般每袋栽培(三级)种可接 15 大袋,接种后的菌袋最好放入干燥、清洁、黑暗的房间培养,培养室地面撒石灰可防止杂菌污染。在菌丝生长阶段应控制温度在 20 ~ 28 ℃ 范围内,并注意控制空气湿度在 70% 以下,每天通风换气 1 ~ 2 次。另外,每隔 7 ~ 10 d 应翻堆检查一次,发现问题及时处理。经过 35 d 左右,菌丝即可长满料袋。

(二)出菇管理

出菇场地要求洁净、通风良好、有保温设施、取水排水方便。使用前应进行消毒杀虫处理,并在通风口安装纱窗,入口地面撒石灰。

将菌袋打开,用锋利刀片在塑料筒表面三分之二处环割,揭去三分之二部分,留下三分之一部分。用菌袋砌成两堵墙(菌袋脱去塑料筒端相对向内),有塑料筒端向外,两墙的间隙应下宽上窄,两墙间隙及菌筒间隙用菜园土(用 1% 石灰及杀虫剂处理过)充填,墙高约10 层菌袋,顶部用泥砌成水渠状,以便从此处向墙内注水(如图 1 – 27 所示)。也可以按以下配方配制营养土:菜园土或塘泥 500 kg、石灰 5 ~ 10 kg、KH_2PO_4 2.5 kg、草木灰 5 ~ 10 kg,调整好水分备用。

图 1 – 27 平菇墙式栽培

菌墙砌好后,进行人工催蕾,此时最适温度为 15 ~ 17 ℃,人为拉大出菇场内的温差(高温不超过22 ℃,温差10 ℃左右),向菌墙内注水,并向地面喷水,环境湿度在90%,但不直接向菌袋上喷水,同时给予一定光照,刺激菌蕾产生。也可以不解开袋口,菌丝成熟时,尽量造成10~12 ℃的温差,促进原基分化,当菌袋两端形成密集的菌蕾时,再解开袋口进行出菇管理。

出菇前期,保持空气相对湿度在90%~95%,光照1 000~1 500 lx,加强通风,通风量由小到大。当菌盖变大、菌盖与菌柄区别明显时,菇体需水量增加,每天可喷水3~4次。喷水应根据天气变化灵活掌握:阴雨天少喷或不喷,晴天多喷勤喷,高温天中午不喷早晚喷,冬天中午喷温水,结合向菌墙中注水,空气相对湿度保持在95%~98%。同时加强通风和光照,使珊瑚期转入成形期,提高成菇率。成形期以前不可向子实体上直接喷水,否则会造成畸形或烂菇。此时管理的关键在于解决保湿和通风的矛盾,可采取地面灌水、通风后立刻喷水的方法,使子实体尽量从空气中吸收水分,减少培养料中水分的散失。当空气相对湿度低于90%时,培养料中的水分大量散失,不仅会影响到第一茬菇的产量,还会影响第二茬菇的发生。但空气相对湿度长期处于饱和状态,会引起菇死亡。一般菇体在5~26 ℃下可以生长,最适温度为18 ℃左右。

(三)采收

当菇体八分熟时(即菌盖已展开但边缘稍向内卷且未释放孢子),即可采收。如果采收过迟,不仅影响第一茬菇产量和品质,第二茬菇也转潮慢,产量低,品质差。采收时用刀从基部将菇体割下,去除残留的根部和死菇,表面形成的菌膜也应及时除去,因为衰老的菌膜会使表面板结,影响料深处的呼吸。由于料表面板结,水分不能蒸腾,以水为载体的运输作用也会受到影响。因此,对于衰老的菌皮要全部刮去,对于菌丝较嫩、洁白且菌皮较薄的菌袋,可用小刀等利器将菌皮纵横刮破,改善基内菌丝呼吸效果,再重新将菌袋口叠好,停止喷水3 d,使菌丝恢复,准备出第二茬菇。

采收次日,可向裸露的菌袋喷施1%的复合肥,每隔数小时喷施一次。待复合肥渗入袋中后,再按下述配方喷施营养液:VB_1 1 g,$MgSO_4$ 50 g,$ZnSO_4$ 20 g,H_3BO_3 30 g,H_2O 50 kg。隔1 d后再喷施pH13~14的石灰水,调整料面酸碱度,防止杂菌污染,然后将袋口拉直。当菌盖直径长至5 cm以上时,再按下列配方喷施营养液:VB_1 1 g,KH_2PO_4 80 g,$MgSO_4$ 50 g,$ZnSO_4$ 20 g,H_2O 50 kg,每天喷2次,连续喷2~3 d。肥液不可喷到菌褶上,以免造成死菇。

平菇的商品等级。我国的平菇出口多以盐渍菇为主,外贸部门有一定的分级标准,根据菌盖的直径、颜色,菌柄长度,菌肉的厚薄等指标,将其分为三级:

1级:菌盖直径1~5 cm,菇色自然,菌盖肉厚,菇体破碎率小于5%,无杂质霉变。

2级:菌盖直径5~10 cm,菇色自然,菌盖肉厚,菇体破碎率小于5%,无杂质霉变。

3级:菌盖直径大于10 cm,菇体破碎率小于5%,无杂质霉变。

第八节　猴头栽培技术

猴头别名猴头菌、猴头菇、阴阳蘑、刺猬菌、对脸蘑,是一种食药兼用菌,盛产于中国东北山林中,其肉质滑嫩爽口,味道清香鲜美,素有"山珍猴头、海味燕窝"之美称。猴头营养丰富,含氨基酸16种(人体必需氨基酸8种)及维生素等。中国民间早有采食猴头的习惯。

一、生长要素

自然情况下,猴头多在阔叶树木上寄生,也能在倒木上腐生,和香菇、木耳相似,一般农林下脚料均可作为猴头生育的营养原料。

生育温度范围较宽,菌丝生长温度 10～33 ℃,最适温度 25～28 ℃;子实体发生属低温结实性和恒温性,12～24 ℃均能发生,最适温度 12～18 ℃。

培养基含水量以 60% 为宜,子实体发生时空气相对湿度要求为 85%～95%,低于 60% 干缩变黄,高于 95% 菌刺过长且易发生畸形菇。

对光照要求不严,菌丝能在黑暗中生长,且更有利;子实体(如图 1－28 所示)在弱光下也能形成,但生长较差,影响产量和质量。一般光照强度要求在 50～400 lx,太强如 2 000 lx 以上,子实体易发红,忌直射光。

图 1－28　猴头子实体

对二氧化碳反应敏感,发生室二氧化碳积累过多则大量发生珊瑚状的畸形菇,同时霉菌滋生。因此子实体发生阶段要求空气充分新鲜。

猴头喜酸性,酸度大的条件下,才能有利于有机物的分解。菌丝体生长时 pH 4～5 为好。

二、菌事安排

1. 菌种选择

猴头优良菌株要求早熟、高产、高抗、质优,生活力强,菌丝色白、粗壮,菌龄 30 d 左右,无污染、无干缩等。同时,以菌丝体在瓶袋内吃料达 2/3 才现原基的菌株为好。现行良种有 H 大球 1 号、H11、开封 He18 和 H99 等。

2. 制种和栽培时间

猴头子实体发生最适温度为 12～18 ℃,各地可以此温度时期为准,往前推 1 个月接种菌瓶、菌袋,再往前推 1 个月扩制栽培种。一般分春秋两次栽培,南方春播可从惊蛰开始至清明前结束,高海拔地区和北方可适当推迟;秋播从秋分前至冬至结束。春播注意保温培养,秋播注意防旱增湿。

3. 培养料及组成见如下配方

(1)杂木屑 78%,麸皮 20%,糖 1%,石膏粉 1%。

(2)杂木屑 40%,棉籽壳 38%,麸皮 20%,糖 1%,石膏粉 1%。

（3）棉籽壳88%，麸皮10%，糖1%，石膏粉1%。

（4）玉米芯45%，豆秸粉38%，麸皮15%，糖1%，石膏粉1%。

（5）玉米芯78%，麸皮20%，蔗糖1%，石膏粉1%。

（6）酒糟渣80%，稻壳8%，麸皮10%，石膏粉2%。

（7）砻糠粉70%，砻糠10%，米糠18%，石膏粉1%，过磷酸钙1%。

（8）蔗渣77%，麸皮20%，黄豆粉1%，糖1%，石膏粉1%。

（9）金刚刺酒渣80%，麸皮8%，米糠10%，石膏粉2%。

（10）稻、麦草粉72%，花生壳或谷壳5%，麸皮20%，糖、石膏粉、过磷酸钙各1%。

以上配方因地适宜选用，木屑以壳斗科树种或其他阔叶树为好，玉米芯、蔗渣、麸皮、酒糟渣等需新鲜、干燥、无霉变。pH用过磷酸钙或柠檬酸调至6。料水比1:1.2 ～ 1:1.3。

三、栽培技术

（一）瓶栽

采用容量750 g、口径4 cm的蘑菇瓶分装。

1. 菌丝培养

（1）拌料装瓶　上述配方任选1种，按常规将原料混合，加水充分拌匀。分装时要求边装料边振动，装满瓶，稍压平实，料面离瓶口1 ～ 2 cm左右，清洗瓶口和瓶壁污物，用2层牛皮纸扎封瓶口。

（2）灭菌接种　高压灭菌0.137 MPa保持1.5 h，常压灭菌100 ℃保持8～10 h。灭菌后料瓶置于消毒的冷却室内充分散热冷却，而后搬移至接种室，在无菌条件下逐瓶接入足够量的菌种并稍加压实，使菌种与料面紧密接触，以利吃料、发菌。

（3）培养管理　将瓶子排放在培养室内的层架上，控温25～28 ℃。3～4 d后检查观察菌丝定植情况并将污染的瓶子剔出，1周后进行第二次观察和除杂。培养室应洁净、低湿、密封、黑暗，每周喷雾消毒1～2次。

2. 子实体发生

（1）场地选择　可选室内、室外大棚和通气较好的人防工事内出菇，场地要求清洁卫生，通透性好，能控温、湿，有水源，无积水。

（2）开瓶出菇　经25～30 d培养，瓶内料面见有白色原基凸起时，除去封口纸，直立排列在层架上，也可按"叠瓶式"横卧叠放。原基形成后需较高浓度的二氧化碳刺激才能发生菌刺，否则将产生光秃菇。因此，不宜过早除去封口纸，让幼小原基在瓶口二氧化碳含量较高的小气候下接受刺激，然后开瓶口。

（3）管理要点

控温：3～23 ℃均可出菇，最佳温度为12～18 ℃，温度超过23 ℃，子实体质量差，过低则产量低。当温度过高时应打开门窗通风降温，过低应关闭门窗保温。

控湿：空气相对湿度应控制在90%左右，地面、墙壁、空间应常喷雾，门窗挂湿草帘保湿。避免直接向子实体上喷水，以免引起烂菇。

通气：子实体发生后需保持新鲜的空气，二氧化碳浓度0.1%会刺激菇柄发生分枝，形成珊珊状的畸形菇。菇房每天需通风2～3次，每次半小时左右，但忌燥风袭击，以免影响其正常发育。

（二）袋栽

1. 短袋栽培（如图 1 - 29 所示）

图 1 - 29　猴头短袋栽培

（1）拌料装袋　配料与瓶栽相同,分装入 12 cm×27 cm×0.004 5 cm 的聚丙烯袋中,每袋装干料约 0.2 kg,要求平实,最后装上套环和棉塞。

（2）灭菌接种　常压 100 ℃ 保持 10 h,闷 3 ~ 4 h。出锅后置洁净室内充分冷却后进行接种,每瓶菌种约接 30 ~40 袋。凡湿棉塞应更换无菌的干燥棉塞。

（3）菌丝培养　将袋子排放在培养室的层架上,保持黑暗,尽量少翻动袋子,控温 25 ~ 28 ℃,每周检查除杂 1 次,共 2 次。

（4）出菇管理　菌丝满袋或料面见原基形成,即可将菌袋移至发生室,除去棉塞,直立排放层架上或叠成墙式。室内相对湿度增至 90%,地面每周冲洗 1 ~ 2 次,并以漂白粉消毒。

2. 长袋栽培

（1）拌料装袋　采用 15 cm×55 cm×0.004 5 cm 聚丙烯袋,配料与上述相同,每袋装干料 0.9 ~ 1.0 kg,要求分层压实,袋口收拢后倒折扎紧。若有条件最好用装袋机分装。

（2）灭菌接种　按常规进行灭菌,接种时用打孔器在料袋同侧打 4 个直径 1.2 cm、深1.5 cm 的孔穴,然后用无菌镊子夹取成块的菌种填入孔穴内,同时用胶布封穴。

（3）菌丝培养　接种后置培养室层架上,或"井"字形叠放地上,控温 25 ~ 28 ℃ 遮光培养。

（4）催蕾出菇　约经 25 d 培养,菌丝满袋,即可将菌袋移至菇棚内层架上。菇棚跟香菇棚一样,设荫棚、拱棚、棚架等。把菌袋稍倾斜排放棚架上,袋间距离 2 ~ 3 cm,接种穴胶布撕开一小缝隙,在增光、增湿、增氧的条件下,促其定向现蕾。

也可采用平卧排袋,接种穴向地,这样不但有利于子实体吸收土壤蒸发的水分,同时符合猴头菌刺有明显向地生长的生态特性。

无论哪种排放形式,排袋后均需制作拱棚,以利控温、保湿。

（5）出菇管理　拱棚内相对湿度控制在 90% 左右。当菌刺鲜白,子实体具弹性,说明湿度已够,应少喷水。若菌刺不明显,菇体色黄,长势慢,说明湿度不够,应勤喷、多喷。喷水时应揭膜通风。控温 12 ~ 18 ℃。棚内温度超过 23 ℃,子实体生长缓慢且会导致菌柄不断增生,菇体蓬散成"花菜菇"或不长菌刺的"光头菇";温度超过 25 ℃将萎缩死亡。气温高时可采用空间喷水降温;荫棚加厚遮盖物降温及早晚接膜通风,中午打开拱棚等方法达到降温目的。注意棚内通风换气,每天上、下午各通风 1 次,每次 30 min。光照以"七分阴、三分阳"为度,忌直射光。出菇期间不轻易移动袋位方向,以免造成畸形菇。

(三)大田层架栽培

建阳县食用菌技术开发公司采用层架栽培,获得较好的增产效果。其方法是,在田间先挖一条宽 60 cm、深 20 cm 的蓄水沟,沟两侧每隔 1.5 m 对称埋 1.6 m 高的木柱,沟两侧相对应的距离为两个菌袋的长度。从距地面 40 cm 处开始,每隔 30 cm 依次向上在木桩上固定 4 根横档,每层横档拉 4 根 16 号铅丝,供排放菌袋用。木桩顶部用竹片钉拱棚,覆盖薄膜。两侧木桩顶上各拉 1 条塑料绳,用木制衣夹将塑料薄膜固定在绳上,菇架两端挂薄膜。每 1 m 长的出菇架约可排菌袋 100 个。棚架间留 70 cm 走道。这种菇棚架的优点:菇架层间空较大,不易积累二氧化碳,排袋时接种穴朝下,菇形圆整,质量好;架下有蓄水沟,能保持较高的湿度,上覆膜可防雨,解决了保湿、防雨、通气间的矛盾;能较好地抵御短期的高温,不易发生"光头菇";无积水,通透性好,能有效地防止霉菌发生;每公顷可栽 12 cm × 45 cm 菌袋 54 万袋,提高了土地利用率,提高了单位面积的产出。同时,管理方便,省工省时,是上规模、上等级生产的一种理想模式。

(四)覆土高产栽培

覆土栽培猴头个大、形美,生物转化率提高 50% 以上。比不覆土对照多收 2 茬菇,尤以二三茬菇最优。栽培方法有两种。

1. 半地下栽培

在栽培室内纵向或横向按两个菌袋长度作一条高 15～20 cm 的土埂。将长满菌丝的菌袋从底端脱去袋长 1/2 的袋膜,脱袋端向内,两两相接置土埂上卧式排列(颈环端不可下倾,以避免积水和猴头下垂相互粘连),保持平行,袋间距 1～2 cm,排满 1 层,上面覆土 2～3 cm,填满间隙并压实。再放 1 层菌袋,依次放 6～8 层构成菌墙。最上层覆土 5～6 cm,并在中央做一水沟,以便灌水保湿。菌墙两端用泥涂抹,木板挡隔以免倒塌。见原基形成后,拔除棉塞出菇。

2. 阳畦式栽培

先挖深 20 cm、宽 1.2 m、长不限的土坑,坑底铺 2～3 cm 厚事先准备好的耕作层土。采用 13 cm×33 cm 的聚丙烯袋培养菌丝体,长满袋后底部脱去 1/2 袋膜,脱袋端垂直向下排放,袋间空隙 1～2 cm,用土填实,排满畦后覆土至离袋口 3～5 cm。畦上搭棚盖草帘和薄膜。

覆土后喷 1 次重水,以后每天上部土层喷水或利用水沟灌水,保持覆土湿润,注意通风换气,棚室内相对湿度保持在 85%～90%,控温在 12～18 ℃。见原基发生后拔去棉塞,促其出菇。每茬菇采收后用 2.5% 敌杀死 2 000 倍液喷雾治虫。

四、采收

子实体生育分为四个时期,即前期(空心期),一般原基形成后 2 d 左右,子实体灰白色,表面平展或有皱褶,无菌刺,内部组织呈网状空芯;中期(菌刺形成期),空心期后 2～3 d,子实体增大,较圆整洁白,内部菌丝生长密实,手捏较硬,菌刺长 0.3～0.4 cm,镜检无成熟孢子;后期(孢子成熟期),出现菌刺后 2～3 d,菌刺生长由慢变快,长 0.8～1 cm,检验可见大量成熟孢子,球心切片检验有微孔,手压松软有弹性,色白;老熟期(孢子释放期),进入孢子成熟期后 2 d，菌刺继续增长变粗，呈弯曲状，长 1.6 cm 左右或更长，每天均有孢子弹射，子实体微黄，球心松软，内有空隙，菇柄变细。此期食用品质较差，再过 5 d 即完全失去食用价值。

上述生育期观察划分表明，猴头子实体采收最佳时期为中期，即菌刺形成期，它是子实体生长发育的高峰期，菌丝已充满了球心，个体圆整，肉质坚实，布满短小菌刺（未超过 0.4 cm 长），具备猴头的应有特征，且氨基酸含量最高，干物质积累也较多。

测定还表明，从中期到后期，是子实体由营养生长（或营养积累）向生殖生长和生理成熟的转化过程，其干物质积累显著减慢，且氨基酸含量相对下降，自身消耗增加。因此子实体采收应在子实体生理成熟之前，即子实体生育的中期。猴头一般可采收 3 批，第一、第二批产量高，质量好，占总产量 80% 左右。一批采收后，停水 2~3 d，并揭膜通风半天，使切割处收缩愈合。而后调温 23~25 ℃，相对湿度 70% 左右，使菌丝积累养分，1 周左右又现蕾。此时把温度降至 16~18 ℃，相对湿度提高到 90% 左右，促使子实体再次生长。

第二章　兽医微生物

第一节　兽医微生物的来源

　　兽医微生物菌种和毒种是重要的生物资源,是动物医学科研实践和动物疫病防治体系中必不可少的物质基础。微生物广泛存在于自然界中,它们数量庞大,种类繁多,而且还在不断地演变出新的变异株甚至新的种属。与其他行业有所不同,在兽医行业中微生物资源的发现永远伴随着动物传染性疾病的发生。只有在动物发生明显的临床疾病症状后,我们才会有针对性地探索其致病因素,这也最终导致了对病原微生物的发现。当然,随着对病原微生物性质的深入研究和生物工程技术水平的提高,我们也会有意识地从一些未见有临床症状的动物中分离相应的弱毒株,甚至人为地制造某些自然界中不存在的微生物。

　　兽医微生物强毒株通常是从疾病流行地区的典型患病动物体内或其代谢产物中分离出来,分离时最好处于疾病流行的初、中期,这是因为在疾病流行的过程中,部分易于发生遗传突变的病原体可能会出现基因突变,从而导致表型的变异。例如,病原体的毒力因子会缺失或失活,致病力由强逐渐变为中等,某些突变病原体保护性抗原的抗原性可能会发生改变,这些改变可能会对该微生物后期的利用造成影响。另外,分离时最好选择临床症状和病理变化非常典型而且未经任何治疗的患病动物。因为对于某些细菌性疾病来说,原发性病原体可能由于抗生素治疗而受到抑制,数量减少,而某些造成继发感染的病原体如果没有受到相应抗生素抑制则可能会大量繁殖,这样会导致病原体分离结果不准确,一方面可能误导疾病的诊断,另一方面可能造成微生物后续应用过程中的一系列问题。

　　微生物弱毒株可能由非患病动物体内分离或通过人工的方式用相应强毒株诱变获得。由非患病动物体内分离的弱毒株又称为自然弱毒株或自发突变毒株,是自然强毒株在自然因素作用下遗传基因突变形成了与祖代的致病力和抗原性有所不同的生物株,能够导致微生物基因突变的自然因素包括感染非易感动物、温度、日光、干燥、紫外线等。在自然环境中,微生物的自发突变率较低,形成的具有新性状的微生物需要与祖代强毒株竞争生存环境,而弱毒微生物与其祖代强毒株相比复制能力通常有所降低;另外,形成的弱毒微生物需要在宿主免疫系统的监视下生存,而毒力的降低可能导致其对宿主的免疫攻击更为敏感,因此自然形成的弱毒微生物形成具有稳定遗传性状的生物株的过程比较长,而且比较困难,获得的概率不高。自然弱毒株的分离是建立在对病原微生物基本性质的深刻了解之上的,只有对能够产生典型临床症状的强毒株进行过深入的研究才能够有意识地分离弱毒株。人工诱发突变弱毒株是目前获得微生物弱毒生物株的主要方法,其核心的内容就是人为地将自然诱变因素加强,提高微生物发生突变的概率,然后为突变体提供适当的生存环境,使不同突变体得以大量存活,从而使筛选到合适弱毒生物株的概率得到极大的提高。常用的手段包括化学方法(如加入亚硝基胍、醋酸铊、洗衣粉等)、物理方法(提高或降低培养温度、人工紫外线照射、提供人工干燥环境)以及生物方法(适应非易感动物、适应细胞传代培养、杂交

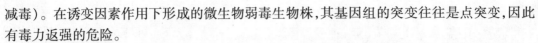

减毒)。在诱变因素作用下形成的微生物弱毒生物株,其基因组的突变往往是点突变,因此有毒力返强的危险。

随着生物工程技术手段的发展,兽医科技工作者已能够在基因水平上直接对病原微生物进行改造,从而获得具有不同遗传性状的微生物。通过基因工程技术手段获得的重组微生物由于基因组改造程度较大,因此遗传性状比较稳定,不易发生返祖突变。

上述途径便是兽医微生物各种生物株的主要来源。

第二节　兽医微生物的操作、运输和保存

与农业微生物和环境微生物等研究对象有所不同,由于兽医微生物中许多生物株具有较强的致病性,因此对其进行操作必须处于特定的环境之中。根据我国《病原微生物实验室生物安全管理条例》规定,对于某些动物病原微生物和一些病原微生物强毒株的分离和使用工作,必须在动物生物安全三级实验室(ABSL-3)以上的防护条件下进行。这些病原体包括2005年农业部令第53号《动物病原微生物分类名录》中规定的一、二类动物病原微生物(口蹄疫病毒、高致病性禽流感病毒、猪水泡病病毒、非洲猪瘟病毒、非洲马瘟病毒、牛瘟病毒、小反刍兽疫病毒、牛传染性胸膜肺炎丝状支原体、牛海绵状脑病病原、痒病病原、猪瘟病毒、鸡新城疫病毒、狂犬病病毒、绵羊痘/山羊痘病毒、蓝舌病病毒、兔病毒性出血症病毒、炭疽芽孢杆菌、布氏杆菌)。而且这些生物安全三级实验室及以上防护级别的防护设施必须取得《高致病性动物病原微生物实验室资格证书》。另外,在开展相关工作之前,生物安全实验室所在单位必须报送农业部审批,农业部会在回函中对该项工作是否可以开展、开展时限、使用动物数量上限以及工作情况阶段性汇报的时间进行批复。在采集病原微生物样本时,除了要具备与安全防护水平相适应的设备外,还要有掌握相关专业知识和操作技能的工作人员、有效地防止病原微生物扩散和感染的措施以及保证病原微生物样本质量的技术方法和手段。采集高致病性病原微生物样本的过程中要防止病原微生物扩散和感染,并对样本的来源、采集过程和方法等作详细记录。

对于三、四类动物病原微生物来说,一般情况下对人、动物或者环境不构成严重危害,传播风险有限,只要具备有效治疗和预防措施,基本上不限制其分离和操作环境。

根据《动物病原微生物菌(毒)种保藏管理办法》规定,微生物菌(毒)种和样本的保藏由兽医主管部门指定的保藏机构集中储存。保藏机构要有严格的安全保管制度,作好病原微生物菌(毒)种和样本进出和储存的记录,建立档案制度,并指定专人负责。

国家对菌(毒)种和样本对外交流实行认定审批制度。从国外引进和向国外提供菌(毒)种或者样本的,应当经所在地省、自治区、直辖市人民政府兽医主管部门审核后,报农业部批准。从国外引进菌(毒)种或者样本的单位,应当在引进菌(毒)种或者样本后6个月内,将备份及其背景资料送交保藏机构。引进单位应当在相关活动结束后,及时将菌(毒)种和样本就地销毁。出口《生物两用品及相关设备和技术出口管制清单》所列的菌(毒)种或者样本的,还应当按照《生物两用品及相关设备和技术出口管制条例》的规定取得生物用品及相关设备和技术出口许可证件。

运输高致病性病原微生物或者样本要有政府卫生或兽医主管部门批准,对运输途径、包装容器、标志以及护送人数均有特定要求。承运单位与护送人要采取措施,确保所运输样本

的安全,防止意外事件(被盗、被抢、丢失、泄漏)的发生。

高致病性病原微生物菌(毒)种或者样本在运输、储存中被盗、被抢、丢失、泄漏的,承运单位、护送人、保藏机构应当采取必要的控制措施,并在2小时内向各级主管部门报告,发生被盗、被抢、丢失的,还应当向公安机关报告。

第三节 兽医微生物资源的利用方式

从兽医的角度讲,对微生物的利用主要是为了传染病的预防、诊断和治疗。因此,兽医微生物利用的形式也主要体现在各种兽医生物制品的生产方面。根据《兽医生物制品学》(第二版)中定义,兽医生物制品是根据免疫学原理,利用微生物、寄生虫及其代谢产物或免疫应答产物制备的一类物质,专供相应的疫病诊断、治疗或预防之用。虽然在分子生物学研究的不断深入和基因工程技术的飞速拓展基础之上,兽医生物制品的生产工艺呈现出跨越式发展,某些情况下甚至可以脱离病原微生物本身,但归根结底,对病原微生物本身的研究及利用仍是解决传染病防治技术瓶颈的最根本力量。本节将从兽医微生物利用方式的角度对兽医生物制品的开发进行叙述。

一、疫苗

预防性生物制品的前身形态最早出现于我国。我国东晋即有关于防治人狂犬病的记载:"杀所咬犬,取脑敷之,后不复发"。10世纪宋真宗时,有峨眉山人从天花恢复期病人身上挑取天花痂皮,干燥后研磨成粉末,吹入健康人鼻内,以预防天花。这是人类采用人工主动免疫来预防传染病的创始之举。

英国医生爱德华·琴纳于1796年5月进行了人类历史上第一次真正意义上的免疫接种试验。他从挤奶农妇手上刮取牛痘疱浆接种到一名8岁男孩手臂上,接种牛痘的男孩获得免疫保护,一直没有感染天花。琴纳的免疫接种研究带有浓厚的经验色彩,他并不知道牛痘能够预防天花的机制。另外,琴纳的工作与兽医相去甚远。

历史上第一种真正意义上的疫苗实际上正是一种兽用疫苗——鸡霍乱疫苗。这种疫苗是法国的有机化学家巴斯德所研制的。这种疫苗的成功源于巴斯德的两个偶然发现。第一个偶然发现是,将刚从病鸡分离到的鸡霍乱病原菌接种给健康鸡时会导致死亡,但当巴斯德休假两个星期以后,使用存放的培养物给鸡接种时并不会导致典型的疾病,大量的鸡恢复了健康;另一个偶然发现是,巴斯德想以强毒细菌给健康鸡接种的时候,由于没有足够量的鸡供给使用,他的助手就给了他一些曾经接种过减毒细菌并存活下来的鸡,这种鸡在接种了强毒力细菌后只发生了轻微的症状并且全部存活了下来。1880年,巴斯德发表了相关的研究论文,鸡霍乱疫苗也很快被广泛采用。

另外,巴斯德还探索通过改变温度、氧气含量以及其他一些物理因素来影响细菌的状态。他与医学界和兽医界的合作者一起发现,将炭疽芽孢杆菌培养物保存在42~43℃环境中1个星期可以使细菌的毒力降低,并失去形成芽孢的能力。1881年5月5日,巴斯德及其合作者以减毒活炭疽芽孢杆菌免疫了24头绵羊、1头山羊和6头牛,5月17日再度免疫;另外24头绵羊、1头山羊和4头牛不接种,作为对照。1881年5月31日以炭疽杆菌攻击,6月2日,对照组的羊全部死亡,对照组的4头牛严重发病;而免疫组动物没有发生任何症状。

这样的结果很快被人们所接受,并且这种疫苗也被广泛地用于很多农场。

1885 年,巴斯德制造了狂犬减毒活疫苗。他将狂犬病毒通过数代兔脑的传代,增加了病毒对兔的毒力,但降低了对狗的毒力。将这种减毒的病毒经过无菌空气干燥,进一步减毒。用干燥减毒的病毒感染的兔子的脊索给狗进行免疫,可以使被疯狗咬过的狗免于狂犬病的发生。

巴斯德的工作一方面从理论角度阐释了疫苗的作用方式,为现代免疫学奠定了基础;另一方面则向我们展现了微生物资源的充分与合理利用在传染病预防过程中的巨大作用。

从我们今天的角度来看,琴纳和巴斯德工作中的共同之处在于,他们都使用了毒力较弱的病原微生物生物株。无论是牛痘疱浆中的疱疹病毒还是减毒后的多杀性巴氏杆菌、炭疽杆菌以及狂犬病毒都充分说明了这样一个事实——利用微生物本身的特点及对微生物进行改造可以作为疫病防治工作的终极手段。下面让我们来看一下在动物疫苗的研制方面,人类是如何开发和利用微生物资源的。在阐述这个问题的时候,我们将尽力剔除那些纯粹利用现代生物工程技术研制疫苗的工作,这并不是要说明那些技术在动物疫病的防治工作中没有价值,只是其与本书的主旨关系较远。

目前,所有正在使用的涉及病原微生物本身的疫苗主要可以分为四大类:弱毒活疫苗、灭活全病原体疫苗、亚单位疫苗(由病原体部分抗原成分所构成,如脂多糖和毒素等)以及基因工程疫苗。这种分类方式并不绝对,因为其中既有按照病原微生物本身性质进行分类,又有按照病原微生物处理技术进行分类,还有按照免疫原的类型进行分类,划分过程中部分疫苗可以归入多个分类范畴之中。所以,在本章后续内容中阐述这方面问题时,为了便于理解,我们将不完全遵循这种分类方式。

疫苗开发可以说是兽医微生物资源利用领域中开展最早的工作。虽然以当代的科学技术水平,可以完全抛开兽医微生物本身来制造疫苗,但这些疫苗大多数仍然停留在理论研究阶段,能够投入生产实践中的少之又少。对大规模用于实际生产中的疫苗进行分析不难发现,这些疫苗大多与微生物本身存在着联系。无论是灭活的病原体、活的弱毒病原体、病原体的代谢产物,还是病原体的基因工程改造产物,都是在充分利用了病原微生物本身性质的前提下开发出来的。所以,对兽医微生物资源的利用毫无疑问是兽用疫苗开发领域中的最重要策略,而且在今后的很长一段时间内都将维持这样一种状况。同时,在技术不断发展的情况下,对微生物资源的利用将会越来越高效,越来越充分。

二、诊断制剂

在 20 世纪 90 年代,兽医生物制品学中诊断制剂的概念是"利用微生物、微生物提取物或动物血清等材料制成的,专门用于传染病、寄生虫病的血清学诊断或变态反应检测用的生物制品称为诊断用生物制剂。"

从上述概念不难看出,诊断制剂的生产和研究同样离不开对微生物资源的开发与利用。如果说疫苗的研发是对病原微生物免疫原性的利用,诊断方法中所使用的诊断抗原,如凝集反应抗原、沉淀反应抗原、补体结合反应抗原、ELISA 检测抗原以及变态反应抗原的开发则是对微生物抗原性的充分利用。

由于诊断抗原仅限于体外使用,因此开发起来相对简单。对于传统诊断方法的诊断抗原来说,一般仅需要做相关微生物的培养、灭活、水解、提取有效组分以及纯化、浓缩等工作。从微生物资源的利用角度来说,这可以说是比较初级的利用方式了。

第二章　兽医微生物

85

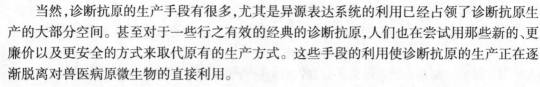

当然,诊断抗原的生产手段有很多,尤其是异源表达系统的利用已经占领了诊断抗原生产的大部分空间。甚至对于一些行之有效的经典的诊断抗原,人们也在尝试用那些新的、更廉价以及更安全的方式来取代原有的生产方式。这些手段的利用使诊断抗原的生产正在逐渐脱离对兽医病原微生物的直接利用。

三、治疗性生物制品

治疗性生物制品主要包括免疫血清和干扰素等。干扰素的生产是以基因工程手段进行异源表达,与兽医微生物的利用没有联系。免疫血清的制造过程虽然涉及到用兽医微生物进行免疫,但这个过程更确切地说应该是体现了如何利用兽医微生物制备高效的疫苗。

第四节　弱毒活疫苗

正如琴纳和巴斯德的工作所展示的那样,弱毒活疫苗不仅代表着疫苗研究工作的开始,同时,弱毒活疫苗也见证了整个疫苗的发展历史。因为即使在今天,弱毒活疫苗仍然在疫苗开发、生产领域中占据着不可撼动的地位。

弱毒疫苗是一种病原致病力减弱但仍具有活力的完整病原疫苗,也就是人工致弱或自然筛选的弱毒株经培养后制备的疫苗。这类疫苗的优点是病原可在免疫动物体内繁殖,用量小,免疫原性好,免疫期长,成本低,使用方便;缺点是弱毒株的毒力易返强,对一些极易感动物存在一定的危险性,其免疫效果易受多种因素的影响,且运输和保存有一定的条件限制。

弱毒疫苗制作的关键是病原微生物弱毒生物株的获得。目前,获得弱毒生物株的方法主要有以下两种方式。

一、从自然界中筛选病原微生物弱毒生物株

这种方法包含两种含义。第一种,如同琴纳的工作所展示的那样,从另外一种宿主动物上分离天然病原体,但对于靶动物来说则可能是弱毒生物株。这种情况包括从火鸡上分离到的疱疹病毒 FC126 株在鸡上无致病性,并且与鸡马立克氏病病毒的抗原性一致,可以用于制备鸡马立克氏病的弱毒疫苗。第二种,直接从本动物上分离到病原微生物弱毒生物株,如鸡新城疫病毒 La Sota 弱毒株就是从自然鸡群中分离到的。属于这种情况的还有猪蓝耳病自然弱毒株 R98 株、猪细小病毒自然弱毒株 N 株、猪布鲁氏菌 S2 株以及禽脑脊髓炎病毒温和野毒株 1 143 株等。由于自然弱毒株属于自然界长期适应产生的结果,因此遗传性质相对较稳定,其中某些微生物已经成功地用于制造弱毒疫苗,为动物疫病的防治作出了重要贡献。

二、采用人工诱导突变的方式获得病原微生物弱毒生物株

由于自然弱毒株的形成频率极低,难以满足使用的需求,因此在绝大多数情况下,我们还是采用人工诱变的方式获得微生物弱毒株。

(一)通过物理和化学途径培育病原微生物弱毒株

许多物理因素(如紫外线、X 射线、γ 射线、β 射线、激光以及不适宜的环境温度等)和化学因素(甲基磺酸乙酯、硫酸二乙酯、亚硝基乙基脲、N - 亚硝基 - N - 乙基脲烷、氮芥、硫芥、

亚硝酸、叠氮化钠、乙烯亚胺、亚硝基胍、5 - 溴尿嘧啶、5 - 溴去氧尿核苷、2 - 氨基嘌呤、马来酰肼以及醋酸铊等)对微生物都有诱变作用。能够引起诱变作用的这些理化因素称为诱变剂。诱变剂的作用是微生物体内担负遗传作用的物质,主要是 DNA 的分子结构发生改变,从而引起微生物遗传性质的改变。微生物在体外培养传代过程中,经诱变剂处理,可极大地提高其基因突变率。

化学诱变剂在工业微生物突变株的获得上应用极为广泛,在兽医微生物的诱变过程中应用得较少。成功的例子包括用亚硝基胍处理支原体,育成了鸡支原体疫苗株和肺支原体突变株;猪副伤寒沙门氏菌强毒株在含有醋酸铊的肉汤培养基中连续培养传代 50 次,育成弱毒疫苗株;猪肺疫强毒菌株在含有海鸥牌洗衣粉的培养基上传代 630 次,育成弱毒疫苗株;日本猪丹毒丝菌弱毒株"小金井"株是用含锥黄素的培养基连续传代育成的。用化学诱变剂处理微生物强毒株从而获得弱毒突变株的相关报道还有许多,如用甲磺酸乙酯对猪胸膜炎放线杆菌进行诱变,得到荚膜完全消失的弱毒突变株;用亚硝基胍诱变获得了猪胸膜炎放线杆菌温度敏感型弱毒菌株。

温度、湿度、电离辐射、紫外线等物理因素可以使微生物核酸断裂或干扰复制相关酶类活性,从而干扰核酸的复制,使核酸在复制或修复过程中发生突变,最终获得减毒的微生物。这类方式中最经典的两个例子就是巴斯德制造炭疽疫苗和狂犬疫苗时获得炭疽芽孢杆菌和狂犬病病毒弱毒株所用的方法。其他的例子还包括将日本乙型脑炎病毒的强毒株经紫外线照射制备了弱毒株以及将口蹄疫病毒在低温条件下培养获得弱毒突变株。

(二)通过生物途径获得病原微生物弱毒生物株

通过生物途径育成病原微生物弱毒株是目前获得弱毒株的最主要途径,通过这种途径育成的生物株稳定性极佳,但育成过程通常非常长。迄今为止,大部分活疫苗的菌种和毒种是由该途径选育成功的。通过生物途径育成微生物弱毒株通常包含着如下一些方式:接种非易感动物、细胞适应培养和杂交减毒。

1.接种非易感动物(非自然宿主)

将病原微生物强毒株通过不同于正常感染途径的方式(大剂量腹腔、静脉或脑内接种)接种给兔子、豚鼠和鸡等实验动物,使病原微生物在非易感宿主体内繁殖。病原微生物在非易感动物体内复制过程中会逐渐适应相应的生存环境,对实验动物的毒力逐渐增强,对本动物毒力逐渐减弱直至消失。由于实验动物来源广泛,便于规模化饲养管理,因此饲养成本比较低,而且便于在特定环境情况下操作。这种方法中最成功的例子就是我国的猪瘟兔化弱毒株,是将猪瘟病毒强毒株在兔体内连续传 400 余代后育成的。其他的成功案例还包括通过乳兔肺传代致弱,获得了猪支原体肺炎疫苗株;将口蹄疫 A 及 O 型强毒注射入乳鼠皮下或肌肉内连续传代,取肌肉含病毒的组织再接种鸡胚,育成口蹄疫弱毒株;将牛传染性胸膜肺炎放线杆菌通过兔子、山羊或绵羊致弱,最终育成弱毒疫苗株;将鸭瘟强毒株接种鸭胚传9 代,然后再接种鸡胚传 23 代,育成鸡胚化弱毒株;将猪丹毒丝菌强毒株接种豚鼠传 370代,然后接种鸡传 42 代,最终育成弱毒株 GC42 株;将禽多杀性巴氏杆菌强毒株经豚鼠传190 代,鸡胚传 40 代,获得禽霍乱弱毒株 G190E40 株。这种方法要求所使用的动物为无特定病原体(SPF)动物和禽胚,防止其他病原微生物的污染。

2.细胞适应培养

这种方法主要用于弱毒病毒株的获得。方法是将病毒性病原体接种于同源或异源动物组织的原代细胞培养物中,可以使用一种细胞,也可以使用多种细胞。通过这种方法进行病原体致弱要注意外源病原体的污染,尤其是在细胞培养过程中使用牛血清时,一定要注意有无牛病毒性腹泻/黏膜病病毒(BVDV)的污染。使用这种方法育成的弱毒疫苗株最成功的案例当属我国的马传染性贫血病毒驴白细胞弱毒株,是将马传染性贫血病毒驴强毒株通过驴白细胞传代120次育成。之后,奥地利研究者将猪瘟病毒通过猪睾丸细胞传120代,育成弱毒疫苗株;日本学者简原二郎将猪瘟 ALD 强毒株(美国)接种猪睾丸细胞传142代,再接种牛睾丸细胞传36代,最后在豚鼠肾细胞传41代后育成 GPE 弱毒株。

3. 杂交减毒

将两种毒力强弱程度不同的菌(毒)株,在传代培育中进行自然杂交,使不同菌(毒)株间基因发生交换而育成有使用价值的弱毒株。这种方法对于基因组分节段的病毒较为适用。例如,将流感病毒温度敏感弱毒株(抗原性较低)与流行强毒株进行混合培养传代,两者毒力基因发生交换,子代病毒即可能出现毒力低并且抗原性强的毒株,分离具备上述性质的毒株,可用于制造弱毒疫苗。

人工诱导突变获得微生物弱毒生物株的各种方法不仅可以单独使用,也可以混合使用。如将马流产沙门氏菌蓬红口强毒株通过雏鸡与培养基交替传代,育成 C39 弱毒株;第二个注册的伤寒疫苗制备时所使用的弱毒伤寒沙门菌 Ty21a 疫苗株是 Germanier 于1975年用化学诱变剂亚硝基胍诱变及紫外线照射诱导非定点突变得到的。

用人工诱导突变的方式获得了大量的具有理论和实践价值的微生物弱毒株。尤其是巴斯德的工作,为人类充分开发和利用兽医微生物资源防治动物疫病奠定了重大的理论与技术基础。但是,这些病原微生物弱毒生物株的形成主要还是由于某些基因发生了点突变所致。因此,与天然弱毒株存在的问题类似——尽管绝大部分人工诱变弱毒株的安全性已经经过确认,但仍然存在着毒力返强的可能性。另外,尽管弱毒活疫苗毒力微弱,但仍然是具有感染性的病原体,可能不适用于机体免疫机能缺陷以及免疫机能损伤的个体,否则有可能发生致死性感染。还有,对于部分疫病(如口蹄疫)来说,弱毒活疫苗的应用会对血清学监测结果造成干扰。上述几个原因的存在,使得部分弱毒活疫苗已被禁止使用。

弱毒活疫苗制造过程中涉及到的另外一个重要问题就是保护剂。由于弱毒活疫苗中的有效成分是具有增殖能力的活性病原体,因此必须保证从生产完成到临床使用这段时间内这些微生物不会丧失活性。目前,常用的保存弱毒活疫苗的方法是将其进行冷冻低温干燥。使用保护剂,在冷冻低温干燥过程中可以降低微生物细胞内外的渗透压,防止细胞膜破损;防止生物活性物质失去结构水;防止结构水形成结晶,造成生物活性物质的分子破坏;抑制冻干制品中的酶作用,保持微生物等活性物质的稳定性;使冻干制品形成多孔性、疏松的海绵状物,增加冻干产物的溶解度。

第五节　灭活全病原体疫苗

灭活全病原体疫苗是指用物理或化学方法处理病原微生物,使其丧失感染性或毒性而保有免疫原性制成的一类生物制剂。这类疫苗非常直接地体现了人类对兽医微生物资源的利用。分离到的病原微生物,无论致病性强还是弱,只要其免疫原性良好,都可以用于制造灭活疫苗。通过适当的培养方式,使病原微生物大量增殖,当微生物数量达到制造疫苗要求的标准后,用合适的灭活剂进行灭活,制成疫苗。

病原微生物灭活的方法包括物理方法和化学方法。其中物理方法有加热及射线照射等。这些方法简单易行,但容易造成蛋白质变性,明显影响微生物的免疫原性,所以这种灭活方法在灭活疫苗的生产领域已基本被淘汰。目前,多用于食品或无菌物品的消毒。

化学方法进行病原微生物的灭活是兽用疫苗生产领域中使用的主要灭活方法。用来对微生物进行灭活的化学试剂或药物等称为灭活剂。常用的灭活剂主要有甲醛(最经典的灭活剂,约90%的灭活疫苗是使用这种灭活剂制备的)、苯酚、结晶紫、烷化剂(二乙烯亚胺、N-乙酚乙烯亚胺、2-乙基乙烯亚胺及缩水甘油醛等)以及β-丙酰内酯等。

另外,还有一些因素决定着灭活剂的灭活效果。这些因素包括:①灭活剂的特异性。某些灭活剂只对一部分微生物有明显的灭活作用,而对另一些微生物则效力很差。如阳离子表面活性剂能杀死很多细菌,但对绿脓杆菌和细菌的芽孢作用很弱。②灭活剂浓度。一般来说,灭活剂的浓度越高,灭活速度越快,但抗原性发生的可能性亦越大。③温度。灭活温度越高,灭活的速度越快,灭活作用随温度上升而加速。但是,如果温度超过40 ℃,可能会对微生物的抗原性造成不利影响。④pH。在微酸性时灭活速度慢,抗原性保持较好;在碱性时灭活速度快,但抗原性易受破坏。⑤微生物含氮量。微生物总氮量和氨基氮含量越高,灭活剂的消耗量就越大,灭活速度也就越慢。⑥有机物的存在。被灭活的疫苗中,如果含有血清或其他有机物质,会吸附于灭活剂的表面或者与灭活剂的化学基团发生反应,降低灭活剂的灭活效率。

对于灭活疫苗来说,由于不存在生物活性物质,因此易保存,而且有效期长。同时,在保证灭活效果的前提下,也不会出现如弱毒活疫苗那样毒力返强的现象。但是,灭活疫苗也有一些不足之处。首先,由于灭活疫苗中的免疫原不具有感染性,因此很少能够通过 MHC Ⅰ 类途径进行提呈,诱导产生的特异性免疫应答通常为体液免疫,产生的抗原特异性细胞毒性 T 淋巴细胞很少。所以,对于一些以诱导特异性细胞免疫反应为主的病原体来说,用灭活疫苗对其感染进行免疫预防可能不一定有效。其次,灭活疫苗中的灭活微生物无法自主增殖,所以为了诱导有效的免疫反应,必须加大接种剂量,从而可能造成一定的副反应。再次,用灭活疫苗实施免疫接种后,免疫效力持续时间相对较短,需反复接种才能达到所需的保护性抗体水平。为了克服灭活疫苗上述的不足之处,通常在疫苗中加入免疫佐剂。免疫佐剂是指那些与抗原物质合并使用时,能非特异性增强抗原物质的免疫原性,增强机体的免疫应答,或者改变机体免疫应答类型的物质。

据统计,免疫佐剂大约有数百种。同时,免疫佐剂发挥作用的机制也非常复杂,而且每种佐剂发挥免疫促进作用的机理各不相同。因此,免疫佐剂分类的方式也有很多,但是理想的分类方式几乎没有。所以我们这里就不再对佐剂的分类进行详述。

常用的佐剂包括 $Al(OH)_3$、$KAl(SO_4)_2 \cdot 12H_2O$、弗氏完全佐剂、弗氏不完全佐剂、Span 白油佐剂、细菌脂多糖、酵母多糖、卡介苗、低聚核苷酸、多聚核苷酸、环磷酸腺苷、蜂胶以及细胞因子等。

第六节 基因工程疫苗

由于分子生物学技术、遗传学技术的迅速发展,使得研制新疫苗和改进原有疫苗的工作能够在分子水平上进行。从理论上讲,这类疫苗可以说能够克服几乎任何传统疫苗所带来的问题,所以虽然目前这类疫苗尚没有全面实现商品化,但是其巨大的潜力是不容忽视的。从微生物资源利用的角度来讲,在目前的技术手段的支持下,我们才能够真正意义上实现兽医微生物的高效的、安全的以及有针对性的利用。与传统的疫苗相比,在分子生物学技术手段的支持下,基因工程疫苗更加充分地发挥了兽医微生物作为一种可利用资源的优势,这也拓展了兽医微生物资源的利用范围。

在本节,我们首先对动物用基因工程疫苗开发过程中所使用的重要分子生物学技术进行描述。

一、动物基因工程疫苗微生物疫苗株研究中常用的技术

(一)基因的分离

重组 DNA 技术的关键是要有足够和纯化的特定基因。目的基因的分离主要以生物体作为材料来源。将动物、植物和微生物的细胞破碎之后,就可以分离到染色体 DNA,并可以用限制性内切酶来进行切割。由于大部分酶的切点是交错的,所以能产生具有"黏性末端"的 DNA 片段。用同一种限制性内切酶作用于含目的基因的 DNA 分子和载体,能使两者产生相同的黏性末端,再由连接酶结合组成一个新的 DNA 分子,这就是基因拼接技术的基础。

1985 年,美国 PE – Cents 公司人类遗传研究室的 Mullis 等人发明了具有划时代意义的聚合酶链反应(PCR),使得人们梦寐以求的体外无限扩增核酸片段的愿望得以实现。PCR 是一种在体外模拟自然 DNA 在体内复制过程的核酸扩增技术,它以双链 DNA 片段,甚至完整染色体分子为模板,用一对与待扩增基因两翼互补的寡核苷酸为引物,通过耐热的 DNA 聚合酶的催化作用,合成新的 DNA 分子,并可在数小时内将靶 DNA 扩增数百万倍。由于近几年来 DNA 测序技术的革新和改进,许多微生物的基因图谱已经完全清楚。加上计算机网络的广泛使用,科学家们现在很容易找到所需要的基因序列,然后再用 PCR 技术将目的基因扩增出来,使得基因的分离变得十分容易。例如,在 PCR 的引物 5′端附加限制性内切酶位点,扩增的 DNA 经酶切后,便可直接克隆到相应的质粒或载体中。这比传统的构建基因文库、筛选重组克隆、酶切图谱分析和亚克隆的方法要简单快速得多。

(二)基因重组技术

重组是遗传学的灵魂。没有重组就没有万紫千红的大千世界,没有生物的进化。没有重组也不会有现代分子克隆技术。基因重组是由于不同 DNA 链的断裂和连接而产生 DNA 片段的交换和重新组合,形成新 DNA 分子的过程。发生在生物体内的基因的交换或重新组合包括同源重组、位点特异性重组、转座重组和非同源重组四大类,其是生物遗传变异的一种机制。基因重组是非等位基因间的重新组合,能产生大量的变异类型,但只产生新的基因型,不产生新的基因。

在现代分子生物学技术领域,重组是指基因的交换或重排而产生的重组,即普遍性重组。反应涉及到大片段同源 DNA 序列之间的交换。

1. 同源重组技术

同源重组技术是基因工程实验中常用的技术手段,也是兽医微生物资源开发利用过程中的重要技术之一。

(1)自杀载体介导的同源重组

①自杀载体

自杀载体是指在某种宿主内或条件下能自主复制,但在另一宿主内或条件下却不能自

主复制的质粒或噬菌体,又分别称之为自杀质粒和自杀噬菌体。在目前兽医微生物基因工程疫苗的开发过程中,我们更多使用自杀质粒。

自杀质粒的形式并不是一定的,这在很大程度上决定于质粒本身以及复制子的特性。例如,基于 CloE1 复制子的质粒只能在肠杆菌及亲缘关系很近的细菌中进行复制;某些温度敏感型复制子只能在特定温度范围内才能复制,当温度超出容许范围,质粒表现为无法自主复制。当然,还有一些人工构建的自杀质粒因缺失了一些自主复制的必须基因,因此只能在那些可以补全自杀质粒缺失基因的功能的菌株中才能复制,而在其他菌株中无法自主复制。

由于自杀质粒在受体细菌内受到各种因素的限制无法自主复制,所以无法在细菌的增殖过程中以稳定的形式独立存在,会逐渐丢失。因此,如果想在受体菌上体现质粒所携带的某些基因的表型,就必须将质粒上所携带的基因整合到细菌的基因组上,使该基因可以随着细菌基因组的复制而一起复制,不会随自杀质粒一起丢失。这样,细菌就会稳定体现该基因的表型。

综上所述,自杀质粒应具备三个特点:自杀质粒在受体菌内不能复制;自杀质粒必须携带一个在整合到受体菌染色体内以后可供重组子筛选的选择标记;自杀性质粒需带有易于基因克隆的多克隆位点。

在保证符合上述条件的前提下,自杀载体完全可以自己构建。例如,在构建布鲁氏菌重组菌株的过程中,可以利用商品化的 pUC 系列载体中的一些质粒作为自杀质粒。除一些特殊构建的用于革兰氏阴性菌的自杀质粒外,对于那些易于转化的革兰氏阳性菌而言,稍加改造的用于革兰氏阴性菌的质粒就可用作自杀质粒,因为革兰氏阴性菌的质粒在革兰氏阳性菌中不能复制。因此,只需在一些革兰氏阴性菌的质粒上加上能在革兰氏阳性菌中表达的筛选标记即可。如构建猪链球菌重组菌株时,可以利用商品化的 pMD18 – T 质粒作为自杀质粒。

对于那些与肠杆菌亲缘关系很近的细菌,可以使用专门构建的自杀质粒或温度敏感型质粒。这些质粒要么需要在专门构建的基因工程大肠杆菌中才能复制,要么只能在特定温度范围内才能自主复制。在受体菌株中要么缺乏使自杀质粒能够独立复制的成分,要么在温度改变后质粒复制所需的某些成分失活,导致质粒无法复制。例如,pCVD442 质粒(如图 2 – 1 所示)只能在含有 pir 基因(编码 Pi 蛋白)的大肠杆菌菌株中(如 DH5alpha – lambda pir, SY327 – lambda pir, SM10 – lambda pir 和 S17 – lambda pir)复制;质粒 pMAD 和 pBT2

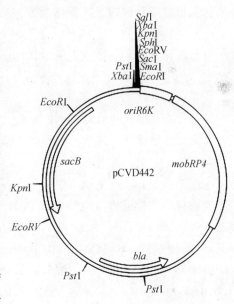

图2 – 1　pCVD442 自杀质粒图谱

在 30 ℃时能稳定存在于菌体中,而在 ≥40 ℃时这类质粒易丢失。当然,这类自杀质粒也可以用于与肠杆菌关系较远的细菌突变体的构建。

②重组自杀质粒的构建

符合上述条件的质粒可以作为自杀质粒使用,但在同源重组过程中还需要有介导同源交换的 DNA 序列——同源臂(如图 2 – 2 所示,同源臂 B1 和 B2)。这个介导同源交换的

DNA 序列实际上就是需要改造的靶基因两侧的同源序列。由于用自杀质粒介导的同源重组主要利用的是受体菌本身的 RecA 重组系统,而不是借助外源重组酶的存在(重组缺陷型受体菌除外),因此要考虑同源臂的长度,以保证同源重组的效率。一般来说,同源臂要保证有 800 bp 以上的同源序列。同源臂越长,突变菌株越容易得到,筛选的工作量越少。另外,在利用自杀质粒系统构建基因节段缺失或基因替换的重组细菌过程中,有时在自杀质粒本身的筛选标记之外还需要另外一个筛选标记(如图 2 - 2 所示,筛选标记 2),与质粒本身的筛选标记(如图 2 - 2 所示,筛选标记 1)共同用于阳性重组子的筛选。

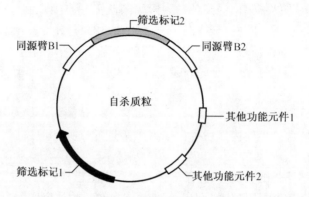

图 2 - 2　重组自杀质粒结构示意图

③重组自杀质粒转化入受体菌的方法

a. 电击转化法

电击转化法是利用高压电脉冲作用于受体细胞,使细胞表面产生暂时性的孔隙,从而将 DNA 或蛋白质等生物分子或颗粒导入胞内的方法。

b. 接合转移法

接合是指细菌通过细胞的暂时沟通和染色体转移而导致基因重组的过程。这一过程不是在所有细菌之间均可发生。只有那些具有 F 因子或类似 F 因子功能元件的细菌才能发生接合。

④自杀质粒介导的同源重组的机制及阳性重组子的筛选

使用自杀质粒进行微生物基因重组的方法利用的是受体微生物本身的 RecA 重组系统。RecA 重组系统介导大肠杆菌内源性同源重组,其他细菌也具有相似的机制,因此统称为 RecA 重组系统。RecA 重组系统由 RecA 和 RecBCD 组成,RecA 蛋白主要在 DNA 修复过程中促进 DNA 分子同源联合、配对以及链交换和分支迁移;RecBCD 由 RecB、RecC 和 RecD 组成,RecB 和 RecD 具有 DNA 解旋酶功能,RecC 具有 DNA 外切酶功能。

发生同源重组时,RecBCD 作用于 DNA 链末端,沿 DNA 移动并解旋。当移动到其作用靶点 chi 位点(5′ - GCTGGTGG - 3′)附近时,将其切开形成单链突出末端。此时 RecA 结合到单链 DNA 上,并引导同源序列与侵入双链 DNA 发生序列交换,形成 Holliday 中间体。最后,由 RuvAB 蛋白复合体和 RecG 解旋酶完成 Holliday 连接体的拆分,产生两条重组后的 DNA 双链。

通过电击转化和接合转移方式导入受体菌的自杀质粒通过 RecA 同源重组系统整合于细菌的染色体上。整合于染色体上的自杀质粒在缺乏筛选压力的情况下又可以发生二次同

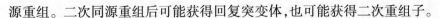

源重组。二次同源重组后可能获得回复突变体,也可能获得二次重组子。

重组细菌发生同源重组后突变基因的形式可以分为基因中断和基因置换。

基因中断原理如图 2-3 所示。首先从目的基因上克隆一个片段下来(B 片段),将其连接入自杀质粒之中。将质粒导入目的细菌,用选择标记(黑色)筛选抗性菌株。由于质粒无法在受体菌中自主复制,所以抗性菌株是由载体上的克隆片段和染色体上同源区域重组而形成的。产生的新染色体结构如图 2-3 所示,待改造基因的中间插入了自杀质粒的序列,基因的开放阅读框被破坏,无法表达具有生物活性的蛋白质,表现为靶基因活性的缺失。如果自杀质粒上连接有能够在受体菌中表达的蛋白的表达盒,可以在靶基因敲除的同时,实现外源基因的敲入。

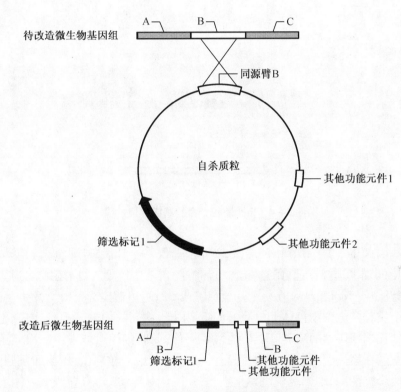

图 2-3 自杀质粒介导的基因中断过程

使用此种方法时需要注意的是,选取的克隆片段最好是目的基因内部片段,特别是不能含有跨越待敲除基因开放阅读框 3′端的片段,否则形成的结构中就包含了至少一个完整的待敲除基因的序列,无法实现基因敲除的目的。当然,如果仅需要将外源基因敲入,这一点可以忽略。

基因中断方法构建细菌突变体比较容易,操作比较方便,但用这种方法构建的重组菌株表型不够稳定。因为在菌株的染色体上存在两个完全同源的 DNA 序列,如果在培养过程中不加入选择压力进行持续筛选,非常容易发生二次重组,使外源 DNA 序列环出,菌株发生回复突变。即使在持续施加选择压力的情况下,如果菌株产生了对筛选压力的抗性突变,也会导致菌株发生回复突变,而且这种过程极难发现,可能会对实验造成很大的损失。

基因置换的原理如图 2-4 所示。这个做法需要有两个可以在目的菌种中使用的选择标记(筛选标记1和筛选标记2)。

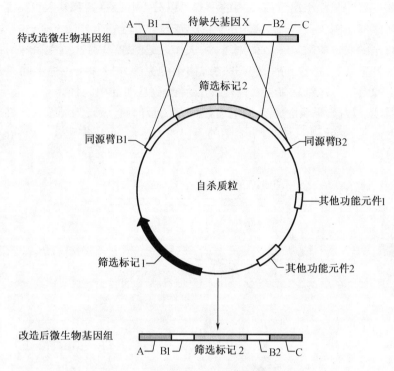

图 2-4 自杀质粒介导的基因置换过程

在目的基因 X 的 5′端(B1)和 3′端(B2)分别选取一个片段,克隆到自杀质粒上。然后在 B1 和 B2 中间加上选择标记(筛选标记2)。将此自杀质粒导入目的菌中,选择双抗菌株,由于是自杀型质粒,双抗菌株是在一个片段(B1 或 B2,这里假定为 B1)上发生了同源重组,所以导致整个质粒整合到染色体上(原理同基因中断,中间结构未显示)。将发生同源重组的克隆接种到无选择压力的培养基上松弛培养一代,此时细菌可能发生二次同源重组。如果二次重组发生在第一次同源重组的片段上(B1),将导致质粒环出,细菌回复到野生型,细菌同时丧失两个抗性;如果二次重组发生在另一个片段上(B2),将导致染色体上原本的目的基因(X)被选择标记(筛选标记2,浅灰色条块)所取代,造成基因缺失;如果没有发生二次重组,细菌将继续保持两个抗性(筛选标记1和筛选标记2,黑色条块和浅灰色条块)。将松弛培养获得的子代细菌涂布到仅含有一个选择压力(筛选标记2,浅灰色条块)的培养基上长出单菌落。然后,将此平板上的菌落影印到一个含有另一选择压力(筛选标记1,黑色条块)的选择性培养基上。如果是基因缺失的菌株,在影印的平板上(筛选标记1,黑色条块)是不能生长的。挑选那些只有一个抗性(筛选标记2,浅灰色条块)的克隆提取基因组DNA,选择合适的酶切,通过 Southern 杂交等方法鉴定是否获得了正确的基因缺失菌株。

在构建两个同源臂时,DNA 序列克隆的方向一定要和基因原本的方向一致。另外,如果想实现外源基因的敲入,只需要把外源基因表达盒置于两同源臂之间,筛选标记2的一侧即可。这种方法获得的重组菌株很稳定,几乎不可能发生回复突变。

另外,基因置换有另外一种形式(如图 2-5 所示)。把目的基因片段克隆出来,克隆入自杀质粒中。选择克隆基因内部的一个限制性内切酶位点,将选择标记(筛选标记2,浅灰色条块)通过该酶切位点克隆入自杀质粒中就可以了。后续操作步骤和基因置换一样。

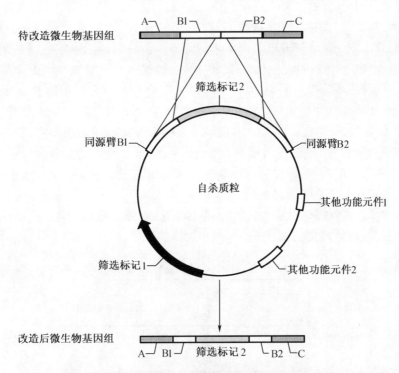

图 2－5　自杀质粒介导的基因替换过程(变化形式)

通过这种方式构建的重组菌株目的基因序列并没有真正意义上缺失,只是中间被插入了一个选择标记,导致基因的失活。这种方法的质粒构建过程较简单,但选择到合适的酶切位点较难,而且只能对一个基因进行操作,无法同时缺失多个基因。

(2)Red 重组系统介导的基因重组

以 RecA 系统为基础的基因重组体系需要构建较长的同源臂,而且 RecA 重组发生的概率较低,获得重组子相对困难。Murphy 和 Stewart 等人利用 λ 噬菌体的 Red 重组系统在大肠杆菌中建立了一种快速获得重组细菌的方法。目前,Red 体内重组系统广泛应用于革兰氏阴性菌的基因敲除。

①Red 同源重组的机制

Red 重组系统依靠 λ 噬菌体 exo、bet 和 gam 编码的 3 个蛋白质提高重组效率。

Exo 蛋白单体分子量为 24 kD,活性形式为环状三聚体,中间有一个中空的通道,通道的一侧可容纳双链 DNA 分子,另一端却只能容纳单链 DNA,具有双链 DNA 5′－3′核酸外切酶的活性。该三聚体可结合在双链 DNA 的末端,从 DNA 双链中一条的 5′端向 3′端降解 DNA,产生 3′突出端。其降解效率很高,体外每秒钟能消化 1 000 bp 的 DNA。

Beta 蛋白单体的分子量为 25.8 kD,在溶液中可自发地形成环状结构。Beta 蛋白可以与单链 DNA 的 3′端结合,防止 DNA 被单链核酸酶降解。另外,Beta 蛋白还可促进互补单链 DNA 间的退火,并介导 DNA 链退火和交换反应。双链 DNA 退火完成后,Beta 蛋白会从 DNA 双链上解离下来。也有文献认为,Beta 蛋白也可以继续结合在退火形成的双链 DNA 分子上,保护其不被 DNA 酶 I 降解。

Gam 蛋白是分子量为 16 kD 的多肽,能够结合细菌的 RecBCD 蛋白,抑制其核酸外切酶活性,从而抑制其对外源线性 DNA 的降解作用。

整个重组过程可以概括为几个阶段(如图 2−6 所示)。首先,Exo 蛋白先结合到线性双链 DNA 末端,并沿 5′−3′端降解出 3′突出末端。Beta 蛋白形成三聚体后,与 Exo 蛋白降解 DNA 双链产生的单链 DNA 的 3′突出末端结合形成丝状体。重组机制可以分为两种,若参与重组的另一同源序列为没有断裂的双螺旋 DNA,结合 Beta 蛋白的单链 DNA 就会在 RecA 蛋白和 Beta 蛋白等的作用下侵入到另一个双链 DNA 分子中,形成与 RecA 介导重组相类似的 Holliday 中间体的三链结合结构,之后依赖宿主的解旋酶完成重组 DNA 链的拆分,完成重组过程,这一机制称为“单链侵入机制”(Single−strand invasion)。若参与重组的另一同源序列为通过断裂末端形成互补的单链 DNA,则 Beta 以双链退火的形式促进两段互补序列退火结合,这一机制称为“单链退火机制”(Single−strand annealing)。这种机制是不需要 RecA 起作用的。在实际操作过程中,供体和受体 DNA 均发生断裂的情况非常少见,因此更多情况下利用的是单链入侵机制。

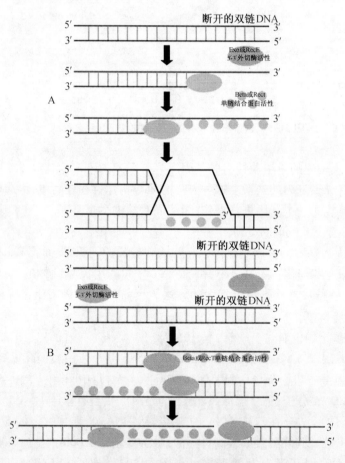

图 2−6 Red/ET 重组的机制

A—单链侵入机制;B—单链退火机制

大肠杆菌隐蔽型原噬菌体 Rec 重组系统与 Red 重组系统相似。其 recE 与 exo 相似,编码一种核酸外切酶 RecE;recT 与 bet 相似,编码一种单链 DNA 结合蛋白 RecT,同时可以促进链交换。两者重组机理相同,可划分为同一类系统。因此,Red 重组系统又称为 ET 重组系统,常合称为 Red/ET 重组系统。

②Red 系统介导的同源重组技术

Red 重组的具体实施方式主要有两种。第一种是构建含有 RecE/RecT/Redγ 和 Redα/Redβ/Redγ 的诱导表达型依托质粒,通过共转染使依托质粒与受体和供体 DNA 分子进入同一个细胞内,经诱导表达后即可发生重组反应;二是筛选和构建具有 Red/ET 重组功能的大肠杆菌菌株。这两种方法各有利弊。由于依托质粒在菌体内的拷贝数要显著高于染色体中单一拷贝,所以依托质粒能够提供的重组酶蛋白的表达量和重组效率要显著高于构建的具有 Red/ET 功能的大肠杆菌。另外,依托质粒在细菌人工染色体(BAC)、噬菌体人工染色体(PAC)或细菌染色体的修饰方面具有优势,因为依托质粒可以随意转化宿主菌。受体菌的 DNA 结构比较稳定,能够进行反复转化,操作时比较方便、省时。另外,不涉及重组结束后依托质粒的清除问题。

与传统的同源重组(RecA 介导的同源重组)相比较,Red 同源重组系统所需的同源臂仅为 35 ~ 50 bp,大大简化了实验操作。而且,Red 重组的效率与传统方法相比有很大提高,阳性率可高达 80%。

2. 位点特异性重组

位点特异性重组(Site-specific recombination)发生于特定的位点之间,由重组酶催化核心的氨基酸向 DNA 骨架发起攻击并介导双链交换实现重组。

位点特异性重组由位点特异性重组酶、特异位点及辅助因子组成。其中有些系统只有位点特异性重组酶和特异位点,而不需要其他辅助因子。该技术目前在研究一些重要的生物功能中得到了广泛的应用,包括噬菌体基因组从宿主菌染色体上的切除及整合、扩大质粒在酵母中的拷贝量以及通过插入调控序列对基因表达进行调控等。

根据序列的同源性及催化氨基酸的特性,重组酶可分为 2 个家族——酪氨酸家族和丝氨酸家族。λ 重组酶、P1 噬菌体的 Cre 重组酶、酵母的 FLP 转位酶及细菌的 XerC 蛋白属于酪氨酸家族;ΦC31、Tn3、R4、TP901 - 1 属于丝氨酸家族。迄今发现的重组酶虽然已有几百种,但得到广泛应用的仅有酪氨酸家族的 Int,Cre,FLP 和丝氨酸家族的 ΦC31。

以上述酶类为基础的位点特异性重组系统有很多种,目前已经得到应用的有来源于大肠杆菌 P1 噬菌体的 Cre/loxP 系统、酿酒酵母 Zp 质粒的 FLP – FRT 系统、接合酵母 pRs 质粒的 RPRs 系统以及噬菌体 Mu 的 GinPgiX 系统。由于 Cre/loxP 系统在重组效率方面比其他系统更高一些,目前科研人员们更加乐于选用 Cre/loxP 系统。这种系统可广泛用于细菌、真菌、植物、昆虫和哺乳动物的体内、体外基因重组。本章将仅对 Cre/loxP 系统进行详细叙述。

噬菌体 P1 在大肠杆菌内处于溶源状态时是以单拷贝形式整合在宿主菌基因组上的,它编码一个位点特异性重组系统,该系统负责将噬菌体整合到或脱离宿主菌基因组。其另一个主要作用是降低插入大肠杆菌基因组内的外源基因的拷贝数,直至一个拷贝为止。

P1 噬菌体的这个位点特异性重组系统由两部分内容组成。第一部分内容是一段长 34 bp 的 DNA 序列,含有两个 13 bp 的反向重复序列和一个 8 bp 的核心序列。这段 34 bp 的序列被称为 loxP 位点(Locus of X-over in P1)。第二部分内容是 Cre 重组酶(Cyclizationrecombination),它是一种由 P1 噬菌体基因编码的,由 343 个氨基酸组成的单体蛋白,可以在 loxP 位点引起 DNA 重组的酶类。因此,这个系统被称为 Cre/loxP 重组系统。

（1）loxP 位点

loxP 是 P1 噬菌体基因上一个 34 bp 的位点。序列为中间有一个 8 bp 非对称间隔区所分隔的回文结构。8 bp 的非对称序列也称为核心序列或间隔子,两翼是各 13 bp 的反向重复序列。8 个 bp 的间隔区是位点中唯一不对称的区域,这种不对称性决定了 loxP 位点具有方向性,从而决定了重组反应的方向性。此 34 bp 的序列是 Cre 重组酶介导重组反应所必需的和充足的条件。loxP 位点的序列如图 2 - 7 所示。

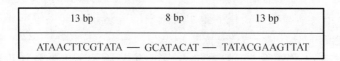

13 bp	8 bp	13 bp
ATAACTTCGTATA — GCATACAT — TATACGAAGTTAT		

图 2 - 7 lox P 位点序列

（2）Cre 重组酶

Cre 重组酶是 P1 噬菌体 Cre 基因的产物,分子量为 38.5 kDa,可以作用于各种类型的 DNA 底物(超螺旋环状、松弛型、线性化),属整合酶家族成员。整合酶家族重组酶的共同特点是这些酶均由单个多肽构成,作用于核苷酸序列时,不需要其他辅助因子的参与,也不额外消耗能量。Cre 蛋白由 2 个区域(一个较大的羧基端区域和一个较小的氨基端区域)构成。羧基端区域具有一个"RZHZRZY"(AiZgHiZsAiZgTyr)的四联体结构,与 λ 噬菌体整合酶家族酶类相似,而且这个区域也是 Cre 酶的活性中心。其中第 324 位的酪氨酸 Tyr324 和 DNA 分子共价结合,形成 $3'-2$ 磷酸酪氨酸,将 DNA 链切割。碱性氨基酸 Arg173,His289,Arg292 在重组反应中起到中和与稳定反应体系中高浓度负电荷的作用。

（3）Cre/loxP 系统的作用特点

Cre 重组酶介导两个 LoxP 位点间的重组,视 loxP 的位置以及方向的不同可以产生三种结果。第一,如果两个 LoxP 位点位于同一条 DNA 链上,而且方向相同,Cre 重组酶能够切除两个 LoxP 位点间的序列,使其环出;第二,如果两个 LoxP 位点位于一条 DNA 链上,但排列方向相反,Cre 重组酶能使两个 LoxP 位点间的序列发生倒位,即方向发生颠倒;第三,如果两个 LoxP 位点分别位于两条不同的 DNA 链或染色体上,Cre 酶能介导两条 DNA 链的交换或染色体易位。

（4）Cre/loxP 系统的作用机制

在重组反应过程中,Cre 重组酶先和 DNA 结合,但开始结合力较弱,当遇到 loxP 位点时结合力大大增强,在 LoxP 结构的两个回文序列上各结合一个 Cre 亚基。由于两个亚基作用的非一致性,一个亚基具有剪切活性,另一个则不具有剪切活性。这样,4 个 Cre 重组酶分子同 2 个 loxP 位点结合形成一个复合体,其中有 2 个 Cre 重组酶分子是有重组活性的,另外 2 个没有重组活性。然后 Cre 酶羧基末端保守的酪氨酸(Tyr324)与 DNA 分子的 $5'-PO_4$ 共价结合形成 $5'-$磷酸酪氨酸,对 DNA 链的 LoxP 位点进行非对称剪切。Cre 酶剪切 DNA 会产生突出的 $5'$末端,产生的 $5'-PO_4$ 既可与同一断裂部位的 $3'-OH$ 结合恢复为原来的构型,也可与另一切割部位的 $3'-OH$ 结合,发生链的交换,形成一个"Holliday 结构"的中间产物,继而产生结构的异构化,这时第一次切割的 2 个 Cre 酶不再起切割作用,而是由另外 2 个 Cre 酶进行第二次链的切割和交换,去掉中间产物发生重组,这样便完成了基因的插入或删除。

3. 转座重组

转座重组依赖于转座机制,但不依赖于同源 DNA 序列的 DNA 的交错剪切和复制过程。转座重组的过程涉及转座因子、转座酶、解离酶和 DNA 聚合酶。

转座因子是不依靠序列同源性而能移动的 DNA 节段。细菌中的转座因子主要可分为两类,一类比较简单,称为插入序列,其仅含有编码转座酶的基因;另一类则较复杂,称为转座子,含有一个或多个基因(除转座所必需的基因外)。

转座酶由转座子所编码,是在转座过程中起重要作用的酶。转座酶结合到转座单元的两端,通过酶的寡聚化使两端相互靠拢形成复合体,在其介导下切割与两端相邻的磷酸二酯键产生高反应性的 $3'-OH$ 末端,使转座子脱离供体 DNA,当转座酶结合到靶 DNA 后,转座子的 $3'-OH$ 对靶 DNA 双链进行亲合攻击导致转座子的 $3'-OH$ 与靶 DNA $5'-PO_4$ 共价结合,转座酶从复合体中解离,最后通过 DNA 修复完成转座。

一些转座因子还编码另一种酶——解离酶。这种酶主要催化转座过程的第二阶段反应。对 Tn3 转座子来说,解离酶另有一独立功能:它是它本身基因和转座酶基因的阻抑蛋白,以便使二者的表达在正常时处于低水平。

(1)转座重组的类型

转座重组的类型可分为复制转座和非复制转座两大类,保留转座也可以归类于非复制转座类型。

复制转座是指转座因子在转座期间先被复制一份拷贝,然后复制出的拷贝转座到新的位置。而转座因子本身仍然保留在原来的位置上。因此,这种转座类型的转座实体是原转座子的一个拷贝,同时,转座伴随着转座子拷贝数的增加。这种转座方式需要转座酶和解离酶的作用。转座酶作用于原来的转座因子的末端,解离酶则作用于复制出的拷贝。TnA 相关的一组转座子只能通过复制转座移动。

非复制转座是指转座因子本身做物理性运动,直接从原来位置分离出来,插入新的位置,这种转座只需转座酶的参与。

保守型转座属于非复制转座的一种。这种转座发生的过程中,通过一系列事件,转座元件从供体位点上切除,然后插到靶位点上,转座因子的切离和插入类似于 λ 噬菌体的整合作用。出现这种转座的转座因子都比较大,而且转座的往往不只是转座因子自身,而是连同宿主的一部分 DNA 一起发生转座。

(2)转座重组的机制

转座酶能与转座因子两端相结合,同时也与转座因子将要插入的 DNA 靶序列相结合。然后转座酶在插入靶位点上对 DNA 链进行类似限制性内切酶剪切方式的交错剪切,同时在转座因子的两端对 DNA 双链进行剪切,而且剪切的切口分别位于 DNA 双链的其中一条上。所产生的转座因子的游离端与插入位点靶序列剪切后的游离端相连接,将两个 DNA 分子连接起来,即靶序列两端各有一条链和原转座因子的一个游离端相连。然后根据转座因子的类型,发生不同后续过程。对于简单转座来说,第二次剪切发生在转座因子 DNA 双链的另一端,并将转座因子整个转移到插入位点的 DNA 分子上,而在供体 DNA 双链上留下一个致死性的"空隙"。供体 DNA 分子上留下双链断裂,结果或是供体分子被降解,或是被 DNA 修复系统识别而得到修复。

对于复制转座来说,转座因子被复制,一个拷贝转移,另一拷贝留下,故原来宿主 DNA 上不留"空隙",不被破坏。在这种情况下不进行第二次剪切,而是在第一次剪切时留下的断端处,由 DNA 聚合酶合成转座因子的第二条链,从而形成共联体结构。然后由解离酶催化两个转座因子拷贝间位点特异性重组,其过程类似 λDNA 的整合反应,从而产生两个分离的 DNA 分子,每个均带有一个拷贝的转座因子。

(3)转座子重组系统在兽医微生物学研究中的应用方式

转座子重组系统在兽医微生物领域中的应用方式,通常是构建突变体文库。然后在突变体文库中筛选具有特定性状的突变体,进行基因功能的研究或应用研究。目前,这些系统许多已经实现了商品化,应用起来非常方便。

例如,美国 Epicentre Biotechnologies 公司的 EZ Tn5 转座系统,已经被广泛用于革兰氏阴性菌转座子插入突变体的构建。通过该技术可以将携带有终止密码子的外源 DNA 片段随机插入受体细菌基因组或病毒、细菌人工染色体中。如果插入位点在某基因的内部,就会导致该基因由于插入而失活。通过对重组细菌或分子克隆化病毒性质的检测,可以筛选出对微生物毒力影响显著的基因,最终可以获得毒力减弱的微生物突变株用于新型疫苗的开发。

4.反向遗传技术系统

反向遗传学则是在已知基因序列的基础上,利用现代生物理论与技术,通过核苷酸序列的突变、缺失、插入等手段创造突变体并研究突变所造成的表型效应,属于直接从生物的遗传物质入手来研究基因的生物学功能,阐述生物生命发生的本质现象与规律。这与以孟德尔的豌豆花实验为代表通过研究生物的表型、性状来推测其遗传物质组成、分布与传递规律等,从而研究生命过程的发生与发展规律的经典(正向)遗传学途径正好相反。

反向遗传学操作相关的各种技术统称为反向遗传学技术。这些技术本身并没有什么特殊之处,但是将它们有机地组合在一起却极大地扩展了 DNA 重组技术的应用范围。

目前反向遗传学技术已广泛应用于生命科学研究的各个领域,且在病毒研究方面已经显示出了巨大的作用。但由于病毒性质各不相同,将某种技术应用于所有病毒反向遗传体系的构建并不容易,因此我们可以将这些技术统一起来,称为反向遗传技术系统。这种称谓仅是从策略层面界定所有的反向遗传技术,不涉及技术的本身问题。

目前,对 DNA 病毒和正链 RNA 病毒的反向遗传学操作体系已经很成熟。DNA 病毒反向遗传体系的构建相对来说最为简单,例如,提取腺病毒基因组,与线性化的、构建有腺病毒基因组两端同源序列的质粒共转化 RecA 阳性的大肠杆菌感受态细胞。在 RecA 同源重组机制的介导下,腺病毒基因组与质粒发生同源重组,使腺病毒基因组连接入质粒之中。然后,用限制性内切酶将腺病毒基因组序列从重组质粒之中释放出来,用其转染细胞即可获得拯救的病毒。

另外,反向遗传技术在单股正链 RNA 病毒的拯救方面也得到了淋漓尽致的发挥,目前,已经获得了脊髓灰质炎病毒、口蹄疫病毒、猪瘟病毒、登革病毒等的感染性分子克隆。这类病毒的反向遗传操作体系也相对简单,只需要通过 RT－PCR 手段扩增获得病毒的基因组 cDNA 序列,并将其连接入质粒中,然后用 RNA 聚合酶以病毒基因组 cDNA 为模板合成具有感染性的 RNA,用该 RNA 转染细胞,即可拯救出重组病毒。

对负链 RNA 病毒来说,病毒的基因组 RNA 不具有感染性,不能直接进行感染性转录,而必须将自身携带的 RNA 依赖的 RNA 聚合酶导入到细胞中,才能指导第一轮 mRNA 合成;而且单独的基因组 RNA 本身不能作为模板,只有与核蛋白结合形成复合物的形式,才能作为模板起始复制和转录。所以负链 RNA 病毒反向遗传体系的建立工作相对滞后。

对于单股负链 RNA 病毒来说,第一种方法是在体外转录本中插入调控序列,在体外利用转录本、纯化的病毒核蛋白和聚合酶蛋白获得具有生物活性的核糖核蛋白复合体,然后在辅助病毒的参与下,转录本导入宿主细胞内并进行复制、表达,包装成病毒粒子。这种"拯救策略"特别适合用于基因组较大的病毒。另一种策略是,利用表达 T7 RNA 聚合酶的重组痘病毒、表达 RNA 复制和转录所需病毒蛋白的质粒以及含有病毒 cDNA 的质粒共转染细胞,获得具有感染性的病毒粒子。目前,已得到了一些单股负链 RNA 病毒的感染性分子克隆,如新城疫病毒、牛瘟病毒以及狂犬病毒等。2000 年左右,美国的 Gabriele 等和 Erich 等通过流感病毒反基因操作技术,分别使用 12 个和 8 个质粒共转染哺乳动物细胞,得到了具有生物学活性的流感病毒,使反向遗传学操作技术在拯救分节段负链 RNA 病毒方面获得了突破性进展。

对于双链 RNA 病毒来说,基因组分节段少的病毒较容易进行反向遗传操作,而基因组分节段多的病毒则较难进行。鸡传染性法氏囊病病毒的基因组分为 2 个节段,其"拯救"方法是用 T7 RNA 聚合酶体外转录其 cDNA,转录后的正链 RNA 转染细胞即可。蓝舌病病毒的基因组分为 10 个节段,其反向遗传系统的研究在最近才刚刚有所突破。

应用反向遗传技术,根据一些病毒有关的已知核酸序列,可以构建出"人工设计"的病毒基因组 cDNA,得到以人工方式设计的新型病毒,为获得高免疫原性同时具有低致病力特性的病毒株以及新型疫苗的开发提供了一种新的途径,当然,如果抛开本书的宗旨不谈的话,反向遗传技术更是研究病毒生物学特性以及致病机制的利器。利用反向遗传学技术对负链 RNA 病毒基因组操作,能够以一个感染性病毒粒子的完整形式来研究病毒单个基因的结构和功能的关系。与常用去除法研究(即将要研究的病毒基因分离、克隆,在不同的系统中表达)相比,前者更能了解病毒的实际作用方式。另外,还可在 DNA 的分子水平上构建嵌合病毒以研究病毒基因组的基因功能,以及研究蛋白质与核酸之间的相互作用。

5. 细菌人工染色体技术

细菌人工染色体技术的产生源于 DNA 片段克隆的载体系统。20 世纪 90 年代,研究人员开发出了这一系统,它具有容量大、遗传特性稳定、易于操作等优点。

目前,细菌人工染色体系统均以大肠杆菌 F 因子为基础构建。F 因子又称 F 质粒或"性质粒"。天然的 F 质粒是超螺旋闭环的 DNA 分子,自身大小通常超过 90 kb,编码近百个蛋白质。F 因子的特性非常适合作为基因组 DNA 的高容量载体。首先,F 因子的拷贝数低,而且含有 parA、parB 和 parC 基因。parA、parB 和 parC 基因能够保证 DNA 分子在细菌分裂过程中精确地分配到子代细胞中。拷贝数低外加隔绝环境保证了重组细菌人工染色体中外源 DNA 的重排水平和嵌合程度低。其次,F 因子能够承载非常大的 DNA 片段,自然获得的 F 因子能稳定携带 1/4 的大肠杆菌染色体,可见 F 质粒复制忠实度和稳定性非常高,而且容纳外源 DNA 的能力非常强。最后,F 因子为闭环 DNA 结构,可以稳定存在于大肠杆菌中,可以用一些常规技术将其直接从大肠杆菌中分离出来,非常便于对其进行操作。

在 F 因子的基础上,保留 F 因子自主复制、拷贝数控制以及质粒分配等基本功能相关基因,去除其他基因,最终构建成了一些整体结构、克隆效率以及功能都比较完善的细菌人工染色体载体质粒。

目前,细菌人工染色体技术广泛用于疱疹病毒相关分子生物学研究以及疱疹病毒性疾病基因工程疫苗的研制,而在其他病毒中应用较少。这是因为重组细菌人工染色体分子的获得必须通过大肠杆菌内的同源重组才能获得。大多数病毒基因组是以线性核酸的形式存在的,这种线性形式的核酸无法有效转化入大肠杆菌,而疱疹病毒的基因组在复制过程中有一个自我环化进行滚环复制的过程。收取环化的病毒基因组,转化大肠杆菌,与已转化入大肠杆菌内的、携带有病毒基因组同源序列的细菌人工染色体载体质粒发生同源重组,这样才能够获得病毒细菌人工染色体。从理论上来说,凡是病毒基因组能够自我环化、出现闭环形式,就可以利用这种方式获得病毒细菌人工染色体。

由于细菌人工染色体对外源 DNA 的容量最大可达 300 kb 以上,所以即使对基因组达到 100 kb 以上的疱疹病毒来说,应用细菌人工染色体技术也可以轻松实现对其进行遗传操作。

上述一些基因工程技术在应用过程中并不是孤立的。事实上,在实际工作当中这些技术经常被有机地组合在一起,使目标产物更符合生产实际的需求,同时也使原本复杂的操作趋于简单。例如同源重组技术和位点特异性重组技术就经常与病毒的细菌人工染色体技术联合使用,通过这种方式能够获得无痕基因缺失病毒株,从而可以避免外源 DNA 序列插入对重组病毒的生物学性质的影响。

二、基因工程减毒活疫苗

鉴于人工诱导突变方式获得的微生物弱毒株仍然存在一些问题,而且分子生物学手段不断发展,越来越多的学者开始利用分子生物学技术手段来获得病原微生物弱毒生物株。在对兽医微生物分子生物学、遗传学、免疫学特性深入了解的基础之上,通过对微生物毒力因子编码基因或毒力因子表达调控基因的直接改造,从而获得致病力微弱的突变株。这种手段的先进性在于:①目的性强,获得突变株的时间很短;②可以通过人工构建的筛选标记进行筛选,非常方便;③不仅可以获得基因发生点突变而致弱的生物株,还可以获得基因发生大段缺失或插入而致弱的生物株,因此极大地降低了发生回复突变的可能性,突变株毒力更加稳定。从兽医微生物资源利用的角度讲,极大地拓展了病原微生物强毒株的应用价值和应用范围。

这类微生物疫苗株是人为地使病原体的某一基因完全缺失或发生突变从而使该微生物的野毒株毒力减弱,不再引起临床疾病,同时病原体本身的免疫原性不发生改变,仍能感染宿主并诱发保护性免疫应答。到目前为止,人类已经成功构建许多基因工程减毒微生物株,而这些微生物株成功地应用于疫苗开发的例子还不多。但不可否认的是,这种方法是充分开发和利用兽医微生物资源和疫苗研制的一种重要手段。

最有代表性的基因工程弱毒疫苗株是伪狂犬病毒(PRV)的 gE 和 TK 编码基因缺失疫苗株。gE 和 TK 基因产物的缺失,使野生 PRV 强毒株的致病性显著减弱,而其免疫保护力与常规的弱毒疫苗相同。另外,由于其 gE 基因的缺失,用该疫苗株制备的疫苗免疫猪时不会产生抗 gE 抗体,而自然感染的带毒猪具有抗 gE 抗体,因此可以利用此点鉴别、诊断自然感染和疫苗免疫猪。所以正在实施根除伪狂犬病计划的欧共体国家,只允许用这种基因工程伪狂犬病活疫苗,而不再允许使用常规的伪狂犬病活疫苗。

我国第一种动物病毒基因工程疫苗——伪狂犬病三基因缺失活疫苗(SA215)即是以 PRV TK$^-$/gI$^-$/gP63$^-$/LacZ$^+$ 三基因缺失疫苗株为基础自行研制的。

由于 PRV 基因缺失疫苗株缺失的基因节段都非常大,所以发生回复突变的可能性极小。PRyBUK—d13 株在专门筛选 TK$^+$ 病毒细胞介质中增殖,没有恢复 TK 活性。Glazenburg 等将 TK 突变株和 RR 突变株同时接种小鼠,发现只有当病毒接种量很大而且两种或多种病毒接种于同一解剖位置时，重组才可能发生。这充分表明了基因缺失疫苗在控制 PRV 上是安全可靠的。PRV 基因缺失株都缺失一个或几个影响病毒毒力的相关基因，所以大多数的 PRV 基因缺失株对鼠和猪无毒力或仅有相当低的毒力，但是，仅缺失 TK 基因的弱毒株对犊牛还有较低的毒力，而对猫和狗毒力较强，若同时再缺失 gE 基因，则几乎不表现毒力。大多数的 PRV 基因缺失疫苗株都有较强的免疫原性。强毒攻击免疫猪不出现临床症状，猪排毒时间大大缩短，排毒量大为降低。大多数 PRV 基因缺失疫苗株都不能侵入中枢神经系统或复制能力大大减弱，仅能在三叉神经节处复制，但与强毒株相比，复制水平已大大降低，难以建立潜伏感染。已证实，PRV 弱毒株在三叉神经节的定植能阻止强毒侵入中枢神经系统，也使强毒很难在其中潜伏。PRV 基因缺失疫苗株可以以缺失基因编码蛋白作为靶蛋白，建立敏感而特异的血清学检测方法，通过检测特异性抗体，将缺失疫苗免疫动物与野毒感染或常规疫苗免疫动物区分开来，以便对野毒感染动物采取针对性的防制措施。

另一种比较有开发前景的基因工程减毒活疫苗是布鲁氏菌减毒活疫苗。研究人员对布鲁氏菌的许多基因进行缺失突变，试图寻找细菌致弱机理，或在现有疫苗 S19、Rev. 1 等经典弱毒菌株的基础上筛选出残留毒力相对更弱、免疫保护效力更高以及毒力更加稳定的弱毒疫苗株。另外还有一个重要的方面是研发标记疫苗，用来区分疫苗免疫与自然感染。

三、基因工程活载体疫苗

基因工程重组活载体疫苗是利用基因工程技术将某种病原微生物的保护性抗原基因（目的基因）转移到载体微生物之中，并使其能够表达，使被免疫动物产生针对该基因表达产物免疫应答的一类疫苗。

如果说弱毒疫苗、灭活疫苗、亚单位疫苗是兽医微生物资源的初级利用形式，基因工程弱毒疫苗株的构建是兽医微生物资源的中级利用形式，那么基因工程活载体疫苗就是兽医微生物资源的高级利用形式。因为无论是传统形式的几种疫苗还是基因工程弱毒疫苗都没有使微生物的效用范围跳出其作为免疫原来防治相应强毒生物株引发的疾病这个范畴。而基因工程活载体疫苗却不同，它的出现使兽医微生物资源在疫苗开发领域的利用形式彻底跳出了一种免疫原预防一种疾病的限制。当然，这种说法的前提是要将异源疫苗和交叉保护这两种情况排除在外。

从形式上讲，基因工程活载体疫苗的载体微生物所起到的作用就是基因或抗原蛋白投递载体的作用，其作用与其他各种基因或抗原投递系统并无区别。但是，从免疫学理论和生产实际的角度看，载体微生物本身也是一种免疫原。如果选择的载体微生物本身就是靶动物其他某种疾病的疫苗候选生物株的话，那么载体微生物的存在至少也能起到诱导靶动物产生针对另外一种疾病的保护性免疫的作用。另外，通过对载体微生物外源核酸携带能力的发掘，可以使载体微生物能够携带更多的外源基因，这样就能够实现一次免疫预防更多疾病的目的。

用基因工程活载体疫苗免疫动物，免疫原向靶动物免疫系统提呈的方式与自然感染时的过程接近，可诱导动物产生体液免疫、细胞免疫甚至黏膜免疫。同时，在使用复制型载体的情况下，由于其能够在免疫动物体内复制，因此可以降低免疫剂量。又因为其具有一定的感染能力，因此能够实现同居动物的免疫，这种特性对于控制某些疾病在野生动物群体中的流行更具有实践价值。

(一)载体微生物选择的标准

从理论上讲,在技术允许的前提下,非致病性或致病力非常低的微生物均可作为疫苗的载体。但是从生产实践的角度出发,在载体的选择方面还是应该仔细考虑下述因素。

1. 疫苗载体微生物的安全性

载体微生物必须足够安全。虽然载体微生物本身都是无致病力或低致病力的微生物,但是其毕竟是有活性的微生物,不可避免地存在一些潜在的危害性。如在载体微生物不断复制的过程中,可能出现的自身修复、与其他微生物发生的重组,最终导致毒力返强,甚至出现新的危险病原体等。对于活载体疫苗来说,不仅要考虑其对接种动物个体的安全性及其在同种动物群体中毒力返强的问题,还必须考虑其对生态环境可能产生的影响。

2. 大量排毒可能造成的环境污染

这点尤其是对于一些已经被消灭的疾病来说尤为重要。如已经实现某些疾病净化的国家或地区,绝对不允许使用相应的病原体弱毒株作为其他疫苗的载体微生物。

3. 载体微生物本身的复制特性

理想的载体微生物应该具有在能保证自身复制过程完成的前提下,尽可能减少自身蛋白表达量,从而尽可能多地表达外源蛋白的特点。这样能够限制载体微生物产生子代的数量,从另外一个角度也能降低载体微生物造成严重感染的可能性,从而提高其安全性。

4. 载体微生物的组织嗜性

载体微生物的组织嗜性应该与其所表达的外源抗原所属微生物的组织嗜性相同或相近。如用呼吸道和生殖道嗜性的载体微生物表达消化道嗜性病原体的保护型抗原就不太合适。在表达肠道嗜性病原体的保护性抗原时可以利用乳酸菌载体,因为乳酸菌是肠道的常见菌,可以寄生于肠道内持续表达抗原,有利于刺激肠道黏膜免疫反应。

5. 载体微生物对外源基因的容量

不同微生物稳定携带外源基因的能力不同,这可能受到微生物本身复制性质以及基因组中复制非必需区多少的制约。如果想要构建多价疫苗,需要基因组较大、可容纳较多外源基因的载体微生物。

6. 免疫途径

使用的载体微生物最好适用饮水或喷雾免疫,便于推广。

在具体的实践过程中,应综合疫苗的投放途径、应用范围、使用目的等因素选择合适的载体。

(二)基因工程活载体疫苗的类型

按照载体的性质,可以将基因工程活载体疫苗分成两大类——重组病毒活载体疫苗和重组细菌活载体疫苗。

1. 重组病毒活载体疫苗

利用对动物无致病性或致病性很弱的病毒作为载体,将外源基因(通常是其他病原微生物的主要保护性抗原蛋白基因)及启动子调控序列插入其基因组的复制非必需区。利用该种重组病毒接种动物后,能够诱导机体产生针对异源基因表达产物的特异性免疫应答,从而实现对该保护性抗原所属病原体感染的免疫保护。

重组病毒活载体疫苗总体来说利用的是载体病毒对靶动物细胞的高度亲嗜性。载体病毒对靶动物细胞的亲嗜性使得其能够高效地将病毒的重组基因组释放入动物细胞内,从而使重组病毒基因组中所插入的外源保护性抗原的编码基因获得高效率的表达。实际上,在这一方面,重组病毒的病毒粒子更多地起到的是基因投递系统的功能,与 DNA 疫苗施用过程中所用的阳离子脂质体或阳离子多聚物微粒的作用是一样的。但是重组病毒作为投递载体,其效率是目前为止其他任何 DNA 投递系统所不能比拟的。

常用的病毒性载体按其是否可以在靶动物体内复制又可分为两种。一种是在靶动物细胞内具有复制能力的病毒性载体,其能够将基因组投递入靶动物细胞中,一方面使得携带的外源基因能够获得表达,另一方面载体病毒本身的基因能够获得表达,可以组装成具有感染性的子代病毒。另一种是复制缺陷型载体病毒,只有通过特定的转化细胞的互补作用或通过辅助病毒叠加感染才能产生具有感染性的子代病毒,在正常动物体内只能形成顿挫感染,无法产生子代病毒。

复制性病毒活载体疫苗通常是将某种病原体的保护性抗原基因插入载体病毒基因组的复制非必需区而构建成的。这种活载体疫苗的优势在于,能够在免疫动物体内造成轻度感染,并进行有限的复制。因此,保护性抗原基因的拷贝数能够随着病毒的复制得到一定程度的扩增,随重组载体病毒的复制而适量表达,这对于高效免疫反应的诱导非常有利。同时,由于病毒的复制可能产生一定程度的排毒,造成对同居动物的免疫,对于在群体水平控制疾病具有非常重要的意义。不过,复制性病毒活载体疫苗都有一个共同的缺陷,即动物体内抗载体病毒的抗体会干扰或完全抑制载体病毒的复制,会影响插入基因的表达。因此,这类疫苗不能用于已有抗载体病毒抗体的动物和进行二次免疫。

非复制性病毒活载体疫苗所选用的载体病毒通常本身就是人工构建的复制缺陷型的病毒,或在构建重组病毒的过程中将外源基因插入载体病毒基因组的复制必需区,如病毒衣壳蛋白、复制相关酶类以及复制相关非结构蛋白的开放阅读框中,使这些病毒复制必需基因被破坏掉的复制缺陷型病毒。重组病毒的构建过程必须在建立的特殊细胞系或在辅助病毒叠加感染的条件下进行,这些细胞系或辅助病毒的存在能够补全载体病毒缺失的复制必需基因的功能,使缺陷的基因组能够包装入衣壳之中,形成病毒粒子。例如,某载体病毒基因组缺失部分衣壳蛋白基因或该基因由于外源基因的插入被破坏而失活,其病毒粒子的包装过程就必须在能够表达这些衣壳蛋白的细胞系中才能进行。这类疫苗所利用的载体病毒的特性仅限于其能够高效地将其他病原体的保护性基因导入靶动物细胞中。这类重组病毒接种动物后,由于正常动物无法表达其缺失的衣壳蛋白,所以载体病毒不能进行包装,在宿主体内只能形成顿挫感染,不能复制。这种疫苗接种动物后不存在排毒的隐患。当然,另外一种情况则是那些无法在靶动物中复制的异源动物的病原体。

常用作重组活病毒疫苗载体的病毒主要有痘病毒、疱疹病毒、腺病毒、反转录病毒以及甲病毒,当然还有一些不常用的载体系统,在此不一一赘述。本部分将选择最常用、最经典的几种载体系统进行描述,同时选择最常见的复制性病毒载体进行描述。

(1)痘病毒

痘病毒是感染人和动物后引起局部或全身化脓性皮肤损害的一大群病毒。

痘病毒分为砖形或卵圆形病毒。砖形病毒粒子长 220~450 nm,宽 140~260 nm,厚 140~260 nm;卵圆形粒子长 250~300 nm,直径 160~190 nm,是动物病毒中体积最大的 DNA 病毒。

病毒粒子的外层结构之内是 1 个哑铃状的芯髓以及 2 个功能不明的侧体,因此也是结构最复杂的病毒。痘病毒在感染动物细胞的胞浆内增殖,这在 DNA 病毒中也是独有的。病毒通过出芽方式从细胞中释放,而非细胞裂解。

病毒的基因组位于芯髓内，由单分子的线装双股 DNA 组成。不同痘病毒其基因组大小变化较大，副痘病毒 130 kb，禽痘病毒 280 kb，昆虫痘病毒 375 kb 左右，痘苗病毒为 191 kb。

痘病毒的基因组编码约 200 种蛋白质，其中结构蛋白约 100 种。人们只对其中少数蛋白的功能有所了解，包括 DNA 聚合酶、DNA 连接酶、RNA 聚合酶以及胸苷激酶等酶类。许多病毒的 DNA 分子具有感染性，将裸露的基因转染进细胞后能够进行复制，而痘病毒基因组借助细胞酶并不能起始病毒基因的转录，因此并不能产生病毒蛋白，所以其 DNA 不具有传染性。

痘病毒基因组的两端向内各有 10 kb 的倒置重复序列，其中含 70 ~ 125 bp 的重复区。此重复区为痘病毒复制所必需的。末端倒置重复序列变异较大，即使同一毒株结构亦不尽相同，其与病毒毒力及宿主范围有关。

一般认为，最初的动物痘病毒可能来源于一种或几个基本种类，通过在各种动物中感染传代逐渐适应，结果形成了各种动物的痘病毒。

痘病毒是研究最早、最成功的载体病毒之一。它具有宿主范围广、增殖滴度高、稳定性好、基因容量大及非必需区基因多的特点，因此，有利于进行基因工程操作，易于构建和分离重组病毒。它还可以插入多个外源基因，并对插入的外源基因有较高的表达水平。目前已有很多重组蛋白在该载体病毒中表达成功，攻毒保护效果良好，其中部分产品已正式注册。

①重组痘病毒的构建策略

a. 外源基因导入痘病毒基因组的方法

外源基因导入痘病毒基因组的方法主要有三种，细胞内同源重组方法、体外连接方法以及细菌人工染色体法。

同源重组法：由于痘苗病毒的基因组核酸序列较长，因此对痘病毒核酸序列进行酶切并与外源基因直接连接是比较困难的。所以，在构建重组痘病毒时所采用的最常用方法是同源重组。首先，要构建一个质粒转移载体。这个质粒转移载体由质粒骨架、痘病毒载体待插入基因位点两侧基因组序列的同源序列以及外源基因表达区几部分组成。质粒骨架负责重组质粒在大肠杆菌的复制；同源序列位于外源基因表达区的两侧，也可称为同源臂，介导后续的同源重组过程，同源臂靶向区域通常为痘病毒复制过程的非必需区；外源基因表达区应该具有构建一个或多个表达盒所需的痘病毒启动子以及供外源基因插入的限制性酶切位点。其次，将外源基因插入质粒转移载体中，使其置于痘病毒启动子的下游，基因的转录方向应与启动的方向一致。再次，用选择的载体痘病毒接种细胞，1 ~ 2 h 后通过转染的方式将上述构建好的重组质粒导入已感染载体痘病毒的细胞，使重组质粒与载体痘病毒的基因组之间在同源臂的介导下发生同源重组，将外源基因插入痘病毒基因组中，形成所需的重组痘病毒粒子。常用的转染方法包括磷酸钙转染法、脂质体转染法和电击转染法。使用同源重组方法的缺点是，当插入的目的基因较长时，发生同源重组的概率较低，获得阳性重组子的可能性较低。

体外连接法：体外连接法是在对一些痘病毒基因组结构有了详细了解的基础上建立起来的。首先对痘苗病毒进行改造，通过细胞内同源重组的方式在痘病毒基因组的靶位点上引入限制性内切酶酶切位点以及供外源基因表达的启动子，要保证引入的酶切位点在病毒基因组上是唯一的。通过酶切连接的方式直接将外源基因连接到痘病毒的基因组上。然后用这个重组的痘病毒基因组转染已感染辅助病毒的细胞，最终获得重组痘病毒。

细菌人工染色体法：痘病毒基因组在复制过程中会经历瞬时的"头—头"或"尾—尾"连

微生物资源及利用

接过程,随后发生溶解。如果病毒晚期蛋白的表达受到抑制,这种连环体的溶解会受到抑制并发生重组,从而导致"头—尾"连环体的产生和累积。利用这一特点就可以构建含有完整痘病毒基因组的细菌人工染色体,并以此生产具有感染性的痘病毒粒子。在细菌人工染色体的基础上,就可以对其基因组进行重组改造。其构建的基本过程如下:①通过常规的同源重组方法将含有 loxP 位点和筛选标记基因序列的大肠杆菌 miniF 质粒插入到亲本痘病毒基因组内,产生重组的痘苗病毒;②用该重组痘苗病毒感染宿主细胞,加入靛红-β-氨硫脲以抑制病毒晚期蛋白的合成;③在感染细胞内,病毒基因组发生环化,或通过加入 cre 重组酶来促进其环化,最终形成 BACs;④收获感染细胞,抽提细胞内的病毒基因组 DNA,电转化大肠杆菌,筛选 BACs;⑤采用常规的 BAC 修饰方法(如同源重组等)对 BAC 中的病毒基因组进行突变、缺失或插入外源 DNA 片段等分子操作;⑥用常规方法分离重组 BACs,转染哺乳动物细胞,在辅助病毒的作用下产生具有感染性的重组病毒粒子。

b. 质粒转移载体的构建

构建质粒转移载体时,选择适当的启动子是非常重要的一步。由于痘病毒基因组的复制不在细胞核内,而是在细胞质中进行,并且痘苗病毒有其特殊的转录系统,所以外源基因的表达需要使用痘苗病毒的启动子。痘病毒的启动子包括早期、中期、晚期启动子。早期启动子的活性相对较低,但在病毒导致的细胞病变会影响到目的蛋白的表达时,可选用早期启动子使蛋白表达在细胞出现病变前完成;晚期启动子被广泛地用来表达标记基因,可以尽量降低表达的标记蛋白对细胞生长及目的蛋白表达的影响。常用来表达外源基因的痘病毒启动子为早/晚期启动子 P 7.5,能使目的基因在病毒复制的整个过程中得到表达。

理想的痘病毒启动子应该保留转录 RNA 的转录起始位点并删除翻译的起始位点,这样转录的起始位点就能尽可能接近编码外源蛋白的基因序列,从而保证启动子下游的第一个 ATG 密码子为外源基因的起始密码子。

c. 重组病毒的筛选方法

在实验操作过程中,重组病毒一般仅占子代病毒很少的一部分,所以要通过一些方法将重组病毒分离出来。

对于痘病毒来说,如果外源基因的插入位点选择的是 TK 基因,那么就可以根据病毒的 TK 表型来进行筛选。其方法就是用转染后的子代病毒接种 TK-细胞,然后在细胞中添加 5-溴尿嘧啶脱氧核苷(BudR)。BudR 能在胸腺嘧啶核苷酸激酶(TK 基因表达产物)的作用下磷酸化,而作为胸腺嘧啶核苷酸的类似物插入复制中的 DNA,从而影响 DNA 的复制。对于未发生同源重组子代病毒来说,由于 TK 基因表达产物的存在,使得病毒无法在加入 BudR 的细胞中增殖,因此无法形成蚀斑。而对于那些发生了重组的子代病毒来说,TK 基因功能缺失,这样病毒就能在细胞中增殖并形成蚀斑。然后挑取蚀斑,传代扩增病毒,再接种进行蚀斑形成实验,通过数轮筛选,可以获得阳性重组病毒。

在痘病毒基因中插入表达标记蛋白的基因是筛选重组痘病毒的另一种常用方法。较为常用的筛选标记基因有 β-半乳糖苷酶(β-galactosidase,LacZ)基因、β-葡萄糖醛酸酶(β-glucuronidase,GUS)基因以及加强型绿色荧光蛋白(Enhanced green fluorescence protein,EGFP)基因等。如果 LacZ 基因重组到痘病毒基因中,可以用含有 5-溴-4-氯-3-吲哚-β-D-半乳糖苷(X-gal)的低熔点琼脂糖覆盖病毒感染的单层细胞,这样就会产生肉眼可见的蓝色蚀斑,就可以鉴别出重组痘病毒。如果 EGFP 基因重组到痘病毒基因中,用低熔点琼脂糖覆盖病毒感染的单层细胞,在荧光显微镜下观察,可以看到发出绿色荧光的蚀斑,同样可以鉴别出重组痘病毒。

当然,在筛选重组病毒的过程中还可用原位杂交试验检测病毒基因中是否引入了外源目的基因,随后经过挑斑获得重组病毒。通过免疫学技术检测外源基因的表达产物也可以用来鉴定重组病毒。获得重组痘病毒后,要用酶切、Sourthern blot 或 DNA 杂交技术对病毒DNA 进行分析,以确定病毒 DNA 是否发生了删除、基因的重排,并可确定重组病毒在连续传代后是否稳定。

②痘病毒作为载体的应用

痘苗病毒为一株可能分离自马的、与牛痘病毒亲缘关系很近的病毒,在人类消灭天花的过程中占据着举足轻重的地位。1980 年,世界卫生组织宣布消灭了天花,建议不再进行天花的预防接种。随后,人类利用重组 DNA 技术对痘苗病毒进行改造,将其开发成了一个高效表达外源基因的病毒载体。

表达狂犬病病毒表面糖蛋白的 Copenhagen 株痘苗病毒是第一个用于临床的重组痘苗病毒疫苗,1987 年开始在野外使用。此重组病毒疫苗在欧洲许多国家消除狐狸狂犬病的过程中得到了广泛的应用。在比利时,1990 年秋天开始给狐狸口服接种该活载体疫苗后,狂犬病的发病率从最初的 80% 下降到 0。

禽痘病毒的复制仅限制在禽类动物上。以禽痘病毒作为活病毒载体表达一些主要病原的保护性抗原基因已取得可喜的进展。

以禽痘病毒作为载体已成功地表达了马立克氏病毒 gB 及 PP38 基因、禽流感病毒 HA、NA 和 NP 基因、传染性法氏囊病毒 A 片段的 VP2 – 4 – 3 或 VP2 基因、新城疫病毒 NN 及 F基因、传染性支气管炎病毒 Sl 基因、禽网状内皮增生症病毒 env 基因以及禽白血病肉瘤病毒 env 基因等。

用羊痘病毒制备病毒载体疫苗的研究也有很多,如表达牛瘟病毒 F 基因和 H 基因的TK⁻ 重组羊痘病毒,该重组病毒能使牛抵抗致死剂量牛瘟强毒株的攻击,同时又可预防牛疙瘩皮肤病;表达蓝舌病病毒 VP7 基因的 TK⁻ 重组羊痘病毒免疫的绵羊可以抵抗异源血清型强毒攻击。

(2)腺病毒

腺病毒(Ad)是一种无包膜的双链 DNA 病毒。病毒颗粒直径为 80 ~ 100 nm,呈 20 面体立体对称。病毒颗粒由 252 个壳粒组成,包括 240 个六邻体和 12 个五邻体。每个五邻体有突出的纤毛,纤毛顶端形成头节区。除此之外还有其他一些辅助蛋白,如Ⅵ、Ⅷ、Ⅸ、Ⅲa 和Ⅳa2 等。

腺病毒的基因组为线性的双链 DNA,大小为 36 ~ 44 kb,基因组的两端各有一段长 100 bp的反向末端重复序列(ITR),是复制的起始位点。5′端 ITR 的 3′侧有一段长约 300 bp 的包装信号(ψ)介导腺病毒基因组包装入病毒衣壳。对腺病毒而言,只有包括两端的 ITR 和包装信号(ψ)的约 0.5 kb 的序列是顺式作用元件,也就是说必须由腺病毒载体自身携带,而其他的 30余种蛋白都可以通过辅助病毒(或细胞)反式补足。腺病毒的基因组编码约 40 种蛋白质,其中约 1/3 为结构蛋白。

①腺病毒作为疫苗载体的优点

腺病毒作为哺乳动物细胞表达载体、重组活载体疫苗和基因治疗载体,与其他动物病毒载体比较,腺病毒载体具有以下优点:

a. 安全。腺病毒基本不致病或只引起轻微的症状,腺病毒重组后,毒力进一步降低,可

以安全地推广使用,腺病毒活疫苗在人和动物上应用多年,效果确定。

b. 宿主范围广。腺病毒既可以感染分裂期细胞,又可以感染非分裂期细胞。

c. 稳定。腺病毒颗粒十分牢固,不易突变,容易大量制备并纯化,得到高滴度的病毒。

d. 腺病毒基因组的结构和功能研究得比较清楚,基因操作方便,病毒基因组较少发生重排。

e. 插入外源基因容量大。在构建重组活载体疫苗中大多采用缺失 E1 和 E3 区基因的腺病毒载体,通常复制缺陷型腺病毒可容纳约 8.5 kb 的外源基因,比逆转录病毒和腺病毒的容量大很多。

f. 可高水平介导外源基因表达。外源基因可以在腺病毒载体中高效、稳定地表达,由腺病毒载体介导的外源基因表达效率明显比逆转录病毒等载体高。

g. 免疫途径简便。腺病毒可以在消化道和呼吸道增殖,给苗途径简便(口服或气雾吸入),不需注射。经口服后能产生局部薄膜免疫应答,在免疫方法上比其他疫苗好,容易推广使用。

②外源基因插入位点的选择

腺病毒基因组 DNA 全长 31 kb,至少有三个区域(E1、E3 和 E4 区的上游)插入外源 DNA 而不影响病毒在细胞中复制。根据目前的研究,腺病毒核衣壳的 DNA 容量只能容纳野生型腺病毒 DNA 的 105%,即腺病毒载体容纳外源基因的最大限量不超过 2 kb。因此,想构建承载较大外源基因的重组腺病毒必须缺失部分基因。如果去掉 E1 区或 E3 区或同时去掉 E1 和 E3 区部分 DNA 序列,腺病毒可容纳更长的外源基因片段。E1 区的基因产物涉及到病毒 DNA 复制,缺失 E1 区的腺病毒是复制缺陷型的,病毒不能在动物体内生长和传播,但早期启动子能使外源基因高效表达。293 人胚肾细胞是腺病毒诱导的肿瘤细胞系,可以表达腺病毒 E1 区编码的基因产物,E1 区缺失的腺病毒能在 293 细胞系上传代或增殖。

E3 区是腺病毒生长的非必需区,缺失或取代 E3 区的腺病毒在细胞上仍能生长。作为外源基因的插入位点,如果 E3 区缺失 2 kb,可容纳 4 kb 的外源 DNA,E1 和 E3 区双缺失载体的外源 DNA 容量最大为 7.5 kb。

E4 区的上游和右侧 ITR 之间为腺病毒转录的沉默区。E4 区约占病毒基因组的 10%,其产物是病毒生长所必需的。E4 蛋白参与包括病毒 DNA 的复制、晚期 RNA 的加工、蛋白合成、E2 基因的表达、病毒粒子的装配、宿主细胞的崩解等过程。缺失 E4 区 ORF3 和 ORF6 的腺病毒在细胞上不能生长,但用 Vero 细胞构建的稳定表达 E4 区基因的 W126 细胞系,可使基因组中缺失大部分 E4 区的腺病毒仍能在该细胞系上生长,并可构建 E3 区和 E4 区双缺失腺病毒载体。

③腺病毒载体的构建策略

a. 商品化腺病毒载体

腺病毒载体由于其商用价值巨大,现已开发出完备的商品化产品。根据腺病毒载体中病毒基因组的缺失程度划分,商品化腺病毒载体已经发展了三代。

第一代腺病毒载体主要是去除了基因组 E1 和(或)E3 区;第二代腺病毒载体在 E1、E3 缺失的基础上进一步去除了 E2 和(或)E4 区;在第一代和第二代腺病毒载体的基础上结合辅助病毒建立了第三代腺病毒载体。第三代腺病毒载体缺失了腺病毒基因组中全部或大部分的编码序列,仅保留病毒基因组两端的 ITRs 以及病毒包装信号共约 500 bp 的顺式作用元件,介导腺病毒载体复制和包装,其他功能由辅助病毒提供。

由于缺失了大部分或全部病毒编码序列,所以第三代腺病毒载体的包装能力可达到 36 kb,可以插入含有调控序列的基因组 DNA,也可以同时表达多个基因以及一些大分子蛋白;感染之后不会有病毒蛋白表达,极大地降低了机体的免疫反应和细胞毒性,安全性得到提高;而外源基因的表达时间明显延长。第三代腺病毒载体的血清型是由辅助病毒决定的,采用不同血清型的辅助病毒,可以实现血清型转换,所以第三代腺病毒载体可以反复应用,而无需担心机体所产生的抗腺病毒中和抗体的影响。

商品化的腺病毒载体系统只需按照产品说明书操作即可。

b. 体外连接法

首先构建含有 Ad 的 DNA 左侧序列(含有左侧的 ITR、包装信号及 E1A 增强子序列)的质粒,将外源基因连接在质粒中腺病毒 DNA 序列的下游。用 *Cla* I 消化质粒,将含有病毒左侧序列及外源基因的片段与经 *Cla* I 消化的 Ad 的 DNA 大片段进行连接,将病毒的 E1A 基因替换掉。再用连接产物转染 293 细胞,产生重组腺病毒。

c. 细胞内同源重组法

E1 区表达载体的构建:E1 区的缺失必须不影响两个区域,一个是病毒活力及病毒复制的起始部位左侧端的 ITR(1 ~ 103 bp)以及位于 194 ~ 358 bp 的包装信号,另一区域是从 3.5 kb 处到 E1 区的末端,为病毒装配及维持病毒活力所必需的Ⅸ基因。首先,构建含有目的基因表达盒的穿梭载体。表达盒内依次为腺病毒主要晚期启动子(MLP)、三联先导序列(TPL)和外源基因 mRNA 3′端的 polyA 信号,表达盒的两侧含有部分与腺病毒基因组同源的 DNA 序列,左侧为基因组反向末端重复序列、腺病毒包装信号等顺式作用元件,右端为基因组的一段序列。然后,构建与穿梭载体分子的 3′端略微重叠、向右包含大部分病毒基因组序列的骨架载体。将两个载体共转染入可表达腺病毒 E1 区蛋白的细胞,并发生同源重组,即可得到预期的复制缺陷型重组腺病毒。

E3 区表达载体的构建:首先克隆一段 E3 区基因序列,将其连接入一个质粒。对 E3 基因序列进行缺失,但保留侧翼序列,然后将外源基因插入 E3 区缺失处,并使之与 E3 启动子的转录方向一致,然后与腺病毒基因组共同转染真核细胞,使其在细胞内进行同源重组,通过挑蚀斑和纯化,获得重组腺病毒。

d. 细菌内同源重组

使用这种方法的前提是,首先要获得载体腺病毒的全基因组克隆,并将其连接入一个载体质粒中,使其可以在大肠杆菌中复制。获得全基因克隆的方法通常也是细菌内同源重组法。简而言之,首先克隆载体腺病毒基因组两端的序列,并将其连入载体质粒中,作为同源臂。要注意同源臂的方向性,而且两同源臂的外侧要各构建上一个稀有的限制性内切酶切位点。将载体与提取的腺病毒基因组共同电转化入 *E. coli* BJ5183 中,利用 *E. coli* BJ5183 中高效的 RecA 进行同源重组,使腺病毒基因组连接入载体质粒中。获得的携带有腺病毒全基因组克隆的质粒可以称为骨架质粒。然后,构建一个穿梭载体。这个穿梭载体带有目的基因的表达盒,表达盒的两侧是与腺病毒基因组上目的基因拟插入部位同源的 DNA 序列(左、右同源臂)。左右同源臂的外侧要各构建有另一个稀有的限制性内切酶酶切位点。

将目的基因亚克隆入穿梭质粒载体中,利用稀有的限制性内切酶酶切位点对质粒进行线性化,使左右同源臂暴露。将线性化的穿梭质粒和超螺旋化的骨架质粒共转化 *E. coli* BJ5183,使二者发生同源重组,得到携带目的基因的克隆化腺病毒基因组。提取发生重组的骨架质粒,利用骨架质粒上的稀有的限制性内切酶酶切位点将重组的克隆化腺病毒基因组释放出来,使其曝露左右末端重复序列。用释放出的重组克隆化腺病毒基因组转染腺病毒包装细胞系,得到感染性的腺病毒粒子。

④腺病毒作为载体的应用

用人腺病毒 5 型作为载体构建的表达 FMDV 衣壳蛋白的重组腺病毒在猪和牛体内免疫一次即可对同源强毒株的攻击提供完全保护。用犬腺病毒作载体构建的表达 O 型 FMDV VP1 蛋白的重组病毒免疫猪后能够激发针对 FMDV 和载体病毒的特异性免疫应答。

表达 CSFV E0/E2 基因的重组腺病毒肌肉和皮下接种免疫商品化猪,免疫效果不亚于甚至好于常规猪瘟兔化弱毒疫苗。构建的表达虎源 H5N1 亚型流感病毒 HA 和 NP 蛋白的重组犬 2 型腺病毒活载体疫苗,能诱导小鼠产生免疫保护效果。构建的表达猪圆环病毒 2 型 Cap 蛋白的重组腺病毒可诱导小鼠产生高滴度血清 IgG。

(3)疱疹病毒

随着疱疹病毒弱毒株的出现及对疱疹病毒分子生物学特性的了解不断深入,以这些弱毒株为基础的疫苗活载体的研究也逐渐成为一大热点。疱疹病毒的基因约 150 kb 左右,存在许多复制非必需基因,可容纳多个外源基因的插入。大多数疱疹病毒(伪狂犬病毒除外)的宿主范围很窄,其重组病毒的使用不会产生流行病学方面的不良后果。

目前,用作疫苗活载体表达外源基因疱疹病毒包括单纯疱疹病毒、伪狂犬病毒、火鸡疱疹病毒、牛疱疹病毒 I 型、马疱疹病毒 I 型和传染性喉气管炎病毒等。

火鸡疱疹病毒(马立克氏病毒)作为疫苗载体,是禽病基因工程疫苗研究中比较活跃的领域。新城疫病毒的 F 和 HN 基因重组马立克氏病毒疫苗、马立克氏病 HVT/MDVgB 重组疫苗以及传染性法氏囊病病毒 VP2 基因重组 HVT 活载体疫苗均为这方面的代表。

利用伪狂犬病病毒作为载体表达猪传染病病原体保护性抗原基因是研究的热点之一。目前已经用其作为载体构建了 FMDV 和 CSFV 的重组活载体疫苗。

表达 FMDV VP1 基因及 PRV 的 gIII 基因的重组牛 I 型疱疹病毒活载体疫苗研究也取得了显著进展。

(4)新城疫病毒

新城疫病毒(NDV)属于副黏病毒科风疹病毒属,是单股负链 RNA 病毒。其基因组全长 15 kb,编码 6 种结构蛋白(L,HN,F,NP,P,M)和 2 种由 P 基因编码的非结构蛋白。

利用反向遗传学技术,克隆 NDV 全基因组 cDNA,并以此为基础构建可表达外源基因的重组新城疫病毒。应用新城疫作为载体,表达禽流感病毒、传染性法氏囊病毒等禽类病原主要保护性抗原基因,在相关疾病的防治方面已取得良好的成效。

2. 重组细菌活载体疫苗

人们对减毒活细菌作为疫苗和载体潜能的认识由来已久,其免疫原性优于灭活疫苗或抗原亚单位疫苗。与重组病毒活载体疫苗仅投递外源保护性抗原编码基因不同,重组细菌活载体疫苗既可以用于投递保护性抗原的编码基因,也可以投递保护性抗原蛋白本身。这些来源于其他微生物的保护性抗原基因被构建入载体细菌的基因组或质粒中,并在载体细菌中或在靶动物细胞内获得表达,诱导产生免疫反应。当然,用作保护性抗原基因(DNA 疫苗)投递载体的细菌必须是胞内寄生菌。

重组细菌活载体疫苗的优势在于:①细菌的基因组更为庞大,因此其中适合外源基因插入的位点也更多,可以承载的外源基因的数量也比较多,便于同时表达多种异源抗原;②载体菌在体内能以有限的能力进行复制,在其复制过程中,外源抗原持续性表达,可以诱导机体产生强烈的体液和细胞免疫应答;③用细菌作为载体更适合通过接近自然感染方式的黏膜途径接种疫苗,可刺激黏膜淋巴细胞分泌 slAg,形成一道屏障,能有效地防止经黏膜感染的微生物在黏膜表面的定居和对宿主细胞的侵袭;④载体细菌具有免疫佐剂的作用,载体细菌本身携带大量的菌体成分,如 LPS 和菌体蛋白等,能够刺激靶动物细胞释放各种细胞因子,可以非特异性增强针对外源蛋白的免疫反应强度;⑤口服免疫时,载体细菌可以保护表达的蛋白抗原不会被消化道酶类迅速降解,增强免疫效果。

常用作疫苗载体的细菌有沙门氏菌、李斯特氏菌、乳酸菌和卡介苗等。下面简单介绍以下几种活载体细菌在动物疫苗研发过程中的利用情况。

（1）沙门氏菌活载体疫苗

目前,沙门氏菌作为一大类胞内菌研究已较详尽,遗传背景清楚,易于操作和控制。利用它作为载体原核表达各种外源抗原已得到广泛的研究,并取得良好的免疫效果,同时减毒沙门氏菌作为运送载体携带编码有外源基因的真核表达质粒可在体细胞内进行持续表达,诱导产生特异性的体液和细胞免疫应答。

①利用减毒的沙门氏菌作为载体表达异源抗原的策略

目前,在减毒的沙门氏菌中表达异源抗原主要采用的方法如下:

a. 利用带抗性的质粒载体进行表达。将外源抗原基因重组进抗性质粒,再将带有外源抗原基因的质粒转进减毒的沙门氏菌中。重组质粒操作起来较方便,且质粒的拷贝数较高,外源抗原基因表达量也较高,容易刺激机体产生免疫反应。

b. 构建平衡致死系统表达异源抗原。携带这种系统的菌株是某一营养物质代谢途径关键基因的染色体缺失突变株,而且此代谢途径的产物一般在动物细胞中不存在,表达载体则带有与突变菌株缺失基因功能互补的非同源基因。虽然基因功能互补,但是由于 DNA 一级结构完全不同,故不会出现由于同源重组导致回复突变的情况。这种平衡致死系统介导的外源基因的表达实际上与抗性质粒介导的外源基因表达性质是一致的,无论抗性标记还是功能互补基因的存在都是一种压力筛选方式,维持着携带外源基因的表达质粒在沙门氏菌中的稳定存在。

c. 利用染色体整合系统表达异源抗原。利用同源重组技术,将外源基因表达盒插入载体沙门氏菌的基因组中,使沙门氏菌能够稳定表达外源蛋白。

d. 减毒沙门氏菌作为 DNA 疫苗载体是一种新型的基因免疫途径。利用基因工程减毒的沙门氏菌能够进入胞内寄生的特点,可以将携带外源抗原编码基因的真核表达质粒投递入靶动物细胞内。表达的保护性抗原蛋白递呈给专职抗原呈递细胞,刺激机体产生特异性免疫应答,进而使机体产生特异性抗感染免疫力。

②减毒沙门氏菌作为疫苗载体的应用

自 1981 年起,伤寒沙门氏菌 Ty21a 减毒活疫苗株开始被用于构建基因工程疫苗的载体来表达外源蛋白并获得成功以后,大量利用沙门氏菌作为疫苗载体的研究工作全面展开。至今已有数十种病原微生物的外源基因在沙门氏菌的减毒株中获得表达。

将宋氏痢疾杆菌的质粒转化入 Ty21a 减毒活疫苗株中,能表达痢疾杆菌的 O 抗原。同样采用质粒转化法,成功地在 Ty21a 中表达了大肠杆菌不耐热肠毒素。

用运载 PRV 糖蛋白 gD 基因 DNA 疫苗的重组沙门氏菌口服免疫小鼠,可诱发抗 PRV 抗体、PRV 特异性淋巴细胞增殖和 CTL 反应,并能在 PRV 毒株攻击下有效保护小鼠。同时口服携带 PRV gD 真核表达质粒和胸腺素原的真核表达质粒的重组沙门氏菌可增强上述免疫应答,免疫一次就能使小鼠对 PRV 毒株的致死性攻击产生保护。

将含有 CSFV 主要保护性抗原 E2 基因的真核表达质粒 pVAXEZ 转化入猪霍乱沙门氏菌 C500 疫苗株中。用该菌株经口服或肌注免疫家兔,使兔能抵抗猪瘟兔化弱毒株和猪霍乱沙门氏菌强毒株的攻击。

将猪传染性胃肠炎病毒(TGEV)的 C 和 A 抗原表位在沙门氏菌的 987P 菌毛上呈现出来,通过这种沙门氏菌载体疫苗免疫可诱导抗 TGEV 的抗体的产生。

利用减毒沙门氏菌作为疫苗载体虽然有种种优点,但还要注意一些问题。沙门氏菌和大肠杆菌有很多相似之处,因此许多可以在大肠杆菌中表达的外源基因的载体都能很容易地转化到沙门氏菌中,并可以实现外源基因的表达。但是质粒在沙门氏菌中有时不够稳定,疫苗进入动物体内后,由于缺乏抗性筛选压力,沙门氏菌可能会丢失质粒。对于这个问题的解决方法是采用平衡致死系统表达外源基因或将目的基因整合入沙门氏菌基因组中。另外,沙门氏菌的蛋白酶能把外源基因的表达产物很快降解掉,因此遇到蛋白无法表达的情况,要把这个可能性考虑进去。遗憾的是,目前尚没有类似大肠杆菌那样的蛋白酶缺陷菌株,用于外源蛋白的表达。

(2)乳酸杆菌活载体疫苗

乳酸菌是一群因发酵碳水化合物产生大量乳酸而得名的革兰氏阳性细菌,包括乳酸杆菌、乳酸乳球菌以及双歧杆菌等十几个属。乳酸杆菌是革兰氏阳性杆菌,微需氧或厌氧,最适生长 pH 为 5.5～6.0,pH 3.0～4.5 环境中仍能生存。该菌广泛存在于人、动物和植物中,可以产生多种物质,如短链脂肪酸、过氧化氢、细菌素、蛋白质和各种酶类等,是人和动物肠道中最重要的优势菌群之一,对机体的代谢、免疫调节起着极其重要的作用,是一种重要的益生菌。

当前,由于疫苗免疫和菌(毒)株的残留毒力之间的矛盾,促使人们寻求能良好表达外源抗原且安全的疫苗载体候选菌株,乳酸杆菌便自然成为最佳选择菌株之一,因此近年来在疫苗载体的研究中日益受到重视。

①乳酸杆菌作为表达载体的优势

a. 大部分乳酸杆菌都携带质粒,尤其是小质粒都是隐蔽性的。这些小型质粒多进行滚环复制,其结构与革兰氏阳性菌的其他滚环复制质粒结构相似,最小复制域在大小上也是类似的。这些质粒可以在不同乳酸杆菌中复制,而且在不同的乳酸杆菌中拷贝数没有明显的变化。这些质粒结构较稳定,在发酵过程中质粒能够保持结构的完整,稳定地存在于细菌细胞内。

b. 乳酸杆菌本身还是一种良好的免疫佐剂。用禽流感血凝素亚单位疫苗免疫动物前,反复给动物喂饲乳酸杆菌,免疫后动物体内抗体滴度可提高 5 倍。

c. 乳酸杆菌是至今发现的唯一没有致病性的菌种。

d. 一些乳酸杆菌可直接口服,能够耐受胃液中的强酸和小肠上段的胆盐,这样就免去了目的蛋白的体外提纯等后加工过程。

e. 乳酸杆菌对机体黏膜有极强的黏附作用,因此乳酸杆菌基因工程菌可在黏膜处持续向机体释放目的蛋白。

②乳酸杆菌作为疫苗载体的策略

a. 将含有外源基因的乳酸杆菌表达质粒转化入乳酸杆菌中表达外源基因,这种表达方式还可以进行改进,使外源基因的表达为诱导型表达。即在疫苗未服用之前不表达外源基因,防止由于免疫反应被清除,而在服用疫苗之后,由于环境改变或诱导物存在,使外源基因在特定位点表达,实现免疫。

b.通过基因重组技术,将外源基因表达盒插入到乳酸杆菌的基因组中,实现外源基因的稳定表达。目前,乳酸杆菌基因组无痕打靶系统是对乳酸杆菌基因组进行改造的利器,这种细胞可以实现在不引入任何冗余序列和抗性标记的情况下对乳酸杆菌基因组实现基因的敲除或外源基因的敲入。

c.以乳酸杆菌作为 DNA 疫苗载体,投递携带有外源基因的真核表达质粒。

③乳酸杆菌作为口服疫苗载体的研究

将携带有破伤风杆菌无毒 C 片段基因的质粒转化入植物乳杆菌,表达的蛋白存在于细菌的菌体内。小鼠口服该疫苗后产生 TTFC 特异性 IgG。

用胞内表达流感病毒溶血素和 β - 葡萄糖苷酶融合蛋白的乳酸杆菌口服免疫大鼠,可以激发黏膜免疫。外源抗原基因无论表达于细胞外还是细胞表面,均能诱发针对该抗原的全身和局部黏膜免疫反应。

表达炭疽杆菌保护性抗原和破伤风毒素 C 片段的乳酸杆菌通过鼻黏膜和口服途径接种,可诱导产生 IgG 和局部的 IgA 抗体反应。

将 TGEV S 蛋白的抗原表位 B、C 片段插入到乳酸菌表面表达载体上,通过多聚谷氨酸合成酶 A 蛋白锚定到细胞表面进行展示表达。用重组菌株口服免疫 BALB/c 小鼠,能诱导机体产生明显的抗 TGEV IgG 和 sIgA 抗体。

第三章　工业微生物

第一节　食品微生物

一、传统发酵食品中的微生物

（一）酱油

酱油是中国以及包括日本在内的其他东方国家的传统发酵食品。酱油在中国已有2 000多年的历史。

1. 酱油酿造微生物

酱油的营养物质及风味成分主要是由微生物及其酶利用发酵基质形成的,筛选和培育酿造酱油的微生物是酱油酿造过程的重要环节。工业上常用的酱油酿造微生物有曲霉、酵母菌、乳酸菌等。

（1）曲霉　用于酱油生产的曲霉主要有米曲霉、黄曲霉和黑曲霉等。生产用曲霉菌株应符合以下条件:不产黄曲霉毒素;蛋白酶、淀粉酶活力高,有谷氨酰胺酶活力;生长快速,培养条件粗放,抗杂菌能力强;不产生异味,制曲酿造的酱制品风味好。

（2）酵母菌　与酱油质量关系密切的酵母菌有鲁氏酵母、球拟酵母等。酵母菌主要进行酒精发酵,赋予成品醇香。

（3）乳酸菌　常见的乳酸菌有嗜盐片球菌、酱油片球菌、酱油四联菌、植物乳杆菌等。乳酸菌可以利用发酵基质生成乳酸,与乙醇作用生成乳酸乙酯,是呈香物质。

2. 生产工艺

酱油是从豆酱演变和发展而成的,其生产原料是植物性蛋白质和淀粉质。植物性蛋白质普遍取自大豆榨油后的豆饼,或溶剂浸出油脂后的豆粕,也有以花生饼、蚕豆代用,传统生产中以大豆为主。淀粉质原料普遍采用小麦及麸皮,也有以碎米和玉米代用,传统生产中以面粉为主。原料经蒸熟冷却,接入纯培养的米曲霉菌种制成酱曲,酱曲移入发酵池,加盐水发酵,待酱醅成熟后,以浸出法提取酱油。酱油工业正在打破传统的方法而逐步采用新方法。此外,诱变育种出优良突变新菌株及液体曲的应用,也是重要的发展方向。

酱油酿造工艺主要包括原料预处理、制曲、发酵、浸提、灭菌等工序(如图3-1所示)。

（1）制曲　制种曲的原料是麸皮、面粉和水,先将原料混匀、蒸煮,冷却到40 ℃左右时,将米曲霉接入,在28～32 ℃条件下培养3～4 h即成种曲。

制曲的原料是豆饼、面粉和水。先将种曲打散搓碎,拌和麸皮,充分拌匀。接种量为2%～3%,曲料要保持松散,厚薄一致,四角边沿铺严,防止跑风,料层厚度25～30 cm。室温升至34～35 ℃时,开始打风,等降到30 ℃时停止吹风,如此反复通风培养,相对湿度90%以上,至菌丝大量繁殖有结块现象开始翻曲,一般翻曲2次,培养时间1～2 d,冬季会比夏天长一些。待曲料表面长满浅黄绿色的孢子时,即成曲。好的成曲松散柔软、润滑不扎手、无

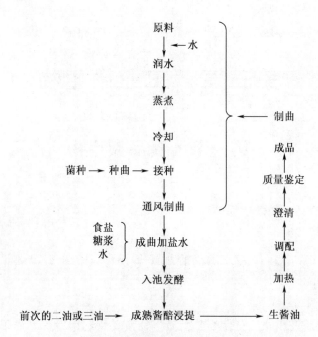

图 3-1　酱油酿造工艺流程

硬块、曲舌无异味、菌丝密而粗壮、无长毛、无花曲、不过老、上中下层基本一致。制曲工艺的重点是严格控制制曲室内的温度和湿度,防止杂菌污染。

(2)发酵　将成曲粉碎,与盐水拌和,入发酵池后制成酱醅。盐水浓度为 12~13 ℃;盐水温度夏季要求在 45~50 ℃之间,冬季要求 50~55 ℃;拌盐水量以酱醅含水量的 50%~53% 为宜。酱醅发酵采用水浴保温法,发酵温度为 42~45 ℃,发酵的时间一般为 10 d,酱醅已基本上成熟。为了增加风味,需延长发酵期 12~15 d,发酵温度前期为 42~44 ℃,中间为44~46 ℃,后期为 46~48 ℃。

(3)浸提、加热及成品配制　将成熟的酱醅装入浸出池(30~40 cm 厚),要求松散、平整、疏密一致,缓慢加入抽提液(80~90 ℃),抽提过程中酱醅不宜露出液面。一般采用多次浸泡,分别依序淋出头油、二油及三油,循环套用,才能把酱油成分基本上全部提取出来。原料中的淀粉经发酵转化为乙醇、有机酸、醛等物质;蛋白质分解形成多种氨基酸。乙醇与有机酸结合生成酯,具有香味,糖的分解产物与氨基酸结合产生褐色。滤出生酱油后,采用热交换器,加热条件一般为 90 ℃、5 min,灭菌率可达 85%;若为超高温瞬间灭菌,则为 135 ℃、0.78 MPa、3~5 s,灭菌率可达 100%,以防霉变长醭而变质。在成品中可添加 0.1%~1% 的助鲜剂(味精或肌苷酸和鸟苷酸)、甜味剂(砂糖、饴糖、甘草)和防腐剂。

(二)食醋

食醋是人们饮食生活中不可缺少的一种调味品,是中国劳动人民在长期的生产实践中制造出来的一种酸性调味品。

1.食醋酿造微生物及机理

传统工艺酿醋是利用自然界中的野生菌制曲、发酵,涉及的微生物种类繁多。新法制醋均采用人工选育的纯培养菌株进行制曲、酒精发酵和醋酸发酵,相比较而言发酵周期短、原料利用率高。

食醋发酵是复杂的生化过程。第一步是将淀粉原料水解成糖,即糖化作用;第二步是将糖在厌氧条件下发酵生成酒精;最后将酒精氧化成醋。在各阶段都有不同的微生物起作用。

(1)淀粉液化、糖化微生物　使淀粉液化、糖化并适合于酿醅的主要是曲霉菌。常用的曲霉菌种有甘薯曲霉 AS3.324、东酒一号、黑曲霉 AS3.4309(UV-11)、宇佐美曲霉 AS3.758、沪酿 3.040、沪酿 3.042(AS3.951)、AS3.863、黄曲霉菌株 AS3.800、AS3.384 等。

(2)酒精发酵微生物　生产上一般采用酵母菌,但不同的酵母菌株其发酵能力不同,产生的滋味和香气也不同。

(3)醋酸发酵微生物　醋酸菌是醋酸发酵的主要菌种。醋酸菌在充分供给氧的情况下生长繁殖,具有氧化酒精生成醋酸的能力。醋厂选用醋酸菌的原则为氧化酒精速率快、耐酸性强、不再分解醋酸制品、菌种发酵产品风味良好。

目前国内外在生产上常用的醋酸菌有奥尔兰醋杆菌、许氏醋杆菌、恶臭醋杆菌、AS1.41 醋酸菌、沪酿 1.01 醋酸菌。

醋酸菌没有孢子,易被自己所产生的酸杀死。在培养基中加入碳酸钙,以中和产生的酸,延长保藏时间。在醋酸菌中,特别能产生香酯的菌种每过十几天即死亡,因此宜保藏在 $0 \sim 4 ℃$ 冰箱内备用。

2. 食醋生产工艺

食醋的酿造工艺可分为固态发酵和液态发酵两大类。下面以麸曲醋为例介绍固态发酵酿醋工艺流程。

薯干(或碎米、高粱等)→粉碎→加麸皮、谷糠混合→润水→蒸料→冷却→接种→入缸糖化发酵(加麸曲、酵母、水)→拌糠接种(醋酸菌)→醋酸发酵→翻醅→加盐后熟→淋醋→储存陈醋→配兑→灭菌→包装→成品。

(三)酒类

中国是一个酒类生产大国,具有悠久的酿酒历史,产品种类繁多,本章仅简要介绍啤酒的生产工艺。

啤酒是以麦芽为主要原料,先将其制成麦汁,添加酒花,再经酵母发酵酿制而成的酿造酒。它是世界上产量最大的酒种之一。

(1)生产菌　用于啤酒生产的微生物是啤酒酵母。根据酵母在啤酒发酵液中的性状,可将它们分成两大类:上面啤酒酵母和下面啤酒酵母。上面啤酒酵母在发酵时,酵母细胞随 CO_2 浮在发酵液面上,发酵终了形成酵母泡盖,即使长时间放置,酵母也很少下沉。下面啤酒酵母在发酵时,酵母悬浮在发酵液内,在发酵终了时酵母细胞很快凝聚成块并沉积在发酵罐底。国内啤酒厂一般都使用下面啤酒酵母生产啤酒。

(2)啤酒的酿造工艺　啤酒的酿造工艺大致如下:大麦→浸泡→发芽→烘焙→去根,储存→粉碎→糖化→加酒花煮沸过滤→麦芽汁→接种酵母→主发酵→后发酵→过滤或离心,使酒液澄清透明→灌装→成品。

二、现代发酵食品中的微生物

(一)面包

面包是产小麦国家的主食,它是以面粉为主要原料,以酵母菌、糖、油脂和鸡蛋为辅料生产的发酵食品,其营养丰富,组织蓬松,易于消化吸收,食用方便,深受消费者喜爱。

1. 酵母菌种

酵母是生产面包必不可少的生物松软剂。面包酵母是一种单细胞生物,属真菌类,学名为啤酒酵母,有圆形、椭圆形等多种形态,生产以椭圆形的较好。酵母为兼性厌氧微生物,在有氧及无氧条件下都可以进行发酵。

目前,生产上多采用鲜酵母、活性干酵母及即发干酵母。鲜酵母是酵母菌种在培养基中经扩大培养和繁殖、分离、压榨而制成。鲜酵母发酵力较低,且速率慢,不易储存运输,0~5 ℃可保存2个月,使用受到一定限制。活性干酵母是鲜酵母经低温干燥而制成的颗粒酵母,发酵活力及发酵速率都比较快,且易于储存运输,使用较为普遍。即发干酵母又称速效干酵母,是活性干酵母的换代用品,使用方便,一般无需活化处理,可直接生产。

2. 酵母菌在面包制作中的作用

酵母在发酵时利用原料中的葡萄糖、果糖、麦芽糖等糖类以及面粉中的淀粉经 α - 淀粉酶转化后得到的糖类,进行发酵产生 CO_2,可使面团体积膨大,结构疏松,呈海绵状结构。发酵后的面包有发酵制品的香味,这种香气的构成极其复杂,可改善面包的风味。此外,酵母中的各种酶与面团中的各种有机物发生生化反应,将结构复杂的高分子物质转变成结构简单的、分子量较低的、能为人体直接吸收的中间生成物和单分子有机物。酵母本身蛋白质含量甚高,且含有多种维生素,可使面包的营养价值增高。

(二)发酵乳制品

1. 概述

发酵乳制品是一个综合性名称,是指以哺乳动物的乳为原料,经过杀菌作用,接种特定的微生物进行发酵作用,生产具有特殊风味的食品,包括经由乳酸菌为主的微生物发酵而制成的各种乳品,如酸乳、酸牛乳酒、发酵酪乳、干酪等。发酵乳制品通常具有良好的风味和较高的营养价值,具有一定的保健作用,深受消费者欢迎,发酵乳制品因各地风俗习惯不同,采用的菌种、原料乳或加入的添加剂不同,其风味也不尽相同。

(1)发酵乳制品的分类　根据所用微生物种类及发酵作用的特点,可将发酵乳制品分为两类。一是酸性发酵乳制品(酸乳),以新鲜乳或奶油为主要原料,经自然发酵或采用纯培养的乳酸菌进行乳酸发酵,分解乳糖产生乳酸等物质,并赋予酸乳独特的风味。根据所用微生物与生产工艺的不同,又可分为酸奶、乳酸菌饮料、发酵酪乳(酸性乳酪)、干酪、乳酪。二是醇型发酵乳制品,以牛乳为原料,利用乳酸菌和酵母菌共发酵制成的一类产品,如牛乳酒、马奶酒等。

(2)发酵乳制品生产菌种　发酵乳制品生产菌种主要是乳酸菌。乳酸菌的种类较多,常用的有干酪乳杆菌、保加利亚乳杆菌、嗜酸乳杆菌、植物乳杆菌、乳酸乳杆菌、乳酸乳球菌、嗜热链球菌等。

近年来,随着人们对双歧乳酸杆菌营养保健作用认识的逐渐提高,已将其引入酸奶制造,使酸奶在原有的助消化、促进肠胃功能作用的基础上,又具备了防癌、抗癌的保健作用,既提高了人体的免疫力,增强了人体对癌症的抵抗和免疫能力,并使传统的单株发酵,转变为双株或三株共生发酵。

在发酵乳制品中,常采用发酵剂接种。发酵剂也叫菌种,是在生产酸奶制品时所用的特定微生物培养物。它的作用为分解乳糖,并转化成乳酸,产生挥发性物质。发酵过程可以用一种菌,也可以用两种以上的菌作发酵剂。生产中常用保加利亚杆菌和嗜热链球菌作为混合发酵剂。一般嗜热链球菌和保加利亚杆菌的比例为1:1或者1:2,另外在果料酸奶中可以先接种球菌,发酵1.5h后再接种杆菌,这样的组织状态和口感都比较好。

发酵剂的种类主要有:①液体发酵剂,是一种传统的发酵剂,主要为商品发酵剂、母发酵剂、中间发酵剂和工作(生产)发酵剂;②浓缩冷冻发酵剂;③冷冻干燥发酵剂。

(3)发酵过程原料的物质变化

①乳糖的变化　乳糖经乳酸菌的同型或异型发酵生成乳酸、乙醇、乙酸、二氧化碳等物质。

②蛋白质的变化　蛋白质在蛋白酶的作用下分解为多肽,后者在肽酶的作用下分解为氨基酸。

③脂肪的变化　脂肪在脂肪酶的作用下分解为脂肪酸和甘油。

④柠檬酸的变化　经嗜柠檬酸明串珠菌或丁二酮乳酸链球菌作用,转变成具有香味的3－羟基丁酮和丁二酮。

2.酸奶

酸奶,一般指酸牛奶,以新鲜的牛奶、奶粉、白糖为主要原料,经过巴氏杀菌后,再向牛奶中添加有益菌(发酵剂),经发酵后,再冷却灌装的一种牛奶制品。酸奶不但保留了牛奶的所有优点,而且某些方面经加工过程还扬长避短,成为更加适合于人类的营养保健品。

目前酸乳主要有两种类型:凝固型酸乳和搅拌型酸乳。凝固型酸乳是在接种发酵剂后,立即进行包装,并在包装容器内发酵、成熟。搅拌型酸乳是在发酵罐中接种和培养后,在无菌条件下进行分装、冷却。

酸奶的生产工艺如下。

(1)凝固型酸乳　原料鲜奶→净化→脂肪含量标准化→配料(蔗糖、脱脂奶粉)→过滤→预热、均质、杀菌、冷却→接种→分装→发酵→冷却→后熟。

(2)搅拌型酸乳　净化的脱脂或脂肪含量标准化的奶→配料(蔗糖、脱脂奶粉)→过滤→预热、高压均质、杀菌、冷却→接种→发酵→破乳→冷却→分装→后熟。

第二节　医药微生物

微生物制药的开创可追溯到20世纪40年代初,世界上第一个有效的抗菌物质——青霉素的研究开发和工业化生产。在英国细菌学家弗莱明(Fleming)发现了点青霉能产生一种活性抗菌成分并命名为青霉素(Penicillin)的10年后,牛津大学病理学教授Florey和他的助手Chain组织了20多位不同学科的学者进行攻关。经过一年多时间的努力,首次制得青霉素结晶并在1941年应用于临床试验,奠定了青霉素的治疗学基础。1942年,美国Merck制药公司在Florey和Chain的帮助下,开始工业化生产青霉素并大规模用于临床试验,为挽救在第二次世界大战中战伤受细菌感染而濒临死亡的伤员生命,发挥了奇特的、决定性的重大作用。

由于20世纪四五十年代抗生素大规模发酵生产的成功,人们建立了一整套液体深层通气发酵工程技术,这就为其他的微生物药物的发酵生产奠定了坚实的基础。这些微生物药物是应用化学和微生物学的理论、方法和研究成果,从微生物菌体或其发酵液中经分离纯化得到的某些生理活性物质。除抗生素类药物外,还包括氨基酸类药物、核苷酸类药物、维生素类药物、酶类药物、多肽蛋白质类药物、甾体类激素和生物制品等。

在抗生素深入研究的基础上,另一类由微生物产生的除抗感染、抗肿瘤以外的其他生理活性物质,如特异性酶抑制剂、免疫调节剂、受体拮抗剂和抗氧化剂等的研究报道层出不穷,这类物质也是微生物的次级代谢产物,但其活性已超出了抑制某些生物生命活动的范围。由于这类物质具有广泛的生理活性而已经或正在被开发成为各种药物用于临床。从已经取得的研究成果来看,在微生物次级代谢产物中已发现的生理活性物质,不仅是构成微生物药物的最新部分,而且已经是主要部分。

细胞工程技术和基因工程技术的发展,进一步为微生物制药提供了新型的融合子和工程菌,它们能极大地提高生产效率或能够生产原来微生物所不能产生的药物,如用于预防或治疗心脑血管疾病、糖尿病、肝炎、肿瘤的药物以及抗感染、抗衰老的新型药物。基因工程药物主要是生理活性多肽类和蛋白质类药物,如胰岛素、生长激素、干扰素、白细胞介素、促红细胞生成素、集落刺激因子等,此外还有各种基因工程疫苗。实际上,应用 DNA 重组技术和细胞工程技术所获得的工程菌和新型微生物菌种来开发各类新型药物,已经成为微生物制药研究的重点和发展方向之一。

生物制药的三大来源是微生物、植物和动物,而植物和动物的生长周期长,收获量有限,因此,开发新型生物药物的重点逐渐转向微生物。应用微生物技术研究开发新药,改造和替代传统制药工业技术,加快医药生物技术产品的产业化规模和速度,是目前医药工业的一个重要发展方向。

一、微生物来源抗生素的研究与生产

抗生素的来源可以是微生物、植物和动物,但抗生素的工业化生产主要是来自微生物的大量发酵法。多数学者认为传统概念的抗生素仍应只限于微生物的次级代谢产物。因此抗生素可定义为:抗生素是在低微浓度下即可对他种生物的生命活动有特异性抑制或影响作用的微生物次级代谢产物及其衍生物。

抗生素是一类最重要和在临床上用量最大的抗感染药物。它用于治疗由病原微生物,包括病毒、细菌、真菌、原虫和寄生虫所引起的各种疾病,也用于某些癌症的治疗。此外,抗生素还应用于禽畜和植物病害的防治、食物防腐以及工业防霉等。可见抗生素对人类的生活与生产以及对国民经济的作用十分重要。

20 世纪五六十年代,是从微生物的次级代谢产物中不断发现和生产各种天然抗生素的黄金时代,而随后 20 世纪开创的将已有抗生素采用酶法或化学法进行结构改造来生产各种疗效更高、毒副作用更低和更为有效的半合成抗生素,则是又一个黄金时代。随着对抗生素认识的加深和研究工作的深入开展,许多新型抗生素不断被发现,其中有不少已被应用于临床。目前,抗生素的生理活性和作用已超出了抗微生物感染和抗肿瘤的范围,某些抗生素还具有特异性酶抑制、免疫调节和受体拮抗等广泛的生理活性作用。

(一)微生物发酵法生产天然抗生素

1.主要的天然抗生素及其产生菌

当前在临床上实际应用和工业生产的天然抗生素中,以放线菌所产生的抗生素(见表 3 - 1)为第一位,其次是真菌中的半知菌产生的抗生素(见表 3 - 2),再次是由细菌产生的抗生素(见表 3 - 3)。

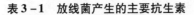

表3-1　放线菌产生的主要抗生素

抗生素	产生菌	抗生素	产生菌
链霉素	灰色链霉菌	制霉菌素	诺卡氏链霉菌
卡那霉素	卡那霉素链霉菌	两性霉素 B	结节链霉菌
庆大霉素	绛红小单胞菌、棘胞小单胞菌	诺卡霉素	均匀诺卡式菌
金霉素	金色链霉菌	硫霉素	卡特利链霉菌
红霉素	红色链霉菌	氯霉素	委内瑞拉链霉菌
柱晶白霉素	北里链霉菌	新生霉素	浑球链霉菌
麦迪霉素	生米卡链霉菌	四环素	金霉素链球菌
螺旋霉素	生二素链霉菌	土霉素	龟裂链霉菌

表3-2　真菌产生的主要抗生素

抗生素	产生菌
青霉素(不包括青霉素 N)	点青霉、产黄青霉
青霉素 N	顶孢头孢子菌
头孢菌素 C	顶孢头孢子菌
去乙酰氧头孢菌素 C	顶孢头孢子菌
去乙酰头孢菌素 C	顶孢头孢子菌
灰黄霉素	灰黄霉素青霉
变曲霉素	宛氏拟青霉

表3-3　细菌产生的主要抗生素

抗生素	产生菌
杆菌肽	枯草芽孢杆菌
短杆菌肽	短芽孢杆菌
多黏菌素	多黏芽孢杆菌

2. 新抗生素产生菌的分离与筛选

(1) 放线菌的分离

大多数放线菌的分离并不采用含丰富营养的生长培养基,而是采用较贫瘠或复杂底物(如几丁质)的琼脂平板培养基。在分离培养基中,通常都加入抗真菌剂如制霉菌素或放线菌酮,以抑制真菌的繁殖。此外,为了富集和分离某些特殊种类的放线菌,可选择性地添加某些抗生素。

放线菌的分离有非选择性分离和选择性分离两种,前者是对土样中所有放线菌都进行分离,后者是在分离之前,先对土样进行预处理(如在不同温度下进行热处理),只留下具有特定性质的放线菌。分离方法可采用平板划线分离法、玻璃涂棒连续涂布法、10 倍稀释法和接种环快速稀释法等。总的目的是使以混杂的状态生长繁殖在一起的各类微生物单个分

开并选择性地生长,从而获得放线菌的纯培养。

(2)放线菌的次代培养及纯化

成功地分离出各种不同放线菌的关键,是上述所采集的含菌样品本身及所采用的合适的分离培养基。而当菌落形成后,先用肉眼识别不同的生长形态,从而初步地加以鉴定,再通过显微镜进行镜检。进一步了解其菌丝和孢子丝的形成情况,这对于成功地分离获得放线菌纯培养也是很重要的。

次代培养及纯化操作是将分离平板上所形成的菌落,用无菌接种针或钩挑取单个菌落,转接到适宜的琼脂斜面上,或者点接到琼脂平板上进行培养,以供进一步分离和筛选用。

(3)新抗生素产生菌的筛选

采用合理的方法尽快鉴别出少数有应用价值的抗生素产生菌的试验过程,即为筛选。一般根据筛选目的选择合适的筛选方法,例如选用有利于目的菌种生长的培养基及选用合适的试验菌作为筛选模型。在筛选抗细菌或抗真菌的新抗生素时,一般应先尽量选用无毒性而对某些致病菌具有代表性的微生物作为试验菌,以防止在筛选工作中感染病原菌。例如常用金黄色葡萄球菌20.9P代表革兰氏阳性病原球菌作为试验菌,即筛选模型;用大肠杆菌代表革兰氏阴性肠道致病细菌作为试验菌;用青霉菌代表致病性丝状真菌作为试验菌等。新抗生素产生菌的常用筛选方法有下列几种:

①琼脂块移置法　将已分离纯化的放线菌逐个点接于合适的平板培养基上,经培养形成菌落后,用打孔器将菌落连同琼脂块切取后,分别移置于已接种有试验菌的平板上,在合适温度下培养一定时间后,观察琼脂块周围有无抑菌圈形成。

②培养液扩散法　将待筛选的纯化菌株接种于一定量的液体培养基中,置摇床于适宜的温度下振荡培养3~6 d。用直径为5 mm的滤纸片蘸取培养液的上清液或菌丝体的丙酮浸提液,分别置于接种有试验菌的平板上,培养一定时间后观察是否有抑菌圈产生。

③抗肿瘤抗生素的筛选法　筛选抗肿瘤抗生素的方法很多,较有效的方法是人肿瘤细胞或动物肿瘤模型法,但因该法繁杂、耗时、耗动物和耗人力多,故作为初筛一般仍常用体外微生物噬菌体模型法。噬菌体模型法可分为诱导噬菌体法和抗噬菌体法两种。前者是将蘸有待筛培养液的圆滤纸置于混有溶原菌和指示菌的平板上,凡能诱导溶原菌释放出噬菌体者,滤纸片周围出现清晰噬菌斑。后者则是将蘸培养液的滤纸片置于混有噬菌体及其敏感细菌的平板上,有抗噬菌体作用者,滤纸片周围有明显的细菌生长圈。

④抗病毒抗生素的筛选法　筛选抗病毒抗生素除可采用前述筛选抗肿瘤抗生素类似的方法外,还可采用体内筛选法。该法是采用病毒感染动物,然后进行试验治疗,观察动物存活期或生存期以判断其疗效。

(4)新抗生素的早期鉴别

为了尽早了解筛选到的抗生素是新的还是旧的抗生素,是哪一类新或旧的抗生素,必须对上述筛选获得的阳性菌株进行早期鉴别,以便淘汰不需要的菌株。

鉴别时,可先进行菌株形态特征、培养特征和生理生化特性等试验,观察并分析是否可能是哪种新老抗生素的产生菌。接着可将产生菌所产生的抗生素进行层析或电泳分析,并将获得的各种图谱与已知抗生素图谱进行比较鉴别和判断。

经过分离筛选和早期鉴别,有价值的新抗生素产生菌应进行菌种选育和发酵条件优化以提高抗生素产量,并妥善保藏。新抗生素还必须通过药理和临床试验,以便为实际应用提供实验依据。

3. 抗生素的生物效价测定法

抗生素的医疗作用主要是它的抗菌活力,而采用微生物检定法正是以抗生素的抗菌活力为指标来衡量抗生素生物效价的一种方法。其测定原理与临床要求相一致,能直接反映抗生素的医疗价值。

4. β-内酰胺类抗生素的发酵生产

β-内酰胺类抗生素是一类最重要的抗生素,在医用抗生素中一直处于优势地位,在销量和发展上一直呈上升趋势。其主要特征是在分子结构中含有一个具抗菌活力的β-内酰胺环状结构。青霉素和头孢菌素是天然β-内酰胺类抗生素的两个典型代表。

（1）青霉素

①结构与性质　青霉素的母核是6-氨基青霉烷酸(6-amino penicillanic acid,6-APA),由四元β-内酰胺环、五元二氢噻唑环这两个稠骈杂环组成,可以看作是由半胱氨酸和缬氨酸结合而成。侧链R不同,所形成的青霉素也不同,如R为苯甲基(苄基)时为青霉素G,即苄基青霉素。

在不添加侧链前体的自然发酵液中,含有青霉素F、G、K、V、X和双氢F等混合物,但只有青霉素G和青霉素V在临床上有疗效。现行的青霉素发酵液中,G的含量最高,抗菌作用最强。青霉素G是一种有机酸,难溶于水,不稳定。但其Na^+、K^+盐稳定,易溶于水。

青霉素G优点是使用安全,毒性小,低浓度抑菌,高浓度杀菌,对大多数G^+球菌和杆菌、螺旋体及放线菌的抗菌作用强。其缺点是对酸不稳定,不能口服,排泄快;对G^-菌无效,大量应用后易诱发耐药性菌株;某些患者会产生过敏反应(因产品中含微量青霉噻唑酸蛋白),上述缺点可通过研制各类半合成新青霉素和各种制剂加以克服。

②青霉素产生菌　1929年由Fleming发现并分离获得的青霉素产生菌是点青霉菌,又称音符型青霉菌(*Penicillium notatum*),其青霉素产量很低,表面培养的效价也只有几十个单位,不符合工业生产的要求。1943年分离到一株橄榄型青霉菌,即产黄青霉菌(*Penicillium chrysogenum*)NRRL1995,适合于液体深层发酵,效价约为100 U/mL。该菌株经X射线和紫外线诱变处理后得到一变异株WisQ176,青霉素产量最高达1 500 U/mL,比原始株提高约15倍,但发酵时产色素,影响产品质量。后来再将WisQ176通过一系列的诱变处理,获得不产生色素的变异株51-20。目前工业生产上采用的生产菌种均为该变种经不同改良途径得到的变异株,有形成绿色和黄色孢子的两种生产菌株。通过采用理化因素不断进行诱变选育,当前青霉素发酵生产的效价已超过50 000 U/mL的高水平。目前,又采用原生质体诱变、原生质体融合及基因工程等现代育种技术进一步定向选育优良高产的菌种,并已取得显著成效。

产黄青霉菌的个体形态:青霉穗形似毛笔,从气生菌丝形成大梗和小梗,于小梗上着生分生孢子。分生孢子呈链状排列,椭圆或圆柱形。菌落形态为圆形,边缘整齐或锯齿状,外观平坦或皱褶,孢子呈黄绿色、绿色或蓝绿色,成熟后变为黄棕色或红棕色。

③青霉素的发酵　工业生产上所用的产黄青霉菌孢子的制备过程是:将长期保藏的冷冻管孢子移接于斜面培养基上培养,成熟后再移植于固体培养基(大米和小米)上,于25 ℃培养约7 d,收集成熟孢子进行真空干燥,低温保存备生产用。

为制备大量种子(菌丝体)供大规模发酵用,一般采用二级或三级种子培养。一级种子培养在小型种子罐中进行,主要是使接入的生产孢子萌发形成菌丝并增殖为大量菌丝体。二级种子培养在较大的种子罐中进行,主要目的是进一步扩大培养以获得足量的供发酵用的菌丝体。种子培养基营养较丰富,碳源多采用葡萄糖、蔗糖或乳糖,氮源采用玉米浆、尿素等,还有起 pH 缓冲作用的碳酸钙和各种必需的无机盐类。在自然 pH 条件下,保持最适生长温度 26 ~ 27 ℃和充分的通气、搅拌,分别培养约 56 h 和 24 h,可达到上述种子扩大培养之目的。

进入大罐发酵时除了继续大量繁殖菌丝体外,主要是发酵产生青霉素。为了获得较高的青霉素发酵产率,需要控制并优化的主要环境因素和生理因素有发酵温度、发酵 pH、溶解氧、碳氮源、补料、侧链前体添加、菌丝浓度与生长速度、菌丝形态等。

④青霉素的提取

a. 发酵液预处理　发酵液中杂质很多,其中对青霉素提取影响最大的是高价无机离子 Ca^{2+}、Mg^{2+}、Fe^{2+} 等和蛋白。可用草酸钙除 Ca^{2+} 和蛋白,用三聚磷酸钠除 Ca^{2+}、Mg^{2+},用黄血盐除 Fe^{2+},变性除蛋白。

b. 过滤　通过调 pH、加去乳化剂、助滤剂等方法尽量除去蛋白以改善过滤性能,并经两次过滤得青霉素滤液。

c. 萃取　根据青霉素游离酸易溶于有机溶剂而青霉素盐易溶于水的特性,采用溶媒萃取法,进行反复转移而达到提纯和浓缩之目的。整个萃取过程在低温下进行,需添加去乳化剂以防止蛋白引起的乳化。

d. 结晶　在醋酸丁酯萃取液中加入醋酸钾(或钠)乙醇液,使析出青霉素钾盐或钠盐的结晶。

(2)头孢菌素

①头孢菌素 C 的结构　头孢菌素 C 的化学结构与青霉素相似,也具有 β - 内酰胺环,其母核为 7 - 氨基头孢霉烷酸(7 - ACA)。

②头孢菌素 C 的性质与特点　头孢菌素 C 与青霉素不同,对酸性和重金属离子较稳定。在 pH > 11 时,才迅速丧失其生物活性;对青霉素酶不敏感,抗革兰氏阴性细菌能力较强;具有抗耐药金黄色葡萄球菌(革兰氏阳性)的作用;对细菌的作用是杀菌,对动物和人毒性非常低;头孢菌素 C 的抗菌活性较低,只有苄青霉素的 1/200;头孢菌素 C 虽没有临床应用价值,但通过酶法和化学改造,可以制备出比半合成青霉素更高效的衍生物,即半合成头孢菌素类抗生素。

③头孢菌素 C 产生菌　1948 年布鲁特治氏(Brotza's)分离到顶孢头孢菌(*Cephalosporium acremonium*),后来从发酵液中发现其中含有 3 种完全不同的抗生素:头孢菌素 N、头孢菌素 P 和头孢菌素 C。这 3 种天然头孢菌素都不具备临床使用价值。但由于头孢菌素 C 的化学结构、母核与青霉素相似,而与青霉素相比具有耐酸性强、毒性低、对青霉素酶不敏感、抗革兰氏阴性菌能力强,且具有抗耐青霉素的金黄色葡萄球菌等优点而引起人们重视。

④头孢菌素 C 的发酵　头孢菌素 C 的发酵控制要点可归纳为下列几点:

a. 解除碳源阻遏作用　在较高葡萄糖浓度下头孢菌素 C 的产率下降,而青霉素 N 积累增加,表明葡萄糖会通过阻遏扩环酶的产生而阻遏头孢菌素 C 的生物合成。通过控制碳源的流加补料发酵,或用代谢速度较慢的植物油作碳源,可以较有效地避免这种碳源阻遏作用,显著提高头孢菌素 C 的产率。

b. 硫源的补给　头孢菌素 C 分子中含有硫原子,故发酵时除需要一般的碳源和氮源外,还须在培养液中补给硫源。头孢菌素 C 的产量与甲硫氨酸和硫酸盐的量成正比,甲硫氨酸不仅能提供硫,而且还有诱导调控作用。此外,半胱氨酸能渗入头孢菌素 C 结构中去。

c. 防止头孢菌素 C 的水解　发酵液中存在着乙酰酯酶,能将头孢菌素 C 水解成抗菌活性很弱且影响产物分离提纯的脱乙酰头孢菌素 C。对于某些菌株,保持一定的碳源浓度有助于防止产物的水解。此外,尽量避免发酵温度和 pH 的异常升高。这对于减少脱乙酰头孢菌素 C 的生成也有一定作用。

d. 维持较高的溶氧浓度　据报道当溶氧浓度低于 25% 饱和浓度时,头孢菌素 C 的产率将显著降低。故在头孢菌素 C 发酵过程中,要求较高的氧传递率,以维持较高的溶氧浓度,一般要求发酵液中搅拌输入功率在 4 kW/m³。此外,要严格控制油的流加,使溶氧始终保持在 25% 饱和度以上。

e. 促进菌体的形态分化　在头孢菌素 C 深层发酵过程中,顶孢头孢菌有 4 种细胞型:菌丝型、萌芽型、节孢子型和分生孢子型。在快速生长期菌体以细长的丝状为主,随着营养的消耗和生长速率的下降,菌丝开始膨胀、断裂,形成单细胞的节孢子,这种节孢子可以生成芽管,发育成为新的菌丝。在菌丝型向节孢子型转化时期,头孢菌素 C 大量产生,其合成量与节孢子数量成正比。当加入甲硫氨酸和限制碳源的数量时,可以促进这种形态分化,从而促进产物的生物合成。

f. 适时把握发酵终点　在发酵过程中,头孢菌素 C 是不稳定的化合物,随着其浓度的提高,非酶降解作用和乙酰酯酶的水解作用逐渐加大。另一方面,降解产物及脱乙酰头孢菌素 C 含量的增加,又给产物的提取纯化带来不利影响。故应从产率、产物组成、生产成本和效益等综合因素考虑,适时把握发酵终点。

二、应用微生物生产各类生物药物

(一)微生物生产氨基酸类和核苷酸类药物

1. 微生物发酵法生产药用氨基酸

(1)氨基酸在医药中的应用

组成生物体的各种蛋白质的生物功能,都与构成蛋白质的氨基酸种类、数量、排列次序及由其形成的空间构象有密切的关系。因此氨基酸对维持机体蛋白质的动态平衡有极其重要的意义,若其动态平衡失调则机体代谢紊乱,甚至引起病变。对因病或手术而禁食的患者,需直接输入复合氨基酸(称氨基酸输液),以改善营养不良状况,增加治疗机会,促进健康。

不同氨基酸的营养重要性不同,其中赖氨酸、色氨酸、苯丙氨酸、甲硫氨酸、苏氨酸、亮氨酸、异亮氨酸和缬氨酸为 8 种人体必需氨基酸,人及哺乳动物自身不能合成,需由食物提供。如赖氨酸对促进婴幼儿生长发育具有特殊重要意义,是不可缺少的营养素。另外半胱氨酸与酪氨酸(可减少甲硫氨酸和苯丙氨酸的需求量)、精氨酸及组氨酸(其合成速度慢)则称为半必需氨基酸。

(2)氨基酸类药物的发酵生产

氨基酸及其衍生物类药物约有 100 种,生产方式有天然蛋白质水解法、化学合成法、转化法或直接微生物发酵法 4 种。自 1956 年用微生物直接发酵糖类生产谷氨酸获得成功以来,大大推动了其他氨基酸发酵的研究和生产,形成了采用发酵法生产氨基酸的现代新型发酵工业。

微生物发酵法生产氨基酸就是微生物(一般为细菌)利用含有碳源、氮源、生长因子、无机盐类和水的半合成培养基为发酵基质,控制一定的温度、pH、溶氧等条件,在液体深层培养基中发酵一定时间,然后经提取、纯化而获得氨基酸产品,可用于医药、食品、饲料及化工行业等。

（二）微生物生产维生素及辅酶类药物

维生素是一类维持机体正常生长发育和生理功能所必不可少而需要量又很少的,具有特殊功能的小分子活性物质。它们是天然食品中的一种重要成分,但不能提供能量。大多数维生素在体内不能合成,必须从外界摄取。绝大多数维生素以辅酶或辅基的形式参与体内酶促反应,有的是激素的前体,对机体代谢起着十分重要的调节作用。人体内缺乏某种维生素时,会引起多种代谢功能失调,易患各种特殊疾病——维生素缺乏症,如夜盲症（缺维生素 A）、脚气病（缺维生素 B_1）、糙皮病（缺维生素 B_2）、坏血病（缺维生素 C）、癫皮病（缺烟酸）等。

因此,维生素及辅酶类药物能治疗多种疾病。世界各国都把维生素及辅酶类药物的研究和生产列为制药工业的重点。维生素及辅酶类药物的生产方法有以下 3 种：

（1）微生物发酵法　完全采用微生物发酵法或通过微生物转化制备中间体的有维生素 A 原、维生素 B_2、维生素 B_{12}、维生素 C、维生素 D 原、生物素、辅酶 A、辅酶 I 和辅酶 Q。

（2）化学合成或半合成法　采用有机化学合成的原理和方法生产,常与酶促合成、酶拆分结合在一起,以改进工艺、提高收率,如烟酸、叶酸、维生素 B_1、维生素 B_6、硫辛酸的生产。

（3）生物提取法　从生物组织或微生物细胞中,采用缓冲液抽提、有机溶剂萃取,如辅酶 Q_{10}、辅酶 A、维生素 P 的生产。

1. 微生物发酵法生产维生素类药物

（1）维生素 A 与维生素 A 原的发酵生产

维生素 A（Vit. A）能维持上皮组织的正常结构与功能,促进组织视色素的形成,促进黏多糖合成及骨的形成生长,主要用于防治因缺乏维生素 A 所引起的皮肤及黏膜异常、夜盲症和眼干燥症等,也适用于癌症的防治。

维生素 A 原即 β–胡萝卜素,是一类黄色和红色色素,存在于植物、藻类、真菌和地衣中,但动物体内不能合成。β–胡萝卜素在人的肠黏膜中可水解转变成维生素 A。

能大量形成 β–胡萝卜素的微生物主要有：三孢布拉霉（*Blakeslea trispora*）、接合笄霉（*Choanephora conjuncta*）、好食链孢霉（*Neurospora sitophila*）、菌核青霉（*Penicillium sclerotiorum*）和克雷斯托链霉菌（*Streptomyces chrectomycetieus*）等。工业上一般采用三孢布拉霉的正负菌株进行发酵生产 β–胡萝卜素。

（2）维生素 B_2 的发酵生产

维生素 B_2 即核黄素（Riboflavin）,化学名为 7,8–二甲基–10–D–I–核糖基–异咯嗪。它是黄酶的辅基,参与生物氧化还原反应,起传递氢的作用。缺乏维生素 B_2 会引起口角炎、糙皮病等。

能产生维生素 B_2 的微生物很多,如棉病囊霉（*Ashbya gossypii*）、阿氏假囊酵母（*Eremothecium ashbyii*）以及某些酵母菌、霉菌和细菌,但应用于发酵工业生产的菌种主要是前两种。其中棉病囊霉是植物致病菌,其多核菌丝发达,有横隔,孢子囊生在菌丝中间,单生或成串;阿氏假囊酵母形态上与棉病囊霉相似。

核黄素虽广泛存在于动植物中,但因含量低而不能用天然产物作为供应的来源。采用化学合成法步骤多,成本高,故目前工业生产是采用微生物发酵法。

（3）维生素 B$_{12}$ 的发酵生产

维生素 B$_{12}$，即氰钴胺素（Cyanocobalamin），是人类及某些动物维持生长和生血作用最重要的一种维生素，它是造血过程的生物催化剂，能促进血液中有形物质的成熟，用于治疗恶性贫血和其他巨细胞型贫血，能防止脂肪在肝中沉积，在机体受射线作用后，能恢复造血机能。

维生素 B$_{12}$ 的来源，一是从抗生素（如链霉素和庆大霉素）的发酵废液中提取，二是采用微生物纯种发酵直接制取。

在微生物中能产生维生素 B$_{12}$ 的有数百种之多，但生产维生素 B$_{12}$ 最重要的是要选育高产菌种。工业生产上用的是丙酸杆菌（Propionibacterium），如薛氏丙酸杆菌（P. shermanii）和费氏丙酸杆菌（P. freudenreichii）。

（4）维生素 C 的发酵生产

维生素 C 又名抗坏血酸（Ascorbic acid），有 4 种光学异构体，其中只有 L（+）抗坏血酸的临床效果最好。维生素 C 是细胞氧化还原反应的催化剂，能释放 2H 成为氧化型（脱氢抗坏血酸），在一定条件下有供 H 体存在时又可接受 2H 变为还原型，参与机体新陈代谢，增加机体对感染的抵抗力，用于防治坏血病、抵抗传染性疾病、促进创伤和骨折愈合以及用作辅助治疗药物。

维生素 C 虽然广泛存在于多种新鲜蔬菜和水果中，但因容易受破坏，难于保存，且受季节限制，将它们作为原料是不能满足医疗上作为药物的需求的，故大量应用需依靠人工方法制备。可采用下列两种工艺路线：

①微生物发酵－化学合成法　该法主要利用 D－葡萄糖为原料，经还原转变为 D－山梨醇，后者用微生物发酵方法被氧化成山梨糖。在酸性液中丙酮化生成双丙酮－L－山梨糖，后者用高锰酸钾氧化为双丙酮－L－古洛糖酸，再水解除去双丙酮成为 2－酮－L－古洛糖酸，最后经内酯化和烯醇化，得到 L－抗坏血酸。

此法的关键步骤是用醋酸菌发酵山梨醇，使山梨醇氧化成山梨糖。醋酸杆菌属里有不少菌种都具有此氧化作用，一般多采用弱氧化醋酸杆菌（A. suboxydans）和产黑醋酸杆菌（A. melanogenum）。

②两步微生物发酵法新工艺　在上述发酵－化学合成法的基础上，又发展了维生素 C 的两步微生物发酵法新工艺路线。新工艺省略了用丙酮对 D－山梨醇分子中 α，β－二仲醇保护等繁琐化学合成步骤，简化了工艺，提高了生产效率。

新工艺路线的特点是采用假单胞菌，使山梨糖直接发酵转化为 2－L－古洛糖酸。实际上还有一个中间产物 L－山梨酮，即 L－山梨糖→L－山梨酮→2－L－古洛糖酸。

在发酵过程中，有两种酶起关键作用，一种是 L－山梨糖脱氢酶，它可将 L－山梨糖氧化生成山梨酮；另一种是山梨酮氧化酶，可将山梨酮在分子氧存在下经脱氢反应转化成 2－L－古洛糖酸。

有文献报道，直接从葡萄糖出发省去葡萄糖氢化成为山梨醇的过程，而是经过 2,5－L－古洛糖酸，然后生成重要中间体 2－L－古洛糖酸。该新工艺路线大致如下：

a. 将醋单胞菌（Acetomonas）在含 5% 葡萄糖培养基中于 30 ℃培养 24 h，生成含有 2,5－二酮－L－古洛糖酸的培养液。

b. 再将棒状杆菌（Corynebacterium）在培养基中 30 ℃培养 24 h 后，加入上述培养液中，继续培养 72 h，得到 2－酮－L－古洛糖酸（维生素 C 中间体）。

除棒状杆菌属外,还报道了枸橼酸杆菌、短颈细菌属和芽孢杆菌属等微生物也能还原2,5-二酮-L-古洛糖酸,成为合成维生素C的重要中间体2-酮-L-古洛糖酸。

中国科学院微生物研究所采用大小两种菌自然组合的混菌发酵(大菌为沟槽假单胞菌,小菌为氧化葡糖杆菌),使L-山梨糖直接氧化成2-酮-L-古洛糖酸。该两步发酵新工艺居世界先进水平。现国内外学者均努力构建基因工程菌,以期使维生素C的生产更加简便快捷,并使成本大幅度降低。

(5)维生素D原的发酵生产

维生素D原又名麦角固醇,受紫外线照射后可转化为维生素D。维生素D种类很多,都是类固醇衍生物,其中以D_2和D_3较为重要。维生素D的主要生理作用是维持钙和无机磷浓度,促进成骨作用,临床上主要用于防治佝偻病和软骨病。

维生素D原最好的产生菌是卡尔斯伯酵母HHMH-10,其含量可达到3.0%~3.5%,在培养液中加入过氧化氢,能促使维生素D原的生物合成。据报道,若用某些射线(X射线或γ射线)照射培养中的酵母,可使维生素D原的产量提高2~3倍。

2. 微生物发酵法生产辅酶类药物

(1)微生物发酵法生产辅酶A

辅酶A(CoA)是转乙酰基酶的辅酶,有促进机体细胞代谢的作用,主要用于治疗白细胞减少和肝疾病。

辅酶A的生产方法有3种:①直接从动物肝、心、酵母菌中提取;②采用微生物发酵法生产;③固定化细胞酶法合成。

微生物发酵法所用的菌种是产氨短杆菌(*Brevibacterium ammoniagenes*),1976年应用该菌发酵制备辅酶A获得成功。目前又采用了固定化活细胞技术,即把产氨短杆菌细胞作为酶原制成固定化细胞,以腺嘌呤核苷(Ade)、AMP、半胱氨酸、无机磷为底物,以少量的ATP为辅助因子,于pH 7.5,37 ℃下进行酶促反应合成辅酶A,可连续反复使用。

(2)发酵-提取法生产辅酶I

辅酶I(CoI)又称NAD^+,学名为烟酰胺腺嘌呤二核苷酸。辅酶I是脱H酶的辅酶,起传递H的作用(受H、供H),能加强体内物质的氧化并供给能量。用于治疗精神分裂症、冠心病、心肌炎、肝炎等,也是多种酶活性诊断试剂的重要成分。

辅酶I广泛存在于酵母、谷类、豆类和动物肝中。工业上生产是先大量培养酵母菌,然后从酵母菌(新鲜压榨酵母)中分离提取,此法需考虑酵母菌的综合利用。也可以从啤酒发酵排放的新鲜酵母泥中提取。

(三)微生物生产药用酶

药用酶是指可用于预防和治疗疾病的酶,它们具有疗效显著、副作用小等特点,现药用酶已广泛应用于多种疾病的治疗,其制剂品种已超过700种。药用酶类可分为如下几种:

(1)促消化酶类 用酶作为消化促进剂,其作用是水解和消化食物中的成分。现已从微生物酶(如淀粉酶、蛋白酶、脂肪酶、纤维素酶等)中制得在胃肠中均能促消化的复合消化剂。

(2)消炎酶类 在动物进行的抗炎症实验和临床应用已证实蛋白酶确实有消炎作用。如菠萝蛋白酶、胰蛋白酶、胰凝乳蛋白酶、溶菌酶等。消炎中可采用单一品种也可采用复方制剂。

(3)溶血纤酶类 能防止血小板凝集,阻止血纤维蛋白的形成或促进其溶解。主要有链激酶、尿激酶、纤溶酶、凝血酶、曲菌蛋白酶和纳豆激酶等。

（4）抗肿瘤酶类　有些酶能治疗某些肿瘤，如 L－天冬酰胺酶、谷氨酰胺酶和神经氨酸苷酶等。

（5）其他药用酶类　包括青霉素酶（用于青霉素过敏反应），细胞色素 c（用于组织缺氧治疗）、β－半乳糖苷酶（用于治疗乳糖酶缺乏症）、弹性蛋白酶（降血压、血脂作用）、激肽释放酶（用于血循环障碍）、透明质酸酶（药用扩散剂）、胶原酶（消化胶原蛋白作用）、超氧化物歧化酶（抗氧化、抗辐射、抗衰老）、右旋糖酐酶（预防龋齿）、尿素酶（用于肾病治疗）等。

药用酶的生产方法很多，归纳起来主要有 3 种方法：提取法、生物合成法、化学合成法。由于酶类药物应用领域的不断扩大和需求量的不断增加，药用酶生产的重点逐渐转向利用微生物发酵法进行，因该法具有生产周期短、产量高、成本低、能大规模生产等特点，近年来得到迅速的发展。下面就目前应用微生物合成方法生产的主要药用酶作简单介绍。

①L－天冬酰胺酶

L－天冬酰胺酶（L－asparaginase）是酰胺基水解酶。能专一地催化天冬酰胺水解形成 L－天冬氨酸和氨，是一种抗肿瘤酶，用于治疗白血病，其商品名称为 Elspar。

L－天冬酰胺酶的产生菌有大肠杆菌、黏质赛氏杆菌、软腐病欧氏杆菌、铜绿色极毛杆菌等，但只有大肠杆菌的天冬酰胺酶活性较高。曾从大肠杆菌 B 株（11303）中分离到 EC－1 和 EC－2 两个 L－天冬酰胺酶组分，前者半衰期极短，故只有后者有应用价值。我国中科院微生物研究所采用大肠杆菌 AS1.351 为菌种生产 L－天冬酰胺酶制品。

②超氧化物歧化酶

超氧化物歧化酶（superoxide dismutase，SOD）是一种含有铜、锌、锰和铁的金属酶。按其所含金属离子的不同分为 $Cu \cdot Zn－SOD$、$Mn－SOD$、$Fe－SOD$，分别存在于真核生物细胞溶质中、原核生物和真核线粒体中、原核生物中。

SOD 能专一地清除体内超氧负离子，将它歧化为 O_2 和 H_2O_2，后者再由 H_2O_2 酶催化为 H_2O，从而在机体内形成一套解毒系统而起保护作用。因此，SOD 具有抗氧化、抗辐射、抗衰老的功效，能保持机体内 DNA、蛋白质和细胞膜等免遭超氧负离子的破坏，因此受到医药界极大的关注和重视。

SOD 作为药用酶已用于：治疗自身免疫性疾病（AID），如人类红斑性狼疮和类风湿关节炎这两种病用 SOD 治疗很有效；治疗心肌缺血与缺血再灌注综合征；治疗某些心血管疾病；作为抗衰老药物。不论采用何种给药方式，均未发现 SOD 有明显的副作用，也不会产生抗原性，因此 SOD 是一种多功效、低毒性的药用酶。

③链激酶

链激酶（Streptokinase，SK）是血液中降解纤维蛋白的重要酶，简称为纤溶酶。链激酶并不直接激活纤溶酶原，而是先以 1:1 的分子比与纤溶酶原形成复合物，该复合物使纤溶酶原构象发生变化，成为活性的复合物，再催化纤溶酶原转变为纤溶酶。故 SK 在防止血栓生成和保持血流畅通上具有重要意义。

链激酶在临床上用于多种血栓栓塞疾病，对治疗进展期心肌梗塞也有一定疗效。

链激酶是从 B－溶血性链球菌（B－*Streptococcus hemolyticus*）培养液中提取纯化和精制而得的冻干酶制剂，故又称链球菌纤溶酶。

④弹性蛋白酶

弹性蛋白酶（Elastase）又称胰肽酶 E，是一种肽链性内切酶，广泛存在于哺乳动物胰脏。

根据它水解弹性蛋白的专一性又称为弹性水解酶。

弹性蛋白酶是一种单纯蛋白酶,不含辅基和金属离子。纯胰弹性蛋白酶是由 240 个氨基酸残基组成的单一肽链,分子内有 4 对二硫键。

弹性蛋白酶有降血脂、防止动脉斑块形成、降血压、增加心肌血流量和提高血中 cAMP 含量等功能。

弹性蛋白酶的生产方法有提取法(从新鲜或冷冻的猪胰中提取)和微生物发酵法。后者采用黄杆菌为产生菌的酶活性较高。例如,黄杆菌 SP9 - 35 经 NTG 诱变处理和利福霉素处理,获得酶活性较高的变异株 2457。

⑤细胞色素 c

细胞色素 c(Cytochrome c)由蛋白质部分和铁卟啉环组成,是一种含铁卟啉的结合蛋白质,存在于一切生物细胞中,以心肌和酵母菌中的含量较多,其含量高低与组织的活动强度成正比。

细胞色素 c 是生物氧化的一个非常重要的电子传递体,在细胞中以还原型与氧化型两种状态存在,促进氢和氧的结合,加强体内代谢的物质的氧化供能反应,增加 ATP 生成,促进细胞呼吸顺利进行。在细胞缺氧时,因通透性增加,外源性细胞色素 c 可进入细胞及线粒体中,增强细胞的氧化作用。

因此,细胞色素 c 主要用于组织缺氧的急救和辅助用药,用于治疗脑、心脏缺氧,还能促进肝细胞再生、骨髓造血功能的恢复,对因放疗引起的白细胞减少症也有效。

细胞色素 c 可由培养的新鲜酵母菌中提取。

⑥β - 半乳糖苷酶

β - 半乳糖苷酶(β - galactosidase)又称乳糖酶,它催化乳糖水解生成半乳糖和葡萄糖。该酶是存在于胃肠内的消化酶,但有些人却缺乏此酶,对母乳或牛乳中的乳糖不能消化吸收。而肠道厌氧性细菌利用未吸收的乳糖发酵生成乳酸、甲酸等小分子有机酸,使肠腔渗透压增加,致使肠壁水分反流入肠腔,出现水样腹泻,大便酸性增加。同时细菌发酵产生的气体引起腹张、肠鸣音亢进等症状,均属于乳糖酶缺乏症。

因此,β - 半乳糖苷酶起分解乳糖,促进吸收,减少大便次数的作用,还能补充内源乳糖的不足,适用于婴儿各种乳糖消化不良症,或先天性乳糖酶缺乏症。服用半乳糖苷酶或在牛奶中添加半乳糖苷酶,可使上述症状得以消除。

能够产生 β - 半乳糖苷酶的微生物很多,细菌主要有乳酸菌、大肠杆菌,霉菌主要有米曲霉、黑曲霉、青霉、毛霉,酵母菌有脆壁酵母、热带假丝酵母,放线菌有天蓝链霉菌等。

例如微小毛霉(Mucor pusillus)IFO4785 或灰绿青霉(Penicillium glaucum)4626,均可用于生产 β - 半乳糖苷酶。

⑦青霉素酶

青霉素酶(Penicillinase)作用于青霉素的 β - 内酰胺环,使青霉素转变为无抗菌活性的青霉素酮酸。因此,该酶用于一般青霉素过敏反应,也可用作过敏性休克、严重青霉素过敏反应的辅助治疗。但不能用于对该酶有抗药性的青霉素所引起的过敏反应。

青霉素酶可由腊肠芽孢杆菌(Bacillus cereus)产生。

(四)微生物转化生产甾体类药物

具有甾体结构的甾体类药物在医学上应用越来越广泛,特别是甾体激素类药物已应用于风湿性关节炎、控制炎症、避孕、利尿等各方面的治疗。

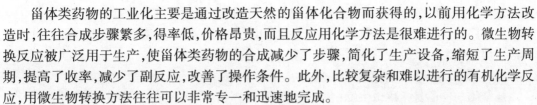

甾体类药物的工业化主要是通过改造天然的甾体化合物而获得的,以前用化学方法改造时,往往合成步骤繁多,得率低,价格昂贵,而且反应用化学方法是很难进行的。微生物转换反应被广泛用于生产,使甾体类药物的合成减少了步骤,简化了生产设备,缩短了生产周期,提高了收率,减少了副反应,改善了操作条件。此外,比较复杂和难以进行的有机化学反应,用微生物转换方法往往可以非常专一和迅速地完成。

近年来,微生物对甾体的转化反应的研究随着现代生物技术的发展而有了新的进展,表现在综合应用了酶抑制剂、生化阻断突变株和细胞膜透性改变等生物技术制得了 ADD、AAD 和 BDA 等关键中间体,使复杂的天然资源经过少数几步就合成了各类性激素和皮质激素,使甾体药物工业面貌焕然一新。

1. 微生物转化甾体的一般方法

甾体的微生物转化是利用微生物的酶对甾体底物的某一部位进行特定的化学反应(如羟化、环氧化、脱氢等反应)来获得一定的产物。首先培养微生物菌种使它产生并积累甾体转化所需要的酶,然后用这些酶来改造甾体分子的某一部位。

微生物转化甾体一般可分为两个阶段进行:

(1)菌体生长期 为了获得较多的酶,首先保证菌体的充分生长,一方面供给菌体以丰富的营养,使其充分繁殖与发育,另一方面依不同菌种的要求选择最适的培养条件。

(2)甾体的转化反应 在微生物菌体生长的适当时间(一般为中后期)逐渐将待转化的甾体基质(溶于有机溶剂或粉末)加到微生物的悬液中。基质加入的反应方式有:由生长培养进行反应、由静态菌体悬浮进行反应、由固定化酶或固定化菌体进行反应、混合培养进行反应等。对于必须采用两种微生物进行的转化反应,可用同一培养基将两菌种进行混合培养,再先后进行两种转化反应。

2. 微生物转化在甾体药物合成上的应用

(1)氢化可的松

氢化可的松在临床上主要用于治疗胶原性疾病,如风湿性关节炎、风湿热、红斑狼疮等,及过敏性疾病。

现国内外均采用微生物氧化法,直接引入 11β – 羟基。国外所使用的微生物菌种有淡紫梨头霉(*Absidia orchidis*)、球托霉(*Gongronella*)、短刺小克银汉霉(*Cunninghamella blakesleana*)等。

国内以醋酸化合物 – S 为基质,经淡紫梨头霉转化,在 C_{11b} 位上引入羟基,得到氢化可的松。另有 C_{11a} 羟基的表氢化可的松产生。后者经乙酰化、氢化可得醋酸可的松。

国外报道在玉米浆培养基中,采用新月弯孢霉(*Curvularia lunata*)为菌种,将化合物 S 直接转化为氢化可的松,11β – OH 转化率可达 65%~76%。

(2)醋酸强的松

由醋酸可的松 12 位脱氢即可制得醋酸强的松,比前者的抗炎作用增强 3~4 倍。微生物法脱氢所采用的菌种有简单棒状杆菌(*Corynebacterium simplex*)、枯草芽孢杆菌、红皮分歧杆菌(*Mycobacterium rhodochrous*)等。我国采用简单节杆菌(*Arthrobacter simplex*)为发酵菌种,以醋酸可的松为基质,在 $C_{1,2}$ 位脱氢得醋酸强的松。

(3)醋酸氢化泼尼松

上述氢化可的松在节杆菌(*Arthrobacter*)作用下,$C_{1,2}$ 脱氢得氢化泼尼松,再经乙酰化得醋酸氢化泼尼松。

培养节杆菌的种子和发酵培养基由葡萄糖、玉米浆、蛋白胨、K_2HPO_4等组成。

工艺路线为：节杆菌种子液→发酵(28 ℃,12 h)→发酵(加入氢化可的松转化5 h)→发酵液→树脂吸附→洗脱液→浓缩→氢化泼尼松(粗品)。

（五）微生物制备生物制品

通常生物制品是指用微生物(包括细菌、噬菌体、立克次氏体、病毒等)及其代谢产物、动物毒素、人或动物的血液或组织等经加工制成的作为预防、治疗、诊断特定传染病或其他有关疾病的免疫制剂。

随着现代生物技术的发展和应用,学科间的彼此交叉和互相融合,生物制品的内涵和范围在不断地扩大。目前认为,凡是从微生物、原虫、动物或人体材料直接制备或用现代生物技术、化学方法制成的作为预防、治疗、诊断特定传染病或其他疾病的制剂,统称为生物制品(Biological product)。

按照此定义,生物制品应包括预防制品(菌苗、疫苗、类毒素等)、治疗制品(抗毒素和免疫血清、血液制品、免疫调节剂等)、诊断试剂(各种诊断抗原、诊断血清、体内诊断制品、单克隆抗体等)。可见生物制品主要涉及的学科是微生物学、免疫学和预防医学。

这里着重讨论的是利用微生物及其代谢产物制备各种生物制品,主要是预防类生物制品：

（1）疫苗　疫苗由立克次氏体和病毒制成,包括减毒活疫苗(如牛痘、流感、麻疹、腮腺炎等活疫苗)、灭活疫苗(如乙脑、狂犬、乙肝等疫苗)、亚单位疫苗(如流感、腺病毒等亚单位疫苗)。

（2）菌苗　菌苗由有关细菌、螺旋体制成,包括减毒活菌苗(如结核、鼠疫、伤寒等菌苗)、死菌菌苗(如霍乱、百日咳、哮喘等菌苗)、纯化菌苗(如脑膜炎双球菌多糖、肺炎球菌多糖等菌苗)。

（3）类毒素　类毒素是由有关细菌产生的外毒素经脱毒后制成,如白喉、破伤风、肉毒类、葡萄球菌等类毒素。

（4）混合制剂　混合制剂由两种以上疫苗或菌苗或类毒素混合制成,包括联合疫苗、联合菌苗、菌苗和类毒素混合制剂等。

1.制备生物制品的微生物学基础

生物制品主要是细菌、病毒等微生物本身或其代谢产物,或用它们免疫动物所得的抗血清制成。因此,我们必须了解这些微生物的本质及其侵入机体后引起的免疫反应。

（1）与微生物制备有关的微生物形态结构

微生物(主要是细菌)的形态和细胞结构与微生物的生理功能密切相关。因此,首先必须了解和熟悉制备菌苗所用微生物的形态和细胞结构。对于细菌,除了细胞壁、细胞膜、细胞质和核质体等基本结构以外,其特殊结构,如荚膜、鞭毛、纤毛和芽孢等也与生物制品的制造密切相关。

（2）与生物制品制备有关的细菌代谢产物

细菌在合成代谢过程中,除合成自身菌体成分外,还能合成其他代谢产物。与生物制品有关的代谢产物包括热原质(Pyrogen)、毒素(Toxin)和色素。

（3）与生物制品制备有关的外界环境条件

影响微生物生长繁殖的外界环境条件包括生长的营养基质、生长温度、pH和通氧量等。掌握各种微生物对周围环境的依赖关系,一方面可创造有利条件,促进微生物的生长繁殖,

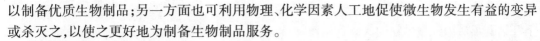

以制备优质生物制品;另一方面也可利用物理、化学因素人工地促使微生物发生有益的变异或杀灭之,以使之更好地为制备生物制品服务。

2. 生物制品的一般制备方法

(1)菌苗和类毒素的制备方法

菌苗和类毒素的制备均由细菌培养开始,前者是用菌体进一步加工,后者是对细菌分泌的外毒素进行加工。菌苗和类毒素的制备主要包括以下步骤:

①菌种的选择 用于制备菌苗的菌种,一般应具备以下几个条件,才能制成安全有效的菌苗:a. 必须持有特定的抗原性,能使机体诱发特定免疫力;b. 具有典型的形态特征和生理特性,并能长期保持稳定;c. 菌种易于在人工培养基上生长繁殖;d. 制备死菌苗的菌种应产生较小毒性;e. 制备活菌苗的菌种应无恢复原毒性的现象;f. 制备类毒素的菌种应能产生大量的典型毒素。

②培养条件的控制 包括培养基的营养、最适培养温度、生长的最适 pH、培养环境的氧分压、培养基的渗透压等。

③死菌苗的制备 制备活菌苗不必经过灭菌的步骤,而制备死菌苗时应在制成原液后,用物理或化学方法灭菌。各种菌苗所用的灭菌方法不相同,但灭菌的总目标是彻底杀死病原细菌而又不影响菌苗的防病效力。如伤寒菌苗可用加热灭菌法,也可用甲醇溶液或丙酮杀菌等方法来杀死伤寒杆菌。

④稀释、分装和冻干 经灭菌的菌液,一般用含防腐剂的缓冲生理盐水稀释至所需的浓度,然后在无菌条件下分装于适当的容器中,封口后在 2 ~ 10 ℃保存,直至使用。有些菌苗,特别是活菌苗,亦可于分装后冷冻干燥,以延长它们的有效期。

(2)疫苗的制备方法

不同疫苗的制备工艺有所不同,但主要程序基本相似。一般疫苗的制备过程如下:

①毒种的选择和减毒 用于制备活疫苗的毒种,需在特定条件下经多次传代(如在鸡胚中经几十次至上百次传代)降低其毒力,即减毒,直至无临床致病性。

②病毒的繁殖方法 可用动物培养、鸡胚培养、组织培养、细胞培养等几种方法来繁殖病毒。

③疫苗的灭活 不同的疫苗,其灭活的方法不同,最适温度和时间需通过试验来确定,其原则是要以足够高的温度和足够长的时间破坏疫苗的毒力,而以尽可能的最低温度和最短时间尽量减少疫苗免疫力的损失。

④疫苗的纯化 疫苗纯化之目的是去除存在的动物组织等杂质,降低疫苗接种后可能引起的不良反应。对组织培养所制成的疫苗,可用各种提纯抗原的方法纯化,对以细胞培养的疫苗一般不需特殊纯化,但需用换液方法除去培养基中的牛血清。现在多以细胞培养法取代组织培养法制备疫苗。

⑤疫苗的冻干 疫苗的稳定性较差,一般在 37 ℃许多疫苗只能稳定几天或几小时,2 ~ 8 ℃下能保存 12 个月。为使疫苗的稳定性提高,可用冷冻真空干燥的方法,使疫苗的有效期大大延长。冻干后的疫苗应真空或充氮后密封保存。

三、新微生物药物的研究开发

20 世纪 60 年代初,以 Umezawa 为首的科研小组发现了一系列可作为生化工具的酶抑制剂,如亮肽素抑糜蛋白素和鸟苯美司(Bestatin)等,从而开创了对酶抑制剂研究的新领域。

随后对 Bestatin 的进一步体内研究,又发现其具有多种免疫调节功能。这又使人们从本质上开始真正认识到微生物的次级代谢产物具有广泛的生理活性,可以被研究开发成为各种新的药物。因而,Umezawa 等的研究工作开创了微生物药物的新纪元。目前,从微生物次级代谢产物中寻找各种生理活性物质已经成为寻找新微生物药物(包括酶抑制剂、免疫调节剂、受体拮抗剂等)的重要途径,这将成为目前和今后相当长一段时间的研究热点。

(一)微生物产生的酶抑制剂

酶抑制剂的概念首先是由日本科学家梅泽滨夫提出的,这里所指的酶是人和动物体内所产生的参与各种生命活动的有关酶。从微生物代谢产物中寻找各种酶抑制剂并对它们开展应用研究,可被称之为第三代酶学研究。对该领域的研究很有可能对炎症、免疫、补体反应、致癌、癌的转移、病毒感染、肌肉营养障碍和自身免疫等各种疾病的病因予以阐明,提出有效的治疗方案。如洛伐他丁(Lavostatin,美国默克公司)和普伐他丁(Pravastain,日本三共公司)都是 β - 羟基 - β - 甲基 - 戊二酰辅酶 A 还原酶抑制剂。这两种新型微生物药物都已用于临床治疗高血脂症,并已取得了十分显著的效果。目前已从微生物代谢产物中发现了许多具有临床应用价值的酶抑制剂。

1.抗炎症的酶抑制剂

(1)5 - 脂氧酶抑制剂

目前已经从微生物代谢产物中发现了不少具各种结构特性的 5 - 脂氧酶抑制剂,有些已进入临床研究。例如已从链霉菌的发酵液中分离纯化得到 Epodarbazolin A. B、Nitrosoxacins A. B. C 和 BU460l A. B. C 三种 5 - 脂氧酶抑制剂。

(2)磷酸脂酶 A2 抑制剂

从微生物来源的代谢产物中寻找磷酸脂酶 A2 抑制剂,是近年来酶抑制剂类药物研究开发的一个新方向。已获得的磷酸脂酶 A2 抑制剂主要有 Cinatrin 类物质、Folipastatin、Thielocins 等。

(3)人白细胞弹性硬蛋白酶抑制剂

已分别从屈挠杆菌(*Flexibacter* sp.)、拒霉素链霉菌(*Streptomyces resistomycificus*)的发酵液中分离得到 FR901452、FR901277 两种人白细胞弹性硬蛋白酶(HLE)抑制剂。

(4)溶磷脂酶抑制剂

在许多变态反应和炎症疾病患者血液的嗜酸性白细胞中,发现溶磷脂酶(Lyso - PL)活力提高。它能催化水解溶磷脂而释放游离脂肪酸和甘油磷酸。已从生黑孢链霉菌(*S. melanosporofaciens*)的发酵液中分离得到一种溶磷脂酶抑制剂——Cyclootatin,对 Lyso - PL 具有很强的抑制作用,可用于炎症疾病患者。

2.抗血栓的酶抑制剂

(1)凝血酶抑制剂

凝血酶在血液凝集过程中起着关键性的作用。凝血酶抑制剂通过抑制凝血酶和凝血过程来防治高凝状态和血栓的形成。已分别从高山被孢霉(*Mortierella alpina*)和侧孢芽孢杆菌(*B. lateraporus*)的发酵液中分离得到 R009 - 1679 和 Bacithrocins A. B. C. D 两种凝血酶抑制剂。

(2)血小板凝集抑制剂

血小板凝集抑制剂具有抑制血小板黏附聚集和多种血栓形成的作用。已分别从链霉菌茎点霉(*Phomopsis*)和郝克氏青霉(*P. herquei*)的发酵液中分离得到 PI - 200、Sch47918 和

Herqu－line B 三种新的血小板凝集抑制剂。

3. 抗肿瘤的酶抑制剂

大量研究结果表明，某些癌症的发生、转移和恶变与人体内某些酶的活性高低密切相关。因此，利用筛选获得的某种酶抑制剂不仅用于阐明癌症发生的机制，也可用其作为癌的化疗药物。利用各种筛选模型，从微生物代谢产物中寻找具有抗肿瘤活性的酶抑制剂是近年来研究较活跃的一个新领域，并取得很大的研究进展和成果。具有抗肿瘤作用的酶抑制剂主要有以下几种。

（1）蛋白激酶抑制剂

从 20 世纪 80 年代开始，人们就着重从微生物代谢产物中寻找蛋白激酶抑制剂，目前已取得重要进展，主要的蛋白激酶抑制剂如下：

①蛋白酪氨酸激酶抑制剂　蛋白酪氨酸激酶（PTKs）是一组催化蛋白质中酪氨酸残基磷酸化的酶，在细胞分化和转移过程中对各种信号的响应起着重要作用。具有抑制 PTKs 酶活力的物质有望成为临床应用的抗肿瘤药物。Paeciloquinones A～F 和 BE－23372M 是分别从拟青霉（*Paecilomyces* sp.）和茄属丝核菌（*Rhizoctonia solani*）的发酵液中分离得到的 PTKs 抑制剂。

②蛋白激酶 C 抑制剂　RK－1049 和 Azepinostatin 是分别由普拉特链霉菌（*S. platensis*）和节状镰孢菌（*Fusarium merismoides*）的发酵液中分离得到的两种蛋白激酶 C（PKC）抑制剂。

（2）DNA 拓扑异构酶抑制剂

近年来，直接以拓扑异构酶为靶标，从微生物代谢产物中筛选获得了不少这类酶的抑制剂，如化合物 UCE6 和 UCE1022 是从日本土壤中分离的微生物发酵代谢产物中发现的拓扑异构酶 I 抑制剂，具有与喜树碱相近的生理活性。

（3）法尼基转移酶抑制剂

Pepticinnamins、RPR113228 和 Andrastin A～D 是分别从链霉菌、金孢子菌（*Chrysosporium* sp.）和青霉菌的发酵液中分离得到的法尼基转移酶抑制剂。

4. 降血压的酶抑制剂

（1）作用于肾上腺素合成酶系的酶抑制剂

与肾上腺素合成有关的酶系统主要有酪氨酸羟化酶、多巴胺－β－羟化酶和儿茶酚－O－甲基转移酶等。其中酪氨酸羟化酶在去甲肾上腺素生物合成过程中起着限制反应速率的作用；多巴胺－β－羟化酶与肾上腺素生物合成的最后一步有关；而儿茶酚－O－甲基转移酶与神经传导有关，在儿茶酚胺的失活中起作用。显然，由微生物代谢产物中寻找这些酶的抑制剂，借以控制肾上腺素的生物合成反应速率，有可能用作降低血压的药物。

小奥德蘑酮（Ocedenone）和水绫霉素（Aguagamycln）是分别由梅泽和 Sazaki 等人从小奥德蘑（*Oudemansiella radicata*）和三泽链霉菌（*S. misawanensis*）的发酵液中分离得到的两种酪氨酸羟化酶抑制剂，镰孢菌酸（Fusaric acid）、抑多巴素（Dopasatin）和节卵孢醇（Osponol）是 3 种从微生物代谢产物中分离获得的多巴胺－β－羟化酶抑制剂，异黄酮（Isoflauones）和咖啡酸（Coffeic acid）是由微生物产生的两种儿茶酚－O－甲基转移酶抑制剂。

（2）作用于肾素－血管紧张素系统的酶抑制剂

从微生物代谢产物中已分离得到了多种 ACE 抑制剂，如由链霉菌产生的血管紧张肽转化酶抑制肽（Ancovenln）、吩嗪菌素（Phenacein）和 A58365A（I），由诺卡氏菌产生的胞壁菌

素(Muracelns)。

5. 降血脂的酶抑制剂

(1)β-羟基-β-甲基戊二酰辅酶 A 还原酶抑制剂

至今,有报道从微生物代谢产物或转化产物中发现的 HMO-CoA 还原酶抑制剂已有几十个,如 ML-236B、红曲霉素 K(Monacolin K)和 Mevinolin 等 3 个 HMG-CoA 还原酶抑制剂是分别从橘青霉、红色红曲霉和土曲霉的发酵液中分离发现的。

洛伐他汀(Lovastatin,商品名 Mevacor)、辛伐他汀(Simvastatin,商品名 Zocord)和普伐他汀(Paravastatin,商品名 Mevalotin)3 种 HMO-CoA 还原酶抑制剂已用于临床。

(2)脂酰辅酶 A 胆固醇脂酰转移酶抑制剂

脂酰辅酶 A 胆固醇脂酰转移酶(ACAT)在生物体内的胆固醇代谢过程中起着重要的作用。从外源获得的胆固醇在转化为乳糜微粒前,首先要经 ACAT 酶进行酯化反应。因此,ACAT 酶抑制剂能够抑制胆固醇转变为乳糜微粒进入血液。

ACAT 酶抑制剂的研究进展很快,已经从微生物发酵液中筛选获得了许多 ACAT 酶抑制剂,且有多种化合物具有开发成为药物的可能。如化合物 Pyrlpyropenes A~D 的产生菌是烟曲霉,其中 C 是活性最强的微生物来源 ACAT 抑制剂。

6. 艾滋病病毒(HIV)复制抑制剂

(1)HIV 蛋白酶抑制剂

HIV 蛋白酶的活力对于病毒的复制是必需的,它可用于生成具有感染力的病毒粒子。因而能够阻断 HIV 蛋白酶的化合物,有可能成为治疗艾滋病的重要药物。如化合物 L-696,474(1)是从美国山毛榉树的树皮中分离得到的炭团菌(*Hypoxylon* sp.)的发酵产物中分离发现的一种 HIV-1 蛋白酶抑制剂。

(2)HIV 吸附抑制剂

在 HIV 侵入 T 淋巴细胞的起始阶段,由于 HIV 膜蛋白与 T 细胞表面受体的高度特异性结合,使 HIV 能吸附于细胞膜表面。HIV 吸附抑制剂则可以防止病毒的初期感染和扩散。如化合物 Isochromophilones Ⅰ、Ⅱ 和化合物 Ehloropeptins Ⅰ、Ⅱ 是分别从多色青霉和链霉菌的发酵液中分离得到的 HIV 吸附抑制剂。

(3)HIV 逆转录酶抑制剂

HIV 逆转录酶(RT)是艾滋病选择性化疗的首选靶位,HIV 逆转录酶抑制剂能够阻断 HIV 的 RNA 逆转录,通过微生物发酵的方法来筛选 RT 的抑制剂是目前一个非常活跃的研究领域。如 Mniopetals 和居乐霉素 A、B(CurrmycinA、B)是分别从某担子菌和链霉菌的发酵液中分离得到的对 HIV 逆转录酶有抑制作用的化合物。

(二)微生物产生的免疫调节剂

在免疫反应中,各种免疫细胞(主要有巨噬细胞、T 淋巴细胞和 B 淋巴细胞)通过直接接触和它们分泌的可溶性细胞因子来发挥免疫调节作用和免疫效应作用。这种免疫调节作用对于维护机体免疫功能的稳定和动态平衡是十分重要的。

1. 微生物产生的免疫抑制剂

免疫抑制治疗就是抑制与免疫有关细胞的增殖和功能,减低机体免疫反应的一种治疗方法,它是免疫治疗的重要组成部分。免疫抑制治疗所使用的是免疫抑制剂。自从20世纪80年代初,在临床上广泛应用第一个真正有选择性的微生物代谢产物——环孢菌素 A,作为免疫抑制剂于器官移植取得巨大成效以来,至今人们已从微生物中找到了30多个不同化学类型(主要为大环类、杂环类和直链类3种类型)和不同微生物来源的免疫抑制剂,其中有些是强效低毒的新型免疫抑制剂,如由链霉菌产生的FK506和雷帕霉素(Rapamycln)等。

下面介绍几种重要的免疫抑制剂:

(1)环孢菌素A

环孢菌素A(Eyclosporin A,CyA)是瑞士山道士公司从土壤中分离到的两种真菌——光泽柱孢菌(*Cylindrocarpon lucidum*)和雪白白疆菌(*Beauvcria nivea*)产生的。它是作为抗真菌抗生素被发现的,后来测得其有很强的免疫抑制活性,1978年首次应用于临床肾移植试验,取得了十分突出的疗效。1983年,美国FDA批准用于临床器官移植。同年,福建微生物研究所从我国土壤中分离到另一高单位的环孢菌素生产菌——茄病镰孢菌(*Fusarium solani*)。除上述3个产生菌株外,实际上至少还有12种微生物能产生环孢菌素。

(2)FK-506

FK-506(Tacrolimus)化合物是由链霉菌产生的23元环大环内酯类免疫抑制剂,是由藤泽制药公司根据CyA能抑制IL-2产生的原理而专门设计的模型筛选获得的。它们的免疫抑制作用及其机制与CyA相似,体外试验和动物试验表明,其生物活性即抑制各种免疫反应的作用较CyA强100倍,现已进入临床应用。

(3)雷帕霉素

雷帕霉素(Rapamycln,RPM)是由Vezina等人于1975年从链霉菌中筛选到的含三烯大环内酯类抗真菌抗生素,因其抗真菌活性低而被放弃。自FK-506发现后,由于RPM的结构与其非常相似,从而重新研究了RPM的疫抑制作用。结果表明其作用强度比CyA和FK-506更好,且具有协同作用,将是一个很有开发应用前途的免疫抑制剂。

2.微生物产生的免疫增强剂

免疫增强治疗就是用药物促进低下的免疫功能恢复正常或防止免疫功能降低,达到防病治病之目的。免疫增强治疗使用的药物为免疫增强剂。从微生物次级代谢物中发现的免疫增强剂的机会比免疫抑制剂要少。从20世纪70年代发现了苯丁抑菌素(Bestatin)具有较强的免疫增强作用并被应用于临床研究以来,从微生物代谢产物中也发现了一些新的免疫增强剂。

(1)Bestatin

Bestatin是由Umezawa等人于1976年从橄榄网状链霉菌的发酵液中分离得到的具有抑制细胞膜的氨肽酶B和亮氨酸氨肽酶活性、提高免疫细胞功能的一种免疫增强剂。Bestatin除了具有抗肿瘤活性外,临床中研究表明它还具有多种其他的生理功能。

(2)N-563

在筛选由芽孢杆菌产生的精胍菌素结构类似物的过程中,偶然发现了具有免疫增强活性的化合物N-563。研究结果表明,N-563作为免疫增强剂可用于治疗严重的真菌疾病。

(三)微生物产生的受体

受体是细胞中一类生物活性分子,其功能是特异性识别和结合化学信使(即配基,如药物激素、抗原和病毒等),结合后的信号放大而最终产生生物反应。受体就是根据受体配体结合原理筛选获得的具有特异性强、毒性小的生理活性物质。

1.具有降血压作用的受体

(1)血管紧张素Ⅱ受体

血管紧张素Ⅱ与其受体结合产生的生理效应会引起血压升高,其类似物即受体具有与

血管紧张素Ⅱ竞争作用于受体的拮抗作用，从而阻断其升压作用。如从壳囊孢菌（*Cytospora sp.*）发酵液中分离得到的血管紧张素Ⅱ受体 OytosporinA. B. C，是一种具有降压作用的受体。

（2）内皮素受体

各种内皮素（Endthelin，ET）与其受体结合，可引起血管或组织的多种生物应答，如 ET-1 在体外试验中引起血管平滑肌的强烈收缩，体内试验是升压物质。自从发现 ET 为最强的血管收缩剂以来，建立了从微生物代谢产物中筛选 ET-1 受体拮抗剂的方法，并获得了一些有效的拮抗剂。例如 RES-701、RES-1149 是分别由链霉菌、曲霉菌产生的两种内皮素受体拮抗剂。

2. 具有抗血栓作用的受体

（1）vWF 受体拮抗剂

在血管表面被吸收的 vWF 因子能与在血小板表面上的 GPIb/Ⅰx 受体发生交互作用，从而启动血小板的凝聚乃至血栓的形成。vWF 受体拮抗剂因能阻止 vWF 与 GPIb/Ⅰx 受体的结合，故可阻断血栓的形成而成为一种抗血栓药物。例如 Sulfobacins A. B 是从一种金黄杆菌属（*Chryseobacterium sp.*）NR2993 菌发酵液中分离得到的专一性很强的 vWF 受体，它们对 vWF 与 GPIb/Ⅰx 受体具有较强的拮抗活性。

（2）纤维蛋白原受体

由于纤维蛋白原与 CPIIb-Ⅲa 受体的结合是血小板聚集和血栓增生的先决条件，故以纤维蛋白原受体拮抗剂阻断两者的这种结合是防止动脉血栓形成的最佳途径。如化合物 Monamidocin 和 Tetrafibriciit 是分别从链霉菌 NR-0637 发酵液和箭矢川链霉菌 NR-0577 的发酵液中分离得到的两种血纤维蛋白原受体拮抗剂。

四、以微生物为表达系统的基因工程药物

（一）基因工程药物概述

20 世纪 70 年代在重组 DNA 技术上的突破推动了整个生物技术的发展，人们可以定向改变物种的特性、创造新物种并大量生产人们需要的各种物质。基因重组技术的研究和应用是从医药开始的。生物制药是基因工程开发的前沿，已成为生物技术研究与应用开发中最活跃、发展最快的一个高新技术产业。应用基因工程技术开发的新型药物主要有以下几种：

1. 人胰岛素

胰岛素（Insulin）是多肽激素的一种，具有多种生物功能，在维持血糖恒定、增加糖原、脂肪、某些氨基酸和蛋白质的合成、调节与控制细胞内多种代谢途径等方面都有重要作用。20 世纪 80 年代初，人们已开始用基因工程技术大量生产人胰岛素了。国外人胰岛素的基因工程生产一般采用两种方式：一是分别在大肠杆菌中合成 A 链和 B 链，再在体外用化学方法连接两条肽链组成胰岛素，美国 Eli Lilly 公司采用该法生产的重组人胰岛素 Humulin 最早获准商品化；另一种方法是用分泌型载体表达胰岛素原，如丹麦 Novo 工业公司用重组酵母分泌产生胰岛素原，再用酶法转化为人胰岛素。

2. 干扰素

干扰素（Interferon，IFN）是一类在同种细胞上具有广谱抗病毒活性的蛋白质，其活性的发挥又受细胞基因组的调节和控制，涉及 RNA 和蛋白质的合成。干扰素是一种类似多肽激

素的细胞功能调节物质,是一种细胞素。干扰素在临床上主要用于治疗恶性肿瘤和病毒性疾病。

目前,编码干扰素的基因已能在大肠杆菌、酵母菌和哺乳动物细胞中表达。α、β、γ 三型基因工程干扰素都已研制成功,产品已投放市场,用于治疗的病种已达 20 多种。

3. 白细胞介素

白细胞介素(Interleukin, IL)是由白细胞或其他体细胞产生的,又在白细胞间起调节作用和介导作用的因子,是一类重要的免疫调节剂。目前已发现的 IL 已达 18 种之多,它们的生物学功能十分广泛,IL 在临床上主要用于治疗恶性肿瘤和病毒性疾病(如乙型肝炎、艾滋病等)。

随着分子生物学的进展,各种白介素基因已相继克隆成功,并制成基因工程白介素纯品,其中有几种已投放市场。

4. 集落刺激因子

集落刺激因子(Colony-stimulating factor, CSF)是一类能参与造血调节过程的糖蛋白分子,故又称造血刺激因子或造血生长因子。现在已知的 CSF 主要有 4 种:G – CSF、M – CSF、GM – CSF、Multi – CSF。CSF 的功能可概括为刺激造血细胞增殖、维系细胞存活、分化定型、刺激终末细胞的功能活性等。

CSF 在临床上多用作癌化疗的辅佐药物,如化疗后产生的中性白细胞减少症,也用于骨髓移植促进生血作用,还可用于治疗白血病、粒细胞缺乏症和再生障碍贫血等多种疾病。

各类 CSF 的基因结构及其功能早已研究清楚,并在各种宿主细胞中成功表达,1991 年美国 FDA 已批准 G – CSF 和 GM – CSF 作为新药投入市场。

5. 红细胞生成素

红细胞生成素(Erythropoietin, EPO)是一种由肾脏分泌的重要激素,在病理状态下,与多种贫血、尤其与终末期肾疾病贫血密切相关,在生理情况下它能促进红细胞系列的增殖分化及成熟。

1985 年美国有两家公司同时报道了人 EPO 基因的克隆,1991 年美国 FDA 已正式批准重组人红细胞生成素上市,成为在临床上治疗慢性肾功能衰竭引起的贫血和治疗肿瘤化疗后贫血的最畅销新药。

6. 肿瘤坏死因子

肿瘤坏死因子(Turnor necrosis factor, TNF)这一名称是在最初发现时观察到它的抗肿瘤活性而命名的。随着人们对 TNF 的深入研究,该名称已不再能反映其全部的生物活性。TNF 除具有抗肿瘤活性外,对多种正常细胞还具有广泛的免疫生物学活性,如炎症活性,促凝血活性,促进细胞因子分泌,免疫调节作用,抗病毒、细菌和真菌作用,热原质作用以及参与骨质重吸收等。

1984 年重组 TNF 获得成功后,1985 年即获美国 FDA 批准用于临床,在治疗某些恶性肿瘤上收到较好的效果,此外,TNF 在临床诊断及判断疾病预后也有一定意义。

7. 组织型纤溶酶原激活剂

组织型纤溶酶原激活剂(Tissue – type Plasminogen Activator, TPA)是一种丝氨酸蛋白酶,能激活纤溶酶原生成纤溶酶,纤溶酶水解血凝块中的纤维蛋白网,导致血栓溶解,主要用于治疗血栓性疾病。由于 TPA 只特异性地激活血栓块中的纤溶酶原,是血栓块专一性纤维蛋白溶解剂,对人体无抗原性,故它是一种较好的治疗血栓疾病的药物。

重组 TPA(rTPA)已于 1987 年由美国 FDA 批准作为治疗急性心肌梗塞药物投放市场，1990 年 FDA 又批准用于治疗急性肺栓塞。

8. 人心钠素

心钠素(Atrial Natriuretic Factor,ANF 或 ANP)即心房利钠因子。由于其化学结构属于一种多肽，故又称心房肽(ANP)。心钠素具有较强的利钠、利尿、扩张血管和降低血压作用。在调节体液容量和浓度、控制血压、维持体液平衡方面起着重要作用，可作为降血压药和利尿药用于治疗充血性心脏衰竭、高血压肾功能衰竭、水肿和气喘等疾病。

9. 重组乙型肝炎疫苗

重组乙肝疫苗是以基因工程技术研制的第二代乙型肝炎(HB)疫苗，已取得了突破性和实用性进展，是基因工程疫苗中最成功的例子。目前，乙肝病毒(HBV)基因在真核细胞中的表达已出现了 4 条途径，其中将 HBV 的 S、S2 或 S1 基因重组质粒转化酵母，用重组酵母生产 HB 疫苗(如深圳康泰生物制品公司)已于 1986 年正式投放市场。

除上述介绍的 9 种主要基因工程多肽药物和疫苗外，还有抗血友病因子、凝血因子Ⅷ、超氧化物歧化酶(SOD)、其他基因工程疫苗等。此外，一大批新型的基因工程和蛋白质工程药物正处在不同的研究阶段并不断涌现出来。

（二）基因工程药物无性繁殖系的组建

无性繁殖又称克隆(Clone)，是指制备一群由一个亲本而来的彼此相同的子代(无性繁殖系)的操作技术。应用此技术，即基因工程技术可以大量和高纯度地制造无性繁殖基因及其产物。基因工程新型药物的生产同样必须首先组建一个特定的目的基因无性繁殖系，即产生各种新药的工程菌或工程细胞株，该过程是在分子水平上操作而在细胞水平上表达，故基因工程技术又称分子克隆技术。

基因工程药物无性繁殖系的构建过程通常包括：①基因工程药物目的基因的制取；②目的基因与克隆载体的体外重组；③重组克隆载体引入宿主细胞的转化与转导(感染)；④含目的基因重组体的筛选、鉴定与分析；⑤目的基因在宿主细胞中的高效表达。基因工程药物无性繁殖系的具体构建过程请参阅有关教科书。

第三节 化工、能源微生物

微生物技术不仅包括微生物工业，而且还包括很多应用领域，例如，在环境保护、微生物能源、微生物冶金、微生物传感器等领域的应用。

一、微生物能源

现代的或狭义的微生物能源的概念，是指以有机物为原料，利用微生物生物技术产生的能量，称为微生物能源。例如，应用微生物生物技术产燃料乙醇、产沼气、产氢和制备微生物燃料电池等，都是微生物能源，其是一个既古老而又新兴的微生物学应用领域。微生物能源是一种可再生能源，它的开发利用，不仅可增加能源供应，改善能源结构，保障能源安全，更重要的是，可促进世界经济由碳氢化合物经济向糖类经济的转型，保护环境，实现经济和社会的可持续发展。我国已制定了《中华人民共和国可再生能源法》，2006 年 1 月 1 日起施行，这非常有利于微生物能源的发展。

（一）微生物产沼气

微生物将有机物转化成主要成分为 CH_4 和 CO_2 的混合气体,称之为沼气(Marsh gas)。沼气的研究和利用,国外已有几百年的历史,国内则是 20 世纪初期开始的。目前,有 30 多个国家致力于发展此微生物能源,尤其是德国,近年来政府通过补助建沼气发酵池、立法鼓励沼电上网、沼气并入燃气管网等有效的激励措施,使微生物产沼气得到了快速发展。仅大、中型的农场沼气工程就有 1 000 多个,产沼气发酵罐一般在 300~500 m^3,普遍采用沼气发电、余热升温、中温发酵、免储气柜、自动控制、加氧脱硫及沼液施肥的先进模式,具有产气快、产量大、操作自动化、物尽其用及投资成本低等优势。我国微生物产沼气事业的发展历经几起几落,但整体水平、技术和应用方面都达到了国际先进水平,例如,户用沼气池已有数百万个;大、中型沼气工程近 1 000 个;"沼气生态园"是具我国特色的创建,值得大力推广。

微生物产沼气的原理及其发酵工艺,虽然已大致清楚和定型,但仍有许多问题亟待解决,主要是发酵沼气产率低、所产能源成本高、沼气发酵的代谢产物开发利用不够等,因此,除需要政府积极地帮助和扶植外,重点应加强沼气发酵中的微生物学研究,例如,如何增强微生物降解纤维素、半纤维素、木质素等原料的能力,为混合发酵产 CH_4 提供更多的底物;深入研究混合菌种的组成、功能以及如何控制,为提高物质和能量转化效率制定工艺;大力开发利用发酵代谢产物中的生理活性物质,使沼气发酵不仅能提供再生能源,还可以生产出高价值的众多产品。

（二）微生物生产燃料乙醇

不同的微生物发酵途径各不相同,也就是产乙醇的机制是不一样的,例如,酵母菌是利用 EMP 途径分解葡萄糖为丙酮酸,再将丙酮酸还原成为乙醇;而发酵单胞菌则是利用 ED 途径产乙醇。全世界生产的乙醇,约 20% 用于工业溶剂和原料,15% 食用或其他用途,而 65% 作为燃料,称为燃料乙醇。燃料乙醇的生产越来越受重视,很多国家已制定了燃料乙醇政策,促进了此事业的发展。最突出的是巴西,早在 1970 年石油危机时,政府率先推出"乙醇汽油计划",乙醇混入汽油中的最高量可达 24%,以乙醇汽油为动力的汽车和乙醇产量都是全球第一。美国政府为了解决对于进口石油的依赖,减少空气污染,提高农民收入,实行"清洁空气法案"和燃料乙醇的免税额度,成为世界第二大产乙醇国。我国石油储量仅占世界的 2%,而消费量居世界第二,2004 年已近 40% 石油依赖从国外进口,因而更应该重视燃料乙醇的生产,目前,豫、吉、皖 3 省 4 套年产 30 万吨燃料乙醇的设备已投产,燃料乙醇汽油已开始应用。微生物利用各种原料发酵产乙醇的主要过程如图 3-2 所示。

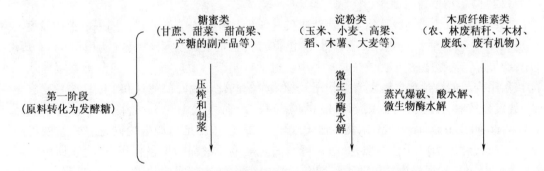

图 3-2　微生物利用各种原料发酵产乙醇的主要过程

目前发酵生产乙醇,几乎都是用酵母发酵进行,其主要原因是:酵母能产生高浓度乙醇和少量副产物;酵母具适当的凝聚和沉淀特性,有利于细胞再循环;能耐受较高浓度的盐溶液;而且酵母生产乙醇已有百余年历史,其理论基础深厚,技术成熟,高度工业化、自动化,不容易改变其菌种和工艺。但酵母所能发酵的底物范围较窄,如不能利用由淀粉水解产生的大部分寡糖,要完全利用淀粉,必须添加葡萄糖淀粉酶;酵母也不能利用纤维素、半纤维素、纤维二糖和大多数戊糖,这导致酵母生产乙醇不能直接地利用来源广、价格低的各种底物,其成为降低乙醇成本高的最大障碍。研究更好地利用更多的底物产乙醇是发展乙醇工业的重点。严格厌氧、适宜生长温度 55 ~ 60 ℃、革兰氏阳性的梭菌属(Clostridiu)细菌,如热纤维梭菌(C. thermocellum)、热解糖梭菌(C. thermosaccharolyticum)等,有可能将发酵生产乙醇的第一阶段和第二阶段变成一步发酵,减化工艺,并能以来源广、价格低的许多原料直接发酵,降低生产成本。这是由于梭菌与酵母及运动发酵单胞菌相比,其优势在于它能产生纤维素酶,而且活力高,有效地降解纤维素和半纤维素,并将这些降解产物发酵产生乙醇,而且也能发酵各种糖类,包括利用糖蜜、淀粉、果胶等产乙醇。近期该菌没有被大规模用于生产乙醇,是因为发酵的副产品中含有大量有机酸和一些硫化氢,有的高达1/3,而且用梭菌生产乙醇,其耐受性比酵母及运动发酵单胞菌都要低。

运动发酵单胞菌(Zymomonas mobilis)也用于发酵产乙醇,它利用葡萄糖产乙醇的速度比酵母快 3 ~ 4 倍,乙醇产量可以达到理论值的97%,可在 38 ~ 40 ℃温度生长,忍耐高渗透压,在含 40% 葡萄糖溶液中能生长,对乙醇耐受力强,发酵产乙醇浓度可达 13%。尽管运动发酵单胞菌有这些优良特性,但并没有取代酵母用于大规模乙醇生产,主要原因是该菌只能利用葡萄糖、果糖和蔗糖;利用果糖和蔗糖发酵产生含有 10% 甚至更多的乙醇以外的产物,如二羟基丙酮、甘露糖醇和甘油;该菌生长 pH 较高,生产中易受杂菌污染。微生物发酵生产乙醇要消耗大量能源和增加大量污水,因此,微生物产乙醇还有许多亟待解决的难题。

（三）微生物产氢

氢是一种非常理想的清洁能源,微生物产氢使氢成为可再生的能源,这也是国际上研究新能源的热点。

微生物产氢还处于研制阶段,重点研究产氢机制和开发利用。微生物产氢尚未产业化,主要原因是产氢效率低,与用电水解或热解石油、燃气等传统的化学产氢法相比,差距较大,但进一步挖掘微生物产氢资源,创新产氢工艺,拓宽可再生的废物作原料,微生物产氢将是大有作为的。

（四）微生物燃料电池

燃料电池就是把燃烧等化学反应产生的化学能转变为电能的装置。如果电池中发生的反应因微生物生命活动所致,这种产生电能的装置便是微生物燃料电池(Microbial fuel cells),又可称为微生物电池。根据微生物与电池中电极的反应形式,一般分为直接作用和间接作用构成的微生物电池。直接作用是指微生物同化底物时的初期和中间产物常富含电子,通过介体作用使它们脱离与呼吸链的偶联,转而直接与电极发生生物电化学联系(Bioelectrochemical connection),构成微生物电池;间接作用是指微生物同化底物时的终产物或二次代谢物为电活性物质,如氢、甲酸等,这类物质继而与电极作用,产生能斯脱效应(Nernst effect),构成微生物电池。目前微生物电池虽未达到实用化,但人们十分关注它可能利用的领域和重要的价值:①由生物转换成效率高、价廉、长效的电能系统;②利用废液、废物作燃料,用微生物电池净化环境,而且产生电能;③以人的体液为燃料,做成体内埋伏型

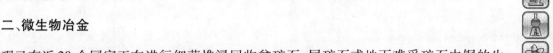

的驱动电源——微生物电池成为新型的体内起搏器;④从转换能量的微生物电池可以发展到应用转换信息的微生物电池,即作为介体微生物传感器(Mediated microbiosensor)。

二、微生物冶金

现已有近 20 个国家正在进行细菌堆浸回收贫矿石、尾矿石或地下难采矿石中铜的生产,全世界铜的总产量中约有 15% 是用细菌浸出法生产的,而美国生产的铜有 25% 是用细菌浸出法生产的。全世界也有 10 多个正在生产或建设中的细菌浸出法生产金的工厂,加纳的 Obusi 的细菌浸金工厂每小时处理金矿石能力可达 30 t,年产黄金 15 t。美国在浸取铜矿时并用细菌回收其中的铀,加拿大梅尔利坎铀矿用细菌法生产的铀年产量达 60 t。除铜、金和铀的细菌浸出已形成生物湿法冶金(Biohydrometallurgy)工业外,微生物浸出钴、镍、锰、锌、银、铂和钛等 19 种战略金属和珍贵金属也获得了可喜的研究成果,有的正在开发形成批量生产。微生物冶金的逐步兴起与其投资小、成本较低、环境污染小、提高金属的回收率和适用于贫矿、尾矿等优势密切相关。

生物湿法冶金工业用的菌种主要有氧化亚铁硫杆菌(*Thiobacillus ferrooxidans*)、氧化硫硫杆菌、氧化铁钩端螺菌(*Leptospirillum ferrooxidans*)和嗜酸热硫化叶菌(*Sulfolobus acidocaldarius*)等,这类自氧微生物能氧化各种硫化矿获得能量,并产生硫酸和酸性硫酸高铁$[Fe_2(SO_4)_3]$,这两种化合物是很好的矿石浸出溶剂,作用于黄铜矿($CuFeS_2$)、赤铜矿(CuO_2)、辉铜矿(Cu_2S)和铜蓝(CuS)等多种金属矿,把矿中的铜以硫酸铜的形式溶解出来,再用铁置换出铜,生成的硫酸亚铁又可被细菌作为营养物氧化成酸性硫酸高铁,再次作为矿石浸出溶剂。如此循环往复,可溶的目的金属能从溶液中获取,如铜。不溶的目的金属能从矿渣中得到,如金。这就是微生物冶金的基本原理。

微生物浸矿的方法大体可分为:槽浸、堆浸和原位浸出。槽浸即搅拌反应槽浸出法,一般适用于高品位、贵金属的浸出,是将细菌酸性硫酸高铁浸出剂与矿石在反应槽中混合,机械搅拌通气或气升搅拌,然后从浸出液中回收金属。堆浸法是在倾斜的地面上,用水泥、沥青等砌成不渗漏的基础盘床,把含量低的矿石堆积在其上,从上部不断喷洒细菌酸性硫酸高铁浸出剂,然后从流出的浸出液中回收金属。原位浸出法是利用自然或人工形成的矿区地面裂缝,将细菌酸性硫酸高铁浸出剂注入矿床中,然后从矿床中抽出浸出液回收金属。3 种方法都要注重温度、酸度、通气和营养物质对菌种的影响,促使细菌能最佳地发挥浸矿作用。

微生物冶金还用于研究开发菌体直接吸附金等贵重和稀有金属,如曲霉从胶状溶液中吸附金的能力是活性炭的 11 ~ 13 倍,有的藻类每克干细胞可吸附 400 mg 的金。采用微生物对煤脱硫,有的菌对煤中无机硫的脱除率可达 96%。非金属矿的微生物脱除金属,例如,用来生产陶瓷的主要原料高岭土,用黑曲霉脱除其中的铁,此高岭土制成的新陶瓷材料,在电子、军事工业中有广泛的特殊用途。

三、石油工业中的微生物生物技术

微生物生物技术用于勘探石油、提高采油率、转化石油生产多种产品和改善成品油的质量等方面都已取得了显著效益,而且越来越引起人们的重视。

石油和天然气深藏于地下,其中天然气又沿着地层缝隙向地表扩散。有的微生物在土中能以气态烃为唯一碳源和能源,其生长繁殖的数量与烃含量有相关性,因此可以利用这类微生物作为石油和天然气储藏在地下的指示菌。用各种方法检测土样、水样、岩心等样品中的这类微生物的数量,分析实验结果,预测石油和天然气的储藏分布地点和数量,被称为微生物石油勘探。采用微生物石油勘探的结果表明,它对于钻井结果的准确率为55%左右,是一种省钱、省力、简便易行的石油勘探法。以气态烃为唯一碳源和能源的微生物主要是甲烷、乙烷氧化菌,它们通常为甲基单胞菌属(*Methylomonas*)、甲基细菌属(*Methylobacterium*)和分枝杆菌属(*Mycobacterium*)的菌种。由于这类细菌的分布受季节、气候、pH、土层状况及生态环境等的严重影响,因而根据样品检测出的微生物种类及其数量的结果,用来分析、预测油气状况则较复杂,可变因子较多,影响微生物石油勘探的准确性。

微生物提高采油率,目前已大规模用于石油工业的是将生物聚合物或生物表面活性剂等微生物产物注入油层。最具代表性的是注入黄原胶——一种典型的水溶性胶体多糖,它是由甘露糖、葡萄糖和葡糖酸(比例为2∶2∶1)构成的杂多糖。此多糖一般由黄单胞菌属(*Xanthornonas*)的菌种以玉米淀粉等农副产品的糖类为原料,经深层、液体、好氧发酵生产。黄原胶具有增黏、稳定和互溶等优良特性,用它稠化水,即作为注水增稠剂注入油层驱油,可改善油水的流度比,扩大扫油面积,使石油的最终采收率提高9% ~ 29%。黄原胶也可作为钻井黏滑剂,有利于石油开采,被石油工业广泛应用。黄原胶的优良特性除作为增稠、增黏剂外,还可作为乳化、成型、悬浮剂,广泛用于食品、医药、化工、轻工及中药等20多个行业的100多种产品中,它也是微生物生产胞外多糖的典型产品,生产量最多,用途最广,为发酵工业后起之秀。微生物提高采油率的另一种办法是把油层作为巨大的生物反应器,将有益于石油采取的微生物注入油层,或通过加入营养物活化油层内原有的菌类,促进这些微生物的代谢活动,提高石油采取率。采用杀灭注水采油中的有害微生物,加入有益微生物或增稠剂、表面活性剂等综合工艺,提高采油也很有效。如我国科技人员用微生物发酵生产出鼠李糖脂一类的生物表面活性剂,用于三次采油工业试验,在天然岩芯进行驱油试验时,石油的平均采收比提高了20%以上。

用石油或天然气生产单细胞蛋白,既能获高质量的饲料,又能将石油中的石蜡脱除,改善成品的品质。例如,脱蜡球拟酵母(*Torulopsisdiporaffin*)发酵300 ~ 400 ℃馏分油,70 h后,每千克油可获得干酵母5.4 g,并将油的凝固点从4.5 ℃下降到 - 60 ℃。利用假丝酵母属(*Candida*)、假单胞菌属(*Pseudomonas*)和不动杆菌属(*Acinetobacter*)中的各种菌株,以石油或其各类分馏物为原料,能够生产琥珀酸、反丁烯二酸、柠檬酸、水杨酸、不饱和脂肪酸、多氧菌素和碱性蛋白酶等众多产品。还可以用这类菌降解海洋、江湖水体石油的污染。采用遗传工程技术,可以将某些微生物的有用特性的基因,构建在某一菌种中,使其在石油工业中发挥更大作用。例如,世界上第一次获得遗传工程重组菌株发明专利权的就是同时能降解不同石油成分的"超级细菌",它是把铜绿假单胞菌(*P. aeruginosa*)和恶臭假单胞菌(*P. putida*)共含有的5种质粒转移在同一细胞内,构建成的遗传工程菌株。该菌株能清除不同组分的石油污染,是石油污染环境的"超级清道夫"。

四、微生物传感器和DNA芯片

(一)微生物传感器

传感器一般是指感受某物质规定的测定量,并按一定规律转换成可用信号(主要是电信号)的器件或装置。其组成主要有3大部分:敏感元件、转换器件和电子线路、相应的机械设备及附件。按其主要敏感元件或材料的反应性质可分为物理、化学、生物3种类型的传感器。生物传感器根据其主要敏感材料的特性或来源不同,可细分为酶传感器、免疫传感器、细胞器传感器、动物组织传感器、植物组织传感器及微生物传感器等。微生物传感器（Microbiosensors）的敏感元件是固定化微生物细胞，它的转换器件是各种电化学电极或场效应晶体管（Field Effect Transistor，FET），其他机械、电路部分与别的传感器大都相同。微生物传感器的基本原理是：固定化的微生物数量和活性保持恒定的条件时，它所消耗的溶解氧量或所产生的电极活性物质的量反映了被检测物质的量。借助于气敏电极（如溶解氧电极、氨电极、CO 电极）或离子选择性电极（pH 电极），或其他物理、化学检测器件测量消耗氧或电极活性物质的量，则能获得被检测物质的量。

微生物传感器的研究始于 1977 年 Rechnity 用粪链球菌制成测精氨酸的传感器，而现在已有各种各样的微生物传感器用于临床诊断、食品检测、发酵监控和产物分析、环境质量监测等。例如糖尿病、尿毒症、内分泌亢进等疾病的诊断常需要测定血糖，用骨胶将荧光假单胞菌固定化成膜，与氧电极装配在一起，检测样品时，固定化膜内的菌利用样品中葡萄糖消耗氧，消耗的氧量被氧电极测定，转移为电信号，从而可转换得出所检测样品中的血糖含量。用荧光假单胞菌传感器同样能测定污水中的 BOD，其原理是污水中存在可生物氧化的有机物，固定化膜内的菌由内源呼吸转而进行外源呼吸，由于耗氧因而使固定化膜周围的氧分压下降，从而改变氧电极输出电流的强度，电流强度随 BOD 大小而变化，在一定范围内呈线性关系，可以快速、简易地在 15 min 内测定 BOD，而标准稀释法测定则需要 5 d。又如，大肠杆菌在厌氧条件下正常呼吸被抑制，其谷氨酸脱羧酶使谷氨酸脱羧而产生 CO_2，将该菌固定化成膜，并与 CO_2、气敏电极装配在一起，用来测定谷氨酸含量。此传感器为味精发酵工业的自动化监控、食品工业中的自动化质检开拓了新途径。

微生物的多样性、特异性是发展检测各种物质和多种功能的众多传感器的理论基础，而且相对其他生物传感器，微生物传感器制作较容易，活性较稳定，使用寿命长。而相对于物理、化学传感器，所有生物传感器易受环境条件的影响，不够稳定，敏感元件使用寿命短，要经常更换固定化生物膜。随着微电子、分子生物学、计算机和材料等科学技术的发展，积极推进多种学科技术的相互交叉应用，生物传感器发展中的问题将会被顺利解决，而且将会有更多、更好的各种用途的微生物传感器出现。我国已在谷氨酸、乳酸、葡萄糖三种生物传感器方面取得了长足的进展，接近或达到了国际先进水平。

（二）微生物 DNA 芯片

计算机、信息设备和许多家电的心脏——微电子芯片（Microelectronics chips），是 1971 年美国英特尔公司将 2 300 只晶体管压缩到一块集成电路板上首创的。20 多年后，同在硅谷，距英特尔公司总部仅数英里的艾菲迈却克斯（Affymetrix）公司，效仿类似的生产模式，研制和开发了具有划时代意义的 DNA 芯片，又称基因芯片（Gene chips）、DNA 阵列（DNA arrays）或寡核苷酸微芯片（Aligonucleotide microchip）等。DNA 芯片的机制是根据核酸杂交原理检测待测的 DNA 序列。它与一般核酸杂交技术的不同之处是已知序列的寡核苷酸（DNA 探针）高度集成化，即高密度的 DNA 探针阵列以预先设计的排列方式固化在玻璃或硅片或尼龙膜上。大量 DNA 探针的固化是采用在位组合合成化学和微电子芯片的光刻技术或其他方法制作，目前已达到的密度是 100 万个探针/芯片，每个探针间隔是 10 ~ 20 μm，人类的全部基因有可能集约化地固化在 1 cm^2 的芯片上。DNA 芯片检测样品时，将经处理过的样品滴加在芯片上进行杂交，用激光共聚焦显微镜检测 DNA 探针或样品分子上的荧光素放出的荧光信号，经计算机软件处理可获得检测 DNA 的序列及其变化情况。DNA 芯片也借助了微电子芯片的制作技术，它与计算机芯片非常相似的地方是高度集成化，不同之处是：目前，DNA 芯片不作为分子的电子器件，不起计算机芯片上集成的半导体晶体管的作用，不能作为 DNA 计算机用，主要的功能是生命信息的储存和处理。例如，Affymetrix 公司已经上市的 P53 Gene Chip 和 HIV Gene Chip，分别用于检测 P53 肿瘤抑制基因的单个核苷酸多形性(已知 60% 的癌症患者的 P53 有变异)、检测 HIV－1 蛋白酶及逆转录酶基因的突变。

微生物 DNA 芯片（Microbial DNA chip）是指用主要来源于微生物的寡核苷酸制成的芯片。微生物的多样性取决于其基因的多样性，因而可以制成种类繁多的 DNA 芯片，储存空前规模的生命信息，可利用其快速、高效地获取大量的生命信息。例如，临床常见疾病许多病原微生物诊断的 DNA 芯片，已显现出它在鉴定大量样品时具有的高度准确、敏感、快速和自动化等方面的优势。据报道，我国已研制成功一种用于检测病毒基因的芯片，可用来检则乙型肝炎病毒和 BB 病毒的基因。预计微生物 DNA 芯片在微生物的基因鉴定、基因表达、基因组研究及新基因的发现等方面将得到广泛利用，可能成为今后微生物学研究及其在各个领域应用中具划时代意义的新技术方法，将会发挥重大作用。而且微生物作为人类、动物、植物基因组研究的模式生物，微生物 DNA 芯片的研制和应用，将对各类基因组、功能基因组学（Functional genomics）、蛋白质组的研究起着更大作用，这是由于微生物基因的功能比动物、植物等高等生物的更易检测，基因也容易获取，基因组较小，取材和操作都较简便之故。微生物 DNA 芯片，乃至所有生物 DNA 芯片领域目前技术上还有一些问题，检测设备也昂贵，但发展神速，前景是乐观的。20 世纪微电子芯片进入了千家万户，改变了人类的经济、文化和生活，相信在 21 世纪，DNA 芯片对人类各方面的影响比之微电子芯片可能有过之而无不及。微生物 DNA 芯片是 DNA 芯片的重要组成，其将开辟生命信息研究和应用的新纪元，为推动社会的发展和进步起到重大作用。

五、微生物塑料、功能材料和生物计算机

（一）微生物塑料

以石油为原料制造的塑料，对人类社会、经济发展有着重要贡献的同时，由于其化学性能十分稳定，在自然条件下不易降解，又导致了"白色污染"这一全球性的严重问题。有些微生物能够产生在自然环境中容易降解的与塑料类似的聚酯，如聚－β－羟丁酸，即甲基侧链聚羟基丁酯（PHB）和聚羟基烷酯（PHA）及乙基侧链聚羟基戊酯（PHV），可以用来生产完全生物降解塑料，这类塑料称为微生物塑料。例如，洋葱伯克霍尔德氏菌（*Burkholderia cepacia*，即洋葱假单胞菌）利用木糖和少量氮，能发酵生产大量的 PHB，该菌积累的 PHB 可达其细胞干重的 60%；另一种杆菌可以利用甲醇和戊醇为原料，发酵生成 PHB 和 PHV 的共聚物；采用乳酸菌以马铃薯、谷物等的淀粉为原料，生产大量 L－乳酸，可再制成称为"交酯"的聚乳酸塑料。微生物塑料完全可以生物降解，而且降解产物不仅能改良土壤结构还可作为肥料。微生物塑料具有高相对分子质量、高结晶度、高弹性及高熔点的特性，能抗紫外线、不含有毒物质、生物相容性好、不引起炎症、透明及易着色等特点，所以这种塑料用途更广，更适合于在医药领域应用。目前存在的最大问题是生产成本高，成品价格贵，虽有生产，但只能在特别需要的地方应用。随着人们环保观念的增强，优良菌种的选育，工艺技术的改进，微生物塑料将会成为一个重要的产业。

（二）微生物功能材料

自然界各种各样的环境，生物经长期进化，适者生存，从而也导致生物大分子蛋白质、核

酸、多糖、脂质等具有广泛而各式各样的功能,例如能量转换、信息处理、分子识别、抗辐射、抗氧化、自我装配和自我修复等功能。人们利用这些大分子的修饰、改造或改装等功能,能制成各种生物功能材料。目前正在研究开发这类功能材料,有可能制成能量转换元件、信息处理、储存器件、分子识别元件和放大器件等。微生物具有多样性的优势,其大分子已作为首选研制生物功能材料的对象,形成了微生物功能材料研究热点。其中最具代表性的是对盐生盐杆菌(*Halobacterium halobium*)产生的紫膜蛋白质——细菌视紫红质(Bacteriorhodopsin,BR)的研究。BR 在光照射循环时,会按一定的顺序发生结构变化,结构变化过程中的不同状态,就能起到光开关的作用,可以分别表示信号"0"或"1",用来记录数字信息。例如,用激光照射 BR 时,它结构变化显示二进制的"0",再次照射,它结构变化成为二进制的"1"。BR 作为电子器件材料与现代微电子技术的根本材料硅半导体相比,具有显著的优点:①密集度高,BR 分子比硅芯片上的电子元件小得多,其密集度可以达到现有半导体超大规模集成电路的 10 万倍;②开关速度快,BR 分子结构改变状态的时间以微秒计,因而它的开关速度比目前的半导体元件开关速度高出 1 000 倍以上;③稳定又可靠,BR 分子能够自我装配和自我修复,排除集成电路可能出现的故障,分子结构改变的状态可以保持几年不变,不像半导体元件,一断电便会丢失数据;④耗能少,BR 分子是生化反应开关,阻扰低、能耗小,较好地解决了散热问题。紫膜的 BR 分子作为功能材料显示的优势,目前主要是通过对 BR 结构功能的基础研究而确定的,要使 BR 真正成为功能材料用于电子器件,尤其是作为生物计算机的装配元件,还有许多工作要做。微生物产生的半醌类有机化合物,也具有 BR 同样的功能,细菌和真菌产生的黑色素(Melanin)具有能量转换和抗辐射的功能,这类物质都可用于功能材料的研究开发。

第四章　环境微生物

第一节　环境微生物检测

微生物离不开环境,而微生物的数量分布和种群组成、理化性状、遗传变异等,又是环境状况的综合而客观的反映。利用微生物监测环境污染,通常有生态学监测法、生理生化监测法和毒理学监测法等。选用适当的方法,可了解不同污染状况及其近期、远期影响。新理论、新技术的渗透和应用,使监测方法不断完善、革新,更为灵敏、快速、准确。

一、水质指示微生物——大肠杆菌

大肠菌群为饮水、食品等的细菌学常规检验指标之一,世界各国的水质、食品等卫生标准对此都有明确规定。我国水质标准中规定的大肠菌群数(个/L)为:

饮用水		≤3
游泳池水		<100
地表水	第一级	≤500
	第二级	≤10 000
	第三级	≤50 000

流行病学研究确认,水携带的病原菌与肠道来的细菌强相关。人粪内的大肠菌群细菌,是一项行之有效的水质污染的生物学监测指标。环境科学工作者还以大肠菌群这一指标检验工业废水和城市污水的处理效果,研究饮用水、游泳池水的处理及水质的改良和提高,等等。

(一)目的和原理

肠道病原微生物进入水体,随水流传播,可引起肠道病爆发流行。为确保饮水和用水的卫生和安全,必须对其作严格的常规监测。但要从水体中直接检出病原微生物是困难的,因为它们在水中的数量很少,而且培养条件较苛刻,分离和鉴别都较困难,样品检测结果即使是阴性,也不能保证无病原微生物存在。因此,常选用指示微生物作为水体被粪便污染的指标。大肠菌群细菌在人肠道和粪便中数量很多,成人每人每日由粪便排出的大肠菌群细菌多达 $5 \times 10^{10} \sim 100 \times 10^{10}$ 个,因此在受粪便污染的水中容易检出。而且,大肠菌群细菌在水中存活的时间、对消毒剂和水体中不良因素的抵抗力等都与病原菌相似。再者,检测大肠菌群方法比较简易。所以,在实际工作中常以大肠菌群为指示微生物来评价水的卫生质量。

大肠菌群是一群需氧和兼性厌氧的,能在 37 ℃培养 24 h 内使乳糖发酵产酸产气的革兰氏阴性无芽孢杆菌,包括埃希氏菌属(*Escherichia*)、柠檬酸杆菌属(*Citroacter*)、肠杆菌属

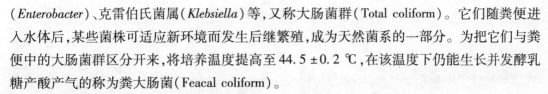

（*Enterobacter*）、克雷伯氏菌属（*Klebsiella*）等，又称大肠菌群（Total coliform）。它们随粪便进入水体后，某些菌株可适应新环境而发生后继繁殖，成为天然菌系的一部分。为把它们与粪便中的大肠菌群区分开来，将培养温度提高至 44.5±0.2 ℃，在该温度下仍能生长并发酵乳糖产酸产气的称为粪大肠菌（Feacal coliform）。

（二）步骤和方法

检测大肠菌群的标准方法有多管发酵法和膜滤法。

1. 多管发酵法（即最大可能数法，Most probable number，简称 MPN 法）

于一系列发酵管中接种一定量水样，根据乳糖发酵产酸产气的阳性管数，测知水样含大肠菌群数。

（1）总大肠菌群

①初发酵试验　以无菌操作技术向各乳糖蛋白胨培养液发酵管（瓶）内注入一定量水样，混匀后置 37 ℃温箱培养 2 h。产酸产气者为阳性。阴性者继续培养 24±3 h 再行检查。混浊而无气泡者，轻摇试管，注意观察有无小气泡上浮。有小气泡不断上浮，表示发酵正活跃，否则判为阴性。

接种水样量、平行管（瓶）数参考如下：

饮用水：100 mL，2 瓶；10 mL，10 管。

未污染水：10 mL，1 mL，0.1 mL 各 5 管。

受污染水：0.1 mL，0.01 mL，0.001 mL 各 5 管。

污水：0.001 mL，0.000 1 mL，0.000 01 mL 各 5 管。

这里，0.1 mL 即稀释 10 倍的水样 1 mL，其余类推。接种水样量大（10 mL，100 mL）的管（瓶）内培养液应是浓缩液，使其在加入水样后为单倍浓度（普通浓度）。

②平板分离　轻摇初发酵试验阳性管，用接种环或一端挠起的接种针以无菌操作技术取上述各阳性管的培养物，分别在伊红美兰平板上划线接种，平板倒置于 37 ℃温箱培养 18~24 h。呈深紫红色、有或无金属光泽的菌落，为典型大肠菌菌落，粉红色、黏液状、不透明的为非典型菌落，其他状态的均为阴性菌落。

③复发酵试验　取典型或非典型菌落（无典型菌落时取非典型菌落）的部分培养物作涂片，革兰氏染色，镜检为革兰氏阴性无芽孢杆菌，则取该菌落的另一部分培养物再接种于普通浓度的乳糖蛋白胨发酵管内，每管可接种分离自同一初发酵管的最典型菌落 1~3 个。置 37 ℃温箱培养 24 h，产酸产气者证实有总大肠菌群存在。

④报告　根据证实有总大肠菌群存在的阳性管数，查表（见表 4-1），并按初发酵试验接种水样量换算后，报告每升水样的总大肠菌群数。对表中未能列入的组合，以及当试管数和稀释情况不同时，可利用托马斯（Thomas）氏公式来计算：

$$MPN/100 \text{ mL} = \frac{\text{阳性管数} \times 100}{\sqrt{\text{阴性管中的水样毫升数} \times \text{全部试管中的水样毫升数}}}$$

表 4-1　大肠菌群检数表

(一)接种水样总量 300 mL(100 mL 2 份,10 mL 10 份)

10 mL 水量的阳性管数	100 mL 水量的阳性瓶数		
	0	1	2
	1 L 水样中大肠菌群数	1 L 水样中大肠菌群数	1 L 水样中大肠菌群数
0	<3	4	11
1	3	8	18
2	7	13	27
3	11	18	38
4	14	24	52
5	18	30	70
6	22	36	92
7	27	43	120
8	31	51	161
9	36	60	230
10	40	69	>230

(二)接种水样量 10 mL,1.0 mL,0.1 mL 各 5 管

阳性管组合	每 100 mL 水样中细菌的最大可能数	阳性管组合	每 100 mL 水样中细菌的最大可能数	阳性管组合	每 100 mL 水样中细菌的最大可能数
0-0-0	<2	3-2-0	14	5-2-0	49
0-0-1	2	3-2-1	17	5-2-1	70
0-1-0	2	3-3-0	17	5-2-2	94
0-2-0	4	4-0-0	13	5-3-0	79
1-0-0	2	4-0-1	17	5-3-1	110
1-0-1	4	4-1-0	17	5-3-2	140
1-1-0	4	4-1-1	21	5-3-3	180
1-1-1	6	4-1-2	26	5-4-0	130
1-2-0	6	4-2-0	22	5-4-1	170
2-0-0	5	4-2-1	26	5-4-2	220
2-0-1	7	4-3-0	27	5-4-3	280
2-1-0	7	4-3-1	33	5-4-4	350
2-1-1	9	4-4-0	34	5-5-0	240
2-2-0	9	5-0-0	23	5-5-1	350
2-3-0	12	5-0-1	31	5-5-2	540
3-0-0	8	5-0-2	43	5-5-3	920
3-0-1	11	5-1-0	33	5-5-4	1 600
3-1-0	11	5-1-1	46	5-5-5	≥2 400
3-1-1	14	5-1-2	63		

（2）粪大肠菌群

①初发酵试验　与总大肠菌群的相同。

②复发酵试验　轻摇初发酵试验呈阳性的发酵管,用内径为 3 mm 的接种环以无菌操作技术取一环培养物,转接到 EC 培养液发酵管内,置 44.5 ± 0.2 ℃水浴培养 24 h,产气者为阳性。

③报告　同总大肠菌群。

2. 膜滤法（Membrane filter,简称 MF 法）

（1）总大肠菌群

①滤膜和滤器的灭菌和安装　滤器用高压蒸气 121 ℃灭菌 20 min。滤膜置于蒸馏水中煮沸灭菌 3 次,每次 15 min,前两次煮沸后换水洗涤 2 ~ 3 次,以除去残留溶剂。用无菌镊子夹取灭菌滤膜的边缘,使粗糙面向上,贴放在灭菌滤床上,稳妥固定滤器。

②过滤水样　将适量水样（视水样含菌数多少决定水样量）注入滤器中,加盖,打开滤器阀门,在 -50 663 Pa 下抽滤。水样滤完后,以无菌水洗滤器内壁并滤完,再抽气约 5 s,关上滤器阀门,取下滤器。

③培养　用灭菌镊子夹取滤膜边缘,将滤膜移放在伊红美兰平板上,滤膜截留细菌面向上,滤膜与培养基完全贴紧,两者间无间隙。平皿倒置于 37 ℃温箱培养 22 ~ 24 h。

④计数典型或非典型大肠菌群细菌菌落,并分别取各菌落的部分培养物涂片,革兰氏染色,镜检。

⑤再培养　凡镜检为革兰氏阴性无芽孢杆菌的,取该菌落的另一部分培养物,接种于乳糖蛋白胨发酵管,置 37 ℃温箱培养 24 h。产气者为总大肠菌群阳性。

⑥报告　根据能在滤膜上产生 20 ~ 60 个大肠菌群细菌菌落（菌落性状见多管发酵法中"平板分离"）的水样量,计算每升水样中的总大肠菌群细菌数报告之,即

$$每升水样中总大肠菌群细菌数 = 滤膜上生长的总大肠菌群菌落数 × \frac{1\ 000}{抽滤水样毫升数}$$

（2）粪大肠菌群　方法和步骤同上,唯培养基组分和菌落性状不同:平板用 m - FC 培养基,粪大肠菌群在其上呈蓝色;发酵管内装 EC 培养液。

（三）在环境微生物检测中的应用

1. 测定饮用水卫生质量和天然水体受废弃物污染程度。

2. MPN 法适用于各种水样,而 MF 法对于含大量悬浮物、泥沙和细菌的水样不适用,因为它们干扰水样过滤和菌落发育。

3. 粪大肠菌反映水样近期受粪便污染状况,较总大肠菌群有更重要的卫生学意义。

总之,大肠菌群作为水样的卫生质量和污染程度的指标,其重要意义已由丰富的实践经验所确认,但是大肠菌群作为指示生物,尚有其不足之处,如它对一些消毒剂的抵抗力不及某些病毒,检验大肠菌群结果阴性的水样,仍可能存在威胁人体健康的病毒。努力寻求更为理想的水质指示微生物,是摆在我们面前的一项紧迫任务。

二、发光细菌的微毒检测

生物发光是某些生物的一种生理现象,海洋生物中更为多见。自 1627 年 R. Boyle 观察到发光的菌体所发出的光易被化学物质抑制后,许多科学家相继对细菌的发光效应进行了大量的研究。20 世纪七八十年代,国外科学家首次从海鱼体表分离和筛选出对人体无害,

对环境敏感的发光细菌,用于检测水体生物毒性,现已成为一种简单、快速的生物毒性检测手段。20 世纪 80 年代初我国引进了这项技术,并先后分离出海水型和淡水型的发光细菌,用以检测环境污染物的急性生物毒性;后来还分离出明亮发光杆菌暗变种检测环境污染物致突变性,扩大了检测范围。

（一）发光细菌检测的原理与操作

1. 基本原理

发光菌检测法是以一种非致病的明亮发光杆菌作指示生物,以其发光强度的变化为指标,测定环境中有害有毒物质的生物毒性的一种方法。

细菌的发光过程是菌体内一种新陈代谢的生理过程,是光呼吸进程,是呼吸链上的一个侧支,即菌体是借助活体细胞内具有 ATP、荧光素（FMN）和荧光素酶发光的。综合化学反应过程为

$$FMNH_2 + RCHO + O_2 \xrightarrow{\text{细菌荧光酶}} FMN + RCOOH + H_2 + h\nu$$

该光波长在 490 nm 左右。这种发光过程极易受到外界条件的影响。凡是干扰或损害细菌呼吸或生理过程的任何因素都能使细菌发光强度发生变化。当有毒有害物质与发光菌接触时,发光强度立即改变,并随着毒物浓度的增加而发光减弱。这种发光强度的变化,可用一种精密测光仪定量地测定。美国 Microbics 公司设计制造了一套微毒测定仪器。国内中国科学院南京土壤研究所、华东师范大学生物系也分别成功地研制了 DXY – 2 型和 SDJ – 1 型的生物发光光度计（生物毒性测试仪）。

2. 典型操作

（1）典型操作方法　目前国内外细菌发光的测定常用 2 种方法。

①新鲜发光细菌培养测定法　即将发光菌接种于液体培养基中,在适当条件下（20 ± 0.5 ℃）振荡培养到对数生长期,配制为含 3% NaCl 的适当浓度的菌悬液加入测试管中,再加入待测液,使之和菌种接触,作用 5～15min 后,读出并记录对照管和样品管发光强度。此法操作较为简便。

②冷冻干燥发光细菌制剂测定法　把培养到对数生长期的发光细菌,以冷冻干燥法制成冻干粉剂,使用时加入冷的 2% NaCl 溶液复苏,使其恢复到原来的生理状态和发光水平,然后用于测定。这是国家标准方法,其优点是可实行测定的质量控制。冻干粉可长期保藏,方便使用,操作简便,节约时间。

（2）试剂与材料

①测试菌种　明亮发光杆菌（*Ptotobacterium phosphoreum*）T_3 小种。

a. 新鲜明亮发光杆菌悬浮液。

b. 或明亮发光杆菌冻干粉（8×10^6 cell/g）。

② 培养基

a. 液体培养基　酵母膏 5.0 g,胰蛋白胨 5.0 g,NaCl 30.0 g,Na_2HPO_4 5.0 g,KH_2PO_4 1.0 g,甘油 3 g,加蒸馏水至 1 000 mL,pH 值 7.0 ±0.5。

b. 固体培养基　培养液（按上述配方）1 000 mL,琼脂 16 g,pH 值 7.0 ±0.5。

③稀释液　3% NaCl,2% NaCl。

④参比毒物　0.02～0.24 mg/L 的 $HgCl_2$ 系列标准溶液。

⑤仪器与器材

a. DXY-2 型生物发光光度计(中国科学院南京土壤研究所研制)及 2 mL 或 5 mL 比色管。

b. 恒温振荡器,培养箱,手提式高压消毒锅。

c. 10 μL 或 20 μL 微量加液器,1 mL 注射器,移液器,容量瓶,三角瓶。

⑥检测样品　视实验目的而定。

（二）发光细菌法的应用

根据发光细菌法的原理和方法,凡能干扰或破坏发光细菌呼吸、生长、新陈代谢等生理过程的环境因子,例如有毒有害的物质等都可以运用发光细菌法检测生物毒性。其主要应用包括:

1. 发光细菌对水、土、气中化合物的急性毒性评价,快速评价水源水和地面水的质量,及对渔业水体,农田灌溉水体等的检测。

2. 工业废水、废气和固体废弃物的急性毒性与评价,污染源的毒性追踪与判断,河流流经地域的排污分担率的估算,污水合格排放的稀释率的推算与评定。

3. 土壤重金属急性毒性效应测定和评价,土壤金属毒性的协同或拮抗效应监测。

4. 化学品的毒性评价与安全性评定,化学危险品的风险评定,以及环境污染物的致突变性的评价。

5. 环境保护处理设施效果的监测。随着环境学科的发展,发光细菌法的应用范围和前景将愈来愈宽广。

（三）发光细菌法测定急性毒性的操作程序

1. 发光细菌新鲜菌悬液的制备(第 1 法)

（1）斜面菌种培养　于测定前 48 h 取保存菌种,于新鲜斜面上接出第一代斜面,20 ± 0.5 ℃ 培养 24 h 后立即转接第二代斜面,20 ± 0.5 ℃ 培养 24 h,再接出第三代斜面,20 ± 0.5 ℃ 培养 12 h 后备用。每次接种量不超过一接种耳。

（2）摇瓶菌液培养　取第三代斜面菌种近一环,接种于装有 50 mL 培养液的 250 mL 三角瓶内,20 ± 0.5 ℃,184 r/min 下培养 12 ~ 14 h 备用。

（3）将培养液稀释至每毫升 10^8 ~ 10^9 个细胞,初始发光度不低于 800 mV,置水浴中备用。

2. 菌液复苏(第 2 法)

取冷藏的发光菌冻干粉,置冰浴中,加入 0.5 mL 冷的 2% NaCl 溶液,充分摇匀,复苏 2 min,使其具有微微绿光,初始发光度不低于 800 mV。

3. 样品采集与处理

（1）水样

①从不同工业废水的各排放口,每 4 h 采样一次,连续采集 24 h 后,均匀混合后备用。

②纳污水体　取其入口、中心、出口三个断面混合水样备用。

③同上方法采集清洁水,作空白对照。

浊度大的污水,需静置后取上清液。一般样品不需加任何处理。水样按 3% 比例投加 NaCl 置冰箱备用。

（2）气体样品　以大气采样法取大气样品于气体吸收液中吸收 5mL,按 3% 比例投加 NaCl,置冰箱备用,同法收集清洁空气作为对照组。

（3）固体样品　取固体废弃物,按《工业固体废弃物有害特性试验与监测分析方法》制备浸出液,移取上清液,按 3% 比例投加 NaCl,置冰箱备用。

4. 试验浓度的选择

在预备试验的浓度范围内,按等对数间距或百分浓度取 3 ~ 5 个试验浓度,同时设空白对照和参比毒物系列浓度组。

5. 发光细菌法生物毒性测定

(1)工业废水或有毒物质的生物毒性测定

①发光菌悬液初始发光度测定　取 4.9 mL 3% NaCl 溶液于比色管内,加新鲜发光菌悬液或冻干粉复苏菌悬液 10 μL,若测量发光度在 800 mV 以上,允许置冰浴中备用。

②取已处理待测废水样品,按等对数间距或百分浓度编号,并注明采集点。

③依次加入稀释液、待测水样及参比毒物系列浓度溶液见表 4 – 2。

表 4 – 2　发光强度测试管加试液量(适用测试管为 5 mL 的仪器)

水样	工业废水						参比毒物 Hg^{2+} 溶液					
测试管编号	1	2	3	4	5	6	1	2	3	4	5	6
稀释液/mL	4.99	4.89	4.81	4.67	4.43	3.99	4.99	4.94	4.84	4.69	4.54	4.39
废水水样/mL	0.00	0.10	0.18	0.32	0.56	1.00	0	0.05	0.15	0.30	0.45	0.60
发光菌悬液/mL	0.01	0.01	0.01	0.01	0.01	0.01	0.01	0.01	0.01	0.01	0.01	0.01

④打开生物毒性测试仪电源,预热 15 min 调零点,备用。

⑤每管加入菌悬液 0.01 mL,准确作用 5 或 15 min,依次测定其发光强度,记录毫伏数。每个浓度设三管重复。

(2)工业废气(或有害气体)的生物毒性测定

①气体直接通入法　用注射器直接注入气体于菌悬液中,经 10 ~ 20 min 测定发光菌发光强度的变化。

②气体吸收法　方法同工业废水测定法。

③固体菌落法　挑选固态培养到对数生长期的发光菌单菌落,连同培养基切下,置比色管内,测定初始发光强度,然后用注射器将待测气体注入菌苔表面,经 10 ~ 20 min 后,测定发光度的变化。

6. 实验结果处理与评价

(1)记录工业废水、废气的生物毒性实验数据及其计算

①相对发光率或相对抑光率

计算公式:

$$相对发光率(T\%) = \frac{样品发光强度}{对照发光强度} \times 100\%$$

$$相对抑光率(T\%) = \frac{对照发光强度 - 样品发光强度}{对照发光强度} \times 100\%$$

②EC_{50} 值　在半对数坐标纸上,以横坐标为对数浓度,以纵坐标为相对抑光率或发光率,作图,求得 EC_{50} 值。

(2)数据处理与评价

①建立相对抑光率与参比毒物系列浓度的回归方程,求出样品的生物毒性相当于参比毒性的水平,以评价待测样品的生物毒性。

②以 EC₅₀值评定样品的生物毒性水平 发光细菌法是检测环境生物毒性的一种好方法,它具有快速、简便、灵敏、准确、稳定、经济、测试只需微量样品等特点,已被广泛用于生物测定。随着对发光菌发光机理以及对菌体的分离、生长、诱导发光基因、基因融合等的研究,已有了新的突变种,能够快速、灵敏地测定化合物的致突变性。开始探讨构建灵敏的生物发光传感器来检测环境样品中的生物可利用性,以确定环境中某种毒物的危险临界值,从而补充分析化学方法中的不足之处。随着生物技术的日益发展,发光细菌法也将从分子水平上得以创新和发展。

三、污染物致突变性检测(Ames 试验)

污染物对人体的潜在危害,引起人们的普遍关注。世界上已发展了百余种短期快速测试法,检测污染物的遗传毒性效应。B. N. Ames 等经十余年努力,于 1975 年建立并不断发展完善的沙门氏菌回复突变试验(亦称 Ames 试验)已被世界各国广为采用。该法快速、简便、敏感、经济,且适用于测试混合物,反映多种污染物的综合效应。众多学者有的用 Ames 试验检测食品添加剂、化妆品等的致突变性,由此推测其致癌性;有的用 Ames 试验检测水源水和饮用水的致突变性,探索较现行方法更加卫生安全的消毒措施;或检测城市污水和工业废水的致突变性,综合化学分析,追踪污染源,为研究防治对策提供依据;有的检测土壤、污泥、工业废渣堆肥、废物灰烬的致突变性,以防止维系生命的土壤受致突变物污染后,通过农作物危害人类;检测气态污染物的致突变性,防止污染物经由大气,通过呼吸对人体发生潜在危害;用 Ames 试验研究化合物结构与致变性的关系,为合成对环境无潜在危害的新化合物提供理论依据;检测农药在微生物降解前后的致突变性,了解农药在施用后代谢过程中对人类有无隐患;还有用 Ames 试验筛选抗突变物,研究开发新的抗癌药,等等。

(一)目的和原理

鼠伤寒沙门氏菌(*Salmonella typhimurium*)的组氨酸营养缺陷型(his⁻)菌株,在含微量组氨酸的培养基中,除极少数自发回复突变的细胞外,一般只能分裂几次,形成在显微镜下才能见到的微菌落。受诱变剂作用后,大量细胞发生回复突变,自行合成组氨酸,发育成肉眼可见的菌落。某些化学物质需经代谢活化才有致变作用,在测试系统中加入哺乳动物微粒体酶(通常用大鼠肝匀浆 S9 与 NADP、G－6－P、MgCl₂、KCl、Na₂HPO₄、KH₂PO₄ 和水配制成混合液(S9mix)),可弥补体外试验缺乏代谢活化系统之不足。鉴于化学物质的致突变作用与致癌作用之间密切相关,故此法现广泛用于致癌物的筛选。

(二)步骤和方法

Ames 试验的常规方法有斑点试验和平板掺入试验。

1. 菌株鉴定

用于测试的菌株,需经基因型和生物学性状鉴定,符合要求才能投入使用。

目前推荐使用的一套菌株是 TA97、TA98、TA100 和 TA102。鉴定前先进行增菌培养。为鉴定结果可靠,需同时培养野生型 TV 菌株,作为测试菌基因型之对照。增菌培养用牛肉膏－蛋白胨液体培养基,接种后于 37 ℃,100 r/min 振荡培养 12 h 左右,细菌生长相为对数末期,含菌数为 $1 \times 10^9 \sim 2 \times 10^9$ 个/mL。

具体的鉴定项目如下:

(1)脂多糖屏障丢失(rfa) 用接种环或一端挠起的接种针以无菌操作术取各菌株的增菌培养液,在营养琼脂平板上分别划平行线,然后用灭菌尖头镊夹取灭菌滤纸条,浸湿结晶

紫溶液,贴放在平板上与各接种平行线垂直相交。盖好皿盖后倒置于37 ℃温箱,培养24 h后观察结果。

(2)R 因子　划线接种,贴放滤纸条及培养等均同上,唯滤纸条浸湿的药液不同,为氨苄青霉素钠溶液。TA102 除 pKM101 外,还有 pAQ1 载有抗四环素的基因,故另用滤纸条浸湿四环素溶液后贴放于划线接种的平板上。

(3)紫外线损伤修复缺陷(ΔuvrB)　在营养琼脂平板上按上述方法划线接种后,一半接种线用黑玻璃遮盖,另一半暴露于紫外光下 8 s,然后盖好皿盖并用黑纸包裹平皿,防止可见光修复作用。培养同上。

(4)自发回变　预先制备底平板;向灭菌并在 45 ℃水浴内保温的上层软琼脂中注入0.1 mL 菌液;混匀后倾于底平板上并铺平;平皿倒置于 37 ℃温箱培养 48 h。

(5)回变特性——诊断性试验　上层软琼脂中除菌液外,还注入已知阳性物之溶液,需活化系统者并加入 S9mix,其余同上。

组氨酸营养缺陷型由自发回变即可知。

菌株鉴定正确结果见表 4 - 3 和图 4 - 1。

表 4 - 3　Ames 试验测试菌之基因型及生物学性状

菌株	自发回变	his⁻	rfa	pKM101	pAQ1	ΔuvrB	诊断试验
TA97	90 ~ 180	+	+	+	−	+	+
TA98	30 ~ 50	+	+	+	−	+	+
TA100	120 ~ 200	+	+	+	−	+	+
TA102	240 ~ 320	+	+	+	+	−	+
TV							

2. 斑点试验

吸取测试菌增菌培养后的菌液 0.1 mL,注入融化并 45 ℃左右保温的上层软琼脂中,需S9 活化的再加 0.3 ~ 0.4 mL S9mix,立即混匀,倾于底平板上,铺平冷凝。用灭菌尖头镊夹灭菌圆滤纸片边缘,纸片浸湿受试物溶液,或直接取固态受试物,贴放于上层培养基的表面。同时做试剂对照和阳性对照,分别贴放于平板上相应位置。平皿倒置于 37 ℃温箱培养48 h。在纸片外围长出密集菌落圈,为阳性;菌落散布,密度与自发回变相似,为阴性(如图4 - 2 所示)。

3. 平板掺入试验

将一定量样液和 0.1 mL 测试菌液均加入上层软琼脂中,需代谢活化的再加 0.3 ~0.4 mL S9mix,混匀后迅速倾于底平板上铺平冷凝。同时做阴性和阳性对照,每种处理做 3个平行。试样通常设 4 ~ 5 个剂量,选择剂量范围开始应大些,有阳性或可疑阳性结果时,再在较窄的剂量范围内确定剂量反应关系。培养同上。同一剂量各皿回变菌落均数与各阴性对照皿自发回变菌落均数之比,为致变比(MR)。MR 值≥2,且有剂量 - 反应关系,背景正常,则判为致突变阳性(如图 4 - 3 所示)。

(三)应用

1. 斑点试验只局限于能在琼脂上扩散的化学物质,大多数多环芳烃和难溶于水的化学

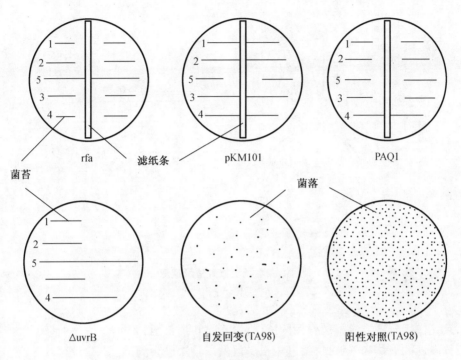

图4－1　菌株基因型和生物学性状

(1)TA97；(2)TA98；(3)TA100；(4)TA102；(5)TV

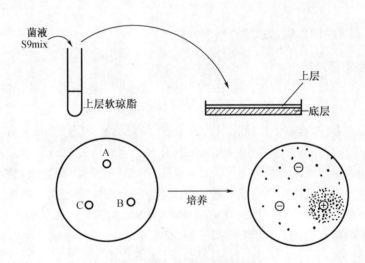

图4－2　斑点试验示意图

A,C—阴性；B—阳性

物质均不适宜用此法。此法敏感性较差,主要是一种定性试验,适用于快速筛选大量受试化合物。

2.平板掺入试验可定量测试样品致突变性的强弱。此法较斑点试验敏感,获阳性结果所需的剂量较低。斑点试验获阳性结果的浓度用于掺入试验(每皿0.1 mL),往往出现抑(杀)菌作用。

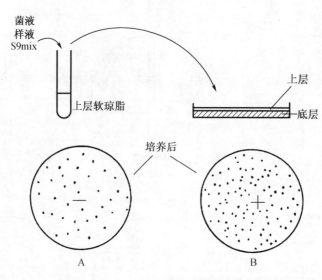

图4-3 平板掺入法示意图

A—阴性；B—阳性

3. 致变作用延缓或有抑菌作用的试样，培养时间延长至72 h。

4. 挥发性的液体和气体试样，可用干燥器内试验法进行测试。

5. 目前，Ames试验作为检测环境诱变剂的一组试验中的首选试验，广泛应用于致突变化学物的初筛。但是，与今天快信息、高效率的社会要求相比，该试验程序还显繁琐，方法不够简便，有待于创建新的更为快速、灵敏、简单易行的环境诱变剂短期生物测试法。

四、分子生态毒理学指标在环境检测中的应用

（一）分子生态毒理学

目前，一般生态毒理学是用生态系统中代表性生物进行急、慢性试验，并用这些成果作为评价环境化学物质的毒性强度及可能对生态系统造成影响的一种参数。现在这些方法不少已作为常规监测方法，这些手段所得出的结果较好地反映了污染物对生态系统整体水平上的影响，比较接近自然状况。在个体水平或系统水平上的研究对污染物的评价和筛选起到了重要作用。但是在系统和个体水平上的研究耗时长、花费大，而生物死亡、生长受阻或繁殖受到影响会最终导致生态系统受到破坏，但这些已是污染物造成的晚期影响。由于不了解污染物作用的早期反应及作用的真正靶位，作为参数的试验结果扩展到野外时，二者之间存在着很大的距离。因此，生态毒理学研究迫切需要能反映污染物作用本质及对生物早期影响进行监测的指标，这样有可能对污染物环境影响作出更为准确的生态毒理学预测或早期警报。

目前许多研究者主要从生物化学方面探索能反映污染物对生物的早期影响参数，研究污染物与生物细胞内的有关生化成分的反应，并用所产生的影响来反映污染物的作用，应以分子水平上的反应为基础。虽然研究的角度不同，但各研究者的基本观点是一致的，即无论污染物对生态系统或个体的影响多复杂，或最终的影响如何严重，最早的作用必然是从细胞内分子水平上作用开始的，然后逐步在个体、种群、群落、生态系统各个水平上反映出来，这种最早期的作用在保护种群和生态系统上有很大的预测价值。可见，随着生物技术的发展，

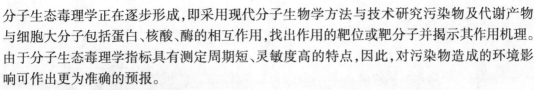

分子生态毒理学正在逐步形成，即采用现代分子生物学方法与技术研究污染物及代谢产物与细胞大分子包括蛋白、核酸、酶的相互作用，找出作用的靶位或靶分子并揭示其作用机理。由于分子生态毒理学指标具有测定周期短、灵敏度高的特点，因此，对污染物造成的环境影响可作出更为准确的预报。

（二）分子生态毒理学的指标研究

从污染物作用方式及靶位来看，目前生物标志可以分为以下几个方面：

（1）用有关酶的活性作为细胞功能损伤的标志。

（2）用污染物对解毒系统基因活化引起 RNA 蛋白及酶活性的增加来反映特定化学物质的早期作用。

（3）用环境化学物质对 DNA 的化学修饰引起的 DNA 的改变来反映化学物质潜在致突变作用。

1. 腺三磷酶（ATPase）作为多种污染物胁迫的指标

（1）基本原理　ATPase 是生物体内重要的酶，存在于所有的细胞内，包括多种由不同离子活化及存在于不同细胞结构中的 ATPase，在细胞功能活动如离子平衡等方面起着重要作用。在研究氯代烃农药作用机理时，人们发现 DDT 对细胞 Na^+/K^+ ATPase 和 Mg^- ATPase 有抑制作用，因此对多种化合物与生物体 ATPase 的关系作更广泛的研究发现，ATPase 对不同的污染物均有反应，如有机农药、增塑剂、金属、炼油废水等，并有一定的剂量/效应关系，有的还有典型的毒性效应。酶试验与生物体功能损伤的研究也证实了 ATPase 受抑制可以反映毒物对有机体的影响，ATPase 是一项评价污染压力的参数。

（2）测定方法　Na^+/K^+ ATPase 将腺三磷（ATP）水解为腺二磷，试验中以无机磷释放量来表示酶的活力水平。

①酶提取　将经毒物处理一定时间的微生物细胞（单细胞生物或真菌菌丝）收获，用 Tris – HCl 缓冲液（0.01 mol/L，pH 7.2）在 4 ℃下提取 10 min，10 000 g 离心，上清液用于酶活力测定。

②酶反应混合液　pH 7.5，30 mmol/L Tris – HCl 缓冲液，3 mmol/L ATP，0.11 mmol/L NaCl，3 mmol/L $MgCl_2$，10 mmol/L KCl，一定体积的酶提取上清液，37 ℃反应一定时间。

③无机磷测定　0.2 mL 上清液，1.5 mL 三氯醋酸，2 mL 硫酸亚铁钼酸铵溶液（5 g 硫酸亚铁 +10% 硫酸钼酸铵 10 mL），在 770 nm 处测定光密度，对照磷标准曲线，计算无机磷含量。

④酶活力计算

$$酶活力 = M \times \frac{V}{V_1} \times \frac{60}{t}$$

式中　V——反应体积；

V_1——取样体积；

M——无机磷浓度（μmol/L）；

t——反应时间。

2. 抗氧化剂防御系统与污染物的作用

（1）基本原理　在研究污染物致毒作用的机理中，人们发现许多外源性化学物质是通过产生大量的活性氧而对细胞诱发多种损害的，而这些产生活性氧的污染物对细胞抗氧化作用的酶有诱导作用，因而生态毒理学家试图探索用抗氧化剂系统的成分来检测污染物早期影响。

在长期的进化过程中，需氧生物发展了防御过氧化损害系统，其组成成分包括酶，如过氧化物酶（GPx），超氧化物歧化酶（SOD），过氧化氢酶（Ct）等。在正常生理状态下，由代谢产生的活性氧可为抗氧化防御系统所控制，但当某种污染物如醌类、芳香羟胺类、金属螯合剂等在细胞内进行生物转化时，同时产生氧化还原循环，这样不仅母体化合物产生的中间产物本身是自由基代谢物，可与核酸、蛋白共价连接产生毒害，而且在循环中产生了大量活性氧，如 OH、O_2、H_2O_2，这些活性氧又可使 DNA 断裂、脂质过氧化、蛋白失活，从而引起机体氧化应激，在这些活性氧产生及转化中，SOD，Ct，GPx 等起着非常重要的作用。目前研究发现，暴露于可产生氧化还原循环的物质后，细胞内防御系统中一些成分会改变，如 SOD、Ct。SOD 酶活性中心的金属离子能通过自身交替还原和氧化方式催化氧自由基还原成过氧化氢和氧，其所产生的过氧化氢再在过氧化氢酶的作用下分解成氧和水分子，从而控制了膜脂的过氧化水平，保护了膜系统，在细胞内形成一套解毒系统，图 4-4 表示了氧化还原循环与活性氧产生及酶的关系。

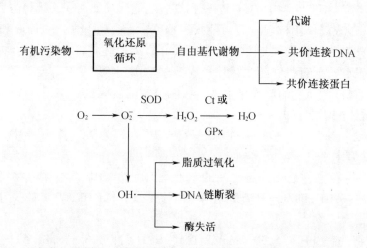

图 4-4　氧化还原循环、自由基产生、主要的酶及毒理学影响图示（仿 DiGiulio）

能在体内产生自由基的污染物的种类非常多。由于抗氧化剂防御系统能反映多种污染物的作用，其变化可定量检测，已充分显示了其作为分子生态毒理学指标的前景，是一类有希望的分子生态毒理学指标，尤其可用于反映能产生氧自由基污染物的早期影响。因此，对这一领域的研究将受到更多的重视。

（2）测定方法及步骤

①酶提取　将经毒物处理一定时间的微生物细胞（真菌菌丝或单细胞）收获，用 Tris-HCl 缓冲液（0.01 mol/L，pH 7.2）用超声波粉碎器处理或反复冻融后，在 4 ℃下提取 10 min，10 000 g 离心 10 min，上清液用于酶活力测定。

②酶活性测定

a. SOD 测定方法及步骤　在 20 mL 试管中加入一定量酶提取液，9 mL Tris-HCl 缓冲液（50 mmol/L Tris-HCl，1 mmol/L 二乙撑三胺基五乙酸 pH 8.20），于 25 ℃超级恒温水浴中放置 20 min，用微量注射器加入 40 μL 预热的邻苯三酚溶液（45 mmol/L 邻苯三酚于 10 mmol/L HCl 中），准确反应 3 min，迅速加入一滴（50 μL）微生素 C 溶液，立即混匀，室温下反应 5 min，于 1 h 内倒入 3 cm 光径的比色杯中,对照杯中加 9 mL Tris－HCl 缓冲液,室温 25 ℃,每隔 30 s 测定一次 A_{420},自氧化率(A_0)控制在 0.06/min。

$$抑制率 = \frac{A_0 - A_s}{A_0} \times 100\%$$

$$SOD 单位活力(U/mL) = \frac{A_0 - A_s}{A_0} \times \frac{18}{V} \times N$$

b. Ct 测定方法及步骤　5 mL 0.01 mol/L H_2O_2－磷酸缓冲液(pH 6.8)在 25 ℃下预热 1 min,加入 1 mL 酶提取液,2 mL 0.5 mol/L H_2SO_4,恒温反应 3 min,加入 0.5 mL KI(10%)和 1 滴钼酸铵,混匀后,用 0.01 mol/L 的 $Na_2S_2O_3$ 滴定,达浅黄色时,加淀粉 2 滴,滴定至蓝色消失。

过氧化氢酶活力以单位时间酶促分解 H_2O_2 的摩尔数表示,计算公式如下:

$$酶活力 = \frac{(C - B \ 或 \ A) \times f \times M \times 1\ 000}{3}$$

式中　A——处理样品消耗的 $Na_2S_2O_3$ 毫升数;

　　　B——对照组样品消耗的 $Na_2S_2O_3$ 毫升数;

　　　C——试剂空白消耗的 $Na_2S_2O_3$ 毫升数;

　　　3——反应时间 3 min;

　　　f——酶液的稀释倍数,本试验为 200;

　　　M——$Na_2S_2O_3$ 的摩尔浓度;

　　　1 000——毫摩尔换算成微摩尔的放大倍数。

3. 化学物对 DNA 损伤的研究

(1)基本原理　化学物质进入生物体内后,经体内的酶系活化,产生中间代谢物,这类具有强烈亲和性的代谢物可以与脂类蛋白 RNA 或 DNA 的亲核中心发生反应,形成稳定的或不稳定的加合物,DNA 是生物体内重要的大分子,也是生物体重要的遗传物质,若 DNA 发生变化,如形成加合物,或甲基化比例改变,当体内不能及时修复时,其特有的遗传性质就会受到影响,有毒物质与细胞 DNA 相互作用,形成共价化合物,被认为是致突变过程启动的关键步骤。DNA 与化学物之间的作用反映了化学物质的遗传学毒性,许多具有致突变作用的物质都可以引起不同类型的 DNA 损伤,所以,DNA 损伤是一项可用于评价环境化学物质的遗传毒性有意义的参数。因此,DNA 损伤的监测也是分子生态毒理学研究的重要内容。

近年来,人们在不断发展灵敏完善的技术来检测化学物与 DNA 的作用,已经发现加合物量和甲基化比例可以反映其致突变能力,因此该比例已成为 DNA 损伤的重要指标。

(2)DNA 加合物测定方法　最常用的方法有免疫法、高效液相色谱法、^{32}P 标志法等,其中 ^{32}P 标志法可以确定未知结构和浓度有致突变可能性的化学物,具体方法是将分离出的 DNA 用一定的酶水解成为正常的单核苷酸标志,然后用双向层析放射性自显影、液闪计数等方法定量。此法最大的优点是检测能力强,应用范围广,可检测任何化合物与 DNA 的连接,其用于环境中生物样品的加合物的测定及判断化合物的毒性时具有极高的灵敏性,可检测到 10^9 个碱基中的一个 DNA 加合物。具体测定方法和所用酶系请进一步阅读有关文献。

五、分子生物学技术在环境微生物检测中的应用

分子生物学是研究核酸、蛋白质等生物大分子的功能、形态结构特征及其重要性和规律

性的科学。近年来，随着分子生物学的迅速发展，其相关的研究技术已日臻完善,已经渗透到生命科学及环境科学的多个领域。分子生物学技术为环境污染的治理、环境微生物的监测及环境微生物的多相分类提供了快捷、准确、有效的方法。

（一）核酸探针检测技术

核酸探针检测技术属于分子标记技术,利用能与特定核苷酸序列发生特异性互补的已知核苷酸片段作探针,分析 DNA 序列及片段长度多态性。被标记(放射性或非放射性)的探针根据碱基互补配对原则,以原位杂交、Southern 印迹杂交、斑点印迹和狭线印迹杂交等不同的方法,可直接用来探测溶液中细胞组织内或固定在膜上的同源核酸序列。由于核酸分子杂交的高度特异性及检测方法的灵敏性,使得核酸分子杂交广泛应用于对环境微生物的检测,定性、定量分析它们的存在、分布、丰度和适应性等。

1. 荧光原位杂交(FISH)技术

荧光原位杂交技术的原理是用荧光染料标记基因探针,再使标记的探针与前期固定在载玻片上的微生物样品杂交,洗去未杂交部分后借助荧光显微镜或共聚焦激光扫描显微镜进行观察和摄影。该技术可同时对不同类群的微生物在细胞水平进行原位的定性、定量分析和空间位置标示。目前,可通过 FISH 技术,利用一整套特异的寡核苷酸探针进行单个微生物细胞的快速分类检测。

2. 限制性片段长度多态性(Restriction Fragment Length Polymorphism,RFLP)标记

限制性片段长度多态性是基于 Southern 印迹杂交的技术,是在微生物多样性研究中广泛应用的 DNA 分子标记技术,是利用放射性同位素或某些非放射性标记探针与转移于支持膜上的基因组总 DNA(经限制性内切酶消化)杂交,通过显示限制性酶切片段的大小来检测不同遗传位点变异的一种技术。应用特定的核酸内切限制酶切割有关的 DNA 分子,经过电泳、原位转膜印迹、探针杂交、放射性自显影后,分析与探针互补的 DNA 片段在长度上的简单变化。RFLP 多态性来源于:①突变造成的决定限制片段数量的限制性内切酶位点的存在与否。②两个限制酶位点间因 DNA 插入、重排或缺失造成的长度差异。RFLP 标记分辨率高,共显性表达,在非等位基因之间不存在上位效应,具有很好的重复性和准确性,被广泛应用于基因定位、指纹分析、确定亲缘关系、遗传多样性分析等方面,是发现最早,具有代表性的 DNA 分子标记技术。它可以在群落水平上提供几乎无穷尽的、反映基因型多样性的可靠方法,同时,可作为一种能高度灵敏检测污染环境下微生物种群变化的方法。

3. 随机扩增多态性(Random Amplified Polymorphic DNA,RAPD)标记

RAPD 是 1990 年美国杜邦公司的科学家 J. G. Kwilliams 和加利福尼亚生物研究所 J. welsh 两个研究小组几乎同时发展起来的检测 DNA 多态性技术。其通过 PCR 扩增的产物在正常情况下可被视为基因组上的一个位点。就某一特定引物而言,它与基因组结合位点的序列互补,决定了扩增产物具有一定的特异性,如果不同个体在结合位点上的序列因突变存在差异,或两个结合位点间由于 DNA 序列的插入、缺失造成距离变化,就会形成扩增产物的出现或长度变异等多态现象。RAPD 技术可在各种生物没有任何分子生物学研究的情况下进行 DNA 多态性分析,构建基因指纹图谱等研究。RAPD 技术所需模板 DNA 的量极少,只要其中有特定的 DNA 片段,就可扩增该片段。由于引物设计是随机的人工定序合成,一套引物可用于多个物种的基因组 DNA 多样性分析。基于以上特点,RAPD 自发明以来被广泛应用于各类的生物研究。同时,在环境微生物的分类研究中也得到广泛应用。

（二）聚合酶链式反应（Polymerase Chain Reaction，PCR）及相关技术

PCR 技术是美国 letus 公司人类遗传研究室的科学家于 1983 年发明的一种在体外快速扩增特异基因或 DNA 序列的方法，其目的是将极微量 DNA 大量扩增。该技术模仿生物体内 DNA 的复制过程，首先使 DNA 变性，两条链解开；然后使引物模板退火，二者碱基配对；耐高温的 Taq DNA 聚合酶以 4 种 dNTP 为底物，在引物的引导下合成与模板链互补的 DNA 新链。PCR 技术可在体外快速扩增 DNA，具有快速、简便、灵敏度高的特点，能够弥补 DNA 分子直接杂交技术的不足。PCR 技术的产生是整个分子生物学领域的一项重大革命，发展极快，已衍生出一系列相关的生物技术。根据扩增的模板、引物序列来源及反应条件的不同，将 PCR 技术可分为以下几种：①反转录 PCR 技术（RT－PCR），是在 mRNA 反转录之后进行的扩增。可以用来分析不同生长时期的 mRNA 表达状态的相关性。②竞争 PCR（c－PCR），是一种定量 PCR，通过向 PCR 反应体系中加入人工构建的带有突变的竞争模板，控制竞争模板的浓度来确定目的模板的浓度，对目的模板作定量研究。③AFLP 标记，先用限制酶消化 DNA，然后连接上人工合成的双链接头，最后进行 PCR 和电泳显示。此技术是用一个短的随机引物进行 PCR，模板 DNA 有多个扩增子，可以扩增出多个产物从而可能出现多态现象。④RAP－PCR：该技术基于任意寡核苷酸引物与 RNA 之间可能的配对，这种相互作用在低严谨度条件下，经聚合酶催化，使链延伸。细胞总 RNA 或 mRNA 作为反转录反应的模板，RAP－PCR 技术可用于诊断遗传突变及分析污染条件下序列的多态性。

（三）电泳分离及其显示方法

除了我们熟知的琼脂糖凝胶电泳并用溴乙锭（EB）染色方法和聚丙烯酰胺凝胶电泳（PAGE 分离）银染方法外，还有一些通过特殊的电泳分离技术而建立的分子标记，如变性梯度凝胶电泳（DGGE），可分离长度相同但是序列不同的 DNA 片段的混合物。对于特异性引物 PCR 扩增的环境微生物的 16SrRNA 基因，一般的电泳很难将序列不同的片段分开。DGGE 胶在聚丙烯酰胺胶中添加了线性梯度的变性剂，可以形成从低到高的线性梯度，在一定温度下，同一浓度的变性剂中，不同序列的产物，其解链程度不同。DNA 解链程度不同决定其电泳的迁移率，结果不同的产物在凝胶上分离开。在变性条件适当的情况下，该技术能分辨一个碱基对。DGGE 技术在微生物群落结构的研究、微生物种群的动态分析、富集培养以及分离物的分析、16sDNA 同源性的分析中得到广泛应用。温度梯度电泳（TGGE）是利用不同构象的分子具有不同的变性温度来进行分离，最先应用于 DNA/RNA 的分子构象分析和序列变异分析，是一种新出现的检测点突变的电泳技术，其最大特点是具有高分辨能力。单链构象多态性（SSCP）也是根据不同的结构对 DNA 在凝胶中迁移速率影响很大，结果不同序列的 DNA 片段在凝胶上得以高分辨率的分离。

（四）基因重组技术

就是利用 DNA 体外重组或扩增技术从供体生物基因组中分离感兴趣的基因或 DNA 片段，或经过人工合成的方法获得基因，然后经一系列切割、加工修饰、连接反应产生重组 DNA 分子，再将其转入适当的受体细胞，以期获得基因表达的过程。此技术用于环境微生物的研究可构建出各种生物降解特性增强的重组细菌用于污染环境的治理修复或发酵某些废弃物产生天然气。

（五）基因芯片技术

基因芯片技术作为生物芯片技术发展最完备的分支，近年来，已成为国内外研究的一个热点。基因芯片又称为 DNA 芯片，还称为 DNA 阵列，是在玻片、硅片、薄膜等载体很小的基

质表面上有序地、高密度地排列、固定了大量的靶 DNA 片段或寡核苷酸片段。这些被固定的 DNA 分子在基质上就形成了高密度 DNA 微阵列。根据固定在玻片上的 DNA 类型,基因芯片可分为 cDNA 芯片、寡核苷酸芯片及基因组芯片。在一定条件下,载体上的核酸分子可以与来自样品的序列互补的核酸片段杂交。如果把样品中的核酸片段进行标记,在专用的芯片阅读仪上就可以检测到杂交信号。

(六)分子生物学技术在环境微生物研究中的应用

1. 在环境微生物分类中的应用

用核酸探针技术可以发现核酸分子的同源序列,生物间亲缘关系越近,其间的 DNA/DNA 或 DNA/RNA 同源率越高。其中 DNA/DNA 杂交最适合种一级水平的研究。Johonson 总结提出了依据 DNA/DNA 杂交同源性与亲源关系的判断标准,杂交同源性为 60%～100%,属同一种细菌;同源性为 60%～70%,属同一种内不同亚种;同源性为 20%～60%,属属内紧密相关的种;同源性小于 20%,则属于有关的不同属。

在对微生物群体进行多样性研究的方法中,大多数方法的先决条件是该群体的微生物能被分离纯化,而我们知道,绝大多数微生物很难或无法纯培养。据统计,通常环境中,不可培养的细菌占到细菌总数的 85%～99.99%。即使得到纯培养,但其形态和生理也可能发生很多变化。随着人们对环境微生物的原位生态状况的研究,发现常规的分离培养方法很难全面评估环境微生物群落的多样性,只能反映极少数微生物的信息,从而影响我们对环境微生物种群的准确评估。DGGE,FISH,RFLP,RAPD 等分子生物学技术的引入,使研究环境微生物生态降低了对培养技术的依赖,为环境微生物的多样性研究提供了新的理论和方法。

2. 在环境微生物监测中的应用

核酸杂交、PCR、多态性研究等分子生物学技术已能在 rDNA 测序和有关结构基因分析的基础上监测和定量复杂的混合微生物群落中的一些特殊的微生物。同时,一些作为分子标记的基因工程菌也应用到环境微生物技术中,这些分子生物学技术结合使用,在系统发生基础上对培养物中的微生物进行快速的测定,从而为监测自然界和基因工程体系中的菌落结构和生物多样性提供重要的依据。所以这些分子生物学技术的共同特点是特异性,它们能快速、灵敏地检测环境微生物的结构基因并对其作定量研究,从而能准确测定微生物的活性,有效地对环境微生物进行监测。

3. 在环境微生物治理污染中的应用

利用微生物来治理污染快速、高效,因此,利用基因重组技术构建高效菌种来治理污染,特别是环境中复杂或难以降解的有毒、有害化合物,如人工合成塑料、除草剂、杀虫剂等成为环境微生物技术的热点之一。如超级细菌就在石油烃污染的环境修复中发挥了重要作用;微生物分解纤维素和木质素的基因如转入到中温细菌中,使发酵能在较高温度下进行,提高转化速度,可用于发酵某些废弃物产生天然气。基因重组技术对污染物的治理、预报、修复都作出了重大贡献。

随着分子生物学技术的发展和对环境微生物研究的深入,分子生物学技术在环境微生物中的应用越来越广泛,也越来越重要。分子生物学技术的应用不仅扩大了环境微生物研究的广度,而且加大了研究的深度:包括对于从自然界中挖掘到的大量具抗逆性、高降解能力的基因资源的分子水平的研究和操作,发掘难以降解芳香族化合物及衍生物的部分降解基因,重金属吸附基因的克隆并阐明序列结构和功能,或转入适当的宿主菌进行进一步研究等。随着越来越多微生物全部基因序列的解码,对各种细菌体内降解基因的分布和表达会有更深入的了解。这方面技术的成熟必将对环境微生物的研究有一个整体的、系统的认识，必将使研究更具有目标性，更具有可控性。

六、生物传感器技术

（一）生物传感器定义与分类

用固定化生物成分或生物体作为敏感元件的传感器称为生物传感器（Biosensor）。生物传感器并不专指用于生物技术领域的传感器，它的应用领域还包括环境监测、医疗卫生和食品检验等。

生物传感器主要有下面三种分类命名方式：

1. 根据生物传感器中分子识别元件即敏感元件可分为六类：酶传感器（Enzyme sensor），微生物传感器（Microbial sensor），细胞器传感器（Organelle sensor），组织传感器（Tissue sensor），免疫传感器（Immunol sensor），基因传感器（Gene sensor）。显而易见，所应用的敏感材料依次为酶、微生物个体、细胞器、动植物组织、抗原和抗体及基因。

2. 根据生物传感器的换能器即信号转换器分类有：生物电极传感器（Bioelectrode biosensor），半导体生物传感器（Semiconduct biosensor），光生物传感器（Optical biosensor），热生物传感器（Calorimetric biosensor），压电晶体生物传感器（Piezoelectric biosensor）等，换能器依次为电化学电极、半导体、光电转换器、热敏电阻、压电晶体等。

3. 以被测目标与分子识别元件的相互作用方式进行分类有生物亲和型生物传感器（Affinity biosensor），反应形式是：

$$S + R \rightleftharpoons SR$$
底物　受体

另一类是代谢型或催化型生物传感器（Catabolism biosensor），其反应形式可表示为：

$$S + R \rightleftharpoons SR \longrightarrow P$$
底物　受体　　　　　生成物

三种分类方法之间实际互相交叉使用。

（二）生物传感器基本结构和工作原理

生物传感器由分子识别部分（敏感元件）和转换部分（换能器）构成，以分子识别部分去识别被测目标，是可以引起某种物理变化或化学变化的主要功能元件。分子识别部分是生物传感器选择性测定的基础。信号转换部分是将分子识别部分所引起的变化转换成电信号的功能部件（如图4-5所示）。

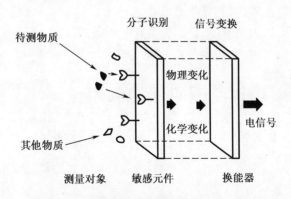

图4-5　生物传感器的基本结构和工作原理

生物体中能够选择性地分辨特定物质的物质有酶、抗体、组织、细胞等。这些分子识别功能物质通过识别过程可与被测目标结合成复合物，如抗体和抗原的结合，酶与基质的结合。在设计生物传感器时，选择适合于测定对象的识别功能物质，是极为重要的前提。要考虑到所产生的复合物的特性。

根据分子识别功能物质制备的敏感元件所引起的化学变化或物理变化，去选择换能器，是研制高质量生物传感器的另一重要环节。敏感元件中光、热、化学物质的生成或消耗等会产生相应的变化量。根据这些变化量，可以选择适当的换能器。

生物化学反应过程产生的信息是多元化的，微电子学和现代传感技术的成果已为检测这些信息提供了丰富的手段。

（三）生物传感器应用于环境监测实例

1. BOD 生物传感器

BOD 标准稀释法是水体有机污染的常规监测方法之一。它需要将含有微生物的水样在 20 ℃ 培养 5 d，并具有熟练的操作技巧，操作过程繁琐，不能及时反映水质情况。为了简单、快速地测定 BOD，产生了 BOD 生物传感器，以代替标准稀释法。

BOD 生物传感器使用的微生物可以是丝孢酵母（*Trichosporon cutaneum*）。菌体吸附在多孔膜上，室温下干燥后保存待用。将带有菌体的多孔膜置于氧电极的 Teflon 膜上，使菌体处于两层膜之间。测量系统包括：带有夹套的流通池（直径 1.7 cm，高 0.6 cm，体积 1.4 mL），生物传感器探头安装在流通池内；蠕动泵；自动采样器和记录仪。

流通池夹套中水温恒定于 30 ± 2 ℃，向流通池中注入氧饱和的磷酸盐缓冲液（pH 7.0，0.1mol/L），流量为 1 mL/min。电流显示达稳态值后，以 0.2 mL/min 的流量向流通池注入样品溶液，每隔 60 min 注入样品一次。

将含有葡萄糖和谷氨酸的标准 BOD 样品溶液注入测量系统时，这些有机化合物透过多孔性膜被固定化的微生物所利用。固定化微生物开始消耗氧，引起膜附近溶液的溶解氧含量减少。结果，氧电极输出电流随时间明显减小，18 min 内达到某一稳态值，此时氧分子向膜内的扩散和细胞呼吸之间建立了新的耗氧与供氧的动力学平衡。

稳态电流值的大小取决于样品溶液的 BOD 浓度。样品溶液流过之后，再将缓冲液通入流通池使传感器的输出电流值恢复到初始水平。生物传感器的响应时间（达到稳态电流所需的时间）视样品溶液的种类而异。对含有乙酸的样品溶液，响应时间为 8 min；对含有葡萄糖的样品溶液，响应时间为 18 min。因此，实验中注入样品的时间采用 20 min。

该生物传感器的电流差值（初始电流和稳态电流之差）与 5 d 标准稀释法测得的 BOD 浓度之间呈线性关系。BOD 检测浓度最低限值为 3 mg/L。在 BOD 含量为 40 mg/L 时，10 次实验中电流差值可以重现（相对误差在 ±6% 以内）。

2. 测定氨生物传感器

由固定化硝化细菌、聚四氟乙烯透气膜和氧电极所构成的生物传感器可用于氨的测定。从活性污泥中分离到的硝化细菌，包括亚硝化单胞菌（*Nitrosomonas* sp.）和硝化杆菌（*Nitrobacter* sp.），被吸附固定在多孔膜上（孔径 0.45 μm，厚度 150 μm），把这种载菌膜装在氧电极端部，再在菌膜上覆盖一层透气膜就制成了氨生物传感器，硝化细菌以氨为唯一能源消耗氧。

$$NH_3 + 3/2O_2 \xrightarrow{\textit{Nitrosomonas} \text{ sp.}} NO_2^- + H^+ + H_2O$$

$$NO_2^- + 1/2O_2 \xrightarrow{\textit{Nitrobacter} \text{ sp.}} NO_3^-$$

氨的浓度可通过检测氧电极上的固定化微生物的耗氧量来测定。测定在 pH 9.0，温度 30 ℃下进行。电流降低值(初始电流值与稳态电流值之差)与氨浓度之间呈线性关系。检测最大浓度为 42 mg/L，最大电流降低值是 4.7 μA，检测下限为 0.1 mg/L(重现性为 ±5%)。对各种挥发性物质(如醋酸、乙醇、二甲胺、丁胺等)无响应，表明传感器选择性极好。对 33 mg/L 氨样品测定，传感器输出电流在电流长达两周或者 1 500 次以上的测定中几乎不变。对人尿中氨进行测定，生物传感器法与氨电极法相关系数为 0.9，该生物传感器已用于发酵厂排出液中氨的测定。

3. 亚硝酸盐生物传感器

硝化细菌利用亚硝酸盐作为唯一能源，进行呼吸作用耗氧，反应过程如下：

$$2NO_2^- + O_2 \xrightarrow{\text{硝化细菌}} 2NO_3^-$$

使用由固定化硝化细菌和氧电极构成的生物传感器可以测定亚硝酸盐。

带有固定化硝化细菌的多孔性膜切成圆片并小心地贴在氧电极表面的 Teflon 膜上，然后再盖上一层透气膜(0.5 μm 孔径)，并用橡胶环固定好即可制成亚硝酸盐传感器探头，它的测量系统包括：带夹套的流通池(直径 23 mm，高 10 mm，液体体积 1 mL)，生物传感器探头置于其中；蠕动泵；放大器和记录仪。

通过水浴使流通池的温度保持在 30 ± 1 ℃。以 1.6 mL/min 的流量将氧饱和的缓冲液 (pH 2.0)输入流通池，待电极电流达到某一稳态值后，以 0.4 mL/min 的流量将样品溶液送入流通池，历时 2 min。

样品溶液(亚硝酸钠溶液)送入流通池后，在 pH 2.0 的条件下亚硝酸离子转变成二氧化氮，然后二氧化氮通过透气膜。在硝化细菌层内二氧化氮又转变成亚硝酸离子。亚硝酸离子被硝化细菌作为唯一的能源而被代谢。通过氧电极测出细菌膜附近的溶液的溶解氧消耗，由氧电极的电流降低值可以间接测定亚硝酸盐的浓度。

该传感器的电流随时间明显地减小，直到某一稳态值。10 min 之内可得到稳态电流。

初始电流与稳态电流之差和亚硝酸盐的浓度(在 59 mmol/L 以下)之间呈线性关系。亚硝酸盐的最低检测浓度为 0.1 mmol/L。用 0.25 mmol/L 的亚硝酸钠溶液测定时，25 次实验的标准偏差是 0.01 mmol/L，相对误差 ±4%。

溶液中含有各种不同的物质并不影响到这种生物传感器的测量效果。同一浓度样品，在 21 d 内经 400 次以上重复测定，传感器的电流输出几乎不变。

4. 乙醇生物传感器

在乙醇氧化酶、水和氧存在的情况下，乙醇被氧化成乙醛和过氧化氢的反应过程如下：

$$C_2H_5OH + 3/2O_2 + H_2O \longrightarrow CH_3CHO + 2H_2O_2$$

由固定化酶膜和过氧化氢电极可以构成乙醇生物传感器。

将 350 单位的乙醇氧化酶和 1 mL 5%(V/V)的聚乙烯亚胺及 3 mg 牛血清白蛋白溶液混合，并加入 0.2 mL 15%(V/V)的戊二醛溶液，在 5 ℃存放 4 h；再将这种酶的混合物包在聚碳酸酯膜和醋酸纤维素膜之间，并在 5 ℃风干 24 h；这些膜再用 0.02%(V/V)的戊二醛溶液处理，并用磷酸盐缓冲液(0.05 mol/L，pH 7.0)洗涤之后，获得该传感器的探头。它的测量系统主要包括：带夹套的流通池、蠕动泵、自动进样器、放大器和记录仪。

在 0～3.0%(V/V)浓度范围内观测到的电流增加值和乙醇浓度呈线性关系。但在

3.0%（V/V）浓度以上，是呈非线性的。

5. 甲烷生物传感器

甲烷氧化菌同化甲烷时因呼吸而耗氧，其反应式如下：

$$CH_4 + 2O_2 \xrightarrow{\text{甲烷氧化菌}} CO_2 + 2H_2O$$

制备此传感器所用细菌是甲基单胞菌。

测量系统包括两个氧电极、两个反应器、一个电流放大器、两台真空泵和一个记录仪，两反应器容积均为 55 mL，各含 41 mL 培养液。一个反应器载有细菌细胞，另一个反应器中没有细菌细胞。把两支氧电极分别安装在两个测量池中，用玻璃管或聚四氟乙烯管把测量池与整个系统连接起来。一个真空泵的用途是抽空管中的气体，另一个泵的作用是向系统中输送气体样品。整个系统保持严密性，不漏气，设计线路保持测量线路和参比线路的对称性。反应池外用恒温水浴控制在 30 ± 0.1 ℃。

甲烷传感器测量的是两个反应池中氧电极电流差值，电流值差由含氧量不同而引起。当含有甲烷的气体样品通过有细菌的反应池时，甲烷被细菌同化，引起细菌呼吸性增加，这样该反应池中氧电极电流减少至最低稳定状态。而另一支氧电极所在的反应池中不含有细菌，氧含量及电流值均不减少，所以两个电极电流之间的最大差值与气体样品中甲烷含量有关。

此传感器系统在甲烷浓度为 0 ~ 6.6 mmol/L 范围内与电流差值有良好的线性关系，电流差值变化范围是 0 ~ 3.5 μA，可检测的最低浓度是 5 μmol/L，测定 0.66 mmol/L 的样品（25 个）时，电流差值的重现性在 5% 以内，标准偏差是 9.40 nA。测定甲烷的响应时间在 60 s 内恢复到最初的平衡值，因此，测定一个样品的总时间是 2 min。

6. 基因传感器检测功能基因

大肠杆菌具有葡糖苷酸酶的特性，Cleuziat 等用大肠杆菌中编码该酶的基因序列作为目标 DNA，并制成 DNA 探针，用以检测食品中的总大肠杆菌。而对不同种类的大肠杆菌，如产肠毒素的大肠杆菌（ETEC）、致肠出血大肠杆菌（EHEC）以及致肠病的大肠杆菌（EPEC）等的检测鉴别，已分别使用产肠毒素基因序列、致肠出血的基因序列及致肠病的基因序列作为目标 DNA，构造出相应的 DNA 探针，用以鉴别上述不同种类的大肠杆菌。McGrat 等用 RT-PCR 检测了食品中的梭状肉毒杆菌（*Clostridium botulinum*）毒素的编码基因。艾启俊等根据编码绿脓杆菌外毒素 A 基因设计引物，用 PCR 检测了绿脓杆菌外毒素 A 基因。Milcic-Terzic 等和 Siciliano 等分别利用编码烷烃单加氧酶、萘双加氧酶、儿茶酚 2,3-双加氧酶的代谢基因 *alk*B、*ndo*B、*xyl*E（C230）作为分子探针，监测石油烃污染土壤中土著微生物群落代谢基因的丰度变化，作为细菌降解有机污染物潜能的指示。Varela 等检测了 30 种真菌（其中 26 种为担子菌）中木素过氧化物酶编码基因 *lpo* 和芳基醇氧化酶编码基因 *aao* 的分布情况，以考察在木素降解过程中这些真菌的产酶功能和协同关系。Aitichou 等则用电化学传感器检测了 81 种微生物菌株中编码金黄色葡萄球菌（*Staphylococcus aureus*）肠毒 A 和 B 的基因，灵敏度高达 100%，特异性分别为 96% 和 98%。基因需要通过转录成 mRNA、翻译生成蛋白质的过程来实现其生物功能，由于 mRNA 分子在活体微生物细胞中降解很快，特定的 mRNA 就成为良好的测定活体微生物的目标分子。Baeumner 等以埃希氏大肠杆菌中编码热休克蛋白的 mRNA（*clp*B）为靶基因制成基因传感器，利用包含有硫代诺丹明 B 的脂质体标记指示探针，形成光反射信号实现活性大肠杆菌的测定。许多微生物的功能基

因的表达、mRNA 的合成受到环境变化和代谢状态的影响,可以通过测定特定 mRNA 的数量来考察其功能基因的表达情况。若把某种微生物全部功能基因分别固定在 DNA 微阵列上,再用不同阶段的 cDNA 与之杂交,就能了解微生物功能基因的表达与不同阶段、不同环境条件的关系。

第二节　微生物对污染物的降解和转化

自然环境中的有机化合物,受到光化学的、化学的和生物的作用而降解转化,有时转化很快,如葡萄糖之类易代谢的化合物被加到含大量微生物和丰富 O_2 的河流中时;有时降解过程非常缓慢,如贮于黑暗、干燥的埃及法老(古埃及君王称号)坟墓中的谷粒,埋在庞贝(意大利古城,因附近火山爆发而被埋)的壁画中的有机色素,以及我国的马王堆古尸、"楼兰美女",都经过几千年而不腐变,就是因环境条件不适合降解之故。研究证明,在土壤和水中,生物降解是主要的机制,而微生物又在生物降解中占首要地位。

采用适当方法消除、控制或减小土壤中微生物活性,则土壤中有机化合物降解转化速率往往比未处理的慢得多。这些处理方法包括微生物抑制剂、熏蒸作用、γ 射线照射及有效的微生物分离等。把经高压蒸气灭菌的土壤与未灭菌土壤作比较来说明微生物是土壤中有机物降解主要因子,这是不恰当的,至少是不严格的。因这样的灭菌过程破坏了土壤物理化学结构,在排除微生物降解机制的同时,也排除了化合物降解的大部分其他机制。

必须认识到,在自然界,各种转化作用很少是孤立地发生的。通常,光解或水解反应使化合物分子变小,从而使生物降解容易进行。同时必须认识到,在自然界,完全的生物降解可能是由于混合种群的作用而非单一菌种的活性。必须注意,在实验室条件下可降解的化合物,在自然界环境中未必能降解,反之亦然。还须注意,生物降解过程可能产生顽固的中间体,在环境中长期滞留,有的可能有致癌、致畸、致突变作用,威胁人体健康,尽管这种情况是例外而不是规律。

一、微生物降解转化物质的巨大潜力

(一)微生物个体微小,比表面积大,代谢速率快

微生物个体微小,以细菌为例,3 000 个杆状细菌头尾衔接的全长仅为一粒籼头的长度,而 60~80 个杆菌"肩并肩"排列的总宽度,只相当于人一根头发的直径,2×10^{12} 个细菌平均重仅 1 g。物体的体积越小,其比表面积(单位体积的表面积)就越大。显然,微生物的比表面积比其他任何生物都大。将大肠杆菌与人体相比,前者的比表面积约为后者的 30 万倍。如此巨大的比表面积与环境接触,成为巨大的营养物质吸收面、代谢废物排泄面和环境信息接受面,故而使微生物具有惊人的代谢活性。有人估计,一些好氧细菌的呼吸强度按重量比例计算要比人类高几百倍。

(二)微生物种类繁多,分布广泛,代谢类型多样

微生物的营养类型、理化性状和生态习性多种多样,凡有生物的各种环境,乃至其他生物无法生存的极端环境中,都有微生物存在,它们的代谢活动,对环境中形形色色污染物的降解转化,起着至关重要的作用。

（三）微生物降解酶

微生物能合成各种降解酶,酶具有专一性,又有诱导性,对环境中的污染物,微生物能通过其灵活的代谢调控机制而降解转化之。

（四）微生物繁殖快,易变异,适应性强

巨大的比表面积,使微生物对生存条件的变化具有极大的敏感性;又由于微生物繁殖快、数量多,可在短时间内产生大量变异的后代。对进入环境的"陌生"污染物,微生物可通过突变、改变原来的代谢类型而适应、降解之。

（五）微生物体内还有另一种调控系统——质粒(Plasmid)

质粒是菌体内一种环状的 DNA 分子,是染色体以外的遗传物质。降解性质粒编码生物降解过程中的一些关键酶类,抗药性质粒能使宿主细胞抗多种抗生素和有毒化学品,如农药和重金属等。在一般情况下,质粒之有无对宿主细胞的生死存亡和生长繁殖并无影响。但在有毒物等情况下,由于质粒能给宿主带来具有选择优势的基因,因而具有极其重要的意义。质粒能转移,获得质粒的细胞同时获得质粒所具有的性状。

现代微生物学研究发现,许多有毒化合物,尤其是复杂芳烃类化合物的生物降解,往往有降解性质粒参与。将各供体细胞的不同降解性质粒转移到同一个受体细胞中,可构建多质粒菌株。这方面的一个经典例子是:美国生物学家克拉巴蒂(Chakrabarty)采用连续融合法,将降解芳烃、降解萘烃和降解多环芳烃的质粒,分别移植到一降解脂烃的细菌细胞内,构成的新菌株只需几个小时就能降解原油中 60% 的烃,而天然菌株需一年以上。中国科学院武汉病毒所分离到一株在好气条件下能以农药六六六为唯一碳源和能源的菌株,经检测发现,该菌携带一个质粒。凡丧失了质粒的菌株,对六六六的降解能力随即消失;将该质粒转移到大肠杆菌细胞内,后者便获得降解六六六的能力。金属的微生物转化,也是由质粒控制的,主要与质粒所携带的抗性因子有关。

（六）共代谢(Co - metabolism)作用

微生物在可用作碳源和能源的基质上生长时,会伴随着一种非生长基质的不完全转化。这种现象最早是由 Foster 报道的,他 1951 年在洛桑试验站未发表的文章中,把微生物对氯代苯酸的降解,归因于一种能靠苯酸酯生长的土壤棒状杆菌细胞在 3 - 氯苯酸酯或 4 - 氯苯酸酯存在下摄取了氧。当时对这一事实的道理并不清楚,后来把这种现象首次定义为共氧化作用或共代谢作用。Foster 还观察了靠石蜡烃生长的诺卡氏菌在加有芳香烃的培养液中对芳香烃的有限氧化作用。这种菌靠十六烷作为唯一碳源和能源时能长得很好,但却不一定能利用甲基萘或 1,3,5 - 三甲基苯。把甲基萘或 1,3,5 - 三甲基苯加进含十六烷培养液中,氧化作用就是这两种芳香族化合物分别生成羧酸、萘酸和对异苯丙酸。现今对微生物共代谢的一般定义是:只有在初级能源物质存在时,才能进行的有机化合物的生物降解过程。共代谢不仅包括微生物在正常生长代谢过程中对非生长基质的共同氧化(或其他反应),而且也描述了休止细胞(Resting cells)对不可利用基质的转化。

共代谢微生物不能从非生长基质的转化作用获得能量、碳或其他任何营养。微生物在利用生长基质 A 时,非生长基质伴随着发生氧化或其他反应,是由于 B 与 A 具有类似的化学结构,而微生物降解生长基质 A 的初始酶 E1 的专一性不高,在将 A 降解为 C 的同时,将 B 转化为 D。但接着攻击降解产物的 E2,则具有较高专一性,不会把 D 当作 C 继续转化。所以,在纯培养情况下,共代谢只是一种截止式转化(Dead - end transformation),局部转化的产物会聚集起来。在混合培养和自然环境条件下,这种转化可以为其他微生物所进行的共代谢或其他生物降解铺平道路,共代谢产物可以继续降解。许多微生物都有共代谢能力,因此,如若微生物不能依靠某种有机污染物生长,并不一定意味着这种污染物抗微生物攻击。因为在有合适的底物和环境条件时,该污染物就可通过共代谢作用而降解。一种酶或微生物的共代谢产物,也可以成为另一种酶或微生物的共代谢底物。

研究表明,微生物的共代谢作用对于难降解污染物的彻底分解起着重要的作用。例如,甲烷氧化菌产生的单加氧酶是一种非特异性酶,可以通过共代谢降解多种污染物,包括对人体健康有严重威胁的三氯乙烯(TCE)和多氯联苯(PCBs)等。

给微生物生态系添加可支持微生物生长的、化学结构与污染物类似的物质,可富集共代谢微生物,这种过程称为"同类物富集(Analog enrichment)"。共代谢作用以及利用不同底物的微生物的合作转化,最终导致顽固性化合物再循环。环境中顽抗化合物的主要来源是石油烃以及人工合成的 PCBs、去垢剂、塑料和农药等。

微生物巨大的降解或转化物质的能力,被 Beijernck 概括为"微生物的绝对可靠性"或"微生物的必然性"理论。

二、微生物降解动力学

有机化合物微生物降解动力学一直是研究者的热门课题。人们在不断探索各种情况下的有机化合物微生物降解速度模型。这里仅介绍二种最基本的降解速度模型。

(一)指数速度模型

$$速度 = \frac{-\mathrm{d}c}{\mathrm{d}t} = KC^n \tag{1}$$

在(1)式中,速度与化合物浓度成正比;C 为浓度;K 为速度常数,它是单位浓度的反应速度,又称反应比速;n 为反应级数。

"指数速度式"适用于均匀溶液的化学反应。由于该方程提供了大于 1 的反应级数,故它对于发展经验方程,使经验方程最大限度地吻合所获降解资料,实为一个简单通用的模拟反应速度的方程。

当 $n = 1$ 时,"指数速度式"就简化成(2)式:

$$速度 = \frac{-\mathrm{d}c}{\mathrm{d}t} = KC \tag{2}$$

此即一级反应速度方程。它表示,反应速度与反应物浓度 C 成正比。

(二)双曲线速度模型

$$速度 = \frac{-\mathrm{d}c}{\mathrm{d}t} = \frac{K_1 C}{K_2 + C} \tag{3}$$

在(3)式中,速度直接取决于浓度,同时取决于浓度与它项之和。在条件最单一情况下,所谓的"它项"为单一常数。(3)式中 K_1 是随浓度增加而渐进的速度最大值;K_2 称假平衡常数,之所以称"假"是由于反应中,由 K_2 所表示的平衡实际上被不断打破。

"双曲线速度模型"适用于通过表面吸附或表面与催化分子复合而进行的催化反应。如果介质为土壤,由于有机分子的降解是通过胞外酶、胞内酶或其他类型催化表面来催化的,故"双曲线速度式"比理论性的"指数速度式"更适用于土壤中农药的微生物降解。实际上,"双曲线速度式"是表示酶动力学的米氏(Michaeles – Menten)方程的一般形式。米氏方程如下:

$$\frac{-\,\mathrm{d}c}{\mathrm{d}t} = \frac{V_m E C}{K_m + C} \qquad\qquad (4)$$

(4)式中 E 为酶浓度,$V_m E$ 相当于(3)式中 K_1,K_m 相当于(3)式中 K_2。

当米氏方程用来描述微生物生长情况时,被称为 Monod 方程。

当 C 比 K_2 小得多时,C 可忽略不计,(3)式也可简化为前面的(2)式,成为一级反应速度式。

但当 C 比 K_2 大得多时,K_2 可忽略不计,则(3)式可简化为(5)式:

$$\frac{-\,\mathrm{d}c}{\mathrm{d}t} = V_m E = K \qquad\qquad (5)$$

此即零级反应动力学方程。式中 K 为恒定的酶浓度。之所以称零级反应,是因为式中 C 实为 $C^0 = 1$。该式表示降解速度与反应物浓度无关。

(三)有机化合物降解过程与降解反应速度方程的拟合性

1. 微生物经适应过程而致化合物降解的反应速度

起初,微生物要经历一个对基质化合物的适应过程,这期间,化合物浓度基本保持不变,微生物处于迟缓期。而后,参与降解的微生物增殖,降解速度渐增,这与微生物数量成正比,也与微生物适应化合物之后引起的降解率增加成正比。当微生物进入对数生长期,化合物浓度迅速下降。随后,微生物增殖减慢,此时化合物若不再补充就会停止增殖直至化合物被耗尽;至于降解速度,先是不再增加,而后随剩余化合物浓度降低近似恒定地降低,此即进入一级反应阶段。若反应速度发生改变,反应级数将介于零级至一级之间,其值依化合物浓度而定。

如果在经历第一次适应降解过程后,接着第二次投加同一化合物,化合物浓度就会迅速下降而无迟缓期。

2. 微生物通过共代谢而致化合物降解的反应速度

对于未被微生物优选作能源的化合物,通常靠共代谢反应降解。如图 4 - 6 所示,这个反应过程没有迟缓期,降解速度从高浓度下的零级反应速度转为低浓度下的一级反应速度,如毒莠定。

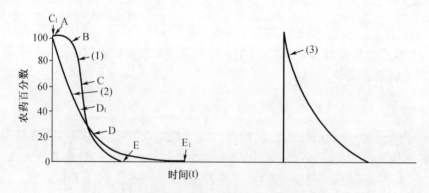

图 4 - 6 微生物对有机化合物的降解曲线

说明:(1)微生物适应生长而降解 A→B 迟缓期;B→C 富集期;C→D 转为一级降解速度;D→E 从一级降解速度到测不出来。(2)共代谢降解:C_1→D_1 转为一级降解速度;D_1→E_1 从一级降解速度到测不出来。(3)第 2 次投药后的快速降解。

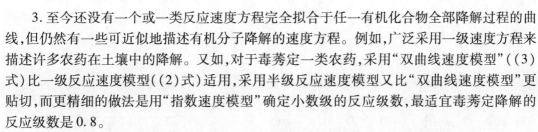

3. 至今还没有一个或一类反应速度方程完全拟合于任一有机化合物全部降解过程的曲线,但仍然有一些可近似地描述有机分子降解的速度方程。例如,广泛采用一级速度方程来描述许多农药在土壤中的降解。又如,对于毒莠定一类农药,采用"双曲线速度模型"((3)式)比一级反应速度模型((2)式)适用,采用半级反应速度模型又比"双曲线速度模型"更贴切,而更精细的做法是用"指数速度模型"确定小数级的反应级数,最适宜毒莠定降解的反应级数是0.8。

鉴于有机分子降解曲线常偏离一级反应速度式,通常提倡采用"指数速度模型",以计算降解过程中任一浓度、时间条件下的降解瞬时速度、任一浓度下降解任一百分率所需时间。

三、石油的微生物降解

(一)概述

石油是古代未能进行降解的有机物质积累,经地质变迁而成的、离开了生态圈的天然有机质,人类的活动使之重新进入生态圈。

进入环境中的石油,由于生物学的和某些非生物学的机制(主要是光–化学氧化)而逐步降解。大量研究表明,在自然界净化石油污染的综合因素中,微生物降解起着重要作用。我国沈(阳)抚(顺)灌区20余万亩水稻田,主要以炼油厂含油废水灌溉,历时40余年,未发现石油显著积累和经常性的损害,主要是由于在石油污灌区形成的微生物生态系的降解作用。

石油是链烷烃、环烷烃、芳香烃以及少量非烃化合物的复杂混合物。石油的生物降解性因其所含烃分子的类型和大小而异。链长度中等($C_{10} \sim C_{24}$)的 n – 链烷最易降解,短链烷对许多微生物都有毒,不过它们通常很快从油中蒸发。很长的链烷对生物的抗性增强。从烃分子类型看,链烃比环烃易降解;不饱和烃比饱和烃易降解;直链烃比支链烃易降解,支链烷基愈多,微生物愈难降解,链末端有季碳原子时特别顽固;多环芳烃很难降解或不降解。

能降解烃的微生物非常多,有100余属,200多个种,分属于细菌、放线菌、霉菌、酵母等。它们的细胞均含有改变了的脂肪酸组分和较多的核糖体,并常将烃类累积在细胞质膜上,它们也能合成较多的磷脂。细菌有假单胞菌属(*Pseudomonas*)、无色杆菌属(*Achramobacter*)、不动杆菌属(*Acinetobacter*)、产碱杆菌属(*Alcaligenes*)、节杆菌属(*Archrobacter*)、芽孢杆菌属(*Bacillus*)、黄杆菌属(*Flavobacterium*)、棒杆菌属(*Corynebacterium*)、微杆菌属(*Microbacterium*)、微球菌属(*Micrococcus*)等。其中最常见的是假单胞菌,它对短链及长链烷烃、芳烃均能降解,而且能使烷烃彻底降解。放线菌有放线菌属(*Actinomycetes*)、诺卡氏菌属(*Nocardia*)。真菌有曲霉属(*Aspergillus*)、毛霉属(*Mucor*)、镰刀霉属(*Fusarium*)、青霉属(*Penicilium*)、木霉属(*Trichoderma*)和被孢霉属(*Mortierella*)等。酵母菌主要是假丝酵母属(*Candida*)、金色担子菌属(*Aureobasidium*)、红酵母属(*Rhodotorula*)、掷孢酵母属(*Sporobolomyces*)等。此外,蓝细菌和绿藻也都能降解多种芳烃。

(二)降解机理

1. 烷、烯、炔烃的降解

微生物对石油中不同烃类化合物的代谢途径和机理是不同的。饱和烃包括正构烷烃、支链烷烃和环烷烃。对烷烃的降解主要有单一末端氧化、双末端氧化和次末端氧化(ω–氧化)三种方式。单一末端氧化,首先是烷烃末端的甲基被氧化成醇,醇在醇脱氢酶的作用下被氧化为相应的醛,醛则通过醛脱氢酶的作用氧化成脂肪酸,脂肪酸经 β–氧化生成乙酰辅酶A,乙酰辅酶A在有氧的条件下进入TCA循环而最终被完全氧化成 CO_2 和 H_2O。这是一种最为常见的代谢途径。双末端氧化为正烷烃分子两端的甲基氧化，形成二羧酸，二羧酸可以从分子的任一端进行 β-氧化进一步代谢。次末端亚甲基氧化代谢途径，首先在链内的碳原子上插入氧，生成仲醇，再进一步氧化生成甲基酮，酮再代谢为酯，酯键裂解生成伯醇和脂肪酸，醇可继续氧化生成羧酸，羧酸则通过 β-氧化进一步代谢。其可能途径如下式所示：

(1) $R—CH_2—CH_3 + O_2 → R—CH_2—CH_2—OH → R—CH_2—CHO → R—CH_2—COOH$

(2) $H_3C—(CH_2)_n—CH_3 + O_2 → H_3C—(CH_2)_n—CH_2OH → H_3C—(CH_2)_n—CHO →$ $H_3C—(CH_2)_n—COOH → HOH_2C—(CH_2)_n—COOH → OHC—(CH_2)_n—COOH →$ $HOOC—(CH_2)_n—COOH$

(3) $H_3C—(CH_2)_{11}—CH_3 → H_3C—(CH_2)_{10}—CH(OH)—CH_3 → H_3C—(CH_2)_{10}—COCH_3$ $→ H_3C—(CH_2)_9—CH_2—O—COCH_3 → H_3C—(CH_2)_9—CH_2OH + CH_3COOH$

相对正构烷烃而言，支链烷烃较难为微生物所降解，支链的存在增强了烷烃的抗蚀能力，并且支链越多越大，被微生物降解的难度越大。支链烷烃的氧化还会受到正构烷烃氧化作用的抑制。

其他可能氧化机理为支链氧化作用导致烯烃、仲醇和酮的形成，如汽油烃中支链氧化作用机理，细菌和霉菌经氧化烯烃的双链使其降解成 1,2-二醇。

环烷烃的羟基化是其降解的关键性步骤，在降解过程中经历了环己醇、环己酮和 e-己酸内酯之后，开环形成羟基羧酸，而后进一步被氧化为二羧酸（如图 4-7 所示）。

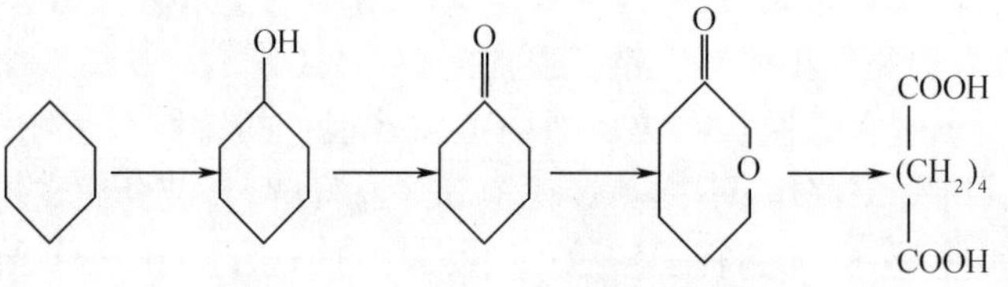

图 4-7 环烷烃的生物降解途径

烷基取代的脂环化合物可能被氧化的两个位置是侧链和脂环，化合物的性质，微生物的属种和其他因素都将影响反应的初始位置。

经研究证明，大多数烯烃比芳香烃、烷烃都容易被微生物降解。烯烃降解时，微生物可以攻击甲基端，也可以攻击双键，形成的中间代谢物有不饱和醇、不饱和脂肪酸、伯醇或仲醇、甲基酮类、1,2-环氧化物和 1,2-二醇等。也就是说，对烯烃的代谢，主要是通过产生具有双链的加氧化合物，进一步形成饱和或不饱和的脂肪酸，然后脂肪酸再经 β-氧化进入 TCA 循环而完全被分解。

目前对于炔烃的降解，了解不多。有的细菌（如 *Mycobacterium vaccae*）能将它们代谢为不饱和脂肪酸并产生某些双键的位移或产生甲基化，形成带支链的饱和脂肪酸。终端烯很容易被许多微生物降解。正烷烃一氧化酶能促使烯烃生成环氧化物。Abbotte 等人认为，离不饱和键较远一端甲基处的酶解，对这类化合物的降解可能具有更重要的意义。

2. 芳香烃类的降解

芳香烃的有氧代谢必须有分子氧参加，同时需要加氧酶的催化。单加氧酶和双加氧酶分别催化不同的反应途径，使苯环开裂，形成溶解的直链烃。单加氧酶将氧原子倒入芳香环中，形成中间产物环氧化物，再通过水合作用形成水合中间产物进行进一步的分解；双加氧酶将氧导入芳香环中，形成二羟基二醇，然后转化为邻苯二酚进行进一步的分解。

(1)苯的生物降解途径

如图4-8所示,苯首先经苯双加氧酶的作用,形成顺苯二氢二醇,再经顺苯二醇双加氧酶的作用,形成代谢中间体邻苯二酚。邻苯二酚的代谢可分为邻位切割与间位切割两种途径,进而分解进入三羧酸循环。

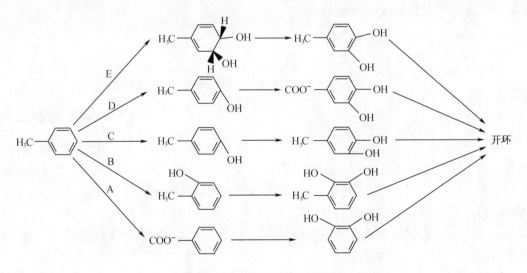

图4-8　苯的生物降解途径

(2)甲苯的生物降解途径

由于可代谢甲苯的微生物不只一种,因此其代谢途径亦有不同。图4-9中A,B,C,D,E分别代表不同菌种代谢甲苯的途径,如途径A表示恶臭假单胞菌mt-2降解甲苯的途径,其代谢的基因位于TOL质粒上。第一步是甲苯单加氧酶在甲苯的甲基上形成苯甲醇,再作用形成苯甲醛,进一步形成苯甲酸、顺二氢氧基环己烷二烯酸,以形成邻苯二酚这个关键的中间代谢物,再经苯环开环酶(C230)及一系列的下游代谢酶的作用而代谢成小分子。途径E则表示恶臭假单胞菌F1降解甲苯的途径,甲苯在一个氧分子及NADH所产生的两个电子作用下而生成顺甲苯二氢二醇。该反应是通过甲苯加双氧酶的作用,将甲苯分解成顺甲苯二氢二醇,形成3-甲基邻苯二酚代谢中间体,再经开环酶及下游酶的作用代谢成小分子,最终进入TCA循环。

图4-9　甲苯的生物降解途径

(3)萘的生物降解途径

恶臭假单胞菌G7与恶臭假单胞菌NCIB9816-4皆可代谢萘,如图4-10所示。萘首先经萘双加氧酶的作用生成顺二氢二醇萘,再经顺二氢二醇萘脱氢酶作用进行第一次开环生成1,2-二羟基萘,由1,2-羟基萘双加氧酶作用生成二氢化苯并吡喃2-羧酸盐,再经二氢化苯并吡喃二羧酸盐异构酶作用生成二羟基苯亚甲基丙酮酸,经2-羟基苯亚甲基丙酮酸醛缩酶作用生成水杨基乙醛,然后经水杨基乙醛脱氢酶作用生成水杨酸盐,再经水杨酸盐羟化酶作用生成邻苯二酚,经邻苯二酚2,3-双加氧酶作用进行第2次开环形成二羟基有机硅烷半醛,进而代谢成丙酮酸盐和乙醛。

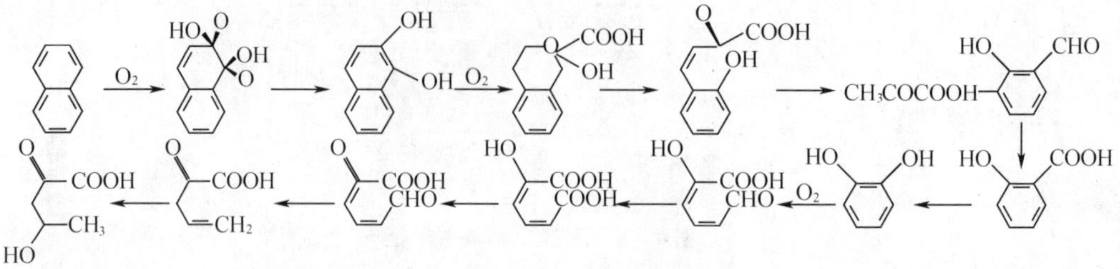

图4-10 萘的生物降解途径

(4)联苯的代谢途径

联苯其苯环上有1~10个位置可以被氯气取代,总共可形成209种不同的多氯联苯,简称PCBs。其中可以分解含高氯的PCBs的微生物大都生长在厌氧的环境下,而能分解含低氯的PCBs的微生物通常可以在好氧环境中找到。恶臭假单胞菌LB400可以分解联苯及最多达6个氯所取代的PCBs,其代谢途径如图4-11所示。利用联苯双加氧酶在联苯的2,3位置加上两个氧原子而形成2,3-二氢二醇联苯,再通过2,3-二羟基联苯双加氧酶进行开环而形成2-羟基-6-酮基-6-苯基-2,3-己二烯酸(HOPDA),最后降解成苯甲酸。

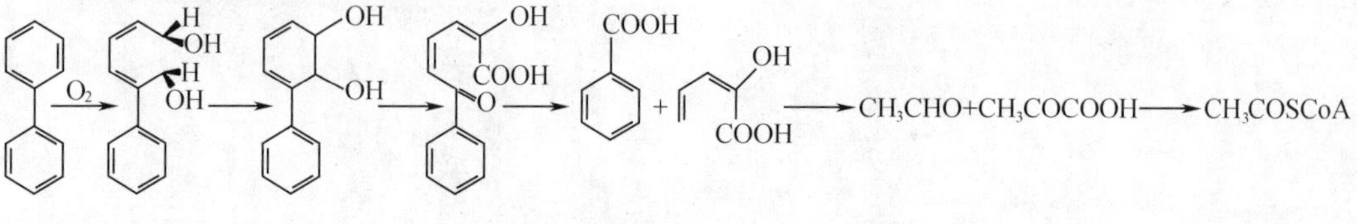

图4-11 联苯的生物降解途径

(5)多环芳烃的降解

多环芳烃(PAHs)在原油中的含量虽然只占0.1%左右,但由于它们的致癌活性和许多植物和微生物均能合成此化合物,因此它们在环境中的行为和归宿不容忽视。微生物(细菌、真菌)对PAHs的代谢方式有两种:一种是以PAHs作为唯一碳源和能源,另一种是把PAHs与其他有机质进行共代谢或共氧化。微生物降解PAHs依赖于酶的活性,氧化加入到环上,形成C—O键断裂,苯环数减少。中间代谢物包括二元醇、酚、环氧化物等,大多是致突变、致癌变、致畸形的,最终降解污染物到完全无害的组分:水和二氧化碳。

好氧生物降解是目前普遍应用处理PAHs的技术。降解PAHs的微生物,首先是细胞产生加氧酶(单、双),进行催化定位氧化反应。真菌产生单加氧酶,加氧原子到苯环上,形成氧化物,然后加入H_2O产生反式二醇和酚。细菌产生双加氧酶,加双氧原子到苯环上,形成过氧化物,然后氧化为顺式二醇,脱氢产生酚。环的氧化是微生物降解PAHs的限制步骤,以后降解较快,很少积累中间代谢物。不同的途径有不同的中间产物,但普遍的中间产物是:邻苯三酚、2,5 - 二羟基苯甲酸、3,4 - 二羟基苯甲酸。邻苯二酚是普遍的中间产物,具体的化合物依赖于羟基组的位置,有正位、对位或其他。这些代谢物经过五种相似的途径降解:环碳键断裂,丁二醇,反丁二烯二酸、丙酮酸、乙酸或乙醛。这些物质都能被微生物利用合成细胞蛋白,最后产物是二氧化碳和水。

(三)影响石油生物降解的因素

在生物修复过程中,不同微生物可能表现出不同的摄取模式,在每一种模式中,影响摄取过程的因素又有多种,如微生物种群、烃类状况(物理状态、浓度、化学组成)、环境条件(温度、pH 值、氧气、营养物质、盐度)等,这些问题造成了采用生物修复技术进行石油污染处理的复杂性。

1. 微生物种属

不同种属的微生物对石油的降解能力不同,有研究对细菌和霉菌的石油降解能力进行比较,发现细菌乙酸钙不动杆菌(*Acinetobacter calcoaeticus*)和黏质沙雷氏菌(*Serratia marcescens*)分别能降解 $C_{22} \sim C_{30}$ 和 $C_{20} \sim C_{28}$ 的石油物质,真菌热带假丝酵母(*Candida tropicalis*)能降解 $C_{12} \sim C_{32}$ 的石油物质;黏质沙雷氏菌(*S. marcescens*)对石油有较大的吸附能力,而乙酸钙不动杆菌(*A. calcoaeticus*)和热带假丝酵母(*C. tropicalis*)对石油有强的乳化作用。每种微生物往往对特定的石油成分有强的降解能力,因此,接种混合的微生物群落,通过微生物间的协同作用,能更完全地降解石油。

2. 石油烃类的状况

(1)石油烃物理状态

石油烃的物理状态直接影响到它的生物可达性。在油 - 水体系中,微生物主要在油 - 水界面活动,油的分散程度直接影响微生物能接触到的石油烃的表面积,油 - 水界面面积的增加,不仅使石油烃更易到达微生物,而且进入水体的乳化液滴使氧和营养物更易被微生物获得,从而促进微生物对石油烃的降解。将石油烃乳化成微小液滴,类似于溶解烃,使其更易被微生物降解。如多环芳烃,迄今为止人们发现只有溶于水相的那部分才能为胞内代谢所利用,而通过共溶剂和表面活性剂的添加可以减少或消除这方面的限制。就微生物降解石油烃而言,如不产生抑制作用的毒性影响,油的分散应能促进微生物对石油烃的降解。

(2)油浓度

油浓度过高不仅会抑制微生物的活性,通常还会导致难分散的厚油层的产生,从而导致营养物和氧的缺乏,影响石油烃的生物降解速率。

(3)石油的化学组成

石油产品的可降解性随其组分的种类和分子量大小的不同而改变。原油由四种组分构成:饱和烃、芳香烃、沥青质和非烃类物质。微生物对它们发生作用的敏感度不同,一般其敏感度由大到小依次为正构烷烃、异构烷烃、低分子量的芳香烃和环烷烃。在饱和烃部分中,直链烷烃最容易被降解,它们在 $C_{10} \sim C_{22}$ 范围内毒性最小也最易生物降解。$C_5 \sim C_6$ 范围内可以被某些微生物在低浓度的条件下降解,但在大多数环境里它们是通过挥发而不是降解来去除。气态的烷烃($C_1 \sim C_4$)只能被很小范围的特异性的烃降解者所降解。超过 C_{22} 的烃水溶性极低,它们在生理温度下的固体状态使微生物转化非常缓慢。由于"空间效应",支链烷烃比直链烷烃难以降解,因为分支结构产生三碳和四碳原子,阻碍了 β - 氧化。环烃的生物降解一般需要两种或两种以上的微生物的协同作用,而且 C_{10} 以下的环烷烃有很高的膜毒性。二环和三环化合物较容易被降解,而含有 5 个或更多环的芳香烃难于被微生物所降解。胶质和沥青则极难被微生物所降解,这些物质大量残留在生物降解的最终产物中,形成了降解后的主要残留物质"矿化物"。不同的原油,由于其饱和烃、芳香烃、胶质和沥青质的含量不同以及饱和烃中正构烃的含量不同而导致它们具有不同的抗降解性。混合菌利用石油烃作为唯一碳源的能力不仅取决于非饱和烃部分的组成,而且取决于脂肪烃部分的组成。Haus 等人还发现,石油的物理化学性质如芳香烃或极性物质的含量、石油的黏度、沸点、折射率都与石油的降解率存在一定的关系。

3. 环境条件

环境因素会影响石油烃的生物降解,这种影响对石油烃的降解往往具有决定性的作用。相同的石油烃在一种环境中能无限期存在,而在另一种环境中却可在几天甚至几小时内被完全降解。

影响石油降解速率的主要环境因素包括:温度、pH 值、氧气、营养物质、盐度等。

(1)温度

温度以两种方式影响石油的生物降解效率:一是影响石油烃降解菌的生长速度,进而影响污染物氧化酶的活性和微生物的种群构成;二是影响石油烃的物理状态和化学组成。研究表明,石油烃代谢率随着温度的升高而增加,一般在 30 ~ 40 ℃时达到其最大值;在此基础上继续升高温度,会导致石油烃的膜毒性增大,进而抑制微生物对烃类的降解能力;低温时,油黏度增加,使得有毒的短链烷烃挥发性下降,最终导致生物降解启动滞后。此外,微生物对石油烃的降解借助于酶的催化作用完成,而酶的活性只有在一定的温度内才能得以发挥。许多(但不是所有)微生物含有必需的酶,而这种酶在高于 50 ℃ 的温度下会变性。因此,这个温度代表了一个保持微生物活性的温度上限。对于好氧菌来说,最佳的石油降解温度一般是在 15 ~ 30 ℃之间。

(2)pH 值

pH 值是一个影响微生物生长的重要环境因素,其对微生物生命活动的影响是通过以下几个方面实现的:一是使蛋白质、核酸等生物大分子所带电荷发生变化,从而影响其生物活性;二是引起细胞膜电荷变化,导致微生物细胞吸收营养物质能力改变;三是改变环境中营养物质的可给性及有害物质的毒性。不同微生物对 pH 值条件的要求各不相同,它们能在一定的 pH 值范围内生长,而其生长最适 pH 值常在一个较小的范围内,因此,确定微生物最适生长 pH 值是很有必要的。据报道,生物降解的最佳 pH 值为 7.0,极端 pH 值对于菌群降解石油烃具有消极影响。Rahman 等研究了 pH 值对降解的影响,发现除 *Flavobacterium* sp. DSS – 73 在 pH 值 8.5 时得到最大降解率 43% 外,其他菌均在 pH 值 7.5 时存在最好降解效果。最适 pH 值既与降解菌有关,也与降解条件密切相关。

(3)氧气

目前能够降解石油污染物的有好氧菌、厌氧菌,研究较多的是好氧菌的降解。微生物对石油的生化降解过程随烃类的不同而各异,但其降解的起始反应却很相似,即在加氧酶的催化作用下,将 O_2 组入基质中,形成含氧的中间代谢产物。Li K Y 等发现,生物量不低于 100 mg VSS/L 时,石油的扩散率(0.12 mg BOD/(L·h))提高 10 倍,氧气的供应(0.1 ~ 1.0 mgBOD/(L·h))将成为生物降解的限制过程。微生物可以在有氧条件下降解石油,也可以对石油烃进行厌氧降解。一般而言,与好氧条件下的生物降解相比,石油烃化合物在厌氧条件下的生物降解速率要慢得多。

（4）营养物质

微生物代谢需要氮、磷、铁、镁等营养物质的参与才能顺利进行。作为微生物能源兼碳源的烃类足够多时，其他营养物的供给是否充分将直接影响微生物对烃类的降解活动。如果营养物质缺乏就会抑制微生物对石油烃的降解作用。土壤中至少有 11 种微生物必需的宏量和微量的营养元素。这些元素必须保持一定的数量、形式和比例以维持好氧菌生长。在石油污染土壤中，通常有机碳含量较高，而 N、P 相对缺乏，因为石油能够提供生物较易利用的有机碳，而不能提供 N、P 及其他营养物。因此，氮源和磷源是常见的烃类生物降解的限制因素，添加适量营养物可以促进生物降解。C∶N∶P 比例达不到细菌代谢所需要的比例，就会限制细菌的代谢速度，从而制约石油污染物的降解。营养添加剂在降解的中后期起到了主导作用，这是因为在以化学氧化为主的阶段过去后，微生物降解起到了主要作用，土壤中原有的营养物质在一定时间内会达不到微生物继续生长的要求，因而适宜于微生物生长所需营养物的加入将对促进微生物数量的增加起到重要作用。

（5）盐度

盐度是较复杂的影响因素。张从等人报道，土壤中汽油的降解率随盐度的增加而降低。Yang Lei 等用被石油污染的河流底泥中的微生物处理盐度为 4% 的石油污染水体，TOC 的去除率达到 90% 以上。但 Kastner 等发现盐度的增大会抑制土著微生物及接种的外源微生物对多环芳烃的降解。Kapley 等研究了由 4 株菌组成的利用原油不同组分的混合菌，在盐度为 3.0% 时接种 48 h 长势良好，而且在盐度达到 6.0% 时仍可以降解原油，但生物体发生了基因的变化。Giresse 等人发现，微生物对有机物的降解随盐度的增加有显著的降低，这种差别可能是微生物菌种和长期生长环境不同的结果，有些微生物对盐度的变化具有较强的抗性。

4. 表面活性剂对微生物降解的影响

污染物的物理化学特性决定它的生物可给性。如低水溶性物质形成独立的非水相，该相因毒性太大，往往不能直接被生物利用。疏水的污染物，如石油烃、PCBs 和某些疏水性强的化合物极易吸附到水中的固体，影响生物降解。表面活性剂可以通过与分子结合（溶解），进入到溶液中憎水性的胶粒核上来增加有机污染物的溶解性。

四、人工合成有机化合物的微生物降解

人工合成的有机化合物形形色色，多种多样，其中大多与天然存在的化合物结构极其类似，也可被微生物代谢；有些则是外源性化学物质（Xenobiotic），以稳定剂、表面活性剂、合成聚合物、杀虫剂、除草剂以及各工艺过程中废品的形式存在，它们抗微生物攻击或被不完全代谢。因为微生物已有的降解酶不认识这些物质的分子结构和化学键序列，对于难生物降解的合成化合物的完全降解，重要的是代谢途径中的产物能被适当的微生物酶作为底物。外源性化合物降解菌的一般富集方法如图 4 − 12 所示。

（一）多氯联苯（PCBs）

多氯联苯是人工合成的有机氯化物，作为稳定剂，用途很广（润滑油、绝缘油、增塑剂、热载体、油漆、油墨等都含有）。PCBs 有毒，对皮肤、肝脏、神经、骨骼等都有不良影响，且是一种致癌因子。美国环境保护局（EPA）把它定为环境污染元凶。1968 年日本的"米糠油事件"即是由于食用了污染 PCBs 的米糠油而引起的。PCBs 性极稳定，在环境中很难分解。

已有充分证据，微生物能降解顽抗性污染物多氯联苯。关于 PCBs 生物降解的首篇报道发表于 1973 年，其是在研究了从土壤中分离到的大量能降解 PCBs 的微生物以后发表的。

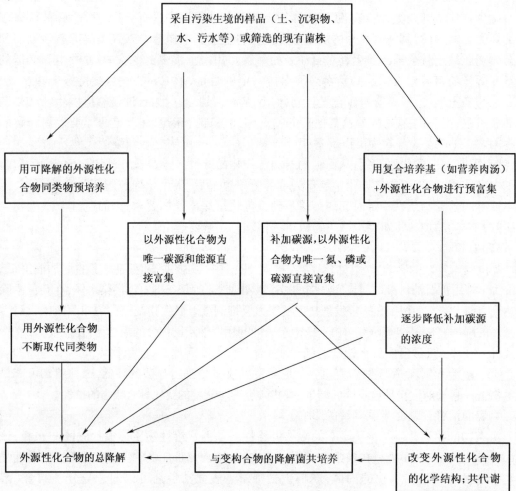

图 4 – 12　富集外源性化合物降解菌的一般方法

此后,陆续有这方面的报道。1978 年,一位在美国工作的日本科学家从威斯康星一湖泊采集的污泥中分离到两种能"吃"多氯联苯的细菌,它们是产碱杆菌(*Alcaligenes* sp.)和不动杆菌(*Acinetobacter* sp.)。它们都能分泌一种特殊的酶,把 PCBs 转化为联苯或对氯联苯,然后吸收这些分解产物,排出苯甲酸或取代苯甲酸,再由环境中其他微生物轻而易举解决掉。美国的三位科学家采集并分析了赫德森河河底的淤泥,也发现在富含 PCBs 的河床淤泥中有专门分解和消耗剧毒 PCBs 的厌氧细菌。从海洋生境中获得了既能降解 PCBs 同类物,又能代谢 PCBs 本身的微生物。

PCBs 作为一种自然选择因子,能诱使微生物群落的结构和机能发生变化。有的微生物学家对假单胞菌(*Pseudomonas* sp.)、沙雷氏菌(*Serratia* sp.)、芽孢杆菌(*Bacillus* sp.)等的野生型菌株进行诱变处理,获得了能把 PCBs 矿化为 CO_2 和水的突变菌株。有的研究者从降解 PCBs 的细菌分离到了编码降解酶的质粒。

能以联苯为底物的微生物通常能够代谢各种 PCBs 类似物,联苯作为底物诱导物和共氧化剂。好氧细菌降解 PCBs 的一般途径是以联苯双加氧酶攻击联苯上未取代的 2,3 位而开始的,二羟代谢物通过间位开环被转化,产生氯代苯甲酸;也有报道 PCBs 降解的代谢物是通过 3,4 – 二加氧酶攻击 3,4 位而产生的。

PCBs 的好氧降解一般限于有 5 或 6 个氯原子的同类物。近期的研究结果表明,厌氧菌易对含氯量高的 PCBs 起脱氯作用。因此,含氯量高的化合物需先经厌氧菌作用后,再由好氧菌接着分解;脱氯菌释放 H_2,氢细菌消耗 H_2,从而使脱氯菌得以继续脱氯。

共代谢作用、降解性质粒以及微生物之间的互生关系,使多氯联苯降解、矿化。

对于 PCBs 降解的初始产物 2 – 或 3 – 氯代苯甲酸盐(或酯),能降解的微生物并不是土壤中常见的。有人把从土壤和污泥中分离到的能以 2 – 氯、3 – 氯、2,3 – 二氯、2,3,5 – 三氯代苯甲酸盐为唯一碳源的铜绿假单胞菌(*Pseudomonas aeruginosa*)和恶臭假单胞菌(*P. putida*)菌株接种到受试土样中,PCBs 的矿化作用明显增强。该试验对多氯联苯污染的土壤的原位生物修复(in – situ bioremediation)是有参考价值的——接种氯代苯甲酸盐降解菌,使之与土壤中的 PCBs 共代谢菌接合,可促进土壤中 PCBs 的矿化。

以往对 PCBs 降解菌的研究,集中于革兰氏阴性细菌。Masashi Seto 等(1995)研究了一株降解 PCBs 的革兰氏阳性的红球菌(*Rhodococcus sp.*),对其联苯/PCBs 降解基因的新性状作了描述,表明该菌具有更强、更独特的 PCBs 转化活性。

(二)去垢剂(Detergents)

去垢剂或称洗涤剂的基本成分是人工合成的表面活性剂。根据表面活性剂在水中的电离性状,去垢剂可分为阴离子型、阳离子型、非离子型和两性电解质四大类,以阴离子型去垢剂的应用最为普遍,其中又以烷基苯磺酸盐类的使用最为广泛。

早先的去垢剂是非线性的丙烯四聚物型烷基苯磺酸盐(ABS):

$$NaSO_3 - \underset{\underset{CH_3}{|}}{\overset{\overset{CH_3}{|}}{C}} - CH_2 - \left[\underset{}{\overset{\overset{CH_3}{|}}{CHCH_2}} \right]_3 - \underset{\underset{CH_3}{|}}{\overset{\overset{CH_3}{|}}{C}} - CH_3$$

烷链中的甲基分支干扰生物降解,链末端与 4 个碳原子相连的季碳原子抗攻击的能力最强。ABS 在天然水体中可存留 800 h 以上,在接纳水体和处理设备中保持表面活性,产生大量泡沫。为使去垢剂易为生物所降解,将其结构改变为线性的直链烷基苯磺酸盐(LAS):

$$NaSO_3 - \underset{\underset{CH_3}{|}}{CH} - (CH_2)_9 - CH_3$$

其分解速度大大提高。

微生物降解烷基苯磺酸盐类可按代谢类型和代谢程度分为下列几种情形:

(1)侧链的 ω – 氧化及 β – 氧化,既没有脱磺基作用也不发生苯环代谢。

(2)侧链的 ω – 氧化及 β – 氧化,有羟基取代脱磺基过程、苯环破裂以及苯环破裂产物的进一步代谢。

(3)与(2)相同,但脱磺基作用是还原机制,形成烷基苯类而不是对羟基烷基苯类。

(4)与(2)相同,但既有 β – 氧化作用,又有 α – 氧化作用,故无论是奇数碳底物或偶数碳底物,均可同时产生奇数碳和偶数碳的中间产物。

(5)与(4)相同,但苯环不破裂。

（6）带支链的侧链降解，有脱磺基作用而且苯环破裂。

（7）先是苯环上的磺基脱除和氧合作用，生成烷基邻苯二酚，而后苯环间位破裂，这种情况见于短侧链（$C_2 \sim C_5$）的烷基苯磺酸盐类。

（8）以共代谢方式降解。此种降解的速率因类似物中酚的增加而增大。

从土壤、污水和活性污泥中分离到能以表面活性剂为唯一碳源和能源的微生物，主要是假单胞菌、邻单胞菌（Plesiomonas）、黄单胞菌（Xanthomonas）、产碱杆菌、微球菌、诺卡氏菌等，固氮菌属除拜氏固氮菌（Azotobacter bezerinkii）外，都是表面活性剂的积极分解者。在含去垢剂的污水中培养固氮菌是很有意义的，因为固定了大气中的氮，水中含有机氮化物就可促进其他微生物生长，从而提高去垢剂的降解速率。

微生物对去垢剂的降解能力依赖于降解质粒的存在，与 LAS 降解有关的酶如脱磺基酶和芳香环裂解酶的编码基因均位于质粒上。

（三）塑料

塑料制品是人工合成的一类聚合物，应用十分广泛。破碎的塑料制品由于其生物学惰性，在环境中长期存留而造成危害。据海洋科学家报告，死于废弃塑料的海鸟和海洋哺乳动物数目之多令人触目惊心。

可生物降解塑料，亦称为"绿色生态材料"，是指在一定的时间和一定的条件下，能被微生物或其分泌物在酶或化学分解作用下发生降解的高分子材料。对塑料降解起作用的是细菌、霉菌、真菌和放线菌等微生物，引起降解的作用形式主要有 3 种：（1）生物物理作用，由于微生物细胞的增长对塑料材料起到物理性的机械破坏作用和生物化学作用。（2）微生物产生的某些物质对塑料起化学作用。（3）酶的直接作用，微生物分泌的酶对聚合物内的某些组分起作用，引起氧化分解等。根据其分解程度的不同，又可分为完全生物降解塑料和不完全生物降解塑料。不完全生物降解塑料多为聚烯烃类树脂及其与其他可降解塑料的共混物，主要包括淀粉改性（或填充）聚乙烯 PE、聚丙烯 PP、聚氯乙烯 PVC、聚苯乙烯 PS 等。完全生物降解塑料不含或很少含有聚烯烃类物质，主要是由天然高分子（如淀粉、纤维素、甲壳质）或农副产品经微生物发酵或合成具有生物降解性的高分子制得，是一类极有研究和开发价值的生物降解塑料，主要有微生物聚酯和微生物多糖两类，如热塑性淀粉塑料、脂肪族聚酯、聚乳酸、淀粉/聚乙烯醇等均属这类塑料，其降解产物可成为微生物的营养源而能被完全消化。英国伦敦的帝国化学工业公司开发的生物塑料商品名 Biopol，是真养产碱菌（A. eutrophus）以 CH_2O、有机酸作原料，合成的多羟酯（CHO 的长链分子）。改变细菌的环境条件，可制造出一系列具有不同强度、柔性、韧性的 Biopol 聚合物。日本东京工业大学资源化学研究所给产碱杆菌改变食料，使之合成聚酯。美国麦迪生大学获取产碱菌的控制多羟酯生成的三种基因，转移给普通 E. coli，使后者能制造多羟酯。密芝根州立大学一植物学家把有关基因从产碱菌移植到植物（芥子族）中，使植物能制造塑料。

（四）农药（Agricultural chemical）

目前，包括杀虫剂、除草剂、杀菌剂在内，世界上的有机磷农药已达 150 多种，中国使用的有机磷农药有 30 余种。人工合成的农药杀虫剂、除草剂等，有的在环境中迅速降解，有的则在环境中长期存留。

1. 农药降解微生物

土壤残留农药，除一部分通过热分解、光分解和化学分解外，大部分可通过环境微生物的降解或转化作用，使有毒的农药转化为无毒或低毒的其他化合物。目前，从自然界中分离

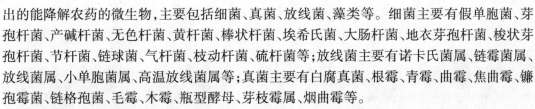

出的能降解农药的微生物,主要包括细菌、真菌、放线菌、藻类等。细菌主要有假单胞菌、芽孢杆菌、产碱杆菌、无色杆菌、黄杆菌、棒状杆菌、埃希氏菌、大肠杆菌、地衣芽孢杆菌、梭状芽孢杆菌、节杆菌、链球菌、气杆菌、枝动杆菌、硫杆菌等;放线菌主要有诺卡氏菌属、链霉菌属、放线菌属、小单胞菌属、高温放线菌属等;真菌主要有白腐真菌、根霉、青霉、曲霉、焦曲霉、镰孢霉菌、链格孢菌、毛霉、木霉、瓶型酵母、芽枝霉属、烟曲霉等。

通过微生物的作用,把环境中的有机污染物转化为 CO_2 和 H_2O 等无毒无害或毒性较小的其他物质。而上述几个微生物类群中,由于细菌在其生化上的多种适应能力和容易诱发突变菌株的特性,使其在农药降解过程中占有主要地位。

2. 微生物降解农药的机理

(1)矿化作用 有许多化学农药是天然化合物的类似物,某些微生物具有降解它们的酶系。它们可以作为微生物的营养源而被微生物分解利用,生成无机物、二氧化碳和水。矿化作用是最理想的降解方式,因为农药被完全降解成无毒的无机物,如石利利等研究了假单胞菌 DLL－1 在水溶液介质中降解甲基对硫磷的性能及降解机理后指出,DLL－1 菌可以将甲基对硫磷完全降解为无机离子 NO_2^-、NO_3^-。

(2)共代谢作用 有些合成的化合物不能被微生物降解,但若有另一种可供碳源和能源的辅助基质存在时,它们则可被部分降解,这个作用称为共代谢作用。共代谢作用在农药的微生物降解过程中发挥着主要的作用。

3. 微生物降解农药的途径

其过程可以分为酶促降解作用和非酶促作用。

(1)酶促作用

①农药分子或其分子中某部分作为微生物利用的能源和碳源,被微生物立即利用,或先经产生特殊酶后再使农药降解。

②两种或两种以上的微生物通过共代谢作用降解某些结构复杂的农药。

③去毒代谢作用。微生物不是从农药中获取营养或能源,而是发展了为保护自身生存的解毒作用从而达到降解农药的过程。

(2)非酶促作用

微生物活动使环境 pH 值发生变化而引起农药降解,产生某些辅助因子或化学物质参与农药的转化。主要包括脱卤作用、脱烃作用、胺及酯的水解、还原作用、环裂解、氧化作用、缩合或共轭形成等。

在微生物降解农药时,其体内并不是只进行单一的反应,多数情况下是多个反应协同作用来完成对农药的降解过程。

4. 影响微生物降解农药的因素

(1)微生物个体

微生物的种类、代谢活性、适应性等都直接影响到对农药的降解与转化。不同的微生物种类或同一种类的不同菌株对同一有机底物农药或有毒物质反应也不同。

(2)农药结构

农药的化学结构决定了其溶解性、分子排列和空间结构等特征,并因此影响微生物在环境中对其降解的难易程度。高分子化合物比分子量小的化合物难降解,空间结构复杂的比结构简单的较难降解,与生命物质的分子结构相似度越高的物质越容易被微生物降解。

研究表明,农药的化学结构决定了它被微生物降解的速度。农药化学结构中所含的卤素、氮、氢等原子,会降低有机物的生物降解性,这类基团的数目越多,生物降解性越差。而羟基和羧基的存在,则有利于生物降解。对于芳香族化合物,苯环上取代氯的数目越多,降解越困难,其中苯环上间位取代类型最难降解。

（3）环境因素

环境因子包括温度、酸碱度、含水量、溶氧量、盐度、有机质含量、黏度、表面活性剂等,环境因素的改变必然影响微生物对农药的降解过程。Brajesh K. 和 Singh 研究表明,土壤 pH 值对降解影响相对较大,不仅影响微生物降解酶的活性,同时也影响农药的化学降解。王军等人研究表明,土壤含水量较高条件下微生物对农药降解快,其原因可能是高含水量下土壤微生物的相对活性较高。另外,温度影响酶反应动力学和微生物生长速度等,有些营养元素,尤其是生长因子必须从环境有机质中摄取,这些环境因子对微生物的生命活动及降解特性起着至关重要的作用。

五、金属的微生物转化

各种金属元素可由多种来源进入环境,包括燃烧燃料、施用农药、采矿、冶金等。全球每年由矿物燃料进入空气的镍近 7×10^4 t,砷约 0.4×10^4 t。金属也作为地壳的天然结构成分而以多种形式存在于环境。当今人们主要关心的元素是:汞、砷、铅、锡、锑、铜、镉、镍和矾。这些元素以空气、水、土壤的污染物以及食品残渣之类各种各样的化学形态存在于环境中。

金属在一定浓度时对微生物有毒害作用。重金属在浓度很低时,对大多数微生物即有明显毒性。金属对微生物的毒性强度固然与其浓度有关,但更取决于其存在状态。例如,六价铬比三价铬毒得多;在各种汞化物中,甲基汞的毒性最强;有机锡比无机锡毒,烷基锡比芳香基锡毒,三烷基锡比四烷基锡更毒。

微生物具有适应金属化合物而生长并代谢这些物质的活性。微生物的代谢活动可改变环境中金属的状态,从而改变它们的性质,包括生物效应。《三国演义》中诸葛亮四纵孟获后其部属饮哑泉水中毒之谜,即氧化亚铁硫杆菌等嗜酸菌将铜矿石中不溶于水的铜转化成硫酸铜溶于水之故。质粒携带的抗性因子与金属的微生物转化有关。利用微生物对金属的转化,可处理含重金属的工业废水。例如,用抗汞的假单胞菌株处理含总汞 10 mg/L 的工业废水,可将废水中汞化物转化成元素汞而回收利用,水的含汞量则大大减少。中国科学院北京微生物研究所将假单胞菌的抗汞质粒转移给受体菌,使后者的抗汞水平提高 4～8 倍。吉林医学院从第二松花江表层底泥中分离、筛选出三株抗汞假单胞菌,经驯化,去除氯化汞的效率相当高,当 CH_3HgCl 浓度为 1 mg/L 和 5 mg/L 时去除率近 100%,浓度为 10 mg/L 和 20 mg/L 时去除率为 99%。有的微生物能将金属浓集于自身细胞内,这对于减轻环境污染,维持生态平衡有重要意义。环境中微生物对金属的转化,主要是氧化还原和甲基化作用。

（一）铁的氧化和还原

铁通常以两种易变的价态存在,即 Fe^{2+} 和 Fe^{3+}。在自然界,铁的存在状态受环境酸碱度（pH）和氧化还原电位（Eh）影响。

1. 铁的氧化

pH > 4.5 时,Fe^{2+} 可自发氧化为 Fe^{3+} 并形成 $Fe(OH)_3$ 沉淀;当环境中 pH < 4.5 时,Fe^{2+} 的化学氧化极慢,在这种情况下,Fe^{2+} 的氧化主要是铁氧化菌的作用。

铁氧化菌按形态可分为三类:

（1）菌体单个的细菌　氧化亚铁硫杆菌（*Thiobacillus ferrooxidans*）是最重要的铁氧化菌。

该菌从氧化亚铁为高铁的过程中获得能量同化 CO_2，严格好氧，自养，嗜酸，pH1.4 甚至更低时仍能生长，从而溶浸出矿石中的金属。在含铁的酸性水中以及含铁矿砂的土壤中常可见此菌。

（2）具鞘细菌——细胞在鞘内排列成链

①球衣菌-纤发菌类群　鞘宽度均匀，最适生长 pH 5.8～8.5。在此 pH 值范围内，铁进行快速化学氧化，所以生物学氧化无多大生态学意义。球衣菌（*Sphaerotilus*）、纤发菌（*Leptothrix*）有很多相似之处：细胞杆状，在鞘内排列成链，游离细胞以鞭毛运动，革兰氏阴性，严格好氧，化能异养，都含有聚 $-\beta-$ 羟基丁酸颗粒作为细胞内贮藏物质。二者主要区别见表4-4。

表4-4　球衣菌和纤发菌的主要区别

	球衣菌	纤发菌
细胞宽度	宽	窄
鞭毛	一束亚极生	一根极生
鞘	较薄	很厚
锰	不氧化	氧化
生境	富含有机质的缓慢流动的污染水体	未污染的流动缓慢的含铁水

②泉发菌属（*Crenothrix*）　鞘很薄，游离端可能膨大，细胞圆柱形到盘状，在正常丝状体中以横隔分裂。在膨大了的丝状体末端顶部以横隔和纵隔分裂，细胞较小并可能成为圆形。鞘的顶端可能无色，基部嵌以铁或锰的氧化物，化能异养，发现于积滞的或流动的含有机质和铁盐的水中。这种细菌大量生长时可使池塘变成红棕色。

（3）具柄细菌

①嘉利翁氏铁柄杆菌属（*Gallionella*）　细胞着生于丝状长柄的顶端，由两个丝状体的柄交织成螺旋状，长柄包裹厚厚的 $Fe(OH)_3$ 沉积物（可占细胞干重的 90%），不沉积锰化物。化能自养，从氧化 Fe^{2+} 为 Fe^{3+} 的反应中获取能量同化 CO_2，微需氧（氧浓度约 1 mg/L）。在含氧量极低的环境中，铁的氧化作用是由这类细菌引起的。可在营养贫乏的天然冷水体中生长，也有它的嗜热株分布在含亚铁的土壤和水中。常与赭色纤发菌（*L. ochracea*）联合在一起，并同大量氢氧化铁的沉淀有关。这些细菌的生长可引起水工程的问题。

②生金菌属（*Metallognium*）　是一类有柄而无明显细胞体的铁氧化菌，菌体形成扭曲在一起的丝状菌体团块，包有厚厚的高铁。异养，在 pH3～5 的范围内氧化 Fe^{2+} 为 Fe^{3+}，也能氧化锰。

③生丝微菌属（*Hyphomicrobium*）　小柄生于细胞末端，能氧化铁、锰，有独特的营养特性，适宜的碳源是甲醇、甲醛、甲胺等一碳化合物。

2. 铁的还原

微生物引起铁的还原有两种情况：

（1）微生物好氧代谢消耗 O_2，使生境中 Eh 下降。在缺 O_2 情况下，某些微生物以 Fe^{3+} 为电子受体，Fe^{3+} 被还原为 Fe^{2+}。因此，在缺 O_2 环境中，如沼泽、湖底或深井中，铁以可溶的还原态存在。

（2）微生物生命活动所产生的 NO_3^-、CO_3^{2-}、SO_4^{2-} 以及有机酸，使 $Fe^{3+} \rightarrow Fe^{2+}$。

另外，有些微生物可产生螯合剂，使铁变成可溶性，从而成为有效态的铁。

（二）锰的氧化和还原

锰最常见的是二价和四价。Mn^{2+}是水溶性的。pH值较高时，$Mn(Ⅱ)$自发氧化为四价，形成不溶性的MnO_2。在pH中性的水体中，水面可溶性Mn^{2+}氧化为不溶性的MnO_2是由生长在表面的具柄细菌催化的，主要是生金菌属和生丝微菌属。真菌对于酸性土壤中锰的氧化起重要作用。

在排水管道中，铁和锰的氧化往往造成水管淤塞。

（三）汞的氧化、还原和甲基化

环境中的无机汞可以下列三种形式存在：

$$Hg_2^{2+} \rightleftharpoons Hg^{2+} + Hg^0$$

1. 汞的氧化和还原

在有O_2条件下，某些细菌，如柠檬酸细菌（*Citrobacter*）、枯草芽孢杆菌（*B. subtilis*）、巨大芽孢杆菌（*B. megaterium*）使元素汞氧化，$Hg^0 \rightarrow Hg^{2+}$。另外有些细菌，如铜绿假单胞菌（*P. aeruginosa*）、大肠埃希氏菌（*E. coli*）、变形杆菌（*Proteus*），使无机或有机汞化物中的二价汞离子还原为元素汞，$Hg^{2+} \rightarrow Hg^0$。酵母菌也有这种还原作用，在含汞培养基上的酵母菌菌落表面呈现汞的银色金属光泽。

2. 汞的甲基化

无论在好氧或厌氧条件下，都可能存在能使汞甲基化的微生物。据报道，能形成甲基汞的细菌有产甲烷菌、匙形梭菌（*Clostridium cochlearium*）、荧光假单胞菌（*P. fluorescens*）、草分枝杆菌（*Mycobacterium phlei*）、大肠埃希氏菌、产气肠杆菌（*Enterobacter aerogenes*）、巨大芽孢杆菌等，真菌中有粗糙链孢霉（*Neurospora crassa*）、黑曲霉（*Aspergillus niger*）、短柄帚霉（*Scopulariopsis brevicaulis*）以及酿酒酵母（*Saccharomyces cerevisiae*）等。

汞的生物甲基化往往与甲基钴胺素有关。甲基钴胺素是钴胺素的衍生物，钴胺素即维生素B_{12}，是一种辅酶，许多微生物细胞都含有。甲基钴胺素中的甲基是活性基团，易被亲电子的汞离子夺取而形成甲基汞。汞的甲基化有两步。甲基钴胺素（或许还有其他产甲基的媒介物）把甲基转移给汞等重金属离子后，本身成为还原态（$B_{12} - r$）：

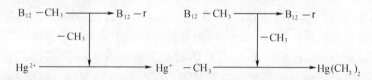

鱼体表面黏液中有许多含甲基钴胺素的微生物，把无机汞加入这种黏液，检测到无机汞被甲基化了。大鼠肠道里的微生物也含有甲基钴胺素。把大鼠盲肠的内容物放在试管里与$HgCl_2$混合，然后用薄层层析法检测，结果表明$HgCl_2$转变成了氯化甲基汞（CH_3HgCl）。从大鼠肠道里分离出的细菌中，大肠杆菌的甲基化作用最强。从人粪便中分离到的各种细菌，大多也能使无机汞甲基化。

汞的甲基化过程也可在还原环境中自发进行。

某些微生物能进行甲基汞降解作用。能降解甲基汞的微生物包括需氧菌、兼性厌氧菌和专性厌氧菌。

在自然界，形成甲基汞的同时进行着脱甲基作用。在天然水体的淤积物中，甲基化和脱甲基化过程保持动态平衡。因此，在一般情况下，环境中甲基汞浓度维持在最低水平。但是,在有机污染严重、pH 值较低的环境中,容易形成和释放甲基汞,对生物的危害也大:一甲基汞溶于水,为鱼贝吸收而浓缩;二甲基汞逸出水体,进入大气,污染扩大。

汞的生物循环如图 4-13 所示。

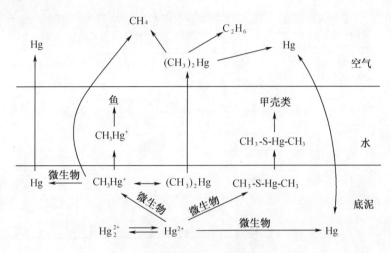

图 4-13　汞的生物循环

(四)砷的氧化、还原和甲基化

砷是介于金属和非金属之间的两性元素,秉性非常活跃,俗称类金属。它又是高等动物维持生命所必需的微量元素。与其他微量元素一样,砷有严格的剂量效应关系,低浓度砷有利机体生长和繁殖,过量则有毒性并致癌。元素不溶于水和强酸,所以几乎无毒。砷的有机、无机化合物有毒,As^{3+} 毒性 > As^{5+} 毒性。俗称砒霜的是三价砷化物 As_2O_3。

1. 砷的氧化和还原

假单胞菌、黄单胞菌、节杆菌、产碱菌等细菌氧化亚砷酸盐为砷酸盐,使之毒性减弱。微生物的这种活性是湖泊中亚砷酸盐氧化为砷酸盐的主要原因。土壤中也进行着砷的氧化作用。当土壤中施入亚砷酸盐后,三价砷逐渐消失而产生五价砷。而另外有些细菌如微球菌以及某些酵母菌、小球藻等可使砷酸盐还原为更毒的亚砷酸盐,海洋细菌也有这种还原作用。所以尽管 As^{5+} 被认为是热力学上最稳定的形式,而实际上海水中三价砷的氧化作用很缓慢。

2. 砷的甲基化

砷化物加到颜料中可使色彩特别鲜艳,因而早被采用。然而许多年前,在用含砷颜色纸糊墙壁的房间里,人发生中毒。后经研究,发现致命因子不是颜料本身,而是在墙壁纸上生长的霉菌的代谢产物——三甲基砷——一种挥发性的、有大蒜气味的剧毒物质。近代研究表明,这也是致拿破仑死亡的真凶。土壤里也会发生这种砷的转化和挥发作用,所以用砷化物作为杀虫剂和除草剂,对工作人员存在着潜在危害。

细菌如甲烷杆菌(*Methanobacterium*)和脱硫弧菌(*Desulfovibrio*),酵母菌如假丝酵母(*Candida*),尤其霉菌如镰刀霉(*Fusarium*)、曲霉(*Aspergillus*)、帚霉(*Scopulariopsis*)、拟青霉(*Paecilomyces*)都能转化无机砷为甲基砷。砷生物甲基化中的甲基供体也是甲基钴胺素。

砷的生物循环如图 4-14 所示。

由于挥发性甲基砷有许多生物来源,而这种化合物在一般情况下与大气氧反应缓慢,容易积累到危险浓度,因此对于环境中砷的迁移转化,应加强关注。

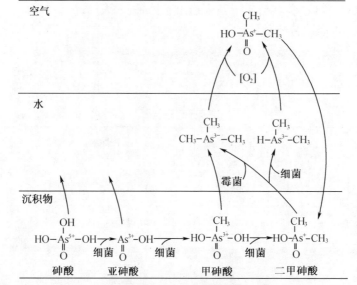

图 4 – 14 砷的生物循环

（五）硒的氧化、还原和甲基化

硒是细菌、温血动物及人的必需元素，但它又是剧毒元素，需要量与中毒水平之间的安全幅度很小。在植物含硒丰富的地方，牛、羊、猪、马等家畜常发生中毒，甚至死亡。微生物具有代谢硒化物的能力，因此而发生的转化作用可改变元素硒的毒性或利用价值。紫色硫细菌把元素硒氧化为硒酸盐，毒性增强。氧化亚铁硫杆菌代谢 CuSe，生成元素硒，毒性减弱。土壤中大部分细菌、放线菌和真菌都能还原硒酸盐和亚硒酸盐为元素态。微生物还能把元素硒和无机或有机硒化物转化成二甲基硒化物，毒性明显降低。有这种作用的真菌有群交裂褶菌（*Schizophyllum commune*）、黑曲霉、短柄帚霉、青霉等，细菌有棒杆菌（*Corynebacterium* sp.）、气单胞菌（*Aeromonas* sp.）、黄杆菌，还有假单胞菌属等。

（六）其他重金属的微生物转化

1. 铅

从铅矿表面可分离到节杆菌和生丝微菌。从煤渣中分离出来的一株梭状芽孢杆菌可溶解 PbO 和 $PbSO_4$，由铅含量和细菌生物量的关系，可知铅对该菌有生物活性。铅也可以被细菌甲基化。从安大略湖分离到的假单胞菌、产碱杆菌、黄杆菌和气单胞菌的纯培养物，在化学成分限定的培养基中可以由三甲基醋酸铅生成四甲基铅。湖泊的水－沉积物系统在厌氧条件下，也可由微生物生成四甲基铅。

2. 锡

锡与有机基团结合时，毒性明显增强。微生物对 $(CH_3)_2SnCl_2$ 比对 $SnCl_4 \cdot 5H_2O$ 更为敏感。

锡能被生物甲基化。一株能由醋酸苯汞生成元素汞的假单胞菌，极能耐受 Sn^{4+} 而不耐受 Sn^{2+}，存在 Sn^{4+} 时，生成挥发性的甲基锡。这些被生物甲基化了的锡，又能通过非生物途径使 Hg^{2+} 甲基化而生成甲基汞：

$$Sn^{4+} + 假单胞菌 \xrightarrow{生物途径} (CH_3)_n Sn^{(4-n)+}$$

$$(CH_3)_n Sn^{(4-n)+} + Hg^{2+} \xrightarrow{\text{非生物途径}} (CH_3)_{n-1} Sn^{(5-n)+} + CH_3 Hg^+$$

在严重污染 Sn^{4+} 和 Hg^{2+} 的水环境中,存在这种交替形成甲基汞的机制。

3. 镉

某些细菌和真菌在有 Cd^{2+} 的情况下生长时,能积累大量镉。微生物也能使镉甲基化。一株能使锡甲基化的假单胞菌在有 VB_{12} 时,由无机 Cd^{2+} 生成微量挥发性镉化物,后者把甲基非生物地转移给 Hg^{2+},结果生成甲基汞。

4. 锑

从锑矿中分离到一种能氧化锑并以此作为能源的专性好氧细菌。该菌在含锑的液体培养基中生成五氧化锑胶体;在含三氧化锑的固体培养基上形成不规则菌落,菌落中央有五价锑的结晶。

此外,钚的金属有机络合物,甲基钯和二甲基钯,以及二甲基金等也都有报道。

在研究重金属的毒性时,发现微生物也能转化钒,大肠杆菌等纯培养及土壤混合菌都能使五价钒转化成四价或三价。在转化过程中,培养液颜色发生明显的变化,由无色变为蓝色或绿色,最后变为黄色(不同价态的钒溶液呈色不同)。以标准平板计数法测五价钒及其经微生物转化后产物对细菌存活的影响,表明后者毒性明显大于前者(见表4-5)。

表4-5 经转化和未经转化的 V^{5+} 对 *E. coli* 的不同毒性效应

			I 组	II 组	III 组
蒸馏水/mL			5	5	6
肉汤/mL			0.2	0.2	0.2
转滤液[①]/mL			1.0	0	0
V^{5+} 液[②]			0	1.0	0
菌悬液[③]			0.5	0.5	0.5
培育时间/h	0	浑浊度[④]	–	–	–
		菌数/mL	120	110	110
	24	浑浊度	–	–	+
		菌数/mL	2	10	52×10^3
	48	浑浊度	–	–	+ +
		菌数/mL	/	27	51×10^5
	72	浑浊度	–	+	+ + + +
		菌数/mL	/	68×10^3	46×10^7
	96	浑浊度	–	+ +	+ + + + +
		菌数/mL	/	12×10^5	70×10^8
	120	浑浊度	–	+ + +	+ + + + +
		菌数/mL	/	28×10^6	38×10^9
	150	浑浊度		+ + + + +	+ + + + +
		菌数/mL	/	35×10^9	11×10^9

注:①合成培养液加 NH_4VO_3 溶液(使 V^{5+} 浓度为 200 mg/L),经 *E. coli* 转化,颜色由无色变为蓝色或绿色,最后变为黄色的培养液,通过孔径为 0.45 μm 的无菌滤膜抽滤。
②含 V^{5+} 200 mg/L 的 NH_4VO_3 水溶液。
③*E. coli* 菌悬液,含菌 1 500 个/mL(用稀释平皿计数法测得)。
④ –,不浑浊;+ 至 + + + + +,浑浊至非常浑浊。

（七）重金属微生物转化的环境效应

微生物通过分泌或呼吸作用以排出所形成的有机金属，可能是微生物具有的使有毒金属解毒的一种方式；但被排出的金属化合物，可能比其原形态对高等生物具更大的危害性。

另一方面，微生物可以把化合态金属还原成单质，例如汞。单质汞具有足够的蒸气压，形成汞蒸气从所在水体扩散至空间。这种转移方式可暂时或永久地使金属从生物接触的环境中清除出去。

六、煤的微生物脱硫与降解

（一）煤炭微生物脱硫

煤中含有一定量的硫化物（主要是有机硫和无机黄铁矿硫），在燃烧时产生大量的二氧化硫等有害气体，并进而形成酸雨，严重污染大气和水土，破坏生态平衡。因此，煤炭脱硫已成为目前国际上急待解决的重大课题。

煤炭中的硫约60%～70%为黄铁矿硫，30%～40%为有机硫，而硫酸盐硫的含量极少且易洗脱。就无机黄铁矿硫而言，凡属于侵染状、星散状，与有机质共生或充填于细胞腔中的硫铁矿，用物理选煤方法只能除去其中一部分黄铁矿，而且伴有尾煤中煤粉损失。对于煤中的有机硫，物理洗选则根本无法去除。至于煤燃烧后脱硫，由于排烟脱硫装置费用太高，无法普遍应用。因此，开发廉价简便的煤炭脱硫新技术已成为势之必然。燃烧前微生物脱硫技术具有能源消耗较省、投资少、不造成煤粉损失且能减少煤中灰分等优点，该技术具有诱人的前景。

1. 脱硫微生物

能进行煤炭脱硫的微生物可按照脱除硫的形态进行分类，其中用于脱除无机黄铁矿硫的微生物有氧化亚铁硫杆菌、氧化硫硫杆菌等自养型细菌；用于脱除有机硫的微生物是靠从外界摄取有机碳生长的异养型细菌，主要有假单胞菌属、产碱菌属和大肠杆菌等。嗜酸、嗜热的兼性自养菌酸热硫化叶菌（*Sulfolobus acidocaldarius*）既能脱除无机硫，又能脱除有机硫。表4-6列出了几种主要脱硫微生物的基本特性。

表4-6 主要脱硫微生物的基本特性

营养类型	典型微生物	适宜温度/℃	适宜pH值	脱硫类型	能量来源
自养	氧化亚铁硫杆菌	25～35	2.0～3.0	黄铁矿	单质硫、硫化物、2价铁
	氧化硫硫杆菌	25～30	2.0～3.0	黄铁矿	单质硫、硫化物
	铁氧化钩端螺旋菌	25～35	1.5～2.0	无机硫	单质硫、2价铁
	硫螺菌属	2～4	1.0～5.0	黄铁矿	2价铁、硫化物
	硫化裂片菌属	60～80	1.5～4.0	黄铁矿、有机硫	无机硫、有机硫
兼性自养	嗜酸热硫化叶菌	60～70	1.5～2.5	黄铁矿、有机硫	单质硫、硫化物、2价铁、有机硫
	嗜酸硫杆菌	59	3.0～3.5	黄铁矿、有机硫	无机硫、有机硫
异养	假单胞菌	25～35	7.0	有机硫	有机硫
	大肠杆菌	30～40	7.0	有机硫	有机硫
	埃希氏菌	37	7.0	有机硫	有机硫
	红球菌属	30	7.0	有机硫	有机硫
	芽孢杆菌属	28	7.0～8.5	有机硫	有机硫

2. 煤炭微生物脱硫机理

煤的微生物脱硫是由生物湿法冶金技术发展而来,是通过培育出针对含硫化合物的菌种,在常压、低于 100 ℃ 的温和条件下,利用微生物代谢过程中的氧化—还原反应,使含硫化合物氧化后,用酸洗、沥滤的方法实现脱硫。据报道,黄铁矿脱除率可达 90%,有机硫脱除率可达 40%。生物法脱硫具有耗能低、运转费用少、不产生二次污染等优点,是当前国内外煤炭脱硫研究的热点。

(1)无机硫的脱除原理

煤炭中的无机硫大多以黄铁矿(FeS_2)的形态存在。目前一般认为微生物对黄铁矿硫的脱除机理有两方面:一是直接氧化机理(认为是微生物直接溶化黄铁矿);二是间接作用机理(认为细菌起着类似化学上触媒剂的作用,即细菌氧化硫酸亚铁生成的硫酸高铁,与黄铁矿迅速反应,生成更多的硫酸亚铁和硫酸)。其反应方程式为

$$2FeS_2 + 7O_2 + 2H_2O \xrightarrow{\text{微生物}} 2FeSO_4 + 2H_2SO_4 \tag{1}$$

$$2FeSO_4 + 1/2O_2 + H_2SO_4 \xrightarrow{\text{微生物}} Fe_2(SO_4)_3 + H_2O \tag{2}$$

$$FeS_2 + Fe_2(SO_4)_3 \longrightarrow 3FeSO_4 + 2S \tag{3}$$

$$2S + 3O_2 + 2H_2O \xrightarrow{\text{微生物}} 2H_2SO_4 \tag{4}$$

首先,附着在黄铁矿表面的细菌氧化黄铁矿生成亚铁(反应式1),然后氧化亚铁为高铁(反应式2),高铁作为氧化剂再氧化黄铁矿生成亚铁和硫(反应式3),后者可被细菌氧化生成硫酸。现已基本认为细菌脱除黄铁矿的过程中,上述两个作用是同时进行的,其中微生物将亚铁转变为高铁(反应式2)和将单质硫转变为硫酸(反应式4)的作用非常重要。

(2)有机硫的脱除原理

煤中有机硫主要以噻吩基(C_4H_4S-)、巯基($-SH$)、硫醚($-S-$)和多硫链($-S-$)x 等形式存在于煤的大分子结构中,为分子水平分散,通过物理方法很难脱除。目前,按照生化反应机理的不同,微生物降解脱除有机硫的反应可以分为氧化降解模式和还原降解模式。氧化降解模式包括了 C—S 键断裂和 C—C 键断裂 2 种途径。

C—S 键断裂是氧化模式的最佳途径,好氧细菌在氧气或者空气介质中氧化降解化石燃料或有机结构中的硫原子,最终产物是水溶性的硫酸盐且不改变含硫有机物结构的基本碳骨架,有机物的热值损失最小。以 DBT(二苯噻吩 Dibenzothiophene,简称 DBT)为模型提出的这一以硫代谢为目的的氧化脱硫机理被称为 4 – S 途径。这种方法是通过硫的特异性降解脱去 DBT 中的硫,直接将有机硫原子以 SO_4^{2-} 和 2,2 – 二羟基联苯的方式从有机物中除去,对碳原子骨架不发生降解,使有机物碳含量保持不变,煤的热值损失小。

C—C 键断裂的模式是以碳代谢为目的的脱硫机理,被称为 Kodama 途径。该途径中微生物以 DBT 中的碳为代谢对象,使 DBT 的芳环结构分解,但有机硫原子仍残留在分解产物中。相对于煤脱硫来说,由于芳环分解和溶出,使煤中的含碳量明显下降,煤质结构将有较大程度的破坏,其热值损失较大。

还原降解模式主要是指还原性 C—S 键断裂模式。厌氧细菌在无氧有氢甚至在无氧无氢仅有氮气存在的条件下对含硫杂环有机结构中的硫原子进行还原降解,其原理与氧化模式的降解机理完全不同。这一领域的研究尚在起步阶段,已经报道的微生物菌株均与硫酸盐还原菌有关,相关的降解产物和生化机理并不十分清楚。

3. 煤炭生物脱硫方法

（1）生物浸出脱硫

微生物浸出法的作用方式基本上可划为两类：直接由微生物酶解氧化，即微生物的直接氧化作用；利用微生物代谢产生的化学物间接氧化溶解作用。

微生物浸出用于煤脱硫，具有只需室温、低压，对煤有机质破坏小的优点，且装置简单，只需在煤堆上面撒上含有微生物的水，通过水浸透在煤中实现微生物脱硫。生成的硫酸在煤堆的底部收集，从而达到从煤中去除硫的目的。这种方法技术上较成熟，脱硫效率也令人满意，具有很大的应用价值。但其致命的缺点是处理的时间较长，采用这种方法一般需要30 d 以上，不适宜应用于连续处理系统，而且其浸出的废液如果不能及时处理，很易造成二次污染。目前，为了提高浸出率，已开发了空气搅拌式反应器、管道式反应器和水平转筒式反应器等，以缩短处理时间。

（2）生物浮选脱硫

传统煤炭微生物脱硫方法的主要缺点是脱除黄铁矿硫需用的反应时间很长，这将导致设备大、投资高。如果减少细菌处理时间，该工艺就可大大降低成本。利用微生物或生物代谢产物介入煤炭洗选过程称为生物浮选。细菌外膜结构使菌体亲水，细菌外膜上的某些特殊基团，如羟基（ – OH）、羧基（ – COOH）、巯基（ – SH）等对硫化物矿具有强烈的键合作用，可以利用细菌的氧化作用或附着作用改变黄铁矿表面性质，提高其分离能力，进而从煤中将黄铁矿脱除。由于此法不通过细菌对硫和硫化矿物的氧化来脱硫，而是细菌在矿浆中对黄铁矿的快速选择吸附，改变其表面性质，所以表面处理时间较短（仅 30 min 以内）。另外，该方法在把煤中黄铁矿脱除时，灰分同时沉淀，所以兼有脱除灰分的效果。目前研究中使用最多的微生物氧化亚铁硫杆菌（*T. ferroxidans*）和氧化硫硫杆菌（*T. thiooxidans*）效果较好，可实现无机硫 60%~70% 的脱除率。另外，通过实验研究发现，浮选法微生物脱硫可提高煤中无机硫的去除率，但煤质与无机含硫量的差别能显著影响煤中无机硫的去除。无机硫含量越高，浮选微生物脱硫效率就越高。

4. 影响脱硫效果的因素

影响微生物脱硫的因素很多，研究主要集中在物理、化学和生物三个方面。

（1）物理因素

目前有关物理因素对脱硫效果的影响研究，主要是煤的固体浓度、煤的粒度及孔隙度。研究表明，最佳固体浓度应该在 16%~20%，当超过 20% 时，沥出速率将明显下降。这是因为固体浓度过高，颗粒间碰撞频率增大，吸附在固体颗粒表面的细胞就会受到损伤。研究还发现煤的颗粒越小，孔隙度越大，黄铁矿沥出的可能性也越大。

另外，微生物的生长温度也各不相同，差别也很大，每种微生物都有自己的温度区间，最佳生长温度意味着更高的脱硫率。

（2）化学因素

pH 值是影响微生物生长的重要因素，对于嗜酸的氧化亚铁硫杆菌，最佳生长的 pH 值应该在 2.0~2.5；另外，由于脱硫的微生物大多是好氧的化能自养型细菌，对空气和 CO_2 也有一定的要求，氧化亚铁硫杆菌对 O_2 和 CO_2 的要求分别为每千克黄铁矿 1.0 kg 和 0.019 kg，氧的极限浓度为 5%；还有一些研究表明，金属离子的存在可对微生物细胞产生多种影响，并干扰细菌的活性，同时也是影响微生物正常生长的因素之一。

（3）生物因素

对于生物因素的研究,主要集中在微生物生长速率与环境的相互关系上。研究发现,在黄铁矿的氧化过程中,细菌浓度对黄铁矿的氧化有明显的影响,对于氧化亚铁硫杆菌,其最佳浓度应该在每升黄铁矿 $10^6 \sim 10^{13}$ 个细胞。

另外,通过对微生物进行分子水平的基因变异处理,其抗毒和耐酸性能有了很大改善,特别是异养细菌的突变菌株对有机硫的脱除能力有较大提高。但对于有机硫的高选择性分解研究进展不大,通过基因移植获得的 DBT 分解酶的遗传很不稳定。通过加强分子生物学和基因工程研究来选取有效脱硫菌株,已经成为一个重要的研究方向。

（二）煤炭生物液化

煤炭作为固体燃料,具有复杂的结构和形状不均匀等特性,各种脱硫和除灰工艺受到界面影响,不可能完全去除所含的硫和灰分。将煤液化或气化,使之降解到分子水平,可得到纯粹的燃料,应用范围可进一步扩大。通常的化学液化工艺由于采用高温高压,代价昂贵。煤和褐煤的微生物液化正在发展之中,由固体煤转化成液体产品,总能损失极小,在接近自然条件的温度和压力下进行,可节省大量资金。

1. 煤炭液化微生物

不同的微生物与不同煤样之间的作用不同,因而必须针对煤样来筛选降解微生物。目前被研究者们分离得到的可降解煤的菌类有很多种,如细菌有苏云金芽孢杆菌(*Bacillus lichiniformis*)等;放线菌有链霉菌(*Streptomyces* sp.)等;白腐真菌有黄孢原毛平革菌(*Phanerochaete chrysosporium*)、彩绒革盖菌(*Coriolus versicolo*)等;半知菌有土曲霉(*Aspergillus terreus*)等;子囊真菌有粗糙脉孢菌(*Neurospora crassa*)等;类酵母真菌有热带假丝酵母(*Candida tropicalis*)、假丝酵母菌(*Candida* sp.)等;接合真菌有小克银汉霉(*Cunninghamella* sp.)等。

2. 煤炭生物液化机理

（1）酶作用机理

一些研究者发现微生物新陈代谢过程中分泌的胞外酶能够降解煤。目前发现参与降解的酶主要有过氧化酶、氧化物酶、漆酶、水解酶和酯酶等。其中对木质素过氧化物酶、锰过氧化物酶及漆酶的研究比较深入。木质素过氧化物酶首先是在白腐真菌的黄孢原毛平革菌中被发现的,后来的研究发现,在其他一些担子菌及子囊菌中也存在该酶。锰过氧化物酶首次是在黄孢原毛平革菌中发现的,其他许多白腐菌中也存在此酶。漆酶是一种含铜的多酚氧化酶,几乎存在于所有的木质素降解真菌中,也存在于很多霉菌和高等植物中。实际上,由于煤的微生物降解过程是一个复杂的生化反应过程,菌种不同,参与煤降解过程的活性物也不同。同一菌种在不同的培养基中,对不同的煤样,其分泌的降解煤活性物也可能不同。

（2）碱降解机理

研究者发现微生物降解煤时有碱的催化作用。此类碱性催化剂是一些微生物如真菌、放线菌等在培养期间产生的。Srandberg 曾经报道了放线菌在培养过程中会产生一种胞外物质,能够将煤液化,这种物质具有热稳定性,而且能抗蛋白酶,因此他们推断这种物质不是生物酶。后来他们又发现煤降解产物的量随培养基 pH 值的升高而增大。由于培养基 pH 值升高程度与培养基中所含多肽或多胺的量有关,因此初步判断在碱性环境条件下有助于微生物对煤的降解。

第四章 环境微生物

（3）螯合物作用机理

另外一些研究者认为，微生物降解煤时，一些真菌会产生螯合剂，它可以与煤中金属离子形成金属螯合物，通过脱除煤中的金属，使煤结构解体，转化为水可溶物。Quigley 等报道了多价金属离子如 Ca^{2+}、Fe^{3+} 和 Al^{3+} 在褐煤的分子结构中起桥梁的作用。Cohen 等在利用云芝降解煤的实验中发现，煤的降解程度与草酸盐有关，草酸盐是一种螯合剂，能够螯合煤中的多价金属离子，尤其是 Ca^{2+}、Fe^{3+} 和 Mg^{2+} 等金属离子，实验表明，褐煤的金属离子经螯合剂作用后，其降解性得到了提高。

3. 影响煤生物液化的因素

（1）预处理对微生物降解煤的影响

煤的降解是煤逐渐解聚的过程。经过氧化预处理或自然条件下高度氧化的煤更容易被微生物降解，这是因为氧化后的煤含氧量高，有利于菌种产生的氧化酶、酯酶、螯合剂等对煤作用，断开煤结构中的化学键。在实验室可以用硝酸、双氧水、臭氧等对煤进行人工氧化预处理。一些研究者在研究过程中还通过氯化、氧化、硝化及氨化对煤的分子结构进行化学修饰，使其更适合于一般土壤微生物的酶系统。结果显示，经过预处理的煤，其含氮量是天然煤的 5 倍，因此被细菌降解的速率要比原煤快。

煤样粒度对微生物降解煤的作用影响很大，粒度越小，越易被微生物降解，直径小于 0.2 mm 煤样的降解转化率比直径 0.5 ~ 0.2 mm 的煤样约高 15 倍。

（2）降解条件对微生物降解煤的影响

一般情况下，微生物降解煤的适宜温度约为 30 ℃，温度过高或过低对煤降解均不利。煤降解程度随降解时间延长而增大，在 2 ~ 5 d 增加较大，而在 5 ~ 7 d 增加较小，7 d 以后增加很少。试验的菌种对含氮培养基中的煤降解效果最好，培养基的氮含量高会形成较高浓度的铵离子，从而由于介质的碱化使得煤中的有机质易于从煤的网状结构中溶出。在进行微生物煤降解实验时，用液体摇瓶培养微生物，应使生成的菌球较小为宜，以充分发挥微生物降解煤的作用。

4. 微生物降解酶的产物

通过生物液化产生的煤的液体，是一种水溶性的混合物，这种混合物都是些分子量较大的极性化合物。经超滤和凝胶色谱分析表明，这些化合物的分子量在 30 000 到 300 000 之间，其化学结构主要是带有大量羟基的芳香族化合物。这些化合物的挥发性较低，用质谱法或气相色谱法均难于定量分析。

5. 微生物降解煤的应用

微生物降解煤产物在工业、农业和清洁能源等领域有广阔的应用前景。经微生物处理后的褐煤加强了离子交换和吸附能力，因而可以将微生物降解煤产物开发为商业离子交换树脂。微生物降解煤过程释放出的带有很多含氧官能团的低分子量化合物是工业上有价值的化学品，如用降解木质素的真菌处理煤所得的产物具有聚合木质素的化学特性，可用作表面活性剂、抗氧化剂、黏合剂等。

已有的研究结果表明，许多微生物能以煤类物质作为碳源和能源，通过化学和生物化学作用，降解煤类物质大分子，形成分子量更小的物质，如醇类物质和黄腐酸类物质。黄腐酸类物质具有一定的生理活性，可以作为土壤调节剂，改善植物根的吸收作用，对植物生长发育具有促进作用。另外，煤中的碳、氮、硫等营养元素也有利于改良土壤，提高土壤养分供给水平。

一些研究者已经发现,对低阶煤矿进行好氧微生物的降解可以产生分子量相对较低、高氧化性质的产物,但是这些化合物作为工业能源只有很小的利用价值。若再经厌氧发酵后,上述化合物可以继续发生降解,产生清洁能源乙醇和甲烷气。对煤的厌氧降解产生清洁能源的研究目前主要集中在煤层气的形成方面。

微生物降解煤的研究,为煤炭直接利用带来的环境污染问题提供了一个新的解决方法,同时对于将煤炭转化为高附加值的工农业产品、解决石油危机、发展清洁能源有重大意义。但是在其研究过程中也遇到了一些问题,如高效降解煤菌株的筛选,目前还没找到效果显著、适应性广而且廉价的菌种,这就制约着煤生物转化技术的工业化。我国低阶煤资源十分丰富,无论是开发新能源,还是农业应用,大力开展煤类物质的生物降解技术都具有非常重要的理论和实践意义。

七、影响微生物降解转化作用的因素

(一)微生物活性

这是最重要的影响因素,包括微生物的种类和生长速率等方面。

不同种类微生物对同一有机底物或有毒金属反应不同。在补加元素汞的细菌生长试验中,元素汞杀死铜绿假单胞菌($P.\ aeruginosa$),降低荧光假单胞菌($P.\ fluorescens$)的生长速率,而枯草芽孢杆菌($B.\ subtilis$)和巨大芽孢杆菌($B.\ megaterium$)的生长情况与对照相似,且所补加的Hg^0基本上全部被氧化。同种微生物的不同菌株反应也不同。例如用平板培养法测氯化汞对$E.\ coli$敏感菌株和抗性菌株生长的影响,当培养基中含$0.04\ mmol/L\ HgCl_2$时,只有抗性菌株生长,其菌落数与对照几乎相同(见表$4-7$)。

表$4-7$ Hg对$E.\ coli$生长的影响(平板菌落计数法)

	$-HgCl_2$	$+4\times10^{-5}\ mol/L\ HgCl_2$
抗性菌株/(个/mL)	5.4×10^7	5.9×10^7
$-HgCl_2$/(个/mL)	5.8×10^7	0

微生物在生长速率最快的对数期,代谢最旺盛,活性最强,在此时期添加有毒金属,微生物受抑制的时间比在迟缓期添加要短得多。

以污染物为唯一碳源或主要碳源作降解试验,以时间为横坐标,微生物量和污染物量为纵坐标作图,可得两条基本对应的双曲线(如图$4-15$所示),显示微生物经迟缓期进入对数生长期,污染物相应由迟缓期进入迅速降解期。同样的道理,在微生物稀少的自然环境中可存留几天或几周的有机物,在活性污泥中几个小时就被降解。

微生物的种类组成可以决定化合物降解的方向和程度。另一方面,微生物的种类组成又与环境中化学物质有关。在一特殊环境中某种微生物占优势,主要是因为环境中存在能被这种微生物代谢的化学物质。如在含有烃类的水、土中,利用烃类的微生物占优势,这是自然富集的结果。微生物的种类组成除与底物有关外,也随温度、湿度、酸碱度、氧气和营养供应以及种间竞争等的改变而改变。

(二)化合物结构

通常,结构简单的较复杂的易降解,分子量小的较分子量大的易降解,聚合物和复合物

抗生物降解。烃类化合物一般是链烃比环烃易降解,不饱和烃比饱和烃易降解,直链烃比支链烃易降解,支链烷基愈多愈难降解。碳原子上的氢都被烷基或芳基取代时,会形成生物阻抗物质。

官能团的性质和数量对有机化合物的生物降解性影响很大。土壤微生物对若干单个取代基苯化物的分解能力见表4-8。卤代作用能抗生物降解,卤素取代基愈多,抗性愈强。例如,自一氯苯到六氯苯,随着氯离子增多,降解难度相应加大。卤代化合物的降解,重要条件是在代谢过程中,卤素作为卤化物离子而被除去。官能团的位置也影响化合物的降解性,如有两个取代基的苯化物,间位异构体往往最能抵抗微生物的攻击,降解最慢。

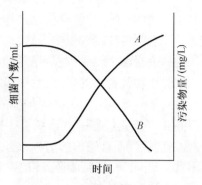

图 4-15　微生物活性与有机物
降解速率的关系
A—微生物生长曲线;B—有机物降解曲线

表 4-8　土壤微生物对单个取代基苯化合物的分解

化合物	取代基	降解时间/d
苯酸盐	—COOH	1
酚	—OH	1
硝基苯	—NO$_2$	>64
苯胺	—NH$_2$	4
苯甲醚	—OCH$_3$	8
苯磺酸盐	—SO$_3$H	16

了解有机物的化学结构与微生物降解能力之间的关系,可为合成新一代化合物提供参考,防止由于合成化合物难于被微生物降解而造成潜在的环境问题。

（三）温度

温度支配着酶反应动力学、微生物生长速度以及化合物的溶解度等,因而对控制污染物的降解转化起着关键作用。由温度与对苯二甲酸(TPA)降解速度的关系(如图4-16所示),在温度为30 ℃时,TPA降解速度最快;降解最大速度随温度变化值与温度对酶活力影响相符。

在自然环境中地理和季节的变化能对微生物降解转化污染物的速度和程度起支配作用。

（四）酸碱度

强酸强碱会抑制大多数微生物的活性,通常在 pH 4~9 范围内微生物生长最好。一般细菌和放线菌更喜欢中性至微碱性的环境,酸性条件有利于酵母菌和霉菌生长。氧化亚铁硫杆菌等嗜酸细菌在强酸条件下代谢活性更高。芽孢杆菌属等细菌可在强碱环境中发挥其降解转化作用。pH 可能影响污染物的降解转化产物,例如在 pH 4.5 时,汞容易发生甲基化作用。

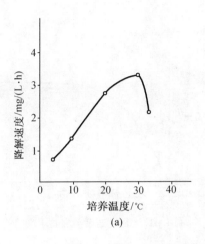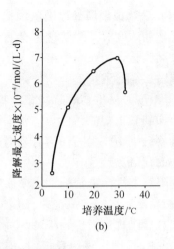

图 4-16 温度与 TPA 降解速度的关系

(a)温度对 TPA 降解速度的影响;(b)温度与 TPA 降解最大速度的关系

（五）营养

微生物生长除碳源外,需要氮、磷、硫、镁等无机元素。此外,有些微生物没有能力合成足够数量的、生长所需的氨基酸、嘌呤、嘧啶和维生素等特殊有机物。要是环境中这些营养成分的一种或几种供应不够,则污染物的降解转化就会受到限制。

水作为微生物生活所必需的营养成分,也是影响降解转化的重要因素。没有水分,微生物不能生活,也就无从降解有机物或转化金属。在土壤环境中,水分还与氧化还原电位、化合物的溶解、金属的状态等密切相关,故对降解转化的影响更大。例如,在渍水状态下,可加强水解脱氯、还原脱氯和硝基还原等反应;许多有机氯杀虫剂可在渍水的厌气条件下降解,而在非渍水土壤中长期滞留。

（六）氧

微生物降解转化污染物的过程可能是好氧的,也可能是厌氧的。好氧过程需要游离氧(O_2)。对于环境中污染物的降解转化,尤其应关注的是以结合氧为电子受体的厌氧呼吸,例如由 NO_3^- 生成 NO_2^-,由 SO_4^{2-} 生成 H_2S,结果对高等生物造成危害。在氧浓度低的自然环境中,如湖泊淤泥、沼泽、水淹的土壤中,厌氧过程总是占优势。据 Poole 介绍,呼吸方式与氧化还原电位的关系见表 4-9。Sethunathan(1975)发现,氧化还原电位越低,六六六各异构体降解得越快。

表 4-9 呼吸方式与氧化还原电位的关系

呼吸方式	Eh	电子受体　产物
好氧呼吸	+400 mV	$O_2 \rightarrow H_2O$
硝酸盐还原和反硝化作用	-100 mV	$NO_3^- \diagup^{NO_2^-}_{N_2}$
硫酸盐还原	-160 mV ～ -200 mV	$SO_4^{2-} \rightarrow H_2S$
甲烷产生	-300 mV	$CO_2 \rightarrow CH_4$

（七）有机底物或金属的浓度

有机底物的浓度对其降解速率会有明显的影响。某些化合物在高浓度时由于微生物量迅速增加而导致快速降解。另一方面，某些在低浓度时易生物降解的化合物，高浓度时会抑制微生物的活性。应密切注意能沿着食物链生物放大的任何有毒有机物在环境中的存留。

微生物降解有机污染物的动力学研究表明，底物初始浓度在一定范围内，随着浓度增大，反应速度加快，微生物降解为一级反应；浓度很大时，则为零级反应，反应速度与底物初始浓度无关（如图4－17所示）。

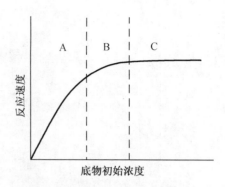

图4－17　反应速度与底物浓度的关系
A——级反应；B—底物饱和；C—零级反应

有关汞转化作用的研究表明，湖泊沉积物中无机汞含量在100 μg/g以内时，产生甲基汞量随无机汞量增加而相应增加；超过该值后，随着无机汞量进一步增加，产生甲基汞的量急剧减少。

八、适应——驯化

污染物的降解转化，适应是一个重要因子。通过适应过程，新的、为微生物陌生的化合物能诱导必需的降解酶的合成；或由于自发突变而建立新的酶系；或虽不改变基因型，但显著改变其表现型，进行自我代谢调节，来降解转化污染物。在以上过程中，微生物群体结构向着适应于环境条件的方向变化。

驯化是一种定向选育微生物的方法与过程，它通过人工措施使微生物逐步适应其特定条件，最后获得具有较高耐受力和代谢活性的菌株。在环境微生物学中常通过驯化，获取对污染物具有较高降解效能的菌株，用于废水、废物的净化处理或有关科学实验。

驯化方法有多种，最普通的途径是以目标化合物为唯一碳源或主要碳源来培养微生物，在逐步提高该化合物浓度的条件下，经多代传种而获得高效降解菌。如果用此法不成功，可在驯化初期配加若干营养基质形成易降解类似目标物，而后逐步剔除，直到仅剩目标化合物。另外，可在添加有毒化合物的模型土柱中，用添加目标化合物迴流法富集培养微生物，筛选出能以目标化合物为唯一或主要碳源的微生物。美国拉尔夫·彼特用此法在实验室培育出14个酵母和细菌菌株，专"吃"对环境有害的化学物质，将污染物转化为 CO_2、水和其他无害化合物。金属的微生物转化与许多合成化合物一样，是由质粒控制的，质粒可以转移，因此经过驯化，敏感菌株可变为抗性菌株。例如，某些对汞敏感的微生物经驯化，可耐受相当高浓度的汞，以后在无汞培养基上的生长物不失去这种耐药性。经特定有机化合物驯化的活性污泥，可共代谢多种结构近似的化合物。例如用苯胺驯化的活性污泥，除可降解各种取代基的苯胺外，还可降解苯、酚及10多种含氮有机物。向土壤中添加与目标化合物结构相似的化学品，可激发土著菌的降解潜力。

以不同目标化合物为生长基质的各个菌株，在长期共同培养过程中，遗传信息发生交换，同时发生一个或多个突变事件，从而逐步产生新的代谢活性，最终可获得兼具各原有菌株降解转化能力的新菌株。例如，最近有关多氯联苯生物降解的报道：给含联苯和 ^{14}C －

Aroclor1242 的土壤(含有利用联苯的菌,未检测到利用氯苯酸盐的菌)接种菌株 JB_2(利用氯苯酸盐,不利用联苯)后,随着时间的推移,从受试土壤中分离到能利用联苯和氯苯酸盐的菌株,其含量逐渐增加;PCBs 的矿化率明显提高(由底物的消失和 $^{14}CO_2$ 的产生测知)。研究结果表明,降解氯苯酸盐的 JB_2 菌株与土壤中原有的 PCBs 共代谢菌之间发生了遗传物质交换,从而促进了土壤中 PCBs 的矿化作用。

九、治理污染基因工程菌

已发现环境微生物具有降解农药、塑料、多氯联苯、多环芳烃、石油烃、染料及其中间体、酚类化合物和木质素等有机污染物的功能及相关的基因。具有降解污染物基因的土著微生物菌株有时难以适应处理环境,而且繁殖速度慢,清除有机污染物的速度和效果达不到治理工程的要求,因此,利用基因工程技术提高微生物净化环境的能力,是现代生物技术用于环境治理的一项关键技术。这一技术通过筛选并克隆高效降解基因,通过基因控制并提高某些在微生物体内具有特殊转换或降解功能的酶水平,利用分子克隆技术把多种污染物的降解基因克隆到某一菌株中构建成新的超级工程菌,从曝露于废水的菌群中选择自然突变株或用物理化学方法诱变突变株以制备所需菌株等,大大加速环境治理进程。

(一)治理污染基因工程菌构建的基本过程

首先从环境中筛选出具有降解污染物功能的菌株,再从具有降解功能菌株的细胞内分离出具有降解污染物功能的基因片段,经确认鉴定之后作为目的基因使用。

在细胞外将目的基因 DNA 片段与其他来源的载体 DNA 片段通过一系列酶学反应,重组为新的 DNA。DNA 重组过程即称为基因操作过程,然后将重组后的 DNA 分子导入受体菌细胞内。当确证受体菌细胞真正摄入重组 DNA 分子之后称为转化子,即转化细胞,它仅占所有受体细胞中的极少部分。

(二)转化细胞的筛选与鉴定

目的基因是否已转入受体细胞必须通过严格鉴定才能确认。目的基因 DNA 片段是否存在于受体细胞内,一般可通过联合使用分子杂交技术、基因体外扩增技术和基因 DNA 序列分析技术进行鉴别。测定目的基因的分子杂交技术称为 Southern 印迹法。它是根据目的基因 DNA 碱基数量和顺序,人工合成含有放射性元素标记的相应 DNA 片段即分子探针,分子探针的 DNA 片段能与目的基因的 DNA 片段发生互补反应,反应的产物能在胶片上留下放射性元素感光的痕迹,以此确证与分子探针互补的 DNA 即为目的基因。基因体外扩增技术的应用是为了增加目的基因的数量,使分子杂交试验的结果更为明显。DNA 序列测定是直接测试转化细胞中目的基因 DNA 片段的碱基数量和顺序。如果测得的 DNA 片段中碱基数量和顺序与分子克隆的目的基因 DNA 片段吻合,即可判定目的基因确实存在于转化细胞内。作为受体菌,一般选择对人类无害、繁殖能力强、生长速度快的微生物作为执行目的基因功能的使者,如大肠杆菌、枯草杆菌等。

(三)目的基因的表达

降解污染物基因经确认存在于转化细胞内,但并不等于该转化细胞就一定能执行表达目的基因的功能。

构建基因工程菌的最终目的是为了降解污染物或生产有用物质。目的基因的表达既要受到重组 DNA 分子内启动子等调控单元的控制或受到细胞内其他因素的影响,还要受到外界环境因素的干扰。因此,在分子克隆成功之后,研究目的基因的表达已成为基因工程中又一关键性环节。相关的基础研究和配套的工程技术需要投入相当的经费、技术、人力和时间。

（四）连续发酵与追踪考察

在实验室内确认转化菌具有高效表达功能之后，一般应用连续发酵自控反应技术使获得的基因工程菌增殖并制成产品，用于具体的污染治理现场。基因工程菌具有功能定向的特征，对其性能稳定性、遗传稳定性和生态学安全性需要进行跟踪考察，经严格的鉴定之后，方可正式建立相应的环境微生物工程。

治理污染基因工程应该包括从污染物降解菌株的筛选与目的基因的分离，到工程实施与技术鉴定的全过程。而基因工程菌的构建即分子克隆操作仅仅是其中的中心环节。

（五）研究进展

美国通用电气公司的一位科学家 Ananda M. Chakrabarty，在他所进行的石油残留物降解的研究中，通过细胞的接合作用，将 CAM、OCT、SAL 和 NAH 降解质粒转入同一菌株中，率先获得了两株含有同时能降解不同石油成分的几个质粒的超级细菌。为此，他获得了美国第一个微生物发明专利。该菌株被称为"Superbug"，能够同时降解脂肪烃、芳烃、萘和多环芳烃，降解石油的速度快、效率高，在几小时内能降解掉海上溢油中 2/3 的烃类，而自然菌种要用一年多的时间。

此后，进行了高效降解三氯苯氧基醋酸的 *Pseudomonas putida* AC1100 的构建、降解 2 种染料的脱色工程菌的构建，以及同时降解二氯苯氧基醋酸和三氯苯氧基醋酸的微生物菌种的构建。另外，还可以将污染物降解质粒转入极端环境中的微生物，Kolenc 等分离的一株嗜冷菌（*Pseudomonas putida* Q_5），可在 5～10 ℃水温中正常生长。将 Q_5 菌株和含有降解性质粒 TOL 的嗜温性细菌（*Pseudomonas putida*）融合，TOL 质粒转入嗜冷性的 Q_5 菌株中形成新工程菌 Q_5T，在温度低至 0 ℃时该菌株仍降解甲苯（1 000 mg/L），有很高的实际应用价值。

近来，我国学者也报道了用来自乙二醇降解菌（*Pseudomonas medocina* 3RE－15KS）和甲醇降解菌 *Bacillus lentus* 3RM－2 的 DNA 转化能降解苯甲酸和苯的 *Acinelobactr calcoaceticus* T_3 的原生质体，获得的重组子 TEEM－1 可同时降解苯甲酸、苯、甲醇和乙二醇，降解率分别为 100%、100%、84.2% 和 63.5%，该菌株应用于化纤污水处理，COD 去除率可达 67.4%，高于 3 株菌混合培养时的降解力。兰文升也报道了将羧酸酯酶 B1 和有机磷水解酶（opd）基因克隆到一个表达载体，在大肠杆菌中表达羧酸酯酶 B1 和有机磷水解酶，可同时降解甲基 1605、毒死蜱、马拉硫磷等羧酸酯类和有机磷类化合物。

（六）展望

目前，生物强化废水处理系统中功能微生物的稳定、安全、高效和可调控性等重大关键技术直接影响着生物强化技术在废水处理中的应用。随着从微生物和昆虫中不断地分离、克隆出降解酶功能基因，利用点突变和 DNA 重组技术改造其功能基因，以及高效重组、异源表达和诱导等方面的研究不断深入，构建在遗传上稳定安全的功能微生物，研究以 DNA 指纹法、菌斑法、荧光蛋白标记等分子生物技术定性定量检测和失踪功能微生物；实现功能微生物的在线监控，从而根据目标污染物的不同，随时调控添加的新型的生物菌种、菌剂，以期达到安全、高效、彻底去除目标污染物及应用转基因工程菌治理化学污染的生物治理的目的。

第三节　固体和废气在微生物处理方面的应用

一、有机污染物生物处理的基本原理与技术

(一)概述

自然界依靠动物、植物和微生物之间巧妙的生态平衡,使人类及其他生物得以繁衍生息。然而20世纪以来,由于人类活动导致固体废弃物越来越多,生活污水和工业废水大量排放,其负荷超过了环境自净能力,使生态平衡遭到破坏,环境质量不断恶化。

有机污染物是指由于有机物而引起的环境污染,污染程度指标可用 COD,BOD,TOC 等表示。有机污染物存在于水体、土壤和大气中,微生物处理有机污染物的方法可分为好氧处理法、厌氧处理法和兼氧处理法三种。

好氧处理法是在有氧的条件下,由好氧微生物降解有机污染物,分解的最终产物主要是水和二氧化碳。厌氧处理法是利用兼性厌氧菌和专性厌氧菌来降解有机污染物,分解的最终产物是以甲烷为主的消化气(即沼气),沼气可以作为能源来利用。

(二)好氧处理

好氧处理是在有氧的条件下,有机污染物被好氧微生物氧化分解,使污染物浓度下降。微生物将有机污染物摄入体内后,通过复杂的生物化学反应合成自身细胞,排除废物。这些生化反应可分为两类:一为合成代谢,部分有机物被微生物所利用,合成新的细胞物质;二为分解代谢,部分有机物被氧化分解形成 CO_2,H_2O,无机盐等小分子无机物,并产生大量的ATP,为生命活动提供能量。好氧处理过程如图 4 – 18 所示。

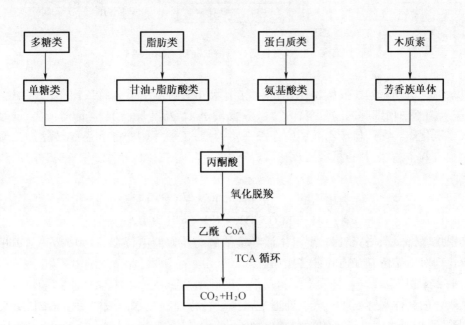

图 4 – 18　有机物好氧降解的一般途径

好氧微生物处理系统中各种因素如氧的水平、温度、pH 等,都会影响微生物对有机污染物的分解速率。处理系统中碳、氮、磷等营养元素的比例也对污染物的分解有很大影响,一般认为碳、氮、磷的合适比例为 100∶5∶1。

（三）厌氧处理

厌氧处理是在无氧条件下,利用多种厌氧微生物的代谢活动,将有机物转化为无机物、沼气和少量细胞物质的过程。厌氧微生物分解有机物的过程如图 4 - 19 所示。

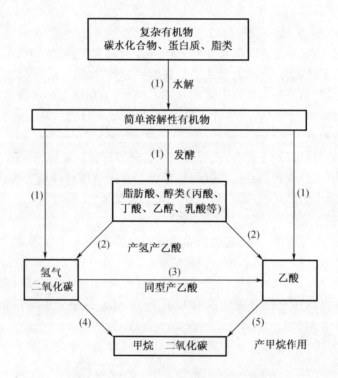

图 4 - 19   厌氧微生物分解有机物的过程

复杂的有机物首先在发酵性细菌产生的细胞外酶的作用下分解成简单的溶解性有机物,并进入细胞内由细胞内酶分解为乙酸、丙酸、丁酸、乳酸等脂肪酸、乙醇等醇类,同时产生氢气和二氧化碳。在产氢产乙酸菌的作用下将丙酸、丁酸等脂肪酸和乙醇转化为乙酸。产甲烷过程有两个途径,其一是在二氧化碳存在时,利用氢气生成甲烷;其二是利用乙酸生成甲烷。

利用乙酸 $CH_3COOH \rightarrow CH_4 + CO_2$

利用 H_2 和 CO_2 $4H_2 + CO_2 \rightarrow CH_4 + H_2O$

产甲烷菌都是严格厌氧菌,要求生活环境的氧化还原的电位在 - 150 MV ~ - 400 MV。氧和氧化剂对甲烷菌有很强的毒害作用。

（四）兼氧处理

兼氧处理又称水解处理。兼氧处理是将厌氧过程控制在水解或酸化阶段,利用兼性的水解产酸菌,把废水中难降解的复杂有机物转化为简单有机物,因此,这种水解或酸化不仅能降低污染程度,而且能降低有机物的复杂程度而有利于好氧处理。例如,根据产甲烷菌只有在中性和绝对厌氧条件下才能缓慢生长的特点,通过改变环境的 pH 值、通氧量、温度等因素抑制产甲烷菌的生长,从而使有机物的分解处于水解阶段。该处理工艺适用于 PVA 废水、表面活性剂废水、焦化废水、印染废水的处理。

二、废气的微生物处理技术

(一)微生物吸收工艺

微生物吸收法是利用由微生物、营养物和水组成的微生物吸收液处理废气,适合于吸收水溶性的气态污染物。微生物混合液吸收了废气后进行好氧处理,去除液体中吸收的污染物,经处理后的吸收液再重复利用,图 4 - 20 是生物吸收法处理废气的工艺流程示意图。

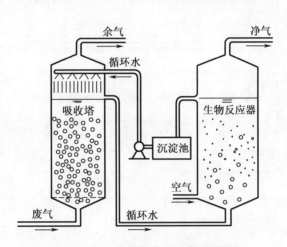

图 4 - 20　生物吸收法工艺流程图

微生物吸收法的装置一般由吸收器和废水反应器两部分组成。吸收设备可以采用多种形式,如喷淋塔、筛板塔、鼓泡塔等。吸收过程进行很快,水在吸收设备中的停留时间仅约几秒钟,而生物反应的净化过程较慢,废水在反应器中一般需要停留几分钟至十几小时,所以吸收器和生物反应器要分开设置。如果生物转化与吸收所需时间相差不大,可不另设生物反应器,反之则需要将吸收器和生物反应器分开设置。

废水在生物反应器中进行好氧处理,活性污泥法和生物膜法均可。经生物处理后的废水可以进入吸收器循环使用,也可以经过泥水分离后再重复使用。从生物反应器排出的气体仍可能含有少量的污染物,若有必要,再做净化处理,一般是再送入吸收器。

(二)微生物过滤工艺

微生物过滤法废气处理工艺是含有微生物的固体颗粒吸收废气中的污染物,然后微生物再将其转化为无害物质。常用的工艺设备有堆肥滤池、土壤滤池及微生物过滤箱。

1. 堆肥滤池

堆肥滤池构造图如图 4 - 21 所示。

在地面挖浅坑筑池,池底设排水管。在池的一侧或中央设输气总管,总管上面接出直径约 125 mm 的多孔配气支管,并覆盖砂石等材料,形成厚 50 ~ 100 mm 的气体分配层,在分配层上再铺放厚 500 ~ 600 mm 的堆肥过滤层。过滤气速通常在 0.01 ~ 0.1 m/s。

过滤材料可用泥炭(特别是纤维状泥炭)、固体废弃物堆肥或草等。用堆肥做滤料,必须经过筛选,滤层要均匀、疏松,孔隙率要大于 40%,滤料必须保持湿润,泥炭层含水量应不低于 25%,堆肥滤层含水量不低于 40%,但又不能有水淤积。同时必须使滤层保持适当的

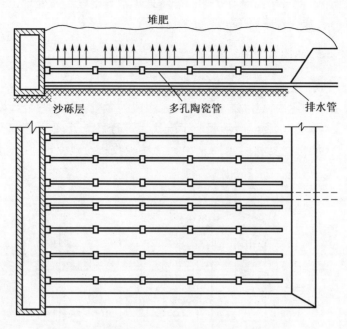

图 4 – 21　堆肥滤池示意图

温度。

2. 土壤滤池

土壤滤池构造与堆肥滤池基本相同,气体分配层下层由粗石子、细石子或轻质陶粒、骨料组成,上面由黄沙或细骨粒料组成,总厚度为 400 ~ 500 mm。土壤滤层可按黏土 1.2%、含有机质沃土 15.3%、细砂土 53.9% 和粗砂 29.6% 的比例混配,厚度一般为 0.5 ~ 1.0 m。有资料报道,在土壤中添加 3% 的鸡粪、2% 膨胀珍珠岩,滤层透气性不变,对甲硫醇的去除率提高 34%,对硫化氢的去除率提高 5%,对二甲基硫的去除率提高 80%,对二甲基二硫的去除率提高 70%。土壤使用一年后,其逐渐酸化,需及时用石灰调整 pH 值。

3. 微生物过滤箱

微生物滤池用于处理肉类加工厂、动物饲养场、堆肥场等产生的废气。这类废气的主要特点是带有强烈的臭味,臭味是由一种或多种有机成分引起的,但这些有机成分在废气中的浓度不高。

微生物过滤箱为封闭式装置,主要由箱体、生物活性床、喷水器等组成。如图 4 – 22 所示。

床层由多种有机物混合制成的颗粒状载体构成,有较强的生物活性和耐用性。微生物一部分附着于载体表面,一部分悬浮于床层水体中。

废气通过床层,部分污染物被载体吸收,部分被水吸收,然后又有微生物对污染物进行降解。床层厚度按需要确定,一般在 0.5 ~ 1.0 m。床层对易降解碳氢化合物的降解性能约为 200 g/(m³·h),过滤负荷高于 600 m³/(m²·h)。气体通过床层的压降较小,使用一年后,在负荷为 110 m³/(m²·h) 时,床层压降约 200 Pa。

微生物过滤箱的净化过程可按需要控制,因而能选择适当的条件,充分发挥微生物的作用。微生物过滤箱已成功地用于化工厂、食品厂、污水泵站等方面的废水净化和脱臭。处理

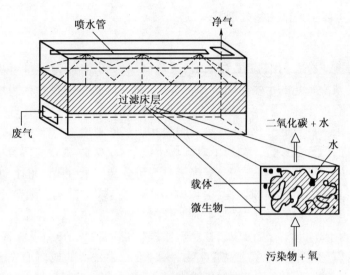

图 4 – 22 微生物过滤箱示意图

含硫化氢 mg/m³、二氧化硫 150 mg/m³ 的聚合反应废气,在高负荷下硫化氢的去除率可达95%。此外,还用于去除废气中的四氢呋喃、环己酮、甲基乙基甲酮等有机溶剂蒸气。

(三)微生物滴滤工艺

微生物滴滤工艺是一种介于生物吸附和生物过滤之间的处理工艺。微生物滴滤法废气处理工艺流程如图 4 – 23 所示。该工艺以生物滴滤反应塔为主体设备,内布多层喷淋装置,从底部进入的废气在上升过程中被喷淋的混合液充分吸收,并在反应塔底部形成废水处理系统,在曝气的条件下,微生物将废水中的有机物降解转化,达到稳定或无害化。该技术工艺由于集废气吸收器和废水处理器为一体,投资小,占地小,工艺简单,易于操作,处理效率高,受到普遍重视。

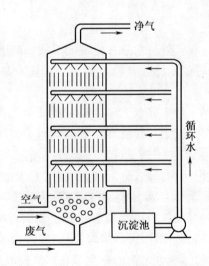

图 4 – 23 生物滴滤法工艺流程示意图

三、固体有机废物的微生物处理技术

(一)堆肥

依靠自然界广泛分布的细菌、放线菌、真菌等微生物,有控制地促进可被生物降解的有机物向稳定的腐殖质转化的生物化学过程称为堆肥化,堆肥化的产物称为堆肥。堆肥呈深褐色、质地疏松、有泥土味,是一种很好的土壤调节剂和改良剂。根据处理过程中起作用的微生物对氧气要求不同,堆肥可分为好氧堆肥法和厌氧堆肥法。

好氧堆肥法的原理是以好氧菌为主对废物进行氧化、吸收和分解。参与有机物降解的微生物可划分为嗜温菌和嗜热菌两大类,降解过程可分为三个阶段。堆制初期,堆层中呈中温($15 \sim 45\ ℃$),为中温阶段,此时嗜温菌(包括细菌、放线菌、真菌)活跃,利用可溶性物质如糖类、淀粉迅速生长繁殖。在此过程中一部分能量转化成热量,堆层温度升高。当堆层温度上升到 $45\ ℃$ 以上便进入高温阶段。在高温阶段,由于温度上升和易分解物质的减少,好热性的纤维素分解菌逐渐代替了中温微生物,这时堆肥中残留的或新形成的可溶性有机物继续被分解转化,一些复杂的有机物如纤维素、半纤维素等也开始迅速分解。由于各种好热性微生物的最适温度互不相同,因此随着堆温的变化,好热性微生物的种类、数量也逐渐发生改变。温度升至 $60\ ℃$ 时,真菌几乎完全停止活动,仅有嗜热性放线菌与细菌在继续活动,分解有机物。温度升至 $70\ ℃$ 时,大多数嗜热性微生物已不适应,相继大量死亡,或进入休眠状态,堆肥中的寄生虫和病原菌被杀死。随着生物可利用有机物的逐步耗尽,微生物进入内源呼吸阶段,活性下降,堆层温度下降,进入降温阶段。此时嗜温菌再度占优势,使残留难降解的有机物进一步分解,腐殖质不断增多且趋于稳定,堆肥进入腐熟阶段。

厌氧堆肥是指在不通气的条件下,将有机物(包括城市垃圾、人畜粪便、植物、秸秆、污水处理厂的剩余污泥等)进行厌氧发酵,制成有机肥料,使固体废物无害化的过程。厌氧堆肥法与好氧堆肥法相同,但堆内不设通气系统,堆温低,腐熟及无害化所需时间较长。然而,厌氧堆肥法简便、省工,在不急需用肥或劳力紧张的情况下可以采用。一般厌氧堆肥要求封堆后一个月左右翻堆一次,以利于微生物活动使堆料腐熟。

(二)卫生填埋

卫生填埋法始于 20 世纪 60 年代,它是在传统的堆放基础上,从环境免受二次污染的角度出发而发展起来的一种较好的固体废弃物处理法。其优点是投资少、容量大、见效快,因此广为全国采用。

卫生填埋主要有厌氧、好氧和半好氧三种。目前因厌氧填埋操作简单,施工费用低,同时还可回收甲烷气体,而被广泛应用。好氧和半好氧填埋分解速度快,垃圾稳定化时间短,也日益受到各国的重视,但由于其工艺要求较复杂,费用较高,故尚处于研究阶段。

卫生填埋是将垃圾在填埋场内分区、分层进行填埋,每天运到填埋场的垃圾,在限定的范围内铺散为 $40 \sim 75$ cm 的薄层,然后压实,一般垃圾层厚度应为 $2.5 \sim 3$ m。一次性填埋处理垃圾层最大厚度为 9 m,每层垃圾压实后必须覆土 $20 \sim 30$ cm。废物层和土壤覆盖层共同构成一个单元,即填埋单元,一般一天的垃圾,当天压实覆土,成为一个填埋单元。具有同样高度的一系列相互衔接的填埋单元构成一个填埋层。完成的卫生填埋场由一个或几个填埋层组成。当填埋到最终的设计高度以后,再在该填埋层上层盖一层 $90 \sim 120$ cm 的土壤,压实后就得到一个完整的卫生填埋场。

1. 填埋坑中微生物的活动过程

(1)好养分解阶段　随着垃圾填埋,垃圾孔隙中存在着的大量空气也同样被埋入其中,因此开始阶段垃圾只是好氧分解,此阶段时间长短取决于分解速度,可以由几天到几个月。好氧分解将填埋层中氧耗尽以后进入第二阶段。

(2)厌氧分解不产甲烷阶段　在此阶段,微生物利用硝酸根和硫酸根作为氧源,产生硫化物、氮气和二氧化碳,硫酸盐还原菌和反硝化细菌的繁殖速度大于产甲烷细菌。当还原状态达到一定程度以后,才能产甲烷,还原状态的建立与环境因素有关,潮湿而温暖的填埋坑能迅速完成这一阶段而进入下一阶段。

(3)厌氧分解产甲烷阶段　此阶段甲烷气的产量逐渐增加,当坑内温度达到55 ℃左右时,便进入稳定产气阶段。

(4)稳定产气阶段　此阶段稳定地产生二氧化碳和甲烷。

2. 填埋场渗沥水

垃圾分解过程中产生的液体以及渗出的地下水和渗入的地表水,统称为填埋场的渗沥水。渗沥水的性质主要取决于所埋垃圾的种类。渗沥水的数量取决于填埋场渗沥水的来源、填埋场的面积、垃圾状况和下层土壤,等等。

为了防止渗沥水对地下水的污染,需在填埋场底部构筑不透水的防水层、集水管、集水井等设施将产生的渗沥水不断收集排出。对新产生的渗沥水,最好的处理方法为厌氧、好氧、生物处理;而对已稳定的填埋场渗沥水,由于其已经历厌氧发酵,使其可生化的有机物的含量减少到最低点,再用生物处理效果不明显,最好采用物理化学处理法。

3. 填埋场气体收集

垃圾填埋后,由于微生物的厌氧发酵,产生甲烷、二氧化碳、氨、一氧化碳、氢气、硫化氢、氮气等气体。填埋场的气体量和成分与被分解的固体废物的种类有关,并随填埋年限而变化。由于填埋场中存在着许多不能控制的因素,所以用各种方式进行估算的结果与实际情况偏离很大。填埋场产气范围每千克挥发性有机固体约为 $0.013 \sim 0.047$ m³;甲烷发酵最旺盛期间通常在填埋后的五年内;填埋场气体为 40%~50% 的二氧化碳和 30%~40% 的甲烷,以及其他各种气体,因此,填埋场的气体经过处理以后可以作为能源加以利用。

(三)厌氧发酵

不管是作物秸秆、树干茎叶、人畜粪便、城市垃圾,还是污水处理厂的污泥,都是厌氧发酵的原料。在发酵过程中,废物得到处理,同时获得能源。在我国农村,沼气发酵不仅作为农业生态系统中的一个重要环节,处理各类废弃物来制成农家肥,而且获得生物质能用来照明或作为燃料。城市污水处理厂的污泥厌氧发酵使污泥体积减少,产生的甲烷用来发电,降低处理厂的运行费用。

固体废弃物厌氧发酵过程影响因素如下:

1. 有机物投入量

在厌氧发酵罐中,从搅拌时液体的流动性、搅拌动力的关系考虑,发酵原料液的固形液浓度的极限约为 10%~12%,污水处理厂污泥 2%~5%,家畜粪尿 2%~8%,其他有机废水中的固形物浓度极限 8%。适宜的有机物投入量根据菌体的性质、发酵温度等决定。对于单槽方式的发酵法,猪粪作为基质时,中温发酵的有机负荷是 $2 \sim 3$ kg(VS)/(m³·d),高温发酵的有机负荷是 $5 \sim 6$ kg(VS)/(m³·d),固形物中有机物含量通常是 60%~80%,甲烷发酵后是 35%~45%。

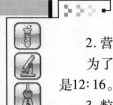

2. 营养

为了使甲烷发酵顺利进行,碳氮比和碳磷比是重要因素,产生甲烷的最佳碳氮比是12:16。

3. 粒度

粒度应尽量小,因为发酵过程是在可溶性有机物中进行的。

4. 发酵温度

厌氧发酵分为中温发酵和高温发酵,中温发酵控制在 30~37 ℃,高温发酵控制在 50~58 ℃。

5. 发酵槽的搅拌

为了使发酵槽内的混合充分并使浮渣充分破碎,在发酵罐内必须进行适当的搅拌。搅拌方式有泵循环、机械搅拌、浮渣破碎机、气体搅拌等。

6. 厌氧状态

由于厌氧微生物对氧很敏感,因此发酵槽必须完全密封。

7. 加温

由于厌氧发酵需要适宜温度,因此不需加温。虽然中温和高温发酵对有机物处理能力的比是1:2.5~1:3左右,但发酵温度要根据原料的特性、发酵装置所在地区的气温、发酵槽运行的费用来决定。

8. 平均滞留时间

厌氧发酵的基质需要一定的平均滞留时间。当平均滞留时间小于菌体的最小世代时间时,从发酵槽流出的菌体大于其繁殖速率,发酵就难于维持。

9. pH 的影响

在产酸阶段是兼性厌氧菌起作用,pH 的容许范围是 4.0~4.5。在兼性厌氧菌群和专性厌氧菌群共栖的系统,pH 值在 6.4~7.2 范围内。两相式发酵的甲烷发酵槽中 pH 值在 6.5~7.5 之间最适宜。

第四节　活性污泥在污水处理方面的应用

一、有机废水的微生物处理技术

(一)好氧活性污泥

好氧活性污泥法简称活性污泥法。

1. 活性污泥

活性污泥为一种绒絮状的小颗粒,是活性污泥处理系统的核心,其上栖息着大量活跃的微生物,在这些微生物的作用下,有机物被转化为无机物。好氧活性污泥为褐色,稍有土腥味,具有良好的絮凝吸附性能。

2. 活性污泥法基本流程

活性污泥法是一种应用最广泛的好氧生物处理技术,基本流程如图 4-24 所示。

活性污泥系统是由曝气池、二沉池、曝气系统和污泥回流系统组成。曝气池与二沉池是活性污泥处理系统的基本处理构筑物。废水流经初沉池后与从二沉池不能回流的活性污泥一起进入曝气池,在曝气池中发生好氧生化反应,各种有机污染物被活性污泥吸附,同时被

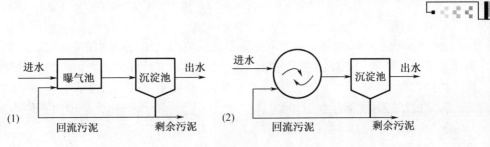

图 4 – 24　活性污泥法的基本流程

活性污泥上的微生物所分解,废水因此得到净化。二沉池的作用是使活性污泥与已被净化的废水分离,分离后的处理水排放。活性污泥则在污泥区内得到浓缩,其中一部分回流到曝气池。由于活性污泥不断增长,部分污泥(为剩余污泥)从系统中排出。

3. 活性污泥的净化过程

活性污泥去除有机物是分阶段进行的,依次分为吸附阶段、稳定阶段、混凝阶段。

(1)吸附阶段　废水与活性污泥在曝气池中充分接触,废水中的污染物被污泥表面上含有的多糖类黏性物质所吸附。在利用活性污泥法处理城市生活污水时,吸附作用能使废水中 BOD_5 的去除率在短时间内达到 85% 左右。

(2)稳定阶段　吸附转移到活性污泥表面的污染物被微生物分解转化为 CO_2 和 H_2O 等简单化合物及自身细胞物质。

(3)混凝阶段　在沉淀池中,活性污泥形成大的絮凝体,使之从混合液中沉淀下来,达到泥水分离的目的。

4. 活性污泥处理系统有效运行的基本条件和要求

(1)废水中含有足够的营养物质,有适当的 C:N:P 比例。一般为 BOD_5:N:P = 100:5:1。

(2)混合液中应含有足够的溶解氧。根据经验,曝气池出口处 DO 浓度为 2 mg/L 较好。

(3)活性污泥在反应器内呈悬浮状态,能够充分地与废水相接触。

(4)避免对微生物有毒害作用的微生物进入。

(5)曝气池活性污泥浓度应保持适当,所以活性污泥需连续从二沉池回流并及时地排出剩余污泥。

(6)适当的 pH　活性污泥微生物的最适 pH 为 6.5 ~ 8.5。如 pH 降至 4.5 以下,原生动物会全部消失,丝状菌将占优势,易产生污泥膨胀现象;当 pH 超过 9.0 时,微生物的代谢速率将受到影响。

(7)适当的水温　活性污泥微生物的最适温度范围是 15 ~ 30 ℃。水温低于 10 ℃,可对活性污泥的功能产生不利影响。但水温缓慢降低时,微生物亦可逐步适应这种变化,即使水温低至 6 ~ 7 ℃,通过采取适当技术措施(如降低负荷、提高污泥的活性、DO 浓度以及延长曝气时间等)仍可取得较好的处理效果。水温过高的废水在进入生物处理系统之前,应考虑采取降温措施。

(8)有机负荷率　有机负荷率又称 BOD 污泥负荷,代表曝气池内单位质量活性污泥在单位时间内承受的有机质含量,用 Ns 值〔kgBOD/(kgMLSS·d)〕表示。有机负荷率对微生物而言是重要的影响因素,对活性污泥系统的运行能产生重大影响。

5. 活性污泥法的基本特征

活性污泥处理系统,实质上是自然界水体自净的人工模拟,是对水体自净作用的强化。因处理的目的和对象不同,活性污泥法尽管有许多运行方式和工艺,但他们的主要特征是相同的,具体表现在:(1)利用生物絮凝体为生化反应的主体;(2)利用曝气池设备向生化反应系统分散空气或氧气,为微生物提供氧源;(3)对体系进行混合搅拌以增加接触和加速生化反应传质过程;(4)采用沉淀方式取出生物体,降低出水中微生物含量;(5)通过回流使在沉淀池浓缩的活性污泥微生物返回到反应系统;(6)为保证系统内生物细胞平均停留的稳定,经常排出一部分生物固体,即剩余污泥。

(二)生物膜法

利用生物膜法净化废水的方法称为生物膜法。所谓生物膜是由固体物表面上生长的微生物及其所吸附的有机和无机污染物形成的一层具有较高生物活性的黏膜,呈蓬松的絮状结构,微孔多,表面积大,具有很强的吸附能力。生物膜和活性污泥统称为生物污泥。

1. 生物膜法的基本流程

生物膜法的基本流程图如图 4 - 25 所示。污水经过沉淀池去除悬浮物后进入生物膜反应池,去除有机物。生物膜反应池出水入二沉池去除脱落的生物体,澄清液排放。

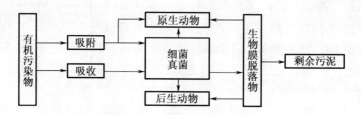

图 4 - 25　生物膜法流程图

2. 生物膜的净化过程

生物膜达到一定厚度,在膜深处供养不足,出现厌氧层。所以一般情况下生物膜由厌氧层和好氧层组成。

在好氧层表面是很薄的附着水层。污水流过生物膜时,有机物等经附着水层向膜内扩散。膜内的微生物将有机物转化为细胞物质和代谢产物。代谢产物(CO_2,H_2O,NO_3^-,SO_4^{2-},有机酸)从膜内向外扩散进入水相和大气。

随着有机物的降解,细胞的不断合成,生物膜不断增厚。达到一定厚度时,营养物质和氧气向深层扩散受阻,在深处的好氧微生物死亡,生物膜出现厌氧层而老化,老化的生物膜附着力减小,在水力冲刷下脱落,完成一个生长周期。"吸附—生长—脱落"的生长周期不断交替循环,系统内活性生物膜量保持稳定。

生物膜厚一般为 2 ~ 3 mm,其中好氧层 0.5 ~ 2.0 mm,去除有机物主要靠好氧层作用。污水浓度升高,好氧层厚度减小,生物膜总厚度增大;污水流量增大,好氧层厚度和生物膜总厚度皆增大;改善供氧条件,好氧层厚度和生物膜总厚度皆增大。

3. 生物膜法的特点

生物膜法是一种早于活性污泥法发展的生物处理工艺,出现于 19 世纪末。生物膜法可以用于城市污水的二级生物处理。与活性污泥法相比生物膜具有如下特点:

(1)微生物相当复杂,能去除难降解有机物　固着生长的生物膜受水力冲刷影响小,所以生物膜中存在各种微生物,包括细菌、原生动物等,形成复杂的生物相。这种复杂的生物相,能去除各种污染物,尤其是难降解有机物。世代时间长的硝化细菌在生物膜上生长良好。

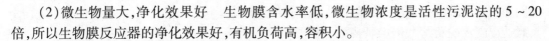

（2）微生物量大，净化效果好　生物膜含水率低，微生物浓度是活性污泥法的 5～20 倍，所以生物膜反应器的净化效果好，有机负荷高，容积小。

（3）剩余污泥少　生物膜上微生物的营养级高，食物链长，有机物氧化率高，剩余污泥少。

（4）污泥密实，沉降性能好　填料表面脱落的污泥比较密实，沉淀性能好，容易分离。

（5）耐冲击负荷，能处理低浓度污水　固着生长的微生物耐冲击负荷，适应性强。当受到冲击负荷时，恢复得快。有机物浓度低时活性污泥生长受到影响，所以活性污泥法对低浓度废水处理效果差。而生物膜法对低浓度污水的净化效果好。

（6）操作简便，运行费用低　生物膜反应器生物量大，无需污泥回流，有的为自然通风，所以运行费用低，操作简便。

（7）不易发生污泥膨胀　微生物固着生长时，即使丝状菌占优势也不易脱落流失而引起污泥膨胀。

（8）投资费用较大　生物膜法需要填料和支持结构，投资费用较大。

4. 生物滤池

生物滤池也称滴滤池，在构造上主要由滤床、排水设备和布水装置三部分组成（如图 4-26 所示）。

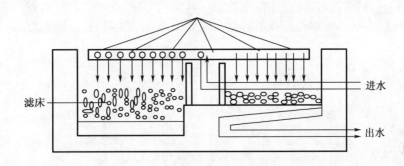

图 4-26　生物滤池处理系统的基本结构

滤床高度为 1～6 m，一般为 2 m。滤料为碎石、炉渣、焦炭等，粒径为 3～10 cm。从结构上看，下层为承托层，石块可稍大，以免上层脱落的生物膜累积而造成堵塞。若滤池负荷高，则要选择较大的石块，否则就会由于营养物浓度高、生物膜生长过快而导致堵塞。

生物滤池可根据设备形式不同分为普通生物滤池和塔式生物滤池；也可根据承受废水负荷大小分为低负荷生物滤池（普通生物滤池）和高负荷生物滤池。

负荷是影响生物滤池降解功能的重要因素，生物滤池的主要负荷有水力负荷和有机物负荷。水力负荷即单位体积滤料或单位面积滤池每天所流过的废水量，单位 $m^3/(m^3 \cdot d)$ 或 $m^3/(m^2 \cdot d)$，后者又称滤率；有机负荷即单位体积滤料每天所承受的有机物量，单位 $kg\ BOD_5/(m^3 \cdot d)$。对于普通生物滤池，水力负荷和有机负荷范围一般在 1～3 $m^3/(m^2 \cdot d)$ 和 0.1～0.2 $kg\ BOD_5/(m^3 \cdot d)$，高负荷生物滤池为 10～30 $m^3/(m^2 \cdot d)$ 和 0.8～1.2 $kg\ BOD_5/(m^3 \cdot d)$。

塔式生物滤池简称塔滤（如图 4-27 所示），构造如塔状，采用轻质、高空隙率的塑料滤料，塔的一般直径为 1～3.5 m，塔高为塔径的 6～8 倍。塔滤是一种高效能的生物处理设备，由于滤料层厚度大，废水与生物膜接触时间长；水流速度大，紊流强烈，能促进气—固—液相间物质的传递；滤料空隙大，通风良好；耐刷力强，能保持膜的活性；微生物在不同高度有明显的分层现象,对有机物氧化起着不同作用,具有适应废水的负荷冲击的特点。与活性污泥法相比,具有同等的有机去除能力,但占地少,其水力负荷和有机负荷分别比高负荷生物滤池高 2~10 倍和 2~3 倍。然而,由于水力负荷较大,废水处理效率较低,BOD_5 去除率一般为 60%~85%。通过近几年的实践表明,塔滤对处理含氰、酚、醛等有毒废水效果较好。

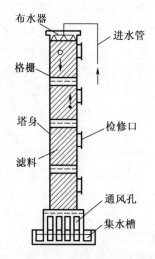

图 4-27 塔式生物滤池的构造

5. 生物转盘

生物转盘又称浸没式生物滤池,它由许多平行排列且浸没在一个氧化槽中的塑料圆盘(盘片)所组成。盘片的盘面近一半浸没在废水水面以下,如图 4-28 所示。

生物转盘在工作之前,首先进行人工方法或自然方法"挂膜",使转盘表面形成一层生物膜,然后,废水才能连续不断地进入氧化槽。处理过程中,盘片在与之垂直的水平轴带动下缓慢地转动,进入废水中的那部分盘片上的生物膜吸附废水中的有机物,当转出水面时,生物膜又从大气中吸收所需的氧气,使吸附于膜上的有机物被微生物分解。生物转盘盘面每转一圈即完成一个吸附、氧化的周期。

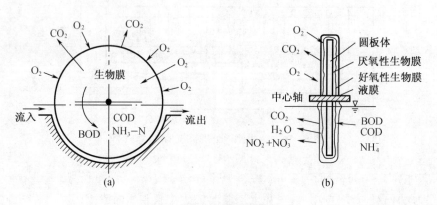

图 4-28 生物转盘净化原理

由于微生物的自身繁殖,生物膜逐渐增厚,当增长到一定程度时,在圆盘转动时所形成的剪切力作用下,膜从盘面剥落下来,悬浮于水中,并随废水流入二次沉淀池进行分离。二次沉淀池排出的上清液即为处理后的废水,污泥作为剩余污泥排入污泥处理系统,其工艺流程如图 4-29 所示。

生物转盘在实际应用中有各种构造形式,多级转盘串联是最常用的,它可以延长处理时间,提高处理效果,但级数一般不超过四级,级数越多,处理效率提高越小。

6. 生物接触氧化法

生物接触氧化法亦称淹没式生物滤池,就是在曝气池中填充一定密度的填料,废水浸没全部填料并与填料上的生物膜广泛接触,在微生物新陈代谢功能的作用下,废水中的有机物得以去除,废水得以净化。淹没式生物滤池多在好氧状态下运行,充氧方式可以是废水流经

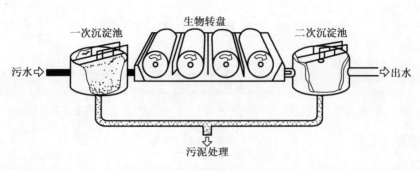

图 4 – 29　生物转盘工艺流程

填料的过程预先充氧曝气,也可以在池内设有人工曝气装置。

生物接触氧化法是兼有活性污泥和生物膜法特点的处理工艺,其构造如图 4 – 30 所示。

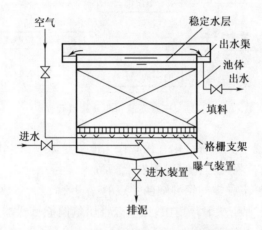

图 4 – 30　生物接触氧化池构造示意图

（三）厌氧处理法（厌氧消化法）

厌氧生物处理是在无氧条件下,利用多种厌氧微生物的代谢活动,将有机物转化为无机物、沼气和少量细胞物质的过程。沼气的主要成分是 2/3 的甲烷和 1/3 的二氧化碳。

自 20 世纪 60 年代,特别是 20 世纪 70 年代以来,随着污染问题的发展和科学技术水平的进步,科学界对厌氧微生物及其代谢过程的研究取得了很大的进步,推动了厌氧生物处理技术的发展。

1. 厌氧处理法原理

厌氧微生物分解有机物的过程如图 4 – 31 所示。

从图中可以看出整个厌氧生物处理过程可以分为四个阶段。

（1）水解阶段　复杂有机物首先在发酵性细菌产生的细胞外酶作用下分解为溶解性的小分子物质。如纤维素被纤维素酶水解为纤维二糖与葡萄糖,蛋白质被蛋白酶水解为短肽及氨基酸等。水解过程通常比较缓慢,是复杂有机物厌氧降解的限速阶段。

（2）发酵（酸化）阶段　溶解性小分子有机物进入发酵菌（酸化菌）细胞内,在细胞外酶作用下分解为挥发性脂肪酸,如乙酸、丙酸、丁酸、乳酸、醇类、二氧化碳、氨、硫化氢等,同时

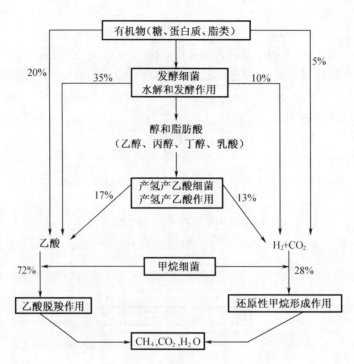

图4-31　厌氧发酵过程及串联代谢

合成细胞物质。发酵可以定义为有机化合物既作为电子受体也作为电子供体的生物降解过程。此过程中,溶解性有机物被转化为以挥发性脂肪酸为主的末端产物,因此这一过程也称为酸化。酸化过程是由许多种类的发酵细菌完成的,这些菌绝大多数是严格厌氧菌,但通常有约1%的兼性厌氧菌生存于厌氧环境中,这些兼性厌氧菌能够保护严格厌氧菌,如产甲烷菌免受氧的损害与抑制作用。

(3)产乙酸阶段　发酵酸化阶段的产物丙酸、丁酸、乙酸等,在产氢产乙酸菌的作用下转化为乙酸、氢气和二氧化碳。

(4)产甲烷阶段　在此阶段产甲烷菌通过以下两个途径之一,将乙酸、氢气和二氧化碳等转化为甲烷。其一是在二氧化碳存在时,利用氢气产生甲烷;其二是利用乙酸生成甲烷。

$$利用乙酸　　CH_3COOH \rightarrow CH_4 + CO_2$$
$$利用 H_2 和 CO_2　4H_2 + CO_2 \rightarrow CH_4 + H_2O$$

产甲烷菌都是严格厌氧菌,要求生活环境的氧化还原的电位在 $-150 \sim -400$ MV。氧和氧化剂对甲烷菌有很强的毒害作用。

2.厌氧处理的主要影响因素

(1)温度　细菌的生长与温度有关,根据甲烷菌的生长对温度的要求可以将甲烷菌分为三类,即低温甲烷菌(5~20 ℃)、中温甲烷菌(20~42 ℃)和高温甲烷菌(42~75 ℃)。利用低温甲烷菌进行厌氧消化处理的系统称为低温消化,与之对应的有中温消化和高温消化。在这几类消化系统中,起作用的甲烷菌类型是不同的,例如高温消化系统运行的是高温甲烷菌。

(2)pH 值　处理过程中,水解菌与产酸菌对 pH 值有较大范围的适应性,大多数可以在 pH 值为 5.0~8.5 范围内良好生长,一些产酸菌在 pH 值小于 5.0 时仍可生长。但产甲烷菌对 pH 值变化的适应性较差,其适宜生长 pH 值范围为 6.7～7.2,当 pH 值在 6.5 以下或 8.2 以上时,厌氧消化会受到严重抑制。

(3)营养物质与微量元素　厌氧微生物对碳氮等营养物质的要求低于好氧微生物,但大多数厌氧菌不具有合成某些必要的维生素或氨基酸的能力,因此需要补充某些专门的营养。研究表明,产甲烷菌的主要营养为氮、磷、钾、硫及生长必需的少量元素。近年来研究表明,在磷非常缺乏时,虽然细胞增长减少,但产甲烷过程仍可进行得相当好。在反应器的启动中,可以使用相对高浓度的氮和磷,以刺激细菌繁殖。

(4)搅拌　在污泥的厌氧消化或高浓度有机废水的厌氧消化过程中,定期进行适当的有效的搅拌是很重要的,搅拌有利于新投入的新鲜污泥或污水与熟污泥的充分接触,使反应器内的温度、有机酸、厌氧菌分布均匀,并能防止消化池表面结成污泥壳,以利于沼气的释放。搅拌可提高沼气产量和缩短消化时间。

(5)有机负荷　有机负荷是影响厌氧消化效率的一个重要因素,直接影响产气量和处理效率。在一定范围内,随着有机负荷的提高,产气率即单位质量有机物的产气量呈下降趋势,而消化器的容积产气量则增多,反之亦然。对于具体应用场合,进入反应器的污泥或污水有机物浓度是一定的,有机负荷或投配率的提高意味着生污泥的平均停留时间缩短,使有机物降解不能达到所要求的程度,势必使单位质量的有机物的产气量减少。但因反应器相对的处理量增多了,单位容积的产气量将提高。

(6)有毒物质　有许多物质会毒害或抑制厌氧菌的生长和繁殖,破坏消化过程。所谓“有毒”是相对的,事实上任何一种物质对甲烷消化都有两方面的作用,即有促进甲烷细菌生长的作用与抑制甲烷细菌生长的作用,至于到底是哪方面的作用取决于它的浓度。

3. 厌氧处理技术的优点与不足

厌氧处理是与好氧处理相对应的一种重要的有机污染物处理方法。

(1)优点

①厌氧废水处理技术成本低、经济性好。由于厌氧法处理废水节省动力消耗、营养无添加费用和污泥脱水费用减少,即使不计厌氧产生沼气的能源价值,其成本也仅为好氧处理法的 1/3。若考虑所产生沼气的能源作用,则费用将大大降低,甚至带来相当的利润。

②厌氧处理不但耗能少,而且产生大量的能源。据报道,每处理 1 t COD 废水,好氧法需耗电 36×10^5 kJ;另外,理论上,1 kg COD 可以产甲烷 0.35 m³,甲烷热值 3.93×10^4 kJ/m³,则 1 t COD 产生的甲烷总热值为 110×10^5 kJ。因此,有机废水的厌氧处理具有资源化价值。

③厌氧废水处理负荷高、占地少、反应器体积小,这一优点对于人口密集、地价昂贵的地区有重要的实际意义。

④厌氧方法可以处理高浓度有机废水。当有机物浓度高时,不需要大量的稀释水。

⑤厌氧方法产泥量少,剩余污泥脱水性好。剩余污泥量仅为好氧法的 1/10～1/6,浓缩时不需要加脱水剂,所以剩余污泥处理容易、费用少。

⑥厌氧方法对营养物的需求量少,其 BOD:N:P 为(350～500):5:1,比好氧法的 100:5:1 对氮、磷的需求量大为减少。所以,有机废水采用厌氧方法处理时可以不添加或少添加营养盐。

⑦厌氧方法的菌种沉降性能好,生物活性保存期长,在中止营养条件下可保留至少一年以上,因此,可为间断性或季节性运行提供有利条件。

⑧厌氧处理系统规模灵活,可大可小,设备简单,易于制作。

（2）缺点

厌氧处理虽有种种优点，但厌氧方法用于大规模工业废水处理还只有20余年的时间，尚有不成熟之处，其经验与知识的积累还有一定的局限性。

①厌氧方法虽然负荷高、进水浓度高且有机物去除性绝对量高，但其出水COD浓度高于好氧处理，一般不能达标排放，原则上仍需要后处理才能达到排放标准。

②厌氧反应器初次启动过程缓慢，一般需要8~12周的时间，其主要原因是厌氧微生物增殖缓慢。当然，由于厌氧活性污泥可以长期保存，初建的厌氧系统在其初次启动时可以使用现有厌氧系统的剩余污泥或保存的颗粒污泥接种，加快反应器的启动过程。

③厌氧过程常常会产生异味，包括CH_4、H_2S及挥发性有机物等，控制不好易给周围环境带来污染与危害。若考虑甲烷回收，则需对气体进行分离纯化，但会增加一定费用。

④厌氧微生物对毒性物质非常敏感，所以，对于有毒废水性质了解不足或操作不当，严重时可能导致反应器运行条件的恶化。

（四）稳定塘处理法

稳定塘是一种大面积、敞开式的污水处理系统。废水在塘中停留一段时间，由藻类光合作用产生的氧和空气溶解的氧来调节氧的状态，利用细菌对废水中有机物进行生物降解，从而达到净化废水的目的。

1.稳定塘的净化原理

稳定塘主要是利用细菌和藻类的互生关系来分解废水中的有机污染物，如图4-32所示。

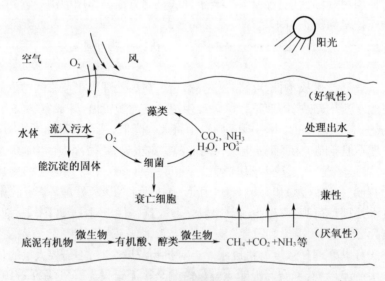

图4-32 稳定塘内的生物学过程

在阳光照射下，塘内的藻类或蓝细菌进行光合作用，释放出大量的氧气，使水体保持良好的好氧状态。水中的好氧微生物通过自身的代谢活动，使有机污染物进行氧化分解，而它的代谢产物CO_2，N，P等无机盐作为藻类代谢原料合成自身的细胞物质。增殖的菌体和藻类又可以被微型动物所捕食。

废水中的可沉淀固体和塘中生物的残体沉积于塘底，形成污泥，他们在产酸菌的作用下分解成低分子有机酸、醇、氨等,其中一部分可进入上层好氧层被继续氧化分解,一部分由污泥中产甲烷菌作用生成甲烷。

由于藻类作用使稳定塘在去除 BOD 的同时,也能有效地去除营养盐类,效果良好的稳定塘不仅能使污水中 80%~95% 的 BOD 去除,而且能去除 90% 以上的氮,80% 以上的磷。伴随营养盐的去除,藻类进行二氧化碳的固定,有机物的合成。大量增殖的藻类会随处理出水而流出,如果能采用一定的方法回收藻类或在出水端设置养鱼池,可以使处理出水水质大大提高。

2.稳定塘的主要类型

稳定塘有多种分类方法,根据塘水中微生物优势群体类型以及溶解氧的情况,可以将稳定塘分为好氧稳定塘、兼性稳定塘、厌氧稳定塘以及曝气塘等几种主要类型。通常情况下,多数稳定塘严格来讲都是兼性塘。

(1)好氧稳定塘　根据污水在好氧稳定塘停留的时间长短和进水水质的不同,好氧稳定塘又分为慢速、快速和深度处理好氧稳定塘三种。在好氧稳定塘中,溶解氧来自水表面的自然富氧和藻类的产氧作用,除了藻类,好氧稳定塘中生物群落同活性污泥法中类似,藻类光合作用产生的氧被细菌用于降解有机污染物,降解过程中产生的营养盐和二氧化碳反过来又被藻类利用。好氧稳定塘中藻类、细菌和微型动物存在的种类和数量取决于有机负荷、稳定塘中水体的混合程度、pH 值、营养盐、太阳光和温度。低温对好氧稳定塘产生不利影响,特别在冬季寒冷的地区,好氧稳定塘运行的效果就会更差。

(2)兼性稳定塘　兼性稳定塘中水体分层,上层是好氧层,有藻类和好氧细菌,同好氧稳定塘一样对污水中有机物进行降解;中下层为兼性厌氧层,有兼性厌氧微生物,对有机污染物进行发酵或无氧呼吸;底泥是厌氧层,污水中的有机物、藻类和细菌细胞沉降在底泥上,由厌氧细菌和古生菌进行厌氧分解并产生甲烷、氨和硫化氢等物质。有机污染物发酵的产物如有机酸、醇进入好氧层,由好氧微生物继续分解,化能自养的硫细菌将硫化氢氧化为硫酸盐,硝化细菌将氨氧化为硝酸盐。兼性稳定塘水体比好氧稳定塘深,水里停留时间长,BOD_5 负荷比好氧稳定塘低,同时,大量异养生物衰亡而沉淀到底泥中,使水体中的悬浮物得到有效的去除。

(3)厌氧稳定塘　厌氧稳定塘的有机负荷比兼性稳定塘高,依靠下层产甲烷作用使水体中 BOD 得到去除。厌氧稳定塘被用来处理高浓度工业废水和城市污水处理厂消化后的污泥。表层产生的氧能促进氧化硫化氢细菌生长,如硫细菌,使硫化氢氧化成硫或硫酸,有色硫细菌利用光能,以硫化氢作为电子供体合成有机物;有机硫化物等有臭味的气态物质在表层也可以被好氧微生物氧化。采用兼性稳定塘和厌氧稳定塘处理废水,出水一般不能达到国家排放标准,因此,在处理较高浓度废水时,常常将不同功能的稳定塘串联起来处理,利用不同的生物群落分解污染物,以达到净化水质的目的。

(4)曝气塘　在上述好氧塘和兼性塘中,氧的供应依靠藻类的光合作用,塘水的混合充氧依靠风力,完全受自然条件制约。当阳光、风力情况不佳时,势必影响生物塘的运行和处理效果。因此,生物塘的工作在整个运行期间内变化很大。为克服这一缺点,改善生物塘的运行状况,采取了人工曝气的措施。由于采用人工曝气,生物塘的供氧和混合均可由人工控制,其可提高生物塘的处理效果。

稳定塘不是一个很好的受控系统,因此高纬度地区冬季的低温使其处理效果大大下降,同时,氧化塘处理负荷低,需要的土地面积大,如果选址不当,容易造成地下水的污染。特别是处理工业废水时,一些难降解的有毒有害物质沉积在底泥中,也是一个潜在的污染源,常常需要进行进一步的修复处理。兼性稳定塘和厌氧稳定塘能产生不良的气味和蚊虫,对周围环境产生不利影响,因此,稳定塘一般适用于废水的深度处理。

二、废水中生物脱氮除磷技术

(一)概述

氮和磷是所有生物必需的营养元素,任何生物的存在、繁衍和发展都离不开这两种元素。但随着经济的快速增长和人口的增加,大量的氮、磷排入环境,由此而导致水体污染日益加重,给水体生态系统和人类健康造成了极大威胁,对有氮、磷污染的水体应及时进行脱氮除磷。

生物脱氮是使大部分的非可溶性有机氮转化为氨氮和其他有机物,然后在有机物转化为氨氮的基础上,通过硝化反应将氨氮转化为亚硝基氮、硝基氮,再通过反硝化反应将硝基氮转化为氮气从水中逸出,从而达到去除氮的目的。

生物除磷就是利用微生物对磷的释放和吸收作用,使磷积聚于微生物体内。聚磷菌在好氧条件下,过量吸收溶解性磷酸盐,使之转化为多聚磷酸盐储存于细胞内,这是好氧吸磷过程;含有多聚磷酸盐的聚磷菌,从好氧状态进入厌氧状态后,为获得能量,将多聚磷酸盐水解成无机磷释放到污水中,这一过程是厌氧放磷。

生物脱氮除磷是将生物脱氮和除磷组合在一个流程中同步进行。其工艺流程方法较多,但它们的共性是同时具有厌氧、缺氧和好氧池(区);最先研究是以生物除磷为目的,后来改良成生物脱氮除磷于一体。

(二)废水中微生物脱氮技术

生物脱氮一般采用异养型微生物将废水中有机物氧化分解为氨氮,然后通过自养型硝化菌将其转化为硝基氮,再经过反硝化细菌将硝基氮转化为氮气的生物处理过程,如图4-33所示。

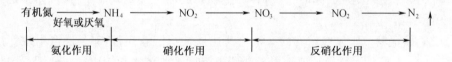

图4-33　废水中的生物脱氮作用

1.微生物脱氮原理

(1)氨化作用　含氮有机物经微生物降解释放出氨的过程,称为氨化作用或氮素矿化。环境中绝大多数异养微生物都具有分解蛋白质、释放氨的能力。其中好氧或兼性的细菌以芽孢杆菌、假单胞菌为主,梭状芽孢杆菌属的细菌和假单胞菌的厌氧菌具有较强的氨化能力。除了蛋白之外,还有核酸、尿素、尿酸、几丁质、卵磷脂等含氮有机物,它们都能被相应的微生物分解、释放出氨。

(2)硝化作用　在好氧状态下,将氨氮转化为亚硝酸盐或硝酸盐的生物反应称为生物硝化作用,简称硝化作用。硝化反应是由一群自养型好氧微生物完成的,它包括两个基本反应步骤,第一步是由亚硝酸菌将氨氮转化为亚硝酸盐,称为亚硝化反应;第二步则由硝酸菌将亚硝酸盐进一步氧化为硝酸盐,称为硝化反应。

(3)反硝化作用 反硝化是将硝酸盐或亚硝酸盐还原为氮气的过程,参与这一过程的微生物称为硝化菌。它们的主要作用是在缺氧的条件下,将硝化过程产生的亚硝酸盐和硝酸盐还原成气态氮。反硝化细菌包括假单胞菌属、反硝化杆菌属、螺旋菌属和无色杆菌属等,它们大多数是兼性细菌。当有分子态氧存在时,反硝化细菌利用分子态氧作为最终电子受体进行呼吸,同时氧化分解有机物;在无分子态氧存在时,反硝化菌利用硝酸盐和亚硝酸盐中的氮离子作为电子受体,氧离子作为受氢体生成水以及碱度,有机物则作为碳源和电子供体提供能量,因此,废水中的一部分有机物也可以通过反硝化作用得以去除。

2.微生物脱氮工艺

在废水处理中,硝化和反硝化过程可以以各种方式组合在一起。按工艺中的硝化反应器类型,有微生物悬浮生长型和微生物附着型两种。在废水的实际处理过程,也有同时采用这两种反应器的脱氮工艺;若按活性污泥系统的级数来分,生物脱氮工艺还可以分为单级活性污泥脱氮工艺和多级活性污泥脱氮工艺。

(1)单级活性污泥脱氮工艺

单级活性污泥脱氮工艺是将含氮的有机物氧化、硝化和反硝化在一个活性污泥系统中实现,并只有一个沉淀池,如间歇性序批反应器就是典型的结合硝化和反硝化作用的单机系统。它们是利用一系列程序的顺序操作:进料、厌氧条件、好氧条件、污泥沉淀以及排水,进行好氧硝化和厌氧硝化脱氮;在间歇性序批反应器中,最初的厌氧阶段以及随后的好氧阶段,氨氮浓度下降;与之相反,硝酸盐的浓度一开始很低,但随着好氧阶段的硝化作用开始而上升;在厌氧阶段,硝酸盐和亚硝酸盐都发生脱氮作用。该模式还可以用于厌氧反应器和第二级为厌氧阶段的两级过程。

(2)多级活性污泥脱氮工艺

如图4-34所示为传统三级生物脱氮工艺流程。

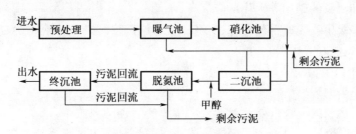

图4-34 传统的三级脱氮工艺

此工艺中,分别将含氮有机物的去除和氨化、硝化及反硝化脱氮反应在三个反应器中独立进行,并分别设置污泥回流系统,处理过程中需在脱氮反应器中投加甲醇等外碳源。此工艺较易控制,BOD去除和脱氮效果好,但流程较长、构筑物较多、基建费用高。后来改进的三级生物脱氮工艺将去碳和硝化作用在一个反应器中进行,图4-35为将部分污水引入反硝化脱氮池以外节省外碳源的改进工艺。

该工艺通过将部分原水作为脱氮池的碳源,既降低了去碳硝化池的负荷,也减少了外碳源的用量。由于原水中的碳源多为复杂的有机物,反硝化菌利用这些碳源进行脱氮反应的速率有所下降,故出水BOD去除效果略差。此外该工艺存在流程长而复杂的问题。

传统工艺都具有流程较长、构筑物较多、基建费用高和运行费用高的缺点,有的需要外

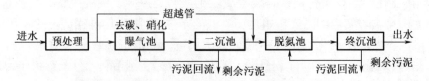

图 4 - 35　内碳源生物脱氮工艺

加碳源或碱度不够,在管理上不具竞争力,所以,传统脱氮工艺目前应用很少。

为了克服传统生物脱氮工艺流程的缺点,在 20 世纪 80 年代初开发了缺氧/好氧脱氮工艺(A_1/O 工艺)流程,如图 4 - 36 所示。

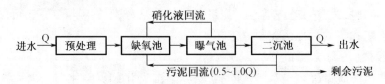

图 4 - 36　A_1/O 生物脱氮工艺

图 4 - 37 中,生物脱氮工艺将反硝化反应器放置在系统之前,所以又称为前置反硝化生物脱氮系统,这是目前实际工程中采用较多的一种生物脱氮工艺。根据 A_1/O 的工艺流程,原水先进入缺氧池,再进入好氧池,并使好氧池的混合液与沉淀污泥同时回流到缺氧池。污泥的回流和混合液的回流保证了缺氧池和好氧池中有足够数量的微生物,并使好氧池硝化反应生成的硝酸盐回流到缺氧池,进行反硝化。而原污水的直接进入,为缺氧池的反硝化反应提供了充足的碳源而无需外加;反硝化后出水又可以在好氧池中进行有机物的生物氧化、有机氮的氨化和氨氮的硝化等生化反应。

与传统的多级生物脱氮工艺相比,A_1/O 工艺具有流程简单、构筑物少、节省碳源、减轻有机负荷、出水水质好等优点。

(三)废水中微生物脱磷技术

1. 微生物脱磷原理

磷是微生物生长的一种重要营养元素。传统的活性污泥法中,磷参与微生物菌体的合成,成为菌体的一部分,并以剩余污泥的形式排出而去除污水处理系统中的磷。在好氧、厌氧交替运行的条件下,活性污泥中的"聚磷菌",通过 PHB 的形式形成"好氧聚磷"和"厌氧放磷"的机制去除废水中的磷。

(1)厌氧放磷　在厌氧的条件下,聚磷菌将其细胞内的有机态磷加以释放,并利用此过程中产生的能量摄取废水中的溶解性有机物以合成 PHB 颗粒,如图 4 - 37 所示。

此时,聚磷菌体内的 ATP 进行水解,放出磷酸和能量,形成 ADP,即

$$ATP + H_2O \longrightarrow ADP + H_3PO_4 + 能量$$

研究表明,在厌氧条件下,微生物细胞内的 PHB 含量随时间呈线性增加,且其含量的增加与细胞中聚磷酸盐的减少亦呈较明显的线性关系。

(2)好氧聚磷　当聚磷菌在好氧条件下运行时,即开始进行有氧呼吸。此时,聚磷菌不断从外部摄取有机物,加以氧化分解,一部分合成细胞,另一部分产生能量,能量被 ADP 获取并结合 H_3PO_4 合成 ATP,即:

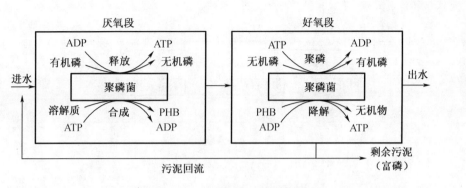

图 4 - 37　聚磷菌的作用机理

$$ADP + H_3PO_4 + 能量 \longrightarrow ATP + H_2O$$

大部分 H_3PO_4 通过主动运输的方式从外部环境摄入,一部分用于合成 ATP,另一部分用于合成聚磷酸盐。研究表明,在好氧条件下,微生物细胞内的 PHB 呈指数减少,且 PHB 的减少与聚磷酸盐的增加呈良好的线性关系。

2. 典型的除磷工艺

废水厌氧释磷和好氧摄磷是微生物除磷工艺的两个基本组成部分,因此其工艺流程一般包括厌氧池和好氧池。按照磷的最终去除方式和构筑物的组成,现有的除磷工艺分为主流除磷和侧流除磷工艺两种。所谓主流除磷工艺是指厌氧池在废水水流方向上,磷的最终去除通过剩余污泥的排放实现,这样的工艺系列包括厌氧/好氧工艺、厌氧/缺氧/好氧工艺、Bardenpoh、SBR 等。而侧流除磷工艺是指结合生物除磷和化学除磷的 Phostrip 工艺。

(1)厌氧—好氧生物除磷工艺(A_2/O 工艺)流程

如图 4 - 38 所示。

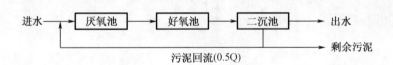

图 4 - 38　A_2/O 生物除磷工艺

A_2/O 系统由活性污泥反应池构成,废水和污泥一次经厌氧和好氧交替循环流动。反应池分别为厌氧区和好氧区,两个反应区进一步划分为体积相同框格,产生推流式流态。回流污泥进入厌氧池可吸收去除一部分有机物,并释放出大量磷,进入好氧池的废水中有机物被好氧降解,同时污泥也将大量摄取废水中的磷,部分富磷污泥以剩余污泥的形式排出,实现磷的脱除。A_2/O 工艺流程简单,不需另加化学药品,基建和运行费用低。A_2/O 工艺适用于处理 P 和 BOD 之比很低的废水。当进水中的有机基质浓度较低时,对于废水的除磷是不利的。

(2)Phostrip 工艺

如图 4 - 39 所示。

该工艺是在传统活性污泥的污泥回流管线上增设一个除磷池及一个混合反应池而构成的。与 A_2/O 工艺一样,其除磷同样是利用聚磷菌对磷的过量摄取作用而完成的。该工艺是先将回流污泥处于厌氧状态,以使其在好氧过程中过量摄取的磷在除磷池中充分释放。

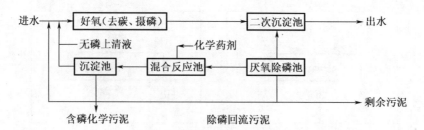

图 4 – 39　Phostrip 工艺流程

由除磷池流出的富含磷的上清液进入投加化学药剂的混合反应池,通过化学沉淀作用将磷去除,经过释放后的污泥再回流到处理系统中重新摄磷。Phostrip 工艺受外界条件影响小,工艺操作灵活,除磷效果好且稳定。在低温低有机质浓度以及以除磷为主的情况下,采用此工艺是比较合适的。

（四）废水中脱氮除磷工艺

在微生物脱氮除磷工艺流程中,厌氧池的主要功能为释放磷,使污水中磷的浓度增高,溶解性有机物被微生物细胞吸收而使污水中的 BOD 下降;另外,$NH_4^+ - N$ 因细胞的合成而被去除一部分,使污水中 $NH_4^+ - N$ 浓度下降,但 $NO_X^- - N$ 含量没有变化。在缺氧池中,反硝化菌利用污水中的有机物作碳源,将回流混合液中带入的 $NO_X^- - N$ 还原为 N_2 释放至空气中,因此 BOD 浓度下降,$NO_X^- - N$ 浓度大幅度下降,而磷的变化很小。在好氧池中,有机物被微生物生化降解而继续下降,有机氮被氨化继而被硝化,随着硝化的不断进行,$NO_X^- - N$ 的浓度不断增加,磷随着聚磷菌的过量摄入也以比较快的速度下降。

1. A_2/O（厌氧—缺氧—好氧）工艺

A_2/O 工艺实际上是生物脱氮 A_1/O 工艺与生物除磷 A_2/O 工艺的有机结合,具有同时脱氮除磷的功能,其工艺流程如图 4 – 40 所示。

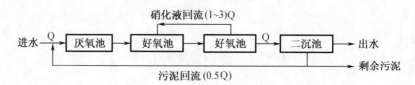

图 4 – 40　A_2/O 工艺流程图

在图 4 – 40 中,污水首先进入厌氧区,在厌氧阶段,兼性厌氧菌可将有机物转化为挥发性脂肪酸（VFA）,聚磷菌分解其体内的聚磷酸盐。释放的能量供聚磷菌在厌氧环境下维持生存,另一部分供聚磷菌吸收环境中的 VFA 类低分子有机物,并以 PHB 的形式储存起来;随后,污水进入厌氧区,反硝化菌利用好氧区回流的混合液中的硝酸盐及污水中可生物降解的有机物进行反硝化,同时达到去除 BOD 和脱氮的目的;之后污水进入曝气池,此时聚磷菌通过释放体内的 PHB 维持其生长繁殖,并可吸收利用污水中残余的可生物降解有机物,同时聚磷菌进行好氧聚磷作用,过量摄取周围环境中的溶解磷在体内聚积,使出水中溶解磷浓度达到最低。A_2/O 工艺具有良好的同时脱氮除磷功能。

2. UCT 工艺

UCT 工艺是目前比较流行的生物脱氮除磷工艺,工艺流程如图 4 –41 所示。

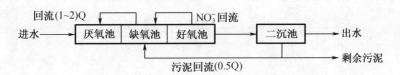

图4 –41 UCT 工艺流程图

它是在 A_2/O 工艺的基础上对回流方式作了调整后产生的工艺,UCT 工艺与 A_2/O 工艺的不同之处在于它的污泥回流是从沉淀池回流到缺氧池而非厌氧池。为了保证污泥具有良好的沉淀性能,对 UCT 工艺进行改良,在改良中将缺氧池分为两部分,第一缺氧池接纳回流污泥,然后,由该反应池将污泥回流到厌氧反应池,后面的硝化混合液从好氧池回流到第二缺氧池,使大部分反硝化反应在第二缺氧池中进行,该工艺最大限度地消除了 $NO_3^- - N$ 在厌氧段对除磷的影响,但增加了缺氧段向厌氧段的混合液回流,运行费用有所增加。

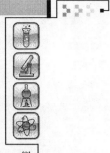
第五章 海洋微生物

第一节 海洋微生物生物多样性

一、海洋微生物概述

全球生态系统中的微生物种类繁多,广泛分布在海洋生态系统中和陆地生态系统中,定居在海洋生态系统中的微生物为海洋微生物,定居在陆地生态系统中的微生物为陆地微生物。陆地微生物中主要为土壤微生物,此外尚有地上空间部分的微生物和岩层深处较大量的可以利用氢气作为能源的微生物。海洋微生物的数量远远高于陆地微生物,海洋微生物的多样性又是陆地微生物所不能比拟的。近10年来,在海洋微生物的代谢产物中发现了许多具有特异、新颖、多样化学结构的生物活性物质,包括抗肿瘤化合物、抗炎症/过敏化合物、抗菌化合物、抗病毒化合物、杀虫化合物、酶类、生物毒素及不饱和脂肪酸等,其中相当部分的生物活性物质是陆地微生物所没有的。

海洋微生物的种类可以分为原核微生物、真核微生物和病毒等。1998年,Lizuk等人首次报道了海洋黏细菌的存在(用16SrDNA技术证明);2000年我国山东大学李越中等人也从海洋环境中分离获得海洋黏细菌纯培养物,所以在海洋微生物中又增加了一个新的种类——海洋黏细菌。

海洋微生物的种类繁多,根据著名的海洋微生物学家Zobell、ColwellL等人的研究结果,Woese和Fox、Pace和Liesack等人用16SrRNA的序列同源性的比较结果和我国徐怀恕、李越中、孙昌魁和马桂荣等人对海洋微生物种类的分类研究结果,到目前已发现的各种海洋微生物种类见表5-1。

从表5-1可以看出海洋微生物多样性资源十分丰富。海洋微生物相对于陆地微生物而言,能够耐受海洋特有的如高盐、高压、低氧、低光照等极端条件。生活环境的特异性导致海洋微生物在物种、基因组成和生态功能上的多样性。由于缺乏适当的培养方法,使得人们对海洋微生物多样性的了解较少。采用PCR和16sRNA序列同源性比较等方法在不经培养的条件下研究海洋微生物多样性已取得较好进展。如Takami等从一万多米深海底的一块淤泥中分离的数千株微生物竟包括了各种极端细菌,如嗜碱、嗜热、嗜冷等,并有大量非极端细菌,如放线菌,真菌等。目前已发现的海洋微生物类群如表5-1所示,许多微生物在营养要求上是多能的,如有些化能异养菌也能利用光能作为辅助能源(光能异养);而一些化能自养菌也可利用有机底物。因而,表5-1中的分类存在交叉。

表 5 – 1　海洋微生物的种类

非细胞生物类群：
病毒、噬菌体及不可培养的微生物
细胞生物类群：
古细菌 Archaea
化能自养菌：产甲烷细菌 Methangens；嗜热酸细菌 Thermoacidophilesa
化能异养菌：嗜盐细菌 Halophiles；盐杆菌属 *Haobacterium*；盐球菌属 *Halococcus*；高嗜热古细菌
Pyrococcus furious
细菌 Bacteria
光能自养菌
厌氧光合菌：紫色光合细菌、绿色光合细菌（红螺菌目 Rhodospirillales）
有氧光合菌：蓝细菌 Cyanobacteria（蓝细菌目 Cyanobacteriales）
原绿植物菌 Prochlotophytes（原绿菌目 Prochlorales）
化能自养菌
硝化细菌（硝化杆菌科 Nitrobacteraceae）；无色氧化硫细菌
甲烷氧化菌（甲烷球菌科 Methylococcaceae）
化能异养菌
革兰氏阳性菌：产内孢杆状菌、不产内孢杆状菌
产孢球状菌、不产孢球状菌
放线菌：小单胞菌属 *Micromonospora*；
链霉菌属 *Streptomyces*；
游动放线菌属 *Actinoplanes*；
高温放线菌属 *Thermoactinomyces*；
钦氏菌属 *Chainia* 及诺卡氏菌 *Nocardia* 等
革兰氏阴性菌：杆状菌、球状菌；好氧菌（假单胞菌科 Psendomonadacese）
兼性菌（弧菌科 Vibrionaceae）；厌氧菌（还原硫细菌）
滑动细菌：嗜细菌目 Cytophagales；贝日阿托氏菌目 Biggiatoales
（黏细菌目 Myzobacteriales）
螺旋菌：螺旋体目 Spirillaceae
螺状和弯曲状菌：螺菌科 Spirillaceae
发芽或附肢状细菌
支原体：柔膜体纲 Molicutes
真核生物 Eukaryates
光合自养菌：微藻 Microalgae
化能异养菌：原生动物门：鞭毛藻 Flagellates；阿米巴；纤毛虫
真菌：高等真菌：子囊菌门 Ascomycota；担子菌门 Basidiomycota
低等真菌：壶菌门 Chytridiomycota；接合菌门 Zyaomycota

二、海洋微生物的类型

（一）病毒

除寄生外，自由存在的病毒在海洋中广泛分布。目前研究海洋病毒的主要手段是电子显微镜。许多自由的海洋病毒比从海洋寄主分离的典型培养的噬菌体和病毒要小。这些自由存在的海洋小病毒的来源尚未确定,如许多天然的病毒原本就小于培养的噬菌体;或是小型噬菌体成员;或属于真核生物病毒;也可能是由细菌产生的非侵染性颗粒;或是病毒大小的有机/无机胶体。由于方法的限制,有关结论需进一步研究。

（三）细菌

原核生物中大多数的种属为细菌。细菌的营养方式表现为高度适应环境的多样性,能够真正利用各种不可思议的物质,并且在许多情况下,能够根据环境条件运用一种以上的营养策略。

1. 光能自养细菌

根据光合作用的方式分为两个组群,即无氧光合细菌和有氧光合细菌。前者在光合作用中不释放氧(厌氧光合),如红螺菌目中的紫细菌和绿细菌。它们在结构上有不同于蓝细菌、藻类和高等植物的细菌色素,并且在光合作用中不能以水作为电子供体。这些细菌仅在厌氧条件下以还原态无机硫化合物或氢气作为电子供体进行光合作用。尽管一些光合细菌可在黑暗中异养生长,但它们的主要营养模式却是光合型的。此类光合细菌在浅海沉积物中常见,并在转化有毒的硫化氢形成低毒的氧化态化合物中扮演重要的生态角色。

此外,某些光合细菌在有氧环境中也能进行无氧光合。它们属于兼性光合细菌,能够利用光作为附加能源异养生长。这些兼性光合细菌在有氧的海洋生境中常见,约占细菌总数的 6.3%,如海洋属红细菌 *Erythrobater* 及某些嗜甲烷菌株。

在光合作用中产生氧(有氧光合)的细菌具有与藻类和高等植物相同的细胞色素类型(细胞色素 a),如蓝细菌和原绿菌。蓝细菌(原称蓝绿藻)是一群异源的革兰氏阴性细菌,包含丝状的或单细胞的嗜光菌一千多种。蓝细菌的独特之处在于有氧光合的同时还具有固氮能力,因此在极端限氮的环境,如在仅有光、无机物、二氧化碳和气态氮的海洋生境中常见,也见于有光生境(包括海底沉积物的上层)中的一些海洋无脊椎动物,如海绵表皮组织的共生菌。应指出的是,一些蓝细菌也能够进行厌氧光合。

1962 年,Starr 等人最早报道了海洋蓝细菌次生代谢产物活性的研究结果,他们从夏威夷的蓝细菌体的甲醇抽提物中发现有抗菌活性物质。1998 年,Melodie 等人从海洋蓝细菌的聚合体中,第一个分离得到并报道了含有抗菌的 Y - 吡咯结构的天然产物。

海洋蓝细菌的次生代谢产物除了有抗菌、抗肿瘤等活性之外,研究者们还发现海洋蓝细菌可以产生具有免疫功能的活性物质。1992 年,Frank 等人在 12 ~ 27 m 深度的海水中采集到的海洋蓝细菌,从培养繁殖的菌体粗提取物中发现有免疫功能活性物质的存在,这是首次研究并报道从海洋蓝细菌中获得有免疫功能的活性物质。

从目前研究情况来看,海洋蓝细菌产生的肽类活性物质可能是很有应用前景的一类天然产物。美国夏威夷大学 Moore 教授的研究小组重点研究海洋蓝细菌的次生代谢产物长达20 年。2002 年他们又发表了最新的研究结果,他们从太平洋马里亚以北的海水中采集到一种海洋蓝细菌,从中分离获得了一种新的环肽活性物质,有细胞毒性和对实体瘤有一定程度的选择性毒性。

2. 化能自养细菌

化能自养细菌通过氧化还原无机底物获得能量,转化二氧化碳形成有机分子。这类菌在海洋中广泛分布,对生物和地球化学过程中还原元素的循环起关键作用。化能自养细菌根据氧化底物不同分成三个主要的类群。尽管这些菌中许多曾被认为是绝对的化能自养菌,但现在可以肯定的是所有的硝化和氧化硫细菌在一定程度上均能吸收并代谢有机化合物。

硝化细菌氧化 $NH_4^+ \rightarrow NO_2$ 或 $NO_2 \rightarrow NO_3$，但不同时具有两种代谢功能。此过程在氮循环中特别重要，因为有毒的带正电荷的铵离子富集在酸性的海底沉积物上，不能为生物过程利用。硝化细菌通过将氨转化为硝基或亚硝基，从而易于被其他生物过程利用。

还原型无机硫化物可被许多分类上无关的细菌氧化，包括紫色和绿色光合细菌、无色硫细菌群、嗜热酸古菌中的瓣硫球菌（*Sulfolobus*）和某些滑动细菌。有关氧化硫细菌文献报道最多的是来自硝化细菌科的小型单细胞种，如硫杆菌（*Thiobacillus*）。这些细菌好氧，不能在胞内存积硫颗粒，在硝化细菌科中仅无色硫细菌已培养成功。此类细菌专性或兼性地具有利用氧化硫的能力，在海洋沉积物中常见，并且耐酸性环境。对硫化氢的氧化导致环境酸化。

嗜细胞菌目中的氧化硫细菌的特点是滑动运动和在丝状体中包含大量的硫颗粒沉积。这类细菌在硫化氢丰富的海域常见，微好氧（Microaerophilic），并形成肉眼可见的菌垫。它们常常生存在有氧和厌氧环境的界面上。由于对氧的精确需求和在控制条件下同时提供氧和硫化氢存在困难，目前几乎未能成功培养此类细菌（贝日阿托氏菌（*Beggiatoa*）的一些菌株除外）。除嗜细胞菌目细菌外，还存在一些分类未确定的大型细胞的种（如无色菌属（*Achomatium*））能够显著氧化还原态硫化物。

在深海湿热火山口附近发现有高浓度的氧化硫细菌，这些细菌是火山口生物群的初始生产者，是食物链的基础，支持一类丰富但不常见的无脊椎动物的生长。除自由生活的形式外，氧化硫细菌是某些火山口附近生活的无脊椎动物，特别是 *Vestimentiferan* 蠕虫的共生菌，菌密度可达 10^9 细胞/克湿重。这些共生细菌尚未成功地人工培养，因此，它们的分类地位仍未确定。在许多情况中它们是寄主有机质营养的最初来源。自从在火山口附近的无脊椎动物中发现共生的化能自养菌后，相似的关系在其他硫化氢丰富生境的无脊椎动物中也有发现。

甲烷氧化细菌（嗜甲烷菌）是一群异源革兰氏阴性细菌，以甲烷作为碳源和能源（通常不能利用碳–碳键类的有机物）。嗜甲烷菌好氧，在海洋沉积物的上层可见，底物甲烷由沉积物深层生物厌氧产生。嗜甲烷菌及其他化能自养菌利用多种不可思议物质的能力，对营养物循环起重要作用。它们不寻常的代谢途径在提供新型代谢产物上很具潜力。

3. 化能异养细菌

化能异养细菌是研究最为彻底的海洋细菌，部分原因是它们以有机物作为碳源和能源，在人工培养基上易于生长。化能异养细菌是一个异源的大组群，难以仅用简单的营养模式进行概述。在此，根据它们的细胞壁结构、形态发生和氧亲和性方面的差异分别进行叙述。

（1）革兰氏阳性菌

早期报道的海洋细菌大多数是革兰氏阴性菌，革兰氏阳性菌不足报道总数的 10%。Sieburth 认为，革兰氏阴性细菌的细胞壁更能适应海洋环境。然而，据统计这些报道的样品均为海水。有证据表明，革兰氏阳性菌在海洋沉积物和海水表面的微生物群落中出现的比例要更高。海洋细菌的研究仍主要是革兰氏阴性菌，海洋生境中革兰氏阳性菌的分布和生态作用知之甚少。

革兰氏阳性的生孢细菌，即芽孢杆菌和梭菌（芽孢杆菌科）能从海洋沉积物中获得分离。芽孢杆菌在以海水制备的培养基中，如果提供足够的营养即可很容易地生长。考虑到芽孢杆菌属是产生抗生素和杀虫剂物质的重要资源，因此，这些革兰氏阳性菌可能代表了一类尚待开发的新型潜在的代谢物资源。除产孢革兰氏阳性菌外,不产孢的球菌(微球菌科)和棒状菌在海洋环境中也有报道。尽管这些细菌仅为海洋菌群的一小部分,但作为海洋微生物的组成,它们的存在却是不容忽视的。

(2)革兰氏阴性菌

这是海洋化能异养原核生物中最大的并且是最多样化的一个组群。这些好氧或兼性厌氧细菌是海洋中的常见菌,其中最突出的是假单胞菌科和弧菌科的菌。由于它们在海水培养基上生长迅速,因此很容易分离。在海水平板上观察到的大多数细菌菌落均属此类细菌。尽管革兰氏阴性细菌细胞形态分化多不明显,但却包括了生化和生态上多样化的属,如生物发光的发光杆菌属(*Photobacterium*)和弧菌属(*Vibrio*),它们组成了某些海洋鱼类和无脊椎动物肠道的主要菌群。以16sRNA序列比较的结果可将弧菌科的菌分成至少7个组群,其中海洋弧菌(*Vibriomarinus*)明显与其他弧菌不同源。假单胞菌科的细菌在海水中最为常见,但不仅限于假单胞菌属,常见的还包括黄单胞菌属和交替单胞菌属(*Alteromonas*)等。

全球海洋的许多地方都是有氧的,分离的大多数海洋细菌也是好氧或兼性厌氧的。然而在海洋生态环境中扮演重要角色的还包括绝对厌氧细菌。硫还原细菌(如脱硫弧菌属(*Desulfovibrio*))即是一个著名的海洋厌氧菌群。这些革兰氏阴性细菌发酵简单的有机物,以氧化态硫化合物作为最终电子受体进行厌氧呼吸。硫还原细菌在海洋沉积物中广泛分布并产生大量硫化氢。硫化氢从沉积物中逸出后被光合无色硫氧化细菌进一步氧化。

许多革兰氏阴性异养细菌具有明显不同的形态发生特征,并据此分类(应指出的是以此方式分类的类群可能将营养不同的属归于一处,因此下面讨论的细菌并非都是化能异养的)。具有独特形态发生特征的细菌通常生活在各种物体表面,而在开放的海水中不常见。它们相对于假单胞菌生长缓慢,因此,在接种了海洋样品的琼脂平板上不常观察到,但这些细菌许多可以用选择性技术分离。

黏细菌是一类细胞分化非常复杂的革兰氏阴性细菌,具有类似真核微生物的多细胞形态发生特征;另一方面黏细菌丰富的次级代谢产物使它在新药开发中渐受重视。黏细菌,尤其是纤维堆囊菌(*Sorangium cellulosum*)产生生物活性物质的阳性菌率,甚至高于目前发现次级代谢产物最为丰富的链霉菌。黏细菌一直未发现其海洋类群。根据最近的研究表明,从海洋沉积物,甚至是海水中,以适当的培养方法,可较为容易地分离出黏细菌。所获得的黏细菌能够耐海水生长,并且其生物活性次级代谢产物非常丰富。

螺旋菌是大型卷曲细菌,好氧,兼性好氧,或厌氧。它们属于螺旋体目,具有很高的运动性,运动采取独特的卷曲运动机制。在海洋环境中,螺旋菌自由生活或作为某些具有晶型的软体动物的共生菌。这类软体动物大多栖息了大量的螺旋体(*Cristispira*)。此属细菌尚未成功培养。

附肢或突柄状细菌主要水生并多附着于物体表面。它们有着复杂的生活循环,包括细胞衍生物如茎杆和菌丝体形成等。尽管这些附属物在繁殖和营养吸收中起作用,但它们的功能还不甚明了。这些细菌适应于低氧浓度,包括诸如柄杆菌(*Caulobacter*)的细菌。它们在琼脂平板上不常被观察到,但却易于附着在置入海水中的玻璃载片上。

螺菌科的螺旋、弯曲细菌为海洋环境的常见菌,它们与螺旋体菌的区别在于鞭毛运动方式。这些细菌倾向于微好氧(喜欢较低的氧浓度),包括特别的寄生菌蛭弧菌属(*Bdellovibrio*)等。

除具有独特形态发生特征的革兰氏阴性细菌外,还有一类缺少明确细胞壁而导致多型性的细菌,即柔膜体菌(*Themollicutes*)。柔膜体菌是已知的、最小的可自我繁殖的生命体,是著名的植物、动物和无脊椎动物的寄生菌。有证据表明,柔膜体菌(从前称支原体(*Mycoplasmas*))在海洋环境中与某些无脊椎动物共生。

海洋原核生物代表了一大类异源的微生物。由于它们高度的多样性,这些细菌难于放在一般的类群中做综合性的描述。工作的困难还由于目前系统细菌学的多变。分子生物学的新方法被广泛用于测定微生物之间的遗传相关性和多样性,此信息的增加正迅速改变着许多细菌的分类地位。如 16sRNA 分析表明海洋假单胞菌 *Pseudomonas nautica* 与陆地假单胞菌明显不同源。系统的核酸序列分子分析技术的应用还发现了许多不能培养的海洋微生物的新类群。此外,特殊微生物类群的分离技术也有进展。

海洋细菌的多样性,为人类利用其代谢产物开发研制海洋微生物药物提供了条件。

(三)放线菌

放线菌目及其相关的微生物是形态发生最为多样化的组群。放线菌是常见的土壤细菌,以能够形成丰富的次级代谢产物著称,这一特性在微生物界中少有匹敌。尽管从海洋生境中可很好地分离放线菌,但却不被认为是土生土长的海洋细菌,而是源于被冲进海水中的保持活性但却是处于代谢休眠状态的陆地放线菌孢子。新近研究表明,放线菌在海洋沉积物中有分布,需要海水生长的特性不能用它们是代谢失活的陆地细菌假说解释。适应了海洋环境的放线菌是工业微生物中生理性状独特的新资源。海洋放线菌中报道的新型代谢产物也支持了这一结论。

链霉菌菌群,是常见的海洋放线菌,以其能产生抗生素、抗肿瘤、抗癌等活性物质而引起人们的重视,链霉菌有广泛分枝的基内菌丝及气生菌丝。在气生菌丝上形成长链的分生孢子链,每个孢子链有 3～50 个孢子。不同属的小单胞菌在孢子发育和排列上各不相同,有些属产生球形、圆柱形或不规则形状的孢囊,每个孢囊含几个到数千个孢子不等,孢子呈盘绕或平行排列。如指孢囊菌属(*Dactyloaporangium*)产生棍棒状、指状或梨形孢囊,内含 1～6 个孢子。小单胞菌属(*Micromonospora*)则在分枝丛生的孢子梗上着生单个孢子。

自从 20 世纪 70 年代日本东京微生物化学研究所从海洋放线菌(*Chainia* sp.)分离得到抗生素 SS－228y 以来,至今从海洋放线菌中发现的结构新颖、具有强抗菌、抗肿瘤的生物活性物质已有 100 多种,其中 90% 以上来自于海洋放线菌的链霉菌属(*Streptomyces*),少量产生于海洋放线菌的其他菌属,如小单胞菌属(*Micromonospora*)和诺卡氏菌属(*Nocardia*)等。由于海洋环境的特殊性,海洋放线菌较陆地放线菌在形态、生理、生化和遗传背景等方面更具有多样性。

随着海洋放线菌多样性及其次生代谢产物研究的逐步深入,为海洋放线菌药物的开发、研制提供了条件。

(四)真核微生物

海洋真核微生物可分为三个大的类群(见表 5－1)。以光能自养方式营养生长,如微藻(在藻类中不存在化能自养真核生物);以吞食有机物的方式化能异养(吞噬作用),如原生动物;以吸收方式化能异养,此为真菌的特征。目前许多海洋真核微生物已可以人工培养。

1. 微藻

微藻能转化二氧化碳形成有机化合物,是海洋中有机碳化合物的主要生产者,是海洋食物链的最初单元。微藻是异源类群,包括所有单细胞光合真核生物,隶属 12 个藻类分支(门)中的 10 个门,主要根据形态和光合色素的类型而分类。如硅藻(硅藻门

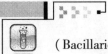

（Bacillariophyta））和甲藻（甲藻门（Dinophyta）），二者组成了浮游生物的主体。

硅藻是微藻中最大的一个类群，以浮游物形式在开阔海域中生活并对初级生产起重要作用。它们的细胞壁由硅组成，形成双壳面硅藻细胞（Bivalved frustules）。硅藻细胞的形态是鉴别数千个已描述种的重要分类特征。

甲藻在海洋环境中也很常见，自由生活或与某些海洋无脊椎动物共生。如在热带地区形成珊瑚礁的甲藻 Symbiodinium microadriaticum 、虫黄藻（Zooxanthellae）和珊瑚间的共生。

硅藻和甲藻仅是微藻异源类群中的两个。许多其他类群，包括独特的单细胞门 Euglenophyta 和 Prasinophyta 等在海洋环境中常见。微藻包括几千个种，其中许多都已成功地培养并被商业化开发。

2. 原生动物

海洋环境中的化能异养真核微生物主要是原生动物和真菌。它们对转化细菌生物量，形成更复杂的生命形式和降解某些顽固的有机物起重要的生态作用。化能异养真核生物是海洋中常见的微生物，有关它们的大量培养技术已建立。

原生动物门包括最简单的单细胞真核动物。有关原生动物的定义尚存争议。这里，我们将其定义为通过异养方式，通常是吞食食物颗粒的方式，获取营养的单细胞真核生物。原生动物可分为三个类群：非光合鞭毛虫，纤毛虫和阿米巴，有关它们的分类很复杂。

顾名思义，鞭毛虫的特点是具有鞭毛。这些微生物在海洋环境中广泛分布，是浮游生物的重要组成。鞭毛虫包括两个类群：其一是微藻的非光合成员，如吞食裸藻（Euglenids）和甲藻；其二为非微藻类，包括领鞭虫类（Choanoflagellates）和 Bicoecids。

变形虫状的原生动物包括裸露的、不定型的阿米巴，它们以称为假足（Pseudopodia）的细胞质延伸方式运动和吞噬；其他的阿米巴具有坚硬的外壳（有鞘阿米巴），包括有壳类（Testaceans）、有孔虫（Foraminiferans）、放散虫（Radiolarians）等。有鞘古阿米巴在海泥化石的检验中常见，并且被古生物学家广泛研究，以获得与海洋及生物进化有关的信息。

纤毛原生动物具有一排排纤毛，纤毛的协同划动用于区域运动和食物收集。纤毛原生动物是原生动物中最均一的类群，在海洋环境中广泛分布，已有超过六千个种被描述。几乎所有的纤毛虫都具有一个永久性的开口用来收集食物，收集工作的效率非常高，从而使它们在对细菌生物量转化形成可被高等动物利用的形式中起重要作用。这些以及其他原生动物均在海洋环境中起重要的生态作用。

3. 真菌

真菌多数为菌丝状营养生长的多核体，然而，单细胞形式（或酵母）也很常见。子囊菌是真菌中最大的一个类群，大多数已描述的海洋真菌属于这个类群，已超过两千个属。它们通常在浅水中发现，多见于降解的藻体和其他含纤维素的材料中。由于对木质结构的降解能力而具有重要的经济意义，一些高等真菌是著名的海藻类致病菌，是水产养殖的一个大问题，如褐藻（Sargassum）等可导致海草群体的可见瘤。它们也被认为导致了海绵废弃病（Sponge-wasting disease），该病导致商业海绵的大量死亡。

低等真菌在海洋环境中常见，但只有极少的几个种被研究。它们是多种海洋无脊椎动物、海草、藻类的著名寄生菌。真菌是海洋环境中的严重致病菌。尽管许多可培养，并且表现出可能是新次级代谢产物的资源，但尚未作为天然产物产生菌而广泛研究。海洋真菌产生的代谢物质，已被公认为是今后研发海洋药物资源潜在的重要内容，已成为当前的研究热点。表 5 - 2 列出了海洋中的真菌类群及它们的主要特征。

表5-2　海洋真菌类群和主要特征

真菌类群	代表种属	菌丝	有性孢子类型
子囊菌纲(Ascomycetes)	脉孢菌、酵母菌、木霉	有隔	子囊孢子
半知菌纲(Deuteromycetes)	青霉属、曲霉属、假丝酵母	有隔	无有性孢子
接合菌纲(Zygomycetes)	毛霉、根霉、犁头霉	多核	接合孢子
担子菌纲(Basidiomycetes)	伞菌、蜜环菌属	有隔	担孢子(外孢子)
卵菌纲(Oomycetes)	水霉属	多核	卵孢子

第二节　海洋微生物与海洋活性物质

一、海洋微生物药用资源

1929 年发现青霉素以来,筛选到的具有抗菌、抗病毒、抗肿瘤、抗心血管疾病及免疫调节剂等生理活性的微生物代谢产物已近万种,大量生产和广泛应用的已达百种以上。但是,随着陆栖微生物生物活性物质的大量开发和应用,寻找新种属或特殊性状的微生物及其代谢产生新型药物的难度越来越大。海洋微生物生活在特殊环境之中。高盐、高压、低温、低营养或无光照等,共同造就了海洋微生物种类的多样性和特殊性,其中海洋微生物种类就多达 100 万种以上。海洋微生物由于长期处在特殊生长环境中,所以不少海洋微生物菌株的遗传上表现出很强的防御能力和识别能力,能产生陆地微生物所没有的生物活性物质。近半个世纪以来,人们从海洋微生物中分离得到了各种生物活性物质,其中有很多是新的化合物,其数量之多已远远超过陆地微生物,因此引起了人们对海洋微生物药物资源开发的极大兴趣。

（一）抗肿瘤海洋微生物

肿瘤是现代社会威胁人类健康的重要疾病,从天然产物中寻找抗肿瘤药物一直是药学研究领域的热点。微生物作为天然产物的重要来源一直受到重视。但是,由于几十年长时间的开发,从陆栖微生物找到新活性物质的几率越来越小,筛选的难度也越来越大。因此,开发生态环境及物种分布有别于陆地的海洋微生物资源、寻找新型微生物药物成为研究的必然趋势,并形成了当前热点。

海洋微生物由于其特殊的生存环境,产生了许多结构新颖、功能多样的活性物质,其中很多具有抗肿瘤活性。越来越多的实验表明,来自海洋动植物活性物质的真正生物源是海洋微生物。近 10 年来的研究表明,海洋微生物提取物中至少有 10% 具有细胞毒性,美国每年有 1 500 个海洋化合物单体被分离出来,其中 1% 具抗肿瘤作用。

1. 海洋放线菌来源的抗肿瘤活性物质

放线菌是一类具有比其他微生物更为丰富的生物活性物质的生物资源,也是海洋微生物中抗肿瘤代谢产物的重要来源。海洋放线菌是一类特殊的、具有重要经济价值的微生物。据不完全统计,近年来,50% 以上新发现的海洋微生物活性物质是由海洋放线菌这个庞大的家族产生的,提示了开发海洋放线菌的巨大潜力。海洋放线菌主要包括链霉菌属、小单胞

第五章　海洋微生物

菌属以及红球菌、诺卡氏菌、游动放线菌等稀有属种。据 Sponga 等对来自全球不同海域的约 40 000 株海洋微生物的研究结果表明：对于能产生活性物质的放线菌，31% 属于链霉菌，69% 属于稀有放线菌，其中主要为小单胞菌属。

（1）链霉菌属

Jones 等人从海洋放线菌 *Streptomyces* sp. BL－4958005 中分离得到 3 种新的吲哚生物碱，并对其进行了 14 种肿瘤细胞群细胞毒性测试。结果表明，这些物质活性最强的对白血病 K－562 细胞的 GI50（50% 生长抑制浓度）值为 8.46 μmol。苯并二吡咯类抗生素均源自链霉菌属，包括 Duocarmycin、CC21065、Gilvusmycim 等五类中的 9 个。该类抗生素中含有特定构型环丙烷的苯并二吡咯亚单位，包含了共同的药效基团，主要作用于细胞的有丝分裂（M 期）及有丝分裂前期（G2 期），具有强大的杀灭肿瘤细胞的能力。

王健等从青岛胶州湾海域海泥样品中分离到黄直丝链霉菌（*Streptomyces flavoretus*）Z4－007，发现其发酵产生的化合物为新的细胞周期抑制剂，具有显著的细胞周期抑制及细胞凋亡等抗肿瘤活性。该化合物的结构为 1－（2,4－二羟基－3,5－二甲基苯基）－（2E,4E）－己二烯－1－酮。

Marinomycins 是分离自链霉菌属 MAR2 的一类多烯类多聚乙酰衍生物，它们对某些肿瘤细胞具有明显的抑制作用。美国 NSI 进行的体外活性实验显示，Marinomycins 对 8 种肿瘤细胞中的 6 种有极强的抑制活性，其中对 SK－MEL－5 的抑制作用最为明显。

（2）小单胞菌属

近年来从海洋小单胞菌中陆续发现了多种抗肿瘤活性物质。Kosinostatin 是从海洋小单胞菌属（*Micromonospora* sp.）TP－A0468 的培养液中分离得到的一类醌环类抗生素。其对人的骨髓性白血病 U937 细胞有明显的细胞毒性（IC50＝0.09 μmol），并对 21 种人类癌细胞具有抑制作用，IC50 小于 0.1 μmol。

2004 年，Charan 等人从一株海洋小单胞菌中分离得到一种生物碱类化合物 Diazepinomicin。其在体外实验中显示出了极强的细胞毒活性，并对小鼠体内神经胶质瘤、乳腺瘤及前列腺瘤细胞有杀伤作用。目前，此化合物已在加拿大进入临床前试验阶段。

Salinosporamide A 是从海洋小单胞菌 *Salinisporatropica* 的发酵液中提取出的一种具有抗肿瘤活性的化合物。Salinosporamide A 是一种能够诱导细胞凋亡的蛋白酶体抑制剂，它已于 2006 年进入临床试验阶段。

从 Namenalala 岛的斐济海鞘和海洋微生物共互生菌代谢产物中分离出的第一个海洋烯二炔化合物 Namenamicin 及从小单胞菌 *Micromonospora lomaivitiensis* 中得到的 Lomaiviticins，都具有极强的抗肿瘤活性。目前已发现并确定为烯二炔结构的抗生素有 Calicheamicins、Esperamicins、Dynemicins、Neocarzinostatin 以及 C1027。烯二炔类抗肿瘤抗生素的共同特点是都含有烯二炔结构的裂解活性中心，它们通过与 DNA 相互作用而发挥其效力，作用过程大致分为三步：药物与 DNA 的结合、药物的活化和 DNA 链的断裂。

另外，江红等在筛选新免疫抑制剂的过程中，从海洋青铜小单胞菌（*Micromonosporn chalcea*）FIM02－523 发酵液提取到脂肽类化合物 FW523，经纯化得到 5 个组分。其中 FW523－3 与抗肿瘤抗生素 Rakicidin B 同质，但它具有与紫杉醇相当的抗肿瘤活性和与环孢菌素相当的免疫抑制活性。

（3）其他海洋放线菌

Tan 等从放线菌 *Cyanobacterium Lyngbyabouillonii* 中分离得到化合物 Lyngbouilloside，该

化合物对成神经细胞瘤细胞有较弱的细胞毒性（IC50 = 17 μg/mL）。从海洋放线菌 *Micromonodpora* sp. IM2670 甲醇提取物分离得到 2 个吡啶生物碱 Streptonigrin 及其衍生物，它们有很强的通过激活 p53 蛋白诱导肿瘤细胞凋亡的活性。

Wang 等从青岛沿海的海泥中分离得到放线菌 S1001，对其发酵液中的活性成分进行研究，结果显示其中某些化合物对 K562 细胞表现出了一定的抑制活性。近年来，还从海洋疣孢菌（*Verrucosispora*）的分离菌株中筛选到了新的抗肿瘤活性物质 Abyssomicins。

2. 海洋细菌来源的抗肿瘤活性物质

（1）土壤杆菌属

Canedo 等从加勒比海海鞘（*Ecteinascidia turbinata*）及土耳其海岸 *Polycitonide* 属海鞘分离到两株土壤杆菌，并从它们的脂溶性代谢产物中分离得到两个有显著抗肿瘤活性的生物碱类化合物 SesbanimideA 和 C（对L1210 细胞的 IC50 达 0.8 μg/L），这是首例报道的来自土壤杆菌属的抗肿瘤物质。后来他们又从该属中分离到一种新的噻唑生物碱化合物 Agrochelin A，其对 P－388、A－549、HT－29、MEL－28 的 IC50 分别为 0.053 mol/L、0.107 mol/L、0.268 mol/L、0.268 mol/L。

（2）假单胞菌属

Blue－1 是从大亚湾表面海水分离获得的细菌 *Pseudomonas* sp. 的次级代谢产物中分离获得的一种蓝色素，其结构与陆生菌中分离到的紫色杆菌素的结构一致。Blue－1 对肿瘤细胞的生长具有极强的抑制作用（对 BEL－7402 的 IC50 ＝6.8 μg/mL，对 MCG 的 IC50 ＝ 4.6 μg/mL）。

（3）弧菌属

海洋细菌 B2817 可产生多种胞内活性物质，通过抑菌、抗肿瘤活性检测发现，有一个组分只有抗肿瘤活性，有 3 个活性组分既具有抗肿瘤又有抗菌的活性。

（4）其他海洋细菌

从黏细菌纤维堆囊菌（*Sorangium cellulosum*）中分离出 Epothilones 系列化合物，它们是一类 16 元环大环内酯类细胞毒化合物。EpothilonesA 和 B 是通过促使微观蛋白聚合来实现其抗肿瘤作用的，目前此类化合物已在美国进行 II 期临床试验。

3. 海洋真菌来源的抗肿瘤活性物质

与海洋细菌和放线菌相比，国内外对海洋真菌的系统研究起步较迟，对其代谢产物化学及生物活性的研究水平远不及海洋细菌和放线菌。海洋真菌的代谢途径复杂，代谢产物种类繁多（70%～80% 都具有生物活性），对肿瘤细胞的作用机制可能有别于来源于海洋原核生物的天然产物，是发现海洋新药的重要化学资源。据报道从 1970 年至 1993 年从海洋真菌中发现的新化合物不到 35 个，主要来自曲霉属（*Aspergillus* sp.）、青霉属（*Penicillium* sp.）、小球腔菌属（*Leptosphaeria* sp.）等，它们有的分离自海水或海洋沉积物，有的则来自其他海洋生物体。它们产生的抗肿瘤活性物质大多具有新型的结构。海洋真菌成为继海洋放线菌之后的又一研究热点。首次报道的来自海洋真菌的抗肿瘤物质是从 *Lignincola laevis* 发酵液中分离到的一种二聚硫代磷酰肼物质，它对 L1210 鼠白血病细胞的 ED50 可达到 0.25 μg/μL。

（1）曲霉属

2004 年，Hiort 等人从地中海海绵（*Ax inelladamicornis*）中分离到真菌 *Aspergillus niger*，产生 2 个新化合物 Bicoumanigrin 和 Aspernigris B，Bicoumanigrin 对白血病细胞的增殖有抑制作用，给样量 20 μg/mL 时抑制率为 50%，而 Aspernigrins B 在给样量为 50 μg/mL 时有较强的细胞毒作用。

2005 年，Cueto 等人从一株海洋曲霉属真菌的发酵液中分离得到四个混源萜类化合物 Tropolactones A－D。其中 Tropolactones A－C 对结肠癌细胞 HCT－116 具有较强的细胞毒活性，其 IC50 值分别为 13.2 μg/mL，10.9 μg/mL 和 13.9 μg/mL。

（2）青霉属

Penicillium brocae 是一种分离自斐济海绵（*Zyzyya* sp.）组织样品的青霉属真菌。从它的发酵液中分离得到 3 个具有新结构的化合物 Brocaenols A－C，均属于聚酮类化合物。通过 MTT 法对 HCT－116 细胞测试，发现 3 个化合物均具有中等程度的细胞毒活性，其 IC50 值分别为 20 μg/mL，50 μg/mL 和 > 50 μg/mL。

（3）小球腔菌属

Leptosins 是从一种小球腔菌属（*Leptosphaeria* sp.）真菌中分离到的一类抗肿瘤化合物。其中，二聚体比单体 Leptosin D－F 的细胞毒性更强。Leptosin A 和 Leptosin C 还对 S189 腹水瘤细胞有很强的抑制作用。其后，又相继分离到 Leptosin G、Leptosin H、Leptosin M 和 Leptosin N，它们对肿瘤细胞 P388 均具有较强的抑制作用。

另外，从该属中也能分离得到细胞毒多肽化合物 Fellutamide A 和 Fellutamide B，以及聚酮类细胞毒化合物 Obionin A。Fellutamide A 含有自然界少见的羟基谷氨酸。Fellutamide A 和 Fellutamide B 在体外对 P388、L1210 及 KB 细胞均有显著的细胞毒性。

（4）其他海洋真菌

2004 年，在 Gokasyo 海湾的海底沉积物中分离得到了真菌 *Emericellavariecolor* GF10，并从其发酵产物的醋酸乙酯浸提物中分离鉴定了 8 个蛇孢菌素类化合物。其中，Ophio bolin K 对多种癌细胞株都具有较强的细胞毒活性。

同年，从苏格兰的盐水湖中分离得到一株丝状真菌 *Humicola grisea*，从其发酵物中分离得到一种具有缩醛结构的新型细胞毒活性化合物 Humicolone。它对人肿瘤细胞系 KB 细胞表现出强的细胞毒活性，IC50 在 1 ~ 5 mg/kg 之间。

虽然目前对海洋沉积物，尤其是深海沉积物真菌活性物质的研究较少，但已从中发现了一些结构新颖的抗菌、抗肿瘤活性物质。据报道，从西太平洋近赤道区深海沉积物样品中分离到的 WP2M21、DY2G22、DY2C22、WP2K23 和 WP2Q22 5 株菌具有很高的活性，其发酵液乙酸乙酯抽提物对 Raji 细胞的 IC50 分别为 5.000 μg/mL、1.064 μg/mL、2.796 μg/mL、1.920 μg/mL 和 0.520 μg/mL。

4.展望

（1）加强海洋微生物的基础研究

虽然海洋微生物中分离抗肿瘤活性物质的研究取得了一定的成果，并显示出了诱人的开发前景，但是由于大多数海洋微生物都无法在常规的实验条件下培养，因此极大地限制了从海洋微生物中分离抗肿瘤活性物质的研究，因此未来研究的重点是加强对海洋微生物基础生物学的研究，深入了解海洋微生物的特殊营养要求，尤其是不可培养微生物的培养条件、分离条件的设计，使其成为可培养、可发酵、可利用的海洋微生物，更好地挖掘海洋微生物分离抗肿瘤活性物质的潜力。

（2）改进抗肿瘤活性物质的筛选方法和手段

从海洋微生物中筛选抗肿瘤活性物质是一个全新的领域，其中涉及到的各个环节都有待于进一步地优化，要充分利用分子生物学的方法，建立高通量的新型筛选方法，改进传统的细胞毒性筛选模型，选取新的作用靶点，采用复合筛选模型进行海洋微生物抗肿瘤物质的研究工作。

（3）加强多学科的合作

海洋微生物分离抗肿瘤活性物质的研究，涉及微生物学、遗传学、分子生物学、细胞生物学、生态学、药学、医学等多学科的知识，因此研究需要上述学科的紧密结合，随着发酵工程、基因组学、蛋白质组学、生物信息学的发展及其相互渗透，从海洋微生物中筛选抗肿瘤活性物质将会有更广阔的前景。

（二）抗菌海洋微生物

在当今时代，由于抗生素被普遍应用，病原微生物耐药性的问题日趋严重。同时，随着环境污染的加剧，生产和生活方式的改变，人们的免疫力不断下降，新的致病菌也不断地出现，当务之急是寻找和开发新型的抗生素。

陆地微生物一直是寻找抗生素的主要资源，随着陆地微生物中的抗生素不断地被开发出来，能产生新型抗生素的微生物资源也相应减少。因此，人们必须寻找新的药源。海洋占地球表面积的71%，生存着地球上80%的生物资源，仅微生物就达100万种以上，而目前研究的还不到海洋微生物总量的5%。海洋高压、高盐、低营养、低温及特殊光照的独特环境，造就了海洋微生物不同于陆地微生物的代谢途径，其必将会产生许多结构新颖的生物活性物质，所以海洋微生物必将成为产生抗生素物质的新资源，逐渐被国内外抗生素研究工作者所重视。目前，国内外研究者已经从海洋细菌、放线菌、真菌等微生物体内分离到多种具有杀菌生物活性的物质，并着手于这些物质的工业化生产。

1.海洋放线菌的抗菌活性物质

在海洋环境中，放线菌是一类研究得较少的微生物，但已知它具有代谢的多样性，能产生多种生物活性物质。近年来研究表明，海洋环境中的放线菌和放线菌代谢产物是寻找新抗生素的重要来源。考虑到在过去的几十年中从陆生放线菌中分离到大量的重要化合物，因此从海洋环境中分离和筛选放线菌是有必要的。

南极嗜冷菌 *Pseudoalteromonas haloplanktis*，TAC125 可产生 8 种具有抗氧化功能的胞外多肽，其中 5 种为已知的二酮哌嗪，1 种为新的二酮哌嗪，2 种含有 Pipecolinyl 基团的二酮哌嗪首次从天然产物中分离获得。从海洋放线菌 CNH－099 分离到的含倍半萜的新萘醌类抗生素 Neomarinon，对 NCI 的 60 个人类肿瘤细胞群半数有效量平均值为 10 μmol/L。Lstamycin 是从海洋新放线菌培养物分离得到的氨基糖苷类抗生素，对革兰氏阴性和阳性细菌有极强的作用。Fenical 等从墨西哥 Guaymas 海湾 124 m 深海污泥中分离到 1 株芽孢杆菌，在海水培养基中产生细胞毒素类化合物 Halobacillin，另外还有生物碱类化合物 Salinosporamide A 对 HCT－116 细胞具有明显的细胞毒作用。

日本学者近来从海洋细菌中提取出 1 种广谱低毒的抗生素——伊他霉素，并成功将其开发成药物。

2.海洋细菌中的抗菌活性物质

在抗菌、抗病毒类药物的开发和应用方面，海洋细菌是陆栖微生物药物研究开发的延续和扩展。海洋细菌是所有海洋微生物中生物活性物质研究报道最多的。多数海洋细菌可产生抗生素，其中包括芽孢杆菌属（*Bacillus*）、交替单胞菌属、假单胞菌属、黄杆菌属（*Flavobacterium*）、微球菌属（*Micrococcus*）、着色菌属（*Chromatium*）、钦氏菌属（*Chainia*）等菌及许多未定菌，有些种类的抗生素从未在陆生菌中见过。

研究表明，许多分离自海洋大型生物的化合物可能是由与之共生的海洋细菌产生的。

过去从海绵等海洋生物分离到的很多具有强生物活性的化合物,如河豚毒素、海葵毒素、麻壳鱼毒素、石房蛤毒素等,现在发现其真正的来源是海洋细菌。有报道,一些软体动物、海绵动物和被囊动物的次级代谢产物与来自蓝细菌的天然产物非常相似。1998 年有报道称,原来从海绵中分离到的几种二酮吡嗪化合物均是由与其共生的一种微球菌属细菌产生的。

从未在陆生菌见过的藤黄紫交替单胞菌(*A. luteoviolaceus*)的代谢产物中含两种抗生素,其中一种为类似于酸性多糖的多糖胺类化合物,这种抗菌物质会被过氧化氢酶分解;另一种则是含溴的小分子化合物,具有防腐活性,此属细菌的 *A. rubra* 菌及 *A. citrea* 菌会产生多胺类抗生素,对金黄色葡萄球菌有抑制作用。

3. 海洋真菌中的抗菌活性物质

相对于海洋细菌天然产物研究的巨大成就,海洋真菌活性成分的研究自 20 世纪 80 年代中期才开始有零星的报道。但是海洋真菌也是抗生素的重要来源之一,如最为人熟悉的头孢霉素已经广泛地应用于临床。第一个被报道的海洋真菌抗生素为 Leptosphaerin。1945 年从意大利撒丁岛分离到 1 株海洋真菌(顶头孢霉菌),它产生的头孢霉素已被开发成临床广泛应用的 30 多个品种,如先锋霉素等。还有其他一些结构新颖的抗生素,如大环内酯、生物碱、含硫环二肽等。随着近年来海洋开发技术的不断发展,越来越多的海洋真菌将成为抗生素的新来源。

4. 海洋藻类的抗菌活性物质

Pratt 等是最早从微藻中分离抗生素的研究者,他们从小球藻(*Chlorella*)中分离到小球藻素(Chlorellin)脂肪酸混合物,此混合物具抗细菌和自身毒性的功能。从褐囊藻(*Phaeocystispouchetii*)中分离到的丙烯酸(Acrylicacid),对革兰氏阳性细菌、酵母菌、曲霉菌等都是很有效的抗菌物质。Gerwick 等从北波多黎各沿岸的浅水域中采集的热带海洋蓝藻(*Horm othamnion eliteromorphoides*)中分离到一系列亲脂性的环肽,肽 Hormothamnin A 具有细胞毒性和抗微生物活性,其藻体的脂提物有明显的抗革兰氏阳性菌的活性。

5. 展望

海洋里的特殊环境生存着许多新种属的微生物,这些微生物具有产生多种新颖独特杀菌活性物质的巨大潜力,在药品开发研究中具有良好的发展前景。近年来,海洋微生物杀菌活性物质的研究进展较快,但是海洋微生物难培养、活性物质含量少等特点,极大地限制了对其活性代谢产物的获取和大规模生产。为了有效地解决这些难题,今后海洋微生物杀菌活性物质研究与开发的重点应包括海洋微生物的分离、鉴定与保存、新型杀菌活性物质产生菌的筛选、海洋微生物育种与发酵技术、海洋微生物杀菌活性物质纯化技术等。

(三)其他海洋微生物药用资源

1. 抗心血管疾病的活性物质

海洋微生物中存在多种具有有效预防和治疗心脑血管疾病的物质。如 ω-3 高度不饱和脂肪酸(HUFA),特别是二十碳五烯酸(EPA)和二十二碳六烯酸(DHA),是两种具有重要应用价值的不饱和脂肪酸。这两种脂肪酸都具有降低血压,降低高血脂症患者血浆中的甘油三酯、低密度脂蛋白和胆固醇,降低血小板凝聚,增加血凝时间等功能,已被批准作为治疗心血管疾病的药物。研究证实,金藻类、小球藻、甲藻类、硅藻类、红藻类、褐藻类、绿藻类及隐藻类均含有丰富的 DHA 和 EPA。

众所周知,β-胡萝卜素在医学上可用于对维生素 A 缺乏症和光敏感患者的治疗。近年来研究还发现,天然 β-胡萝卜素具有刺激免疫和防治心肌梗塞、中风等主要心血管疾病的功能。王春波等系统研究了盐藻 β － 胡萝卜素的药理作用,发现其通过消除氧自由基,降低过氧化脂质,减少动脉壁 TC,特别是 CE(胆固醇酯)在动脉壁的沉积而抑制 AS(动脉粥样硬化)的形成,对非特异性免疫和体液免疫均有增强作用。

多种海洋生物毒素,不仅有强心作用,而且有很强的降压作用,如西加毒素(CTX),其真正来源是岗比毒甲藻(*Gambierdiscus toxicus*)。Ohshika 在 1971 年曾报道 CTX 具有强心作用。20 世纪 80 年代,日本科学家从海洋细菌和放线菌中检测到河豚毒素(TTX),并证明 TTX 真正来源于海洋微生物。

2. 免疫调节剂

许多疾病的发生、发展与机体免疫系统的功能失调和免疫功能缺陷有密切联系,所以免疫调节剂已成为各国医药工作者研究的重点。海藻多糖是一种免疫调节剂,能刺激各种免疫活性细胞成熟、分化和繁殖,使机体免疫系统恢复平衡或得到加强。唐玫等研究表明,螺旋藻多糖(SPS)能恢复 T 细胞环磷酰胺(CTX)被损伤后 E 玫瑰花环的形成能力。刘力生等报道 SPS 能消除或减轻环磷酰胺(CTX)对机体免疫系统的抑制作用。

从海洋细菌、放线菌中也可获得具有免疫调节作用的多糖类。Smolina 等从海洋溶藻弧菌(*Vibrio alginolyticus*)培养液中获得的一种多糖(VAE)能刺激机体的体液免疫和细胞免疫,增强单核巨噬细胞和中性粒细胞的吞噬功能,提高革兰氏阳性细菌和革兰氏阴性细菌感染动物的生存指数。

二、海洋微生物毒素

近年来的研究表明,作为一个庞大的类群,海洋微生物产毒种类繁多,如细菌、真菌、放线菌以及微藻等。与此同时,人们还发现海洋微生物与其他的一些生物毒素之间存在着复杂的关系,研究较多的河豚毒素源于微生物的的观点已逐渐为人们所接受。

和其他的毒素一样,微生物毒素既有对人类有害的一面,也有造福人类的一面,而微生物毒素在进一步研究利用中的优势地位也使人们对其投注了更多的目光。

(一)海洋微生物毒素的产毒种类

产毒素的海洋微生物有细菌、真菌、放线菌以及微藻等,它们产生的毒素按其化学结构来分主要有肽类、胍胺类、聚醚类和生物碱等。

细菌是了解相对较多的一个类群,目前已报道的能够产生毒素的细菌主要分布在以下 10 个属:假单胞菌属(*Pseudomonas*)、弧菌属(*Vibrio*)、发光杆菌属(*Photobacterium*)、气单胞菌属(*Aeromonas*)、邻单胞菌属(*Plesiomonas*)、交替单胞菌属(*Alteromonas*)、不动杆菌属(*Acinetobacter*)、芽孢杆菌属(*Bacillus*)、棒杆菌属(*Corynebacterium*)和莫拉氏菌属(*Moraxella*)。分离获得的毒素主要有:河豚毒素(Tetrodotoxin,TTX)、石房蛤毒素(Saxitoxin,STX)和两种作用于交感神经的毒素 Neosurugatoxin 和 Prosurugatoxin。

海洋真菌也可产生真菌毒素。霉菌是主要的产毒类群,可产生一类属于单端孢霉烯族化合物的霉菌毒素(Trichothecenes)。总的来说,产毒真菌主要分布在以下 4 属:青霉属(*Penicillium*)、镰刀霉属(*Fusarium*)、曲霉属(*Aspergillus*)和麦角属(*Claviceps*),分别产生青霉毒素、镰刀霉毒素(Fusarium toxin)、黄曲霉毒素(Aflatoxin)和麦角生物碱(Ergot alkaloids)。

放线菌几乎都可产生生物活性物质,从某种意义上来说,产生的抗生素即是一种毒素。研究发现放线菌中的链霉菌属(*Streptomyces*)有的可产生河豚毒素及放线菌素 D。而肝色链霉菌（*Streptomyces hepaticus*）产生的洋橄榄霉素则是一种诱癌的急性强性毒素。

蓝细菌在海洋中主要分布在热带海洋。它有很多种类主要产生两类毒素,一种是属生物碱的神经毒素——变性毒素 a（Anatoxina）;另一种是肽类毒素——肝毒素,至少包括 53 种有关的环状肽,由 7 种氨基酸组成的肽叫微囊藻素（Microcystin）,由 5 种氨基酸组成的肽叫节球藻素（Nodularin）。海洋微藻也是产毒种类较多的一个类群,主要分布在甲藻、金藻、绿藻、褐藻和红藻 5 门。其中甲藻是研究较多的一类,除了因为它是重要的赤潮种之外, 其产生的重要的剧毒性海洋毒素也是引起研究人员关注的原因之一,如产生麻痹性贝毒素的膝沟藻属（*Gonyaulax* sp.）、产生神经性贝毒素的短裸甲藻（*Gymnodinium breve Davis*）和产生西加鱼毒素（Ciguatoxin, CTX）的冈比亚毒藻（*Gambierdiscus* sp.）等。金藻中小定鞭金藻（*Prymnesium parvum*）产生的定鞭金藻素（Prymnesin）具有细胞毒性、鱼毒性、溶血和解痉作用。硅藻可产生肽类神经毒素软骨藻酸。绿藻中发现的 Caulerpenyne 是一种具有细胞毒性的倍半萜,在褐藻和红藻中也发现了一些产生具有细胞毒性的萜类物质,具有很高的潜在利用价值。

（二）海洋微生物毒素的特点

由上述可见,海洋微生物产生的毒素种类繁多,但它们有着某些共同的特点。

1. 化学结构新颖多样

海洋微生物较高的多样性,使其毒素的化学构型远较陆地微生物丰富,且因海洋生态环境的特殊性,海洋中许多微生物毒素的化学构型又是独有的, 而这种多样性和新颖性对人类而言却极为重要。因此,海洋的确是人类药用资源的宝库。

2. 作用机理特殊

除了一些和陆地微生物相同的作用之外,海洋微生物毒素很显著的一个特点是其主要作用于神经和肌肉可兴奋细胞膜上的电压依赖性离子（如 Na^+、Ca^{2+} 等）通道,从而阻滞、干扰和破坏对生命过程起重大作用的"信息物质"的扩散和传递,引发一系列的药理和毒理作用及严重的中毒过程。

3. 毒性强烈,生物活性高

海洋微生物毒素对受体作用具有高选择性和高亲和性,因而很少的量就可以起到巨大的作用。如河豚毒素的毒性是 NaCN 的 1 250 倍,对人的致死量仅为 0.3 mg。

4. 较易于合成

部分海洋微生物毒素为低分子化合物或者低肽类物质,使其工业化生产成为可能。

（三）海洋微生物毒素检测方法

1. 常规检测技术

毒素的检测是在人们认识毒素的过程中不断发展的, 常规的技术主要有生物、物理、化学检测技术。生物检测是最早出现的检测技术,主要是根据毒素对生物的毒性作用作定性的检测,经过多年的发展,现已经成为一经典的常规技术。如美国分析化学家学会（AOAC）推荐的对海洋赤潮生物毒素检测的小鼠生物检测法是得到国际公认的毒素检测方法。另外还有人探索用猫、蚊子等作为检测生物,国内有研究人员尝试建立用泥鳅作为检测对象的生物检测法。生物检测法的优点是简便易行,不足之处在于只能进行定性检测,易受到外界因素影响。然而 Microtox 技术（MTX）却克服了生物检测方法的一些缺点,在环境毒性测定中有着广泛的应用。把它引进到海洋赤潮毒素的检测中,得到了较好的结果。近年来国外也有人在进行这方面的尝试。随着分析化学和工程技术的进步,一些分析方法的建立和精密仪器的出现,使得物理和化学检测方法得到迅速发展,如在 20 世纪六七十年代发展的化学方法、酸碱滴定荧光测定法,以及后来的高效液相色谱(HPLC)、薄层色谱、色谱 - 质谱联用、毛细管电泳、X - 射线结晶分析和核磁共振等。其中高效液相色谱(HPLC)是一种非常重要且在实验室常用的检测方法。这些方法有高灵敏、低检出限、速度快、可定性和定量等优点,但是价格昂贵,一些方法需要用的标准样品又较缺乏,故在实际中的应用受到限制。

2. 新型检测技术

近 20 年来,人们对于毒素检测技术的研究取得了很大的进步,从化学、生理学、毒理学和分子生物学等角度出发,开发出一些新的毒素检测技术。海洋微生物毒素中一些和陆地共有的毒素的检测可以用相关的方法或改进方法进行,而其专一性地作用于离子通道的特点是新检测技术的理论依据。

细胞毒性检测技术是利用毒素对 Na^+、Ca^{2+} 等离子通道的作用所致的细胞毒性而进行检测的。其原理在于:细胞培养体系中加入离子通道活化剂后,离子内流过度,造成细胞肿胀甚至死亡;当加入了对离子通道有阻滞作用的毒素之后细胞即可存活,这样就可以确定毒素的存在,还可确定其量。已有人员已经开发出这方面的检测试剂盒。

神经受体检测技术基于毒素和其受体的专一性的作用,其作用程度的高低体现于生物活性的大小。现已发展为受体竞争性置换分析(Competitive displacement assay,CDA),检测限可达 0.6 ~ 0.8 ng。但是这种方法对仪器和费用要求高,因而限制了它的普遍应用。

酶学检测技术主要是应用毒素对某些酶活性的抑制,通过影响酶对底物的降解来检测。酶的底物可以用荧光标记或者放射性标记,在确定酶和毒素关系的基础上,可以灵敏地检测出毒素含量,是一种操作简便、廉价、极具商业前景的新技术。

免疫检测技术是备受关注的一种分子技术,利用抗原与抗体结合的特异性、专一性和灵敏性的特点,对毒素进行快速的定性和定量测定。由于单(多)克隆抗体技术的成熟,获取毒素的免疫抗体已成为可能。相信不远的将来,对各种毒素进行检测的商品化试剂盒也会不断出现。这种新技术目前遇到的困难是毒素标准样品的获得、产生抗体的交叉反应和检测中受到结构类似物的假阳性干扰。

生命科学的研究已经处于分子时代,对于海洋微生物毒素的分子生物学手段的检测也是研究人员努力的目标,分子检测手段原理不同,优点不一,但就目前的研究结果来看,分子检测技术有着无可比拟的优点和广阔的应用前景。总的来说,毒素检测技术的目标是向着定性、定量和快速、准确、低成本的方向发展。

(四)海洋微生物毒素利用

1. 海洋微生物毒素的资源利用

毒素带给人类的是危害和难以估量的损失,但随着对其认识的深入,其潜在的应用价值吸引着人们去开发和利用。目前的研究着重对毒素在神经系统、心血管系统、抗肿瘤等方面的作用进行药物开发。河豚毒素和神经、肌肉、浦肯野纤维等可与兴奋细胞膜上的专一性受体相结合后,通过"关启机制"使通路关闭,从而阻滞细胞的兴奋和传导。这种作用被用于镇痛、解痉、局部麻醉和降压等治疗过程,与传统药物相比,药效极强且不具成瘾性。这些特点使其成为一种极其珍贵的药物,有很高的经济价值,每千克近 2 亿美元。国内外均有相关机构对该毒素作应用开发研究。石房蛤毒素和河豚毒素具有相似的作用,已开发为局部麻醉用药物,药效比普鲁卡因或可卡因强 10 万倍,且不会成瘾。西甲鱼毒素作用于 Na^+ 通道后产生强去极化,增加 Na$^+$ 对膜兴奋时的渗透性,动物试验表明它能兴奋交感神经纤维使心率加快、心脏收缩力增强,可开发作强心剂。其他如定鞭金藻素等毒素,具有抗菌和溶血作用,有望用作心血管疾病的治疗药物。另外,由于海洋生物毒素特殊的作用位点和机理,它们在基础药物学和神经生理学研究中也是不可多得的工具药,在 Na$^+$、Ca^{2+} 通道的鉴定、分离和结构功能研究中起到很大的作用。

海洋微生物毒素在资源利用中有着很大的优势。复杂而独特的海洋环境中的微生物具有遗传、生理和产毒多样性,提供丰富应用微生物资源的同时也为药物开发提供了结构特殊、作用机理独特的毒素。此外,微生物分离、培养、改造和发酵技术的成熟使得可利用毒素的大量获取成为可能,而基因工程手段和生物化学的发展,使得人们对分子量低、易合成毒素的改造利用更加容易,因而微生物毒素的资源利用前景光明。

2. 防范微生物毒素在军事和恐怖活动中的应用

近年来的一些生物恐怖和有关生化战剂的事件加深了人们对毒素被滥用的担忧,也促使人们开展相关领域的研究。包括微生物毒素在内的海洋生物毒素毒性强、毒理作用特殊、难防难治和易于生产的特点使它们成为第三代生化战剂的当然之选。而早在第二次世界大战之前,国外已对海洋生物毒素作过广泛的调查研究。在海洋微生物产生的毒素中,黄曲霉毒素、石房蛤毒素、河豚毒素和西加鱼毒素尤为引人关注。因此,出于我国自身安全考虑,加强毒素在军事应用和防范领域的研究是十分必要和迫切的。生物恐怖活动的社会危害性极大,然而从技术角度来说,恐怖活动所用到的微生物和毒剂易于获取且难以控制,因为一个合法的、小型的微生物研究机构和医疗机构完全有可能成为恐怖分子的生产基地。如何防范和控制微生物毒素在战争及恐怖活动中的破坏作用,是一个值得深入研究的新课题。

面对浩瀚的海洋世界,迄今人们的认识仍非常有限。海洋微生物毒素的研究是 21 世纪海洋研究开发及治理中一个非常重要的领域,而中国在该领域的研究基础还相当薄弱,着眼于中国国民健康和国家安全,国家应加大对海洋微生物毒素研究的投入,以拓展和深化该领域的研究,努力提高中国在此领域的竞争力。

三、海洋微生物酶

近 20 年来,随着科学技术的发展和人们对开发海洋资源意识的增强,有关海洋微生物产生新型生物酶的报道逐渐增多,海洋微生物成为开发新型酶制剂的重要来源。目前,国外已经从海洋细菌、放线菌、真菌等微生物体内分离到多种具有特殊活性和工业化开发潜力的酶制剂,部分产品已经开始投入工业化生产。

(一)蛋白酶

目前,蛋白酶得到广泛的应用,如中性蛋白酶可用于皮革脱毛,蛋白胨、酵母膏的加工等;酸性蛋白酶可用于洗涤剂;碱性蛋白酶则用于医药用消化剂、消炎剂及食品工业、毛皮软化工业等领域。在生产加酶洗涤剂方面,蛋白酶可帮助去除血渍、奶渍、汗渍及各种蛋白污垢。1960 年,丹麦首先利用地衣芽孢杆菌生产碱性蛋白酶,并将其用于生产加酶洗涤剂。

20 世纪 70 年代初,Nobou Kato 从海洋嗜冷杆菌中获得一种新型的海洋碱性蛋白酶。迄今为止,国内外研究开发的海洋生物蛋白酶产品已有 20 多个。海洋船蛆的 Deshayes 腺体内的共生细菌 ATCC39867 可以产生碱性蛋白酶,该酶具有较强的去污活性,在 50 ℃可以加速提高磷酸盐洗涤剂的去污效果,在工业清洗方面有一定的应用价值。邱秀宝等从海水、海泥及海鱼等样品中获得 210 株海洋细菌,从中筛选出 30 株产碱性蛋白酶活力较高的菌株,经紫外线诱变后,得到酶活性明显提高的菌株 N1-35。研究发现,该菌株所产蛋白酶在 20 ℃活性约为 40 ℃的 50%,而从陆地土壤中分离的细菌产生的蛋白酶在 20 ℃活性仅为 40 ℃的 25%,可见,海洋细菌产生的低温碱性蛋白酶同陆生细菌相比,具有明显的优势。

（二）脂肪酶

脂肪酶可广泛应用于制革、毛皮、纺织、造纸、洗涤剂、食品加工、医药及天然橡胶等的脱脂加工领域。以洗涤剂为例,目前欧洲各国市场加酶洗涤剂占有量已达 90%,日本为 80%（主要是蛋白酶和纤维素酶）,而我国仅占 10%,且只是添加单一的蛋白酶。碱性脂肪酶可以作为洗涤剂酶和蛋白酶一起加入到洗衣粉中,制成双酶洗衣粉。

近年来,随着海洋资源的不断变化,中上层鱼类已成为海洋捕捞的主要对象之一,如鲐鱼、鲭鱼等品种资源丰富,开发潜力巨大。但这些鱼类脂肪含量偏高,易变质,这对于鱼类的保鲜、加工、销售等都有一定的困难。鱼类加工中目前常用的脱脂方法包括压榨法、萃取法和碱法,而新兴的脂肪酶脱脂法同这些方法相比,具有无法比拟的优越性,如特异性强、安全、无毒、无污染、条件温和、易控制等为人们所关注。

微生物脂肪酶最早是在 1935 年,由 Kirsh 从草酸青霉（*Penicillium oxalicum*）中发现。日本、美国曾报道从冷海水区域分离得到的微生物能够产生耐低温的脂肪酶。Felle 等从南极海水中筛选出 4 株分泌脂肪酶的耐冷莫拉氏菌（*Moraxella*）,它们的最适生长温度为 25 ℃,但其脂酶的最大分泌量需在低温条件下,最低温度可达到 3 ℃。

（三）多糖降解酶

1. 几丁质酶和壳聚糖酶

几丁质又称甲壳素或甲壳质,是广泛分布于自然界的生物多聚物,是构成大多数真菌细胞壁的主要成分,同时也大量存在于昆虫和动物的甲壳中,自然界每年生成的几丁质大约有 1.0×10^{10} t。几丁质及其脱乙酰基产物——壳聚糖,经水解后得到的寡糖具有增强人体免疫机能、促进肠道功能、消除体内毒素、抑制肿瘤细胞生长等多种重要生理功能。因此,几丁质和甲壳素的降解成为近期人们关注的热点。

由于海洋浮游动物在生长过程中进行规律性地换壳,产生大量废弃的几丁质,为几丁质降解微生物的生长繁殖提供了丰富的碳源和能源。目前已发现能够产生几丁质酶或壳聚糖酶的微生物种类繁多,包括曲霉（*Aspergillus*）、青霉（*Penicillium*）、根霉（*Rhizopus*）、黏细菌（*Myxobacter*）、生孢噬细菌（*Sporocytophaga*）、芽孢杆菌（*Bacillus*）、弧菌（*Vibrio*）、肠杆菌（*Enterobacter*）、克雷伯氏菌（*Klebsiella*）、假单胞菌（*Pseudomonas*）、沙雷氏菌（*Serratia*）、色杆菌（*Chromobacterium*）、梭菌（*Clostridium*）、黄杆菌（*Flavobacterium*）、节杆菌（*Arthrobacter*）、链霉菌（*Streptomyces*）等。在这些微生物中,褶皱链霉菌（*S. plicatus*）、创伤弧菌（*V. vulnificus*）、球孢白僵菌（*Beauveria bassiana*）等的研究较多,包括酶的分离纯化、理化性质及作用机理方面。

2. 褐藻胶裂合酶

褐藻是海洋中生物量最大的资源之一。褐藻多糖具有多种生理活性和广泛的应用价值,而经降解后得到的低分子片段,在医疗保健、食品保藏、植物促生长和诱抗等方面具有多种功效。如分子量 <1 000 的褐藻胶寡糖可作为人表皮角质化细胞的激活剂;聚合度 1～9 的寡聚甘露糖醛酸或古洛糖醛酸可用于制作矿物质吸收促进剂;褐藻胶寡糖还具有植物激发子效应,诱导植物产生抗虫抗病化合物和相关蛋白,参与植物的防御反应等;褐藻胶酶还可作为海藻解壁酶的组成部分,在海藻养殖工业中发挥重要作用。1995 年,戴继勋等由

海带、裙带菜病烂部位分离得到褐藻胶降解菌别单胞菌 *Alteromonas espejiana* 和 *A. macleodii*，利用发酵得到的褐藻胶酶对海带、裙带菜进行细胞解离，获得了大量的单细胞和原生质体。海藻单细胞在海藻养殖工业中具有重要的科研和应用价值，并可作为单细胞饵料用于扇贝养殖，可明显促进扇贝的性腺发育和成熟，促进幼体的发育。

褐藻胶裂合酶是通过消去反应裂解褐藻胶的糖苷键，并在寡聚糖醛酸裂解片段的非还原性末端形成 4,5 - 不饱和双键，经褐藻胶裂合酶降解后可存在三种片段形式的寡聚糖醛酸，均聚甘露糖醛酸（M）n、均聚古洛糖醛酸（G）n 和 M,G 混杂交替片段。褐藻胶酶的主要来源是海洋中的微生物和食藻的海洋软体动物。已发现的产褐藻胶裂合酶海洋微生物包括弧菌、黄杆菌 *F. multivolum*、固氮菌 *Azotobacter vinelandii*、克雷伯氏菌 *K. aerogenes*、*K. pnermoniae*、假单胞菌 *P. alginovora*、*P. aeruginosa*、肠杆菌 *E. cloacae*、别单胞菌、芽孢杆菌等。

3. 琼胶酶

琼胶是一种亲水性红藻多糖，包括琼脂糖（Agarose）和硫琼胶（Agaropectin）两种组分。琼脂糖是由交替的 3 - O - β - D - 呋喃半乳糖和 4 - O - 3,6 内醚 - α - L - 呋喃半乳糖残基连接的直链所组成的。硫琼胶结构则较为复杂，含有 D - 半乳糖、3,6 - 半乳糖酐、半乳糖醛酸及硫酸盐、丙酮酸等。琼胶寡糖在食品生产中有广泛的应用价值，如可用于饮料、面包及一些低热量食品的生产。日本利用琼胶寡糖作为添加剂生产的化妆品对皮肤具有很好的保湿效果，对头发有很好的调理效果。Wang J 利用海洋细菌产生的琼胶酶制备出的琼胶寡糖还表现出良好的体外抗氧化活性。

4. 卡拉胶酶

卡拉胶是一种来源于红藻的硫酸多糖，80% 的卡拉胶被应用在食品和与食品有关的工业中，可用作凝固剂、黏合剂、稳定剂和乳化剂，在乳制品、面包产品、果冻、果酱、调味品等方面应用较为广泛。另外，在医药和化妆品方面也有所应用。经降解后得到的卡拉胶寡聚糖，则表现出多种特殊的生理活性，如抗病毒、抗肿瘤、抗凝血、治疗胃溃疡和溃疡性结肠炎等。早在 1943 年，Mori 就从海洋软体动物中提取到能够水解角叉菜卡拉胶的酶。现在已经在假单胞菌、噬细胞菌、别单胞菌 *A. atlantica*、*A. carrageenovora* 及某些未鉴定菌种中发现到卡拉胶降解酶。Sarwar 等利用含有卡拉胶的培养基发酵海洋噬细胞菌 1k - C783，获得其胞外卡拉胶酶，经硫酸铵沉淀、离子交换层析及 Sephadex G - 200 凝胶过滤后，得到分子量为 10 kD 的单一组分。

（四）海洋极端环境微生物酶

海洋环境极其复杂，包括低温、高温、高静水压、强酸、强碱及营养条件极为贫乏的各种极端环境，在这些环境中，仍然可以发现有微生物在其中生长繁殖。微生物要在这种环境中生存，必须从自身的生理结构、代谢方式及生活行为各方面发生适应性的改变，以适应这种极端恶劣的环境条件。因此，从这些环境中筛选得到的微生物，可能具备某些特殊的生理活性，能够产生某种特殊的代谢产物，具有重要的应用价值。正是由于此，近年来，人们开始对海洋极端环境微生物产生了浓厚的兴趣，使其成为微生物研究的新兴领域。

以嗜冷菌、耐冷菌为主的低温微生物在生态学方面具有明显的优势。利用低温微生物具有不易受杂菌污染、作用条件要求简单、高酶活力及高催化效率等优势，可大大缩短处理过程的时间并省去昂贵的加热/冷却系统，因而在节能方面有相当大的进步。在低温酶类中，脂酶和蛋白酶具有相当大的潜力，特别是在洗涤业方面。研究发现，南极海洋细菌中，77% 是耐冷型，23% 为嗜冷型。由于南极独特的地理气候特征，形成了一个干燥、酷寒、强辐射的自然环境,生存于其中的微生物具备了相应独特的分子生物学机制和生理生化特性,成为产生新型生物活性物质的重要潜在资源。从南极中山站、长城站附近分离到产纤维素酶的耐冷性丝状菌,该菌在0 ℃ 和5 ℃ 都能分解纤维素。从深海火山口附近发现的古细菌可以在100 ℃ 以上的极端环境生存,因此,这些微生物具有在高温下稳定的酶系统,其热稳定性的核酸酶,如 DNA 聚合酶、连接酶及限制性内切酶等在分子生物学中具有极为重要的应用价值。

研究表明,静压力能够对酶的热稳定性产生明显的促进作用,高压作用下酶通常具有良好的立体专一性;但当压力超过一定的范围时,酶的弱键容易被破坏,导致酶的构象解体而发生失活。因此,从海洋微生物体内筛选嗜压酶,能够弥补这一问题,从而挖掘嗜压酶在工业上的应用潜力。深海嗜压微生物是获取嗜压酶的重要来源。1979 年有人第一次从4 500 m 以下的深海环境中分离到嗜压菌。日本从海洋环境中分离到多株嗜压菌,发现深海嗜压菌体内的基因、蛋白质和酶对高压环境具有极高的适应能力,嗜压菌的发现为进一步开发和研究嗜压酶提供了良好的基础。

海底环境中存在一些高酸、高碱的区域,这些区域中分离到的微生物往往具有很强的嗜酸性或嗜碱性,能够在 pH 5 甚至 pH 1 以下,或 pH 9 以上的特殊环境中生存,它们产生的胞外酶通常也是相应的嗜酸酶(最适 pH <3.0)或嗜碱酶(最适 pH >9.0)。同中性酶相比,嗜酸酶在酸性环境中的稳定性是由于酶分子所含的酸性氨基酸比率偏高,嗜碱酶分子所含的碱性氨基酸的比率偏高。而它们产生的耐酸酶或耐碱酶,有可能应用于催化酸性溶液或碱性溶液中化合物的合成。

海水的平均含盐量为3%,部分区域为高富盐区域,其中生活有大量的耐盐或嗜盐微生物。嗜盐微生物体内的很多酶类能够在高盐浓度下保持稳定性,为开发这类工业酶提供良好的来源。

(五)展望

海洋微生物特别是海洋极端微生物的工业应用酶已经成为美国海洋生物技术的重要领域。日本在海洋生物酶的研究方面也在不断加大投入,有关酶的在研项目涉及到了低温酶、高温酶、碱性酶(包括蛋白酶、淀粉酶、木聚糖酶、海藻酸裂解酶、脂肪酶等)。加拿大、西班牙、芬兰和俄罗斯等国家也加紧对海洋生物酶的研究。从总体看,由于海洋微生物的多样性和生物代谢的特殊性,有关海洋微生物酶的研究在全球范围内仍是刚刚起步,但其开发应用的潜力巨大。在这一问题上,我们国家必须抓住机遇,加大研究投入力度,努力从海洋环境特别是海洋微生物中挖掘新型生物酶资源。

四、海洋微生物活性物质的研究方法

有报道称,现在已发现约5 000 种新的海洋天然活性物质,但只有1 500 多种海洋微生物的活性代谢物得到了详细的生理药理研究,海洋中还存在上百万种海洋微生物等待进一步地深入研究与开发。海洋中存在大量至今未被研究开发的新种属微生物和特殊生态系统的微生物,它们存在产生大量新型天然活性物质的潜力,但相应的研究开发工作尚处于初级阶段。因此,近几年许多国家的实验室、研究所都加强了对此领域的深入研究开发工作。这些研究工作带动了海洋生物技术相关学科的发展,促进了海洋微生物天然活性物质的开发、生产和应用。

（一）海洋微生物活性物质的筛选方法

1. 高通量筛选法

海洋微生物天然活性物质的筛选首先是海洋微生物的分离筛选。筛选时不仅要考虑到海洋微生物的多种来源，而且还要考虑到微生物的种类，以及特定的生长环境。由于产生特定活性物质的微生物是从海洋的不同区域中采集的大量微生物菌株样品中筛选出来的，需要大量工作才有可能得到有价值的菌株，因此需要一套有效的快速培养筛选方法，研究常用快捷有效的自动化高通量药物筛选方法进行筛选。高通量筛选（High-through put screening, HTS）模型选取包括生命中发挥重要作用的受体、酶、离子通道和核酸等生物分子，以及与细胞增殖和分化有关的信号传递系统和癌基因表达系统作为靶点，用机器人在培养板上进行样品的取样、分装、测试等操作，是一种规模化、自动化、精确、有效的现代化筛选方法，简便、快速、费用低、可以处理大量的样品，并可提供药物作用信息，该方法每天可以处理几百到几千个样品，样品越多越能体现其优点。

2. 生化诱导筛选法

在利用某些细菌和真菌进行抗肿瘤活性物质的初步筛选方法中，应用较早的是生化诱导方法（BIA）。此方法多用于产抗肿瘤物质海洋微生物的筛选。虽然抗肿瘤物质筛选方法很多，但试验证明，在体外模型中 BIA 法以其独特的筛选机制显示出不可忽视的优势。它是以利用遗传学方法构建的一株具有 λ – lacZ 片段的溶源性 *E. coli* 为指示菌，该菌株在正常条件下不表达 β – 半乳糖苷酶，但当培养介质中含有能作用于 DNA 的化合物时，菌株就会被诱导产生 β – 半乳糖苷酶。因此，通过检测是否有 β – 半乳糖苷酶产生就可初步确定样品中是否含有能够作用于肿瘤细胞 DNA 的物质。由于不少天然药物是通过使肿瘤细胞 DNA 受损伤起作用，因此，可利用此法检测天然产物中具有这种作用机理的抗肿瘤活性物质。海洋微生物中也存在不少能作用于 DNA 的物质，可由此法进行快速、特异筛选产抗肿瘤物质的海洋微生物。

（二）海洋微生物活性物质的分离和提取

海洋微生物产生的天然代谢产物主要包括多糖、多肽、脂肪酸、皂甙、萜类、大环聚酯类、聚醚类等化合物，具有结构复杂、多样性、高生物活性等突出特点。因此海洋生物活性物质的筛选、提取、纯化是一项十分困难的工作，用传统的化学方法难以实现，比如多糖类物质。多糖是极性大分子化合物，大多采用不同温度的水、稀碱溶液提取，尽量避免在酸性条件下提取，以防引起糖苷键的断裂，稀酸提取时，时间宜短且温度不宜超过 50 ℃。

1. 萃取技术

传统的液 – 液萃取分离技术成本比较低、易于操作，已广泛应用于多组分物质的分离。但由于溶剂的局限性，难以分离大分子生物活性物质。近年来，一些新的萃取技术显示了良好的应用前景。

（1）超临界流体萃取技术

超临界流体萃取技术是以超临界状态下的流体为溶剂，利用该状态下的流体所具有的高渗透能力和高溶解能力分离混合物的过程。超临界流体是温度与压力均在其临界点之上的流体，性质介于气体和液体之间，由于具有与液体相接近的密度，与气体相接近的黏度及高的扩散系数，故具有很高的溶解能力及良好的流动、传递性能，可代替传统的有毒、易燃、易挥发的有机溶剂。

最常用的超临界流体二氧化碳，由于具有临界条件温和、对大部分物质呈化学惰性、无

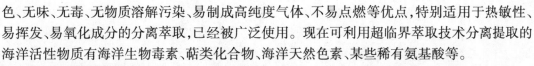

色、无味、无毒、无物质溶解污染、易制成高纯度气体、不易点燃等优点，特别适用于热敏性、易挥发、易氧化成分的分离萃取，已经被广泛使用。现在可利用超临界萃取技术分离提取的海洋活性物质有海洋生物毒素、萜类化合物、海洋天然色素、某些稀有氨基酸等。

（2）反胶束萃取技术

双亲物质（表面活性剂）溶于非极性有机溶剂，当浓度大于临界胶团浓度时，在有机相中会自发形成聚集体，成为反胶束。反胶束中极性头朝内，非极性头朝外形成亲水内核，可以增溶水、蛋白质等极性物质。近年来，该技术和其他方法结合，如亲和配体的引入、超临界流体萃取技术的联用以及分离萃取工艺设备的完善，大大提高了目标物的萃取率和分离的选择性，拓展了该技术的应用空间，可以预见它在海洋微生物生物活性产物方面的研究和开发及海洋生物制药方面有良好的应用潜力。

2. 膜分离技术

膜分离是用天然或人工合成的高分子薄膜以外界能量或化学位差为推动力，对双组分或多组分的溶质进行分离、分级、提纯和浓缩的过程。膜分离过程在常温、无相变、无化学变化条件下实现对物质的分离，是一项有效、节能、无污染、保持原料性能不变的物质分离技术。近年来，微滤、超滤及反渗透等各种膜分离技术发展迅速，已广泛应用于制药、生物化工、食品、环保等方面，在天然活性物质的提取和海洋药物的研制中更显现出其技术优势。

（1）纳滤

纳滤膜是 20 世纪 80 年代末问世的一种新型分离膜，其截留分子量介于反渗透和超滤膜之间。该膜存在着纳米级细孔，截留率大于 95% 的最小分子的直径约为 1 nm。与反渗透和超滤等膜分离过程一样，纳滤也是以压力差为推动力的膜分离，其分离机理可以运用电荷模型、细孔模型及静电排斥和立体阻碍模型等来描述。

利用纳滤膜的电荷性，可以用来分离肽类活性物质。多肽分子含有游离的羧基和氨基，等电点时呈电中性，当溶液的 pH 值高于或低于等电点时，多肽分子则呈阴离子或阳离子形式，带有相应的正电荷或负电荷。利用带有静电官能基团的纳滤膜，只要通过调节溶液的 pH 值，就可以截留离子而不截留电中性的分子。此特性可以分离分子量几乎相差无几、但等电点相差较大的多肽混合体系。同时选择适合的纳滤膜还可以从低聚糖混合溶液中有效地除去单糖、二糖等。

（2）亲和—膜过滤

亲和—膜过滤是生物分子的亲和相互作用原理与膜分离技术相结合的新型耦合分离技术。当需提纯物质（亲和体）自由存在于提取液时，由于其分子量相对比较小，能顺利地通过截留相对分子量大的超滤膜。但当亲和体与具有结合能力的大分子配体混合形成亲和体大分子复合物后，由于此复合体的分子量远大于超滤膜的截留相对分子量，从而被截留，而提取液中其他未被结合的组分则通过超滤膜被除去。用适合的洗脱液处理超滤膜截留到的复合物，使得亲和膜过滤法既具有膜分离法易于放大、分离速度快的特点，又具有亲和层析选择性好、分离精度高的优点，因此在分离纯化浓缩功能性蛋白质分子（酶、抗体、抗原、载体、抗生素等）方面有较大的应用前景。

3. 色谱方法

色谱方法的起源、发展与天然产物的研究工作密切相关。海洋微生物活性成分多而结构复杂，有效成分的分离、纯化很困难，而色谱分离技术则是这类物质精细分离的有效手段。

（1）液相色谱

液相色谱法作为一种分离手段，是根据混合物中不同组分在流动相和固定相间具有不同的分配系数，当两相做相对运动时，这些组分在两相间进行反复多次的分配，从而得到分离。液相色谱分离法是海洋天然活性物质蛋白质、多肽、多糖、低聚糖、核苷酸等分离纯化的重要方法。特别是制备性高效液相色谱技术的出现，对海洋生物制药产生了深远的影响，它不仅可以在温和条件下短时间内达到分离目的，更重要的是易于放大，能形成生产化的制备规模。液相色谱可按溶质在两相分离过程的物理化学原理分类：

①吸附色谱　用固体吸附剂作固定相，以不同的溶剂作流动相，依据样品中各组分在吸附剂上吸附性能的差别来实现分离。

②分配色谱　用在固相基体上的固定液作固定相，以不同极性溶剂作流动相，依据样品中各组分在固定液上分配性能的差别来实现分离。

③离子色谱　用高效微粒离子交换剂作固定相，以具有一定 pH 值的缓冲溶液作流动相，依据离子型化合物中各离子组分与离子交换剂上的表面带电荷基团进行可逆性离子交换能力的差别而实现分离。

④体积排阻色谱　用化学惰性的多孔性凝胶作固定相，按固定相对样品中各组分分子体积阻滞作用的差别来实现分离。

⑤亲和色谱　以在不同基体上，键合多种不同特征的配体作固定相，用不同的 pH 值缓冲溶液作流动相，依据生物分子与基体上键联的配位体之间存在的特异性亲和作用能力的差别，而实现对具有生物活性的生物分子的分离。

（2）高速逆流色谱

逆流色谱是一种无载体的液—液分配色谱，从古老的分液漏斗萃取法发展而来，有着回收率高、制备量大、可排除载体干扰的优点。

（3）超临界流体色谱

超临界流体色谱以超临界流体为流动相，必要时加入甲醇等极性物质为改性剂来改善分离性能。超临界流体色谱具有气相色谱和高效液相色谱的优点，在室温下即可分离热不稳定性、沸点较高或分子量较大的物质，同时还具有柱效高、分离速度快的特点，可使用通用的灵敏检测器。

（三）海洋微生物天然活性物质开发生产的产业化

对于筛选到的含有活性物质的微生物，还存在有效成分含量低、难分泌到胞外、培养生物量低、培养难度大等问题，这都限制了海洋微生物天然活性物质生产的工业化和临床应用。采用现代生物技术是最好的解决途径。海洋生物技术涉及基因工程、细胞工程、蛋白质工程和发酵工程等，相关学科的发展将大大繁荣海洋药物的研究与开发，并可从多方面解决海洋抗肿瘤药物研制中的难题。利用基因工程对原微生物菌株的改良或将天然活性物质的基因克隆到其他易于培养、生长繁殖迅速或代谢物易分泌到胞外的微生物，以提高天然活性物质的含量和产量，可大大降低生产成本。利用细胞工程可实现不同种属生物间的融合杂交，从而改良菌种来提高活性物质含量，或增强细胞分泌机制从而简化提取工艺，达到大量生产所需天然活性物质的目的。但是，由于海洋生物的人工培养条件很难完全模拟其生存环境，使其代谢产物的规模化生产受到一定的限制。因此，人们正在把注意力转向海洋微生物的培养与发酵技术的研究上。海洋生物所产生的生物活性物质，能通过发酵进行胞外生产，与现代的微生物技术相结合，较容易实现工业化生产。利用微生物发酵技术的成熟工艺、后处理工艺、分离纯化技术及高度自动化生物反应器等可实现海洋微生物天然活性物质生产的工业化,并不断降低生产成本,加速从研究开发到产品化的过程。

我国是海洋大国,海域地理条件差异大,南北温度相差悬殊,海洋微生物资源丰富,充分利用我国海洋微生物的资源优势,研究开发具有我国自主知识产权的海洋微生物天然产物,不仅具有必要性,而且具有美好的产业化前景。相信在不久的将来,我国的科研人员必将在这一领域取得大的突破。

第三节　海洋微生物与海洋环境保护

一、海洋微生物在赤潮生物防治中的应用

所谓赤潮是指在一定环境条件下,海水中某种浮游植物、原生动物或细菌在短时间内突发性繁殖或高度聚集而引发的一种生态异常,使海水变色并造成危害的现象。由于社会经济的发展、环境污染,加上全球气候变化,赤潮发生呈现出新的趋势:赤潮的发生越来越频繁,赤潮影响的区域面积也越来越大,赤潮引发藻种越来越多,有毒赤潮种比例不断上升,有害赤潮危害程度日益增加。赤潮问题不容忽视,赤潮造成的各方面影响已相当严重,威胁着沿海海洋经济的持续发展和社会的安定。

我国已步入赤潮灾害多发国家行列,如何有效防治赤潮成为亟待解决的重大问题。目前,国内外专家学者提出治理藻类爆发的方法多种多样(包括物理、化学和生物等方法),但都不理想。因此探索有效、经济、无二次污染和风险小的生态学控制赤潮发生的方法是当前环境科学的一项重要任务。人们把更多的目光投向了生物方法。目前研究人员正致力于赤潮的生物防治,主要有微生物调控赤潮和利用宏基因组技术筛选抑藻基因。

(一)赤潮的微生物防治

海洋细菌由于其本身的种群多样性、生理生化类群多样性、生态功能多样性、遗传特征多样性等特点以及同赤潮藻类错综复杂的生态关系,在赤潮生消过程中有着极其重要的作用。近年来细菌杀藻现象的发现为微生物防治赤潮提供了可能途径,因此,菌藻关系的研究已经成为当前赤潮研究的重点和热点。

1. 利用细菌抑制微藻的生长

在水生生态系统中,细菌在微型藻类的生长过程中起着非常重要的作用。一方面细菌吸收藻类产生的有机物质,并为藻类的生长提供营养盐和必要的生长因子,从而调节藻类的生长;另一方面,细菌也能抑制藻类的生长,甚至裂解藻细胞,从而表现为杀藻效应,这类细菌一般称为溶藻细菌。溶藻细菌的研究在国外已有数十年历史。早在 1924 年,Geitler 报道了一 种寄生在刚毛藻(*Cladophora*)上,并可使之死亡的黏细菌 *Polyangium parastium*。到目前为止,已发现了许多溶藻细菌。溶藻细菌通常通过直接或间接作用方式溶藻。直接溶藻是指细菌与藻细胞直接接触,甚至侵入藻细胞内攻击宿主。间接溶藻是指细菌同藻竞争有限营养或通过分泌胞外物质而溶藻。

(1)直接溶藻

黏细菌是最早被报道和报道较多的溶藻细菌,Shilo 和 Daft 等都曾报道过黏细菌与蓝藻细胞相互作用从而导致藻细胞的溶解。关于溶藻机理,作者认为细菌与藻细胞接触时,可能

分泌了一些可溶解纤维素的酶,细菌通过消化宿主的细胞壁达到溶藻目的。Furusawa 等从日本的一个海湾里筛选出的一株腐生螺旋体属海洋细菌 Sarospira sp. SS98-5,也能杀死和裂解角毛藻(Chaetoceroscerato sporum)。这种细菌的多丝状细胞能捕获硅藻细胞,使细胞聚集,然后裂解它们。Mitsutani 和 Imai 等分别报道噬胞菌(Cytophaga sp.)A5Y 培养物对中肋骨条藻(S. costatum)、噬胞菌(Cytophaga sp.)1J18/M01 培养物对中肋骨条藻(S. costatum)、布氏双尾藻(Ditylum brigtwellii)、双突角毛藻(Chaetoceros didymum)、海链藻(Thalassiosira sp.)以及长崎裸甲藻(Gymnodinium nagasakiense)等微藻的抑藻作用,而无菌滤液不起作用。证明这两株细菌可直接攻击藻细胞,而且抑藻范围较广。

(2)间接溶藻

间接溶藻大多是以化学防御为介导,即细菌次级代谢产物中的活性成分引起微藻的死亡。这类细菌常见的有弧菌、假单胞菌、放线菌、交替假单胞菌、黄杆菌、杆菌、交替单胞菌、鞘氨醇单胞菌等。而且这类细菌的作用对象很广泛,既有蓝藻,也有甲藻、硅藻、绿藻等。

假单胞菌是报道较多的一种能释放胞外物质抑制藻生长的细菌。Baker 等发现一株假单胞菌(Pseudomonas sp.)T827/2B 因为能产生一种热稳定性的高分子量物质而对海链藻(Thallasiosira pseudonana)有致死性,并通过初步鉴定认为该抑藻物质为蛋白质类物质。

Hayashida 等证明了施氏假单胞菌(Pseudomonas stutzer)MM4 能释放一些高活性的溶藻物质,能杀死赤潮藻类古老卡盾藻(Chattonellaantique),而与之共培养的黄尾鱼却没有受到任何影响。

2. 利用真菌抑制微藻的生长

一些真菌可以释放抗生素或抗生素类物质抑制藻类的生长。Kumar 的研究发现青霉菌释放的青霉素对藻类有很强的毒性,一定浓度下可有效抑制组囊藻(Anacystis nidulans)的生长。Redhead 和 Wright 用头孢菌素 C 以及产头孢菌素的支顶孢属的 Acremonium Killense 滤液作用于水华鱼腥藻之后,在电镜下观察到了球形体和原生质体的形成。头孢菌素的致敏实验结果表明只需0.02 mL 的浓度为10 g/L 的头孢菌素溶液,就可在水华鱼腥藻的周围形成溶藻圈。Chen 等从海洋真菌镰孢霉菌(Fusarium sp.)和枝顶霉菌(Acremonium sp.)中分离出化合物 Halymecin A,该物质对海洋绿藻(Brachiomonas submarina)和中肋骨条藻(Skeletonema costatum)有毒性作用。

3. 利用病毒抑制微藻的生长

病毒或病毒类似颗粒(Virus-like particles,VLPs)不仅广泛存在于各种水环境中,同时也是浮游生物中的活跃成员,海洋浮游生物包括原核和真核的都会受到病毒感染。因此病毒或 VLPs 在浮游生物群落演替中具有极其重要的作用。越来越多的证据表明,藻类病毒与水华和赤潮的关系密切。一方面,"水华"或"赤潮"藻类生物量的改变可造成病毒数量的变化,另一方面病毒可控制藻类形成"水华"或"赤潮"。

如 1985 年以来,美国纽约的罗德岛(Rhode Island)附近的海湾每年夏季都发生一种叫做"褐潮"的大水华。尽管这种水华来势凶猛,却总是突然消失。经研究发现,这种由金藻(Aureococcusanop hagefferens)引起的水华之所以突然消失,是由于藻细胞中出现了大量的病毒,这些病毒能在该藻的细胞中繁殖,并且传染性极强,所以很快将整片水华藻类溶解掉。

目前,已有许多关于病毒溶藻的研究报道。Proctor,Bratbak 等都认为病毒或 VLPs 通过溶解藻细胞导致微藻群落的消亡,是调节藻类种群结构、生物量和生产力的重要因子。有些病毒或 VLPs 还具有"专一的宿主",可以特异性地感染亲缘关系邻近的一些藻,这类病毒可用作转移致死基因的载体,杀死有害或不需要的藻类。赤潮异弯藻(*Heterosigna akashiwo*)是一种最具有代表性的赤潮藻类,属于世界近岸海域广布种。日本的 Nagasaki 等人对 *H. akashiwo* 做了较多的研究,并在发生赤潮的 *H. akashiwo* 中发现了 VLPs,含有 VLPs 的宿主细胞表现出"垂死"状态,因此认为赤潮藻中 VLPs 的出现可以解释赤潮的迅速消退。他们进一步通过透射电镜跟踪观察发现,VLPs 的数量在 *H. akashiwo* 赤潮消退的前 3 d 到 *H. akashiwo* 赤潮消退的最后 1 d 从 0 增加至 11.5%。这一结果暗示 VLPs 在 *H. akashiwo* 藻细胞消亡中起到了重要的调节作用,并且病毒的致死作用是在短时间内发生的。Nagasaki 等还通过研究发现赤潮异湾藻病毒(*H. akashiwovirus*,HaV)的纯系 01(HaV01)能专一性感染赤潮异湾藻 H93616,而对其他生物不产生任何影响,从理论上证实了 HaV01 是控制赤潮异弯藻的一个很有前景的微生态制剂。病毒控制技术的主要优势在于它能够充分利用和强化自然系统自身固有的生态功能。而且利用病毒感染的特异性,可将技术的生态风险控制到很低的水平。因此,该技术具有良好的发展前景。随着海洋环境中藻类病毒的发现、丰度、生态作用等研究工作的深入开展,利用病毒来控制赤潮的潜力必将得到深入挖掘。

(二)抑藻基因的高效筛选

海洋中应该存在着丰富的赤潮抑藻菌,而且绝大部分不能利用常规的实验技术培养得到,目前报道的抑藻细菌只是其中很小的一部分。据报道,有 99% 以上的海洋微生物为不可培养的微生物(non-cuturable microorganism,或称未能培养的微生物),这极大地制约着我们对海洋微生物多样性的认识,也使潜藏在这些不可培养微生物中的基因资源难以开发利用。而新近出现的宏基因组学方法则使海洋微生物抑藻功能基因的筛选成为可能,因为它避开了传统培养获得微生物的技术上问题。

目前我们已经成功构建了东海赤潮区海水、沉积物样品和红树林区沉积物样品的小片段(4~10 kb)基因组文库,分别命名为 pUC19-DH sea water,pUC19-DH-sediment 和 pUC19-M sediment,文库平均插入 DNA 片段大约为 7 kb,其中东海赤潮区海水、沉积物样品基因组文库约包含 2 万个克隆子,红树林区沉积物文库约包含 8 万个克隆子。从红树林区沉积物样品的小片段基因组文库筛选到两个具有抑藻活性的克隆子 R17-64 和 R17-70,其中 R17-64 插入 DNA 片段为 4.5 kb,R17-70 插入片段约 5 kb。在 IPTG 的诱导下,它们能产生可杀死塔玛亚历山大藻的物质。对于插入 DNA 片段的序列分析正在进行中。

生物方法治理赤潮因具有高效、选择性高以及对环境友好等特点而备受青睐。另一方面,赤潮的爆发是多种因素综合作用的结果,所以仅靠一种治理方案往往难以取得理想效果。各种生物方法间需要相互补充,生物方法也需与其他治理方案相配合。生物法治理赤潮的最终目的不仅仅是某次赤潮的去除,而是要使生态系统达到良性循环,并在此基础上防治赤潮。

二、海洋微生物在海洋石油污染生物修复中的应用

世界原油总产量每年约为 30 亿吨,其中 1/3 要经过海洋运输。石油的海上开采、运输、装卸、使用过程中,都会造成溢油事故的发生。据估计,近年来,每年约有 30 万吨的石油烃类物因泄漏、沿海炼油工厂污水排放、大气污染物的沉降等原因进入海洋中,且污染状况日益呈逐年严重的态势。海洋石油的污染影响水生生物的生长、繁殖及整个海洋生态系统。此外,由于地理和水文因素使海洋中石油污染物的浓度分布不均匀,大部分石油在码头附近,靠近大的口岸,其中多数是处于河口港湾中,影响海产品的品质,以致其烃类残留物对海洋生物和通过食物链对人类健康构成严重威胁。因此，防范治理海上石油的污染成为环境保护中的重要任务。

清除海上油污染，主要有物理、化学和生物等方法。运用物理方法消油，主要靠吸油船和运用吸附材料等手段；而用化学消油剂实际上是向海洋中投入了人工合成的化学污染物，造成了新的污染；运用生物方法，主要是利用海洋微生物，它们可有效地消除表面油膜和分解海水中溶解的石油烃，而且克服了化学方法的弊端，因而受到人们普遍重视。

生物修复（Bioremediation）是指生物（特别是微生物）催化降解环境污染物，减少或最终消除环境污染的受控或自发过程。与传统的物理、化学方法相比，生物修复方法能够更有效地清除海洋石油污染，对人和环境造成的影响小，且费用可节省 50% ~ 70%。自 20 世纪 70 年代，生物修复技术在石油污染治理方面逐渐成为核心技术。在生物修复技术中，微生物的作用无疑是最重要的。

（一）降解石油的微生物种类及分布

据目前的研究，能降解石油的微生物有 70 个属，其中细菌 28 个属，丝状真菌 30 个属，酵母 12 个属，共 200 多种微生物。海洋中最主要的降解细菌有：无色杆菌属（*Achromobacter*）、不动杆菌属（*Acinetobacter*）、产碱杆菌属（*Alcaligenes*）等；真菌中有金色担子菌属（*Aureobasidium*）、假丝酵母属（*Candida*）等。

石油降解菌通常生长在油水界面上，而不是油液中。据在胶州湾的实验证明，胶州湾的石油降解菌在表层水体中的最高值可达 4.6×10^2 个/mL。石油降解菌数量仅与海水的石油污染情况有关。

石油降解微生物的种类和数量对海洋中石油的降解有明显的影响。一般情况下，混合培养的微生物对石油的降解比纯培养的微生物快。

（二）石油降解菌的作用

1. 作为油污染的生物指示

以往大多数调查结果表明，在海洋中石油烃降解细菌的数量或种群与水域受到油类物质污染的程度有密切关系，通常在被油污染的水域中，石油烃降解细菌的数量明显地高于非油污染的水域。烃类降解菌数和异养细菌数的比值能在一定程度上反映水域受油污染的状况。

石油污染可以诱导石油降解菌的增殖及生长，Atlas 报道在正常环境下降解菌一般只占微生物群落的 1%，而当环境受到石油污染时，降解菌比例可提高到 10%。说明石油污染可以使降解菌发生富集，降解菌可以作为石油污染的生物指示。

2. 通过自身代谢作用降解石油

向水体中投加菌种净化水体的技术是从清除海洋石油污染开始的。实验室研究表明，单一菌剂除油率为 20% ~50%，而混合菌剂除油率可达 71.4%。丁明宇等从青岛近海海水中分离、筛选到 73 株细菌和 10 株真菌，并对其降解石油的能力进行了研究，结果表明，多数菌具有明显的降解石油的能力，其中，有 3 个菌株对石油的生物降解率分别高达 58.35%、62.75% 和 71.06%。史君贤等在浙江沿海海水中分离石油烃降解细菌，并实验证明降解菌对正烷烃有明显的降解作用，混合菌株的降解率明显高于单菌株的降解率。在 20 ℃的条件下，经过 21 d 后，绝大部分的正烷烃被降解，总的降解率为 94.93%，其中细菌的降解率为 75.67%，理化降解率为 19.26%。

在实施接种的现场生物修复处理中，1990 年在墨西哥湾和 1991 年在得克萨斯海岸都

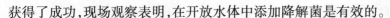

获得了成功,现场观察表明,在开放水体中添加降解菌是有效的。

3. 合成生物表面活性剂

加速石油降解的生物表面活性剂(Biosurfactants,简称 BS)是细菌、真菌和酵母在某一特定条件下(如合适的碳源、氮源、有机营养物、pH 值以及温度),在其生长过程中分泌出的具有表面活性的代谢产物。生物表面活性剂可以强化生物修复,它能将烃类物质乳化,进而促进其降解,尤其适合处理海上溢油。

Chabrabarty 曾报道,由铜绿假单胞菌(*Pseudomonas aeruginosa*)生成的一种生物表面活性剂(海藻糖酯)由于能有效地将石油分散成水液滴,因而可促进石油污染海岸的生物修复,大大提高了 Exxon Valdez 原油泄漏造成的阿拉斯加污染区域石油烃的降解速度。

4. 基因工程菌

基因工程菌是将不同细菌的降解基因进行重组,将分属于不同细菌个体中的污染物代谢途径组合起来以构建具有特殊降解功能的超级降解菌,可以有效地提高微生物的降解能力,从而提高生物修复效果。

通常石油降解菌只能降解某一种石油成分,并且由于石油的种类不同,所需降解菌也不相同,天然环境中存在的石油降解菌不能高效地降解多种石油成分,这使基因工程菌的出现成为必然。同时,复杂的烃类化合物混合物的降解需要有混合菌株的参与,但不同菌株之间可能会产生竞争或拮抗作用,从而对降解产生负面影响。使用基因工程菌可以避免此类问题。

目前,已有人在实验室条件下获得基因工程菌并在实验室取得满意的降解效果。例如美国的 Chakrabaty 等使用具有 CAM、OCT、XAL 和 NAH 4 种降解质粒的"多质粒超级菌",可以使海上浮油在几个小时内降解,而在自然条件下这些浮油需要 1 年时间才能被降解。这项技术取得了美国的专利权。但是考虑到在开放环境中使用基因工程菌的安全问题,目前基因工程菌的使用仅限于实验室,尚不能大规模使用。另外,目前在研制基因工程菌时,都采用给细胞增加某些遗传缺陷的方法或是使用携带一段"自杀基因",使该工程菌在非指定底物或非指定环境中不易生存或发生降解作用。

(三)海洋石油降解菌的获得及使用

由于天然海洋环境中石油降解菌数量较少,一旦发生溢油,不能及时对石油进行降解,所以在溢油发生后一般要向环境中添加石油降解菌以保证石油的高效降解,但是考虑到安全等方面的问题,菌种不能盲目投加。一般来说,可以把取自自然界的微生物,经人工培养后再投入到污染环境中去治理污染。具体到海洋石油降解菌的获得,一般选择油污染环境,从中分离出适应性菌株,并将其中的石油降解菌富集培养,通过反复适应和驯化或遗传修饰进行进一步筛选,从而培养出高效降解的菌株,将其进一步繁殖后投加至受污染环境中或分类保存。

根据微生物与石油的作用机制,选择高效降解微生物的标准包括以下几方面:

(1)对石油有较高的耐性。

(2)对海洋环境的适应性较强。

(3)对石油的降解效率高,专一性强。

(4)不影响海洋环境中原有的生物多样性。

虽然微生物修复主要是依靠微生物的降解能力降解污染物,但是微生物对污染物的分解、转化也是需要条件的,所以除了投加高效降解菌之外,还要为这些降解菌创造必要的生存、降解条件。这样才能有效地进行石油污染修复。投入氮、磷营养盐是最简单有效的方法。在海洋出现溢油后,石油降解菌会大量繁殖,碳源充足,限制降解的是氧和营养盐的供应。在实际中通常使用的营养盐有三种:缓释肥料、亲油肥料和水溶性肥料。

(1)缓释肥料 要求有适合的释放速度,通过海潮可以将营养物质缓慢地释放出来,为石油降解菌的生长繁殖持续补充营养盐,提高石油降解速率。

(2)亲油肥料 亲油肥料可使营养盐"溶解"到油中。在油相中螯合的营养盐可以促进细菌在表面的生长。

(3)水溶性肥料 一些含氮、磷的水溶性盐,如硝酸铵、三聚磷酸盐等和海水混合溶解,可解决下层水体污染物的降解。

海洋石油污染物的微生物降解是一个复杂的过程,受石油组分与物理化学性质、环境条件以及微生物群落组成等多方面因素的影响,氮和磷营养的缺乏是海洋石油污染物生物降解的主要限制因子。以海洋石油污染物生物降解为基础发展起来的生物修复技术在海洋石油污染治理中发展潜力巨大,并且已经取得了一系列成果。在国外主要处于中试和小试阶段,实际应用方面也已经取得了一些显著的成果,但是国内研究起步较晚,尚没有大规模使用的成功先例。对于海洋石油的微生物修复,今后的研究工作将会更深入、更细致地开展,综合前人的工作,尚需深入研究的工作有以下几点:

(1)对多环芳烃降解方式的进一步研究,包括厌氧分解及共代谢机制的研究。

(2)寻找可降解高分子多环芳烃和沥青质等高分子化合物的微生物。

(3)构建合适的基因工程菌,为微生物修复开辟新的途径。

我国在微生物降解石油方面的研究仍然任重而道远。但是随着现代微生物学和基因组计划的更进一步发展,更多微生物物种的发现和生物技术的应用,石油污染问题将会得到更有效的解决!

第四节　海洋微生物培养新技术

目前大多数海洋微生物尚不能被培养,其产生的天然产物就无法筛选,极大地限制了海洋微生物的应用。在细菌域的53个门(按照环境16SrDNA序列划分)中,只有27个门中含有已被培养的微生物,而另外的26个门仅知道其16SrDNA序列。到目前为止,仅发现5个门,即放线菌门、拟杆菌门、蓝细菌门、变形菌门和厚壁菌门中的一些种类能够产生生物活性物质,而这5个门中已培养和报道的种类占所有已培养和报道的细菌种类的95%。据统计(截至2008年7月),目前仅有约8 500种细菌被培养和正式报道。因此,需要大力开发海洋微生物培养新技术,尽可能多地培养海洋微生物。

一、现有培养方法对海洋微生物培养的制约

基于16SrRNA序列分析的研究方法显示,海洋中的绝大多数微生物都未获得纯培养。Kogure用直接活菌镜检计数法(direct viable count,DVC)发现海水中90%以上的细菌都是活的,但是在培养基平板上却仅有少数的细菌(0.01% ~ 0.1%)能形成可见的菌落。大多数海洋微生物不能获得纯培养的原因可能是多方面的。

（一）实验室的纯培养破坏了微生物细胞之间的交流

许多海洋微生物与其他海洋生物/微生物处于共生状态，或其生长受周围其他海洋生物/微生物代谢产物以及一些其他生长因子的影响，离开原生态环境则难以生长。如铁是所有微生物的一种必需元素，而实际上海水中的铁浓度非常低（<0.4 μmol/L），并且只有极少数海洋细菌能够产生从环境中获取铁的铁载体（Siderophores），这是一种小分子量铁螯合化合物。Guan 等发现，当向含低浓度铁（含 0.1 μmol/L Fe(Ⅲ)）的培养基中加入外源的铁载体和 C8 - AHL 辛酰基高丝氨酸内酯时，原本在低浓度铁培养基上不能生长的海洋细菌也能形成菌落。这说明本身不能产生铁载体的海洋细菌在其他能产生铁载体的细菌存在的情况下也能从环境中获取铁，这是微生物之间的一种共生关系。另外，在饥饿状态下大多数微生物基因表达所涉及的 cAMP、与大多数革兰氏阴性菌的密度感应系统（Quorum sensing）密切相关的酰基高丝氨酸内酯（N - acyl - homoserine lactones，AHSLs）分子等都可能是细胞之间沟通的信号分子。最近，人们又发现一种光合细菌——沼泽红假单胞菌（*Rhodopseudomonas palustris*）密度感应系统的信号分子是 p - coumaroyl - HSL。

实验室对海洋微生物的纯培养破坏了微生物之间的这种共生状态，微生物之间的信息交流被阻断，生长必需的信号分子和生长因子缺乏，如许多海洋细菌离不开藻类分泌的生长因子和维生素，表现为不可培养。

（二）培养条件与原生态环境差别太大

常规的海洋微生物培养基，其营养物浓度远远高于微生物生长的自然环境。由于自然界中微生物数量庞大，其可利用的营养物质极其匮乏，多数处于"寡营养"状态。常规纯培养对这种认识不充分，高浓度的营养物质可能比较适合于那些生长速度快且对高浓度营养物质有抵抗能力的微生物，但是对那些生长速度较慢的微生物可能有抑制作用。对这些微生物提供营养成分丰富的培养基反而会成为阻碍其复苏的重要因素，甚至会出现底物加速死亡（Substrate accelerated death）现象。

同时，实验室培养无法完全模拟海洋环境，传统的平板培养和液体振荡培养方式与微生物的原始生活环境差距太大，所设定的生长温度也不一定是微生物最适的生长温度，所以在自然界中可以生长繁殖的微生物，在纯培养中生长条件得不到满足，从而导致了微生物的不可培养性。

（三）氧化胁迫引起细胞损伤

当海洋中的微生物从自然环境突然转入人为环境时，一些对新环境适应能力较强或生长较快的微生物很快形成肉眼可见的菌落，这些生长快的微生物会产生大量过氧化物、自由基和超氧化物，这些物质的存在使那些适应能力较差或生长较慢的微生物细胞受到损伤，从而不能生长。

（四）生长缓慢的微生物被忽视

海洋环境中的很多微生物都聚集生长，它们之间有共生、互生、寄生、拮抗等多种复杂的关系，当把它们从处于生态环境平衡的自然环境中突然转入人为的环境条件中培养时，原来的平衡状态可能会被破坏，适合生长的微生物由于生长速度快而占据优势地位，它们对营养成分的大量摄取使生长缓慢的微生物得不到充足的营养而生长受到限制。在培养基平板上，一个菌落中细胞的数目至少为 10^5 个才能用肉眼观察到，而那些生长速度较慢、其生长达不到高密度的细菌种类，在培养基上用肉眼是看不到菌落的，从而导致这些微生物的生长不被发觉，表现为"不可培养"。

（五）活的非可培养（Viable but nonculturable state，VBNC）状态细菌的存在

细菌的 VBNC 状态，是指某些细菌处于不良环境条件下，其整个细胞常缩小成球形，用常规培养基在常规条件下培养时不能使其繁殖，但它们仍然具有代谢活性。这时细菌呈休眠状态，这是细菌的一种特殊存活形式。自从徐怀恕等首次报道了细菌的 VBNC 状态以后，这一领域的研究工作进展迅速，已陆续有大量不同细菌在不利的环境条件下能进入 VBNC 状态的研究报道。由于许多海洋细菌经常处于 VBNC 状态，而常规的高营养培养基与其原生态环境差别太大，使之难以恢复生长状态。

由于上述的种种原因，大多数海洋微生物尚未被培养。近年来，不采用培养手段，而利用分子生物学技术和手段，例如宏基因组学（Metagenomics）的方法来获取海洋不可培养微生物的基因资源已逐渐成为一大研究热点领域。

在过去的 20 年间，一些分子技术如 rDNA 测序、荧光原位杂交（FISH）、变性梯度凝胶电泳（DGGE）、温度梯度凝胶电泳（TGGE）、限制性片段长度多态性（RFLP）和末端限制性片段长度多态性（T-RFLP）技术，已经广泛地应用于环境微生物多样性的研究中。这些方法迅速，并容易操作，而且允许同时进行多样本分析，但是它们并不能直接说明环境中微生物的特性和功能。为了解决这个问题，又发展了可以预测环境中微生物的功能但不需要对微生物进行纯培养的方法。其中之一就是将 FISH 和微放射自显影（Microautoradiography）结合起来，称为 FISH-MAR 或 MICRO-FISH。它的目的是在单细胞水平上，将具有放射性标记的底物的代谢途径与系统信息联系起来，但这种方法受到能被放射性同位素标记的底物的限制。其他技术用稳定碳同位素标记的底物，能与生长细胞中的成分结合到一起，如脂肪酸和 DNA，这些被同位素标记的成分最终被重新获取并分析。这些方法能够直接洞察环境中微生物的功能。

同时，近年来的研究也肯定了宏基因组（Metagenomics）在筛选活性物质方面的巨大潜力。宏基因组是指某一特定的环境中全部微生物的总 DNA。宏基因组技术是将样品中的总 DNA 提取出来后，用核酸内切酶进行部分消化，再与质粒、黏粒、细菌人工染色体等载体连接，转入宿主细胞，构建成宏基因组文库，再筛选新的活性物质或基因。

虽然在目前的海洋微生物培养方面，来自基因组的信息还不是一个主要的因素，但它已经被用来为生活在不同环境中的微生物的分离培养设计不同的培养策略。

但是，要获得对微生物生理学的全面了解，或者研究散落在整个基因组中的基因的代谢途径，还是需要对微生物进行纯培养，因此探讨培养微生物的新技术仍然是非常有必要的。

二、海洋微生物培养新方法

（一）向培养基中添加微生物生长所必需的成分

在培养基中加入微生物相互作用的信号分子就可简单地模拟微生物间的相互作用，满足微生物生长繁殖的要求。Burns 等发现，如果向培养基中加入酰基高丝氨酸内酯、cAMP 或 ATP 等信号分子能促使细菌得到培养。其中与革兰氏阴性菌多种基因调控有关的 cAMP 是最有效的信号分子，10 μmol/L cAMP 可使 10% 的微生物细胞（用显微镜直接计数法计算微生物细胞的总数）培养出来。然而，用加有 cAMP 的培养基培养出来的细菌如果不继续添加信号分子，则不能生长。Kashefi 等根据嗜高热微生物利用 Fe(Ⅲ) 作为终端电子受体这一高度保守的特性，培养基中添加非常微量的 Fe(Ⅲ) 氧化物，能提高嗜高热微生物的可培养性。

（二）降低培养过程中的毒害作用

为了降低培养过程中优势菌种代谢所产生的过氧化物、自由基和一些拮抗物质的毒害作用，可以在培养基中添加对这些毒性成分具有降解能力的物质，如丙酮酸钠、甜菜碱、超氧化物歧化酶（SOD）和过氧化氢酶等。SOD 和丙酮酸钠的代谢产物 $NADH$、H^+ 可与超氧化物结合，从而降低了超氧化物对细胞的损害作用。甜菜碱（三甲铵乙内酯）的三个甲基中有两个可以被超氧化物或自由基氧化，从而减少超氧化物或自由基对细胞的毒害。同时，充足的氧气有时也是毒性氧产生的原因之一，减少培养环境中的氧分压也可减弱毒性氧的影响。

（三）稀释培养法

海洋微生物目前获得纯培养的不到 1%，这是由于海洋环境中主要是寡营养微生物，而在实验室培养时，培养基的营养物浓度远远高于微生物生长的自然环境。为了克服该缺陷，Button 等从概率论的角度提出一个崭新的方法，即稀释培养法（Dilution culture）。Button 等先将海洋微生物群落计数后再进行稀释，然后接种于灭菌海水中进行培养。培养 9 周后用流式细胞仪检测，发现微生物细胞的密度可达到 10^4 个/mL，细胞的倍增时间为 1 ~ 7 d。作者用这种方法发现 60% 的海洋细菌是活的，并认为用传统的培养方法得到低存活率的主要原因是大多数海洋细菌在达到可见的混浊度之前就到达了稳定期。传统的培养方法中营养物质的添加刺激了某些微生物的生长，但是却抑制了大多数微生物的生长。Schut 等应用稀释培养法在实验室环境下也培养出了典型海洋细菌。将常规微生物培养基进行稀释，使营养物浓度降低，也能增加可培养微生物的数量。

（四）高通量培养法

Connon 等在稀释培养法的基础上提出高通量培养法（High throughput culturing，HTC）。他们将样品密度稀释至 10^3 个/mL 后，采用 48 孔细胞培养板分离培养微生物。通过这种方法可使样品中 14% 的细胞培养出来，远远高于传统微生物培养技术所培养的微生物数量。在培养出的微生物中，有 4 种独特的种类属于以前未被培养的海洋变形菌门（Proteobacteria）进化枝，即 SAR11、OM43、SAR92 和 OM60/OM241 进化枝。

（五）扩散盒培养法

这种培养方法是模拟海洋微生物生长的自然环境。Kaeberlein 等设计了一种培养装置名为扩散盒（Diffusion chamber）。该扩散盒由一个环状的不锈钢垫圈和两侧胶连的 0.1 μm 滤膜组成。将海洋微生物样品加至封闭的扩散盒中，在模拟采样点环境条件的玻璃缸中进行培养。扩散盒的膜可使化学物质在盒内和环境之间进行交换，但是细胞却不能自由移动。尽管用这种方法没有培养出新的微生物种类，但是在扩散盒中培养 1 周后却得到大量形态各异的菌落。获得的菌株在人工合成的固体培养基中不能生长，但是在其他微生物的存在下却能形成菌落。这种培养方法能较大程度地模拟微生物所处的自然环境，由于化学物质可以自由穿过薄膜，可保证微生物群落间作用的存在，提高了微生物的可培养性。

（六）微囊包埋法

微囊包埋法是海洋微生物的另一种高通量分离培养技术。Zengler 等将海水和土壤样品中的微生物先进行类似稀释培养法的稀释过程，然后将稀释到一定浓度的菌液与融化的琼脂糖混合，制成包埋单个微生物细胞的琼脂糖微囊，然后将微囊装入凝胶柱内，使培养液连续通过凝胶柱进行流态培养。凝胶柱进口端用 0.1 μm 滤膜封住，防止细菌的进入而污染凝胶柱；出口端用 8 μm 滤膜封住，防止微囊随培养液流出。高通量培养技术一般采用微孔板结合以流式细胞仪检测，这样就可以增加细胞检测的灵敏度，缩短低生长率细胞的培养

时间。

　　由于海洋微生物无论是其物种类群,还是新陈代谢途径、生理生化反应与产物等,都存在着丰富的新颖性和多样性,与陆生微生物存在较大的差异,因而蕴藏的新资源更为丰富和多样化。虽然目前海洋中只有不到 1% 的微生物被培养出来,但可培养本身并不是细菌细胞的特性,在一定程度上微生物能否被培养取决于是否找到适宜的方法。在以上论述的各种方法中,模拟自然环境条件、维持微生物种群间的相互关系是提高海洋微生物可培养性的关键。因此,提高海洋微生物可培养性方法的研究应该主要围绕这一方面,进行深入改进和发展。在发展海洋微生物培养技术的同时,应该结合分子生物学技术,使两种方法相辅相成,更好地提高微生物的可培养性。

第六章　土壤微生物

　　土壤是一个固、液、气三相组成的高度异质环境,发育着丰富的微生物群落。土壤微生物代谢的多样性和耐受恶劣条件的能力使得微生物在土壤中分布广泛并且具有极大数量。每克土壤中微生物的种类大约为 4 000 种以上,数量大约在数十亿个左右,构成了土壤中种类繁多、数量巨大的微生物群落。目前已定种的微生物只有大约 10 万种,远较动植物少,但一般认为目前人类所发现的微生物还不到自然界中微生物总数的 2%~4%。

　　土壤中数量众多的微生物既是土壤形成过程的产物,也是土壤形成的推动者,是土壤的重要组成部分,它们和其他因素一起决定着土壤的基本性质。虽然微生物本身仅占土壤有机质的很小部分,但有机质转化所需能量的 95% 以上来自微生物的分解作用。微生物参与生物地化循环、有机物的分解转化、菌根的形成、与植物互利共生,对生物多样性和生态系统功能具有重大影响,在生态系统中起着举足轻重的作用。

第一节　土壤微生物概述

一、土壤微生物研究概况

　　土壤微生物的研究始于 19 世纪中叶,初期着重于研究农业生产中土壤微生物与土壤肥力、植物营养、植物病害及微生物的固氮作用等。20 世纪初,土壤微生物已经发展成一门独立的学科,而根际微生物区系的研究始于 19 世纪末期,但直到 1904 年德国微生物学家 Hiltoer 提出根际概念之后才逐渐受到研究者的重视。早期的研究偏重于根际环境对土壤微生物区系分布和土壤养分生物有效性方面。20 世纪 90 年代,随着透射及扫描电子显微镜、放射性同位素、根际模拟等技术在该领域的应用,国际上关于根际微生态学的研究已相当活跃。现在,随着微生物研究方法与检测技术的进步,尤其是现代生物化学和分子生物学技术向微生态领域的渗透,如 PLFA(Phospholipid fatty acids)谱图分析法、BIOLOG 微量板分析法、核酸杂交分析技术等方法,土壤微生物的研究已经深入到分子水平。

二、土壤中微生物的分布及作用

　　土壤中的微生物主要分布在小于 25 cm 土层内。在无林地土壤的表面,由于日光照射以及干燥等因素微生物不易生存,离地表 1~30 cm 的土层中菌数最多,随土层的加深,菌数减少;在林地土壤中,土壤微生物数量表层最多,中层次之,下层最少。这是因为在林地土壤表层有比较厚的枯枝落叶层覆盖地表,有机质含量高,有充足的养分和水分,同时,温度和通气状况适宜,利于微生物的生存,而深层土壤由于养分减少,空气缺乏等原因,土壤微生物的数量减少。细菌数量在上层土壤中占微生物总数的 80%~98%,放线菌所占比例则随土层的加深而增大,真菌在土壤深度 10 cm 左右数量最多,超过 30 cm 数量很少。

由于土壤不同层次中各种因素的差别,微生物的种类和数量在剖面中的分布是不同的。表 6 - 1 列举了 3 种土壤的微生物垂直分布情况。在同一土体内,由于空气、水分、有机质和一些氧化还原物质分布得不均匀,各个微环境的通气、水分、营养等状况都存在着差异,导致了好氧、厌氧、兼性厌氧、绝对厌氧、微嗜氧等各类呼吸型的细菌,异养、自养、贫营养和富营养等各营养类型的微生物都可在同一土体内生活。

表 6 - 1 用稀释平板法测定的各类微生物在不同土壤中的
垂直分布及其与有机质含量和 pH 的关系

土壤	层次和深度 /cm	湿度 /%	水中的 pH	有机质 /%	好氧菌 /(10^6/g 干土)	放线菌 /(10^6/g 干土)	厌氧菌 /(10^6/g 干土)	真菌 /(10^3/g 干土)	藻类 /(10^3/g 干土)	原生动物 /(10^3/g 干土)
I 灰化土	A_0 0 ~ 9.0	48.7	6.55	64.17	28.30	5.70	0.10	242.50	1.00	0.10
	A_1 9.0 ~ 13	23.1	5.51	25.00	4.50	3.50	1.00	20.00	0.10	0.02
	A_2 13 ~ 20	13.6	5.50	4.47	1.55	0.95	0.01	1.63	0	0
	B 20 ~ 58	19.1	6.37	2.60	3.30	0.90	0.01	10.63	0	0
	C 58 ~ 68	18.7	7.81	0.95	1.14	0.12	0.01	1.47	0	0
II 黑钙土	A_1 0 ~ 5	82.0	7.46	22.25	19.00	3.25	1.00	60.13	1.00	0.10
	A_2 5 ~ 15	24.3	8.08	8.64	16.50	3.00	1.00	6.00	0.50	0.02
	B_1 15 ~ 40	31.7	8.09	2.45	16.73	0.65	1.00	2.50	0	0
	B_2 40 ~ 70	31.7	8.25	1.27	2.51	0.15	0.001	0.20	0	0
	C 70 ~ 110	18.8	8.27	0.31	0.28	0	0.001	0.04	0	0
III 泥炭土	2.5 ~ 45	500.7	4.78	90.24	2.90	1.15	0.10	372.50	10.00	10.00
	5.8 ~ 94	620.2	5.43	68.00	2.74	0.01	0.10	3.10	0.50	0
	9.3 ~ 193	750.0	4.39	88.91	0.06	0	0.10	0.88	0	0

注:土壤剖面 I 是阔叶 - 针叶混交林中的灰化土,土壤剖面 II 是草地黑钙土。

土壤微生物的作用主要表现为分解有机质、合成腐殖质,在土壤总的代谢活动中起重要的作用。

土壤微生物是土壤有机物质转化的执行者,它直接或间接地参与几乎所有的土壤中有机质的分解、腐殖质的形成、土壤养分的转化等各个土壤生物化学过程。同时土壤微生物也是土壤养分的储存库和植物生长可利用养分的一个重要来源,土壤微生物通过对土壤有机质的分解转化而影响土壤向作物提供养分的能力。土壤微生物量尽管只占土壤有机质的小部分,但它是土壤质量的一个敏感指标,土壤微生物量的多少,反映了土壤同化和矿化能力的大小,是土壤活性大小的标志。

三、根圈微生物

(一)根圈和根圈效应

根圈(Rhizosphere),也称根标,指生长中的植物根系直接影响的土壤范围,包括根系表

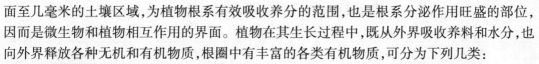

面至几毫米的土壤区域,为植物根系有效吸收养分的范围,也是根系分泌作用旺盛的部位,因而是微生物和植物相互作用的界面。植物在其生长过程中,既从外界吸收养料和水分,也向外界释放各种无机和有机物质,根圈中有丰富的各类有机物质,可分为下列几类:

1. 渗出物

为根细胞向外渗出的低分子物质,如碳水化合物、有机酸和氨基酸等。

2. 分泌物

为根细胞主动向外分泌的化合物,如维生素和核酸等。

3. 植物秸液

包括植物分泌的和微生物分解植物细胞的产物。

4. 秸质

由植物黏液、微生物细胞及其代谢产物组成。

5. 溶胞产物

由植物老的表皮细胞分解而来(如图6-1所示),因而使得根圈成为微生物的特殊生态环境。同根圈外土壤中的微生物群落相比,生活在植物根圈中的微生物,在数量、种类和活性上都有明显不同,表现出一定特异性,这种现象称为根圈效应(Rhizosphere effect)。根土比(R/S ratio),即根圈中微生物数量同相应的无根系影响的土壤中微生物数量之比,是反映根圈效应的重要指标。

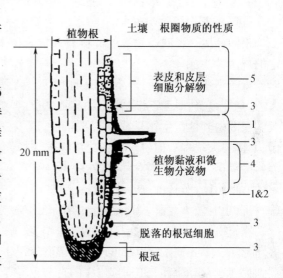

图6-1 植物根圈

Paravizas等的试验结果是显示根圈效应的很好实例,他们用多管顺序取样的方法研究了生长18 d的蓝羽扇豆的根圈微生物数量,从根面开始,每增加3 mm距离取一样本,可以看出(见表6-2),植物具有明显的根圈效应,离根越近,微生物数量越多。不同的土壤和植物上均具有根圈效应(见表6-3),这是一种普遍现象,大量的研究结果表明根土比一般在5~20之间。由于不同植物和土壤的特性不一样,使这一比值也产生较大差异。农作物一般比树木表现出较大的根土比,豆科植物根圈较非豆科植物更能刺激细菌的生长与繁殖。即使同一种植物,在不同生长期根圈的效应也不一样。

表6-2 蓝羽扇豆根圈微生物数($\times 10^3$/g 烘干土)

离根距离/mm	细菌	放线菌	真菌
0*	159 000	46 700	355
0~3	49 000	15 500	176
3~6	38 000	11 400	170
9~12	37 400	11 800	130
15~18	34 170	10 100	117
80**	27 300	9 100	91

注:*为根面,**为非根圈对照土壤。

表 6-3　褐色土和红壤中几种植物的根圈细菌总数(万/g 土)

(中国科学院土壤研究所)

土壤和作物	根圈	对照	根土比率
南京褐色土			
小麦(开花)	4 645	730	6.4
棉花(吐絮)	3 326	276	12.4
江西红壤			
穇子(始熟)	1 273	56.2	2.3
饭豆(开花)	2 260	226	10.0

(二)根圈微生物类群

根圈环境对根圈微生物的类群有一定选择作用。不同类群生物在不同圈中的分布有一定的规律性。

根圈细菌研究表明,至生长后期,根脱落物增多,并且在老根开始死亡腐解时,棒状细菌、芽孢杆菌、放线菌逐渐增多。根圈效应对细菌生理群的影响来自两个方面,即根分泌物及其根圈内其他微生物合成并释放的物质。在数量上根圈对细菌的生长刺激作用较放线菌、真菌要大得多。但由于根系分泌物的选择作用,根圈细菌的种类较少,以简单有机物作养料的芽孢杆菌类占绝对优势,能分解纤维素和果胶物质等复杂化合物的种类很少。最常见的假单胞菌、黄杆菌、产碱杆菌、无色杆菌、色杆菌、土壤杆菌和气杆菌等。在某些植物根圈,杆菌也有较大数量。随着植物的生长,细菌类群也发生变化,G(-)杆菌逐渐减少。

在植物生长早期,根圈内真菌的数量很少,随着植物的生长、成熟、衰老,真菌的数量逐渐增多,而且在这些不同阶段里所出现的真菌群落往往有些不同。根圈真菌可以长于根面或侵入皮层细胞,甚至到达中柱。不同部位中的真菌也各具特征。生活在健康根段上的真菌往往是由几个优势属组成的稳定群落。最常见的有镰孢霉属(*Fusarium*),黏帚霉属(*Gliocladium*)、青霉属、柱孢属(*Cylindrocarpon*)、被孢霉属(*Mortierella*)、曲霉属、腐霉属(*Pythium*)、木霉属等。它们在分解高分子碳化合物中起着主要作用,大多数能分解利用纤维素、果胶质和淀粉。

存在于植物根面或根内的各属真菌的相对比例决定于植物和土壤条件。如镰孢霉常见于酸性土壤,柱孢霉则多见于中性土壤。丝核菌、青霉、被孢霉多栖于根面,即使入侵根内,也只局限于外皮层细胞;而镰孢霉和柱孢霉则能侵入到内皮层,甚至到达中柱。

真菌的活性无论是以呼吸作用为度量,还是以土壤中菌丝体的长度为度量,都是随植物的生长而增强;当植物的营养生长速率达到最大值时,真菌的活性也达到最高峰。

原生动物是捕食性微生物,细菌是它们最好的猎物。原生动物的根土比一般多为2:1或3:1,少数情况下也可高达10:1。根圈原生动物所见种类仍为土壤中常见的食细菌类型,如波多虫(Bodo)、尾滴虫(Cercomonas)、肾形虫(Colpoda)和小变形虫。有试验表明,根圈食细菌线虫的活动可以促进细菌细胞所固定的养分的释放,如产生铵态氮供植物吸收。

(三)根圈微生物对植物的影响

在根圈中,植物和微生物既相互促进,又相互制约。微生物对植物的影响可以是有益的,也可能是不利的(见表6-4)。

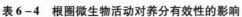

表6－4　根圈微生物活动对养分有效性的影响

活动方法	影响的方面
微生物的呼吸作用(消耗 O_2)	使氧化态 Fe^{3+}、Mn^{4+} 还原
分泌 H^+ 和有机酸	酸化根圈,提高 P、Fe、Zn 等养分的有效性
释放毒素	抑制某些微生物或植物生长,间接影响养分有效性
分泌铁载体	活化铁,抑制其他微生物的生长
参与变价元素的转化	增加或降低 Mn、Fe 等的有效性
硝化作用	增加 NO_3^- 浓度
反硝化作用	导致 NO_3^- 态氮的气态损失
溶磷作用	增加磷的有效性
形成根瘤	提供豆科植物氮素养料

1. 根圈微生物对植物生长的有益影响

(1)改善植物的营养　根圈微生物旺盛的代谢作用和所产生的酶类加强了有机物质的分解,促进了营养元素的转化,提高了土壤中磷素与其他矿质养料的可给性。有些生活在根圈内的自生固氮微生物,如固氮螺菌,能够生活在某些植物根系的秸质鞘套内和根皮层细胞之间,进行固氮作用,可增加植物的 N 素营养。

(2)根圈微生物分泌的维生素、氨基酸、生长刺激素等生长调节物质能促进植物的生长　例如,假单胞菌是多种维生素的产生者;丁酸梭菌分泌 B 族维生素和有机氮化物;一些放线菌产生维生素 B_{12};固氮菌在固定氮素过程中生成一些含氮化合物分泌于细胞外,其中有氨基酸和酰胺类物质,也有硫胺素、核黄素、维生素 B_{12} 和吲哚乙酸等。维生素含量根圈中比非根圈中要多,如每克烟草根圈土壤中含有 10～15 μg 硫胺素,而在根外的每克土壤中只有 1.5～4.0 μg。

(3)根圈微生物分泌的抗菌素类物质,有利于作物避免土著性病原菌的侵染　例如豆科作物根圈常发育着对小麦根腐病病原菌——长蠕孢菌(*Helminthosporium sativum*)有拮抗性的细菌,从而可减轻下茬小麦的根腐病类。当拮抗性微生物产生的抗菌素类物质分泌至植物根部周围被植物吸收后,还可增强植物对某些病原菌的抵抗能力。

(4)产生铁载体(Siderophore)　这是一些植物促长细菌(PGPR)的重要功能之一。铁载体是微生物在缺铁性胁迫条件下产生的一种特殊的、对微量三价铁离子具有超强络合力的有机化合物。有研究证明,有些 PGPR 因其产生铁载体的速度快且量大,在与不能产生铁载体或产生较少的有害微生物竞争铁素时占有优势,从而可以抑制这些有害微生物的生长繁殖,保护植物免受病原菌的侵害。

2. 根圈微生物对植物生长的不利影响

(1)引起作物病害　由于某些寄主植物对病原菌的选择性,致使一些病原菌在相应植物的根圈大量生长繁殖,从而加重病害。棉花黄萎病的病原菌轮枝霉和枯萎病病原菌镰刀霉,都是兼性寄生的病原真菌,在没有棉花生长时,它们行腐生生活,当有棉花生长时它们即入侵棉花引起病害。因此,棉花连作必然增强这些病菌的危害。而棉花和苜蓿轮作,由于苜蓿根系分泌抑制这些病原菌的物质,因而可以减轻病害。这就是轮作、换茬能减轻某些植物病害的原因之一。

(2)某些有害微生物虽无致病性,但它们产生的有毒物质能抑制种子的发芽、幼苗的生长和根系的发育。例如，马铃薯根圈常繁殖有大量假单胞菌，其中至少有40%的菌株能产生氧化物，可能对植物产生毒害。放线菌中对植物有毒害的也占5%~15%，真菌中的棒形青霉产生棒曲霉毒素，故棒形青霉被认为是引起苹果园土壤中毒的主要因素。

（3）竞争有限养分　植物和微生物的生长都需要养分，因此在根圈内存在植物和微生物之间的养分竞争作用，尤其是在养分不足时，矛盾尤为突出。再者，细菌对某些重要元素的固定作用会严重影响植物吸收有效养分。果树的"小叶病"和燕麦的"灰斑病"是两种矿质元素缺乏病，这是由于细菌在一定时间内分别固定了锌和氧化锰的结果。

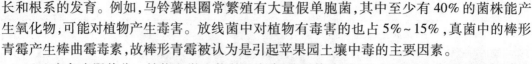

第二节　土壤微生物特性

所谓土壤质量（Soil quality）是指在一定环境生态系统内，土壤实现其生物生产功能、保护环境功能和提高动植物健康水平三方面的能力。土壤质量的核心是土壤生产力，基础是土壤肥力。土壤质量的评价指标需包括物理、化学和生物三方面，而土壤质量的生物学指标中又以土壤微生物学指标为主。土壤微生物是土壤生命力的表征，是维持土壤质量的重要组成部分，是土壤生态系统中极其重要和最为活跃的部分。土壤微生物参与了有机物的分解转化、养分的转化和循环、能量流动、与植物共生以及对生物多样性和生态系统功能影响等几乎所有的土壤生命过程。在土壤生态系统中土壤微生物的作用主要体现在：（1）分解土壤有机质和促进腐殖质形成；（2）吸收、固定并释放养分，对植物营养状况的改善和调节有重要作用；（3）与植物共生促进植物生长，如豆科植物的结瘤固氮和植物菌根的形成；（4）在土壤微生物的作用下，土壤有机碳、氮不断分解，是土壤微量气体产生的重要原因；（5）在有机物污染和重金属污染治理中起监测、防护及修复作用；（6）能帮助植物适应养分胁迫环境，改善土壤养分的吸收利用。由此可以看出，微生物在土壤中的分布与活动，既反映了土壤各因素对微生物生态分布、生化特性以及对其功能的影响和作用，也反映了微生物对植物的生长发育、土壤肥力和物质循环与能量转化的调节作用，揭示了土壤发育的现状和趋向。同时，土壤微生物能敏感地对环境变化作出反应并反映环境的变化，从而灵敏地反映土壤质量的变化，较早地指示生态系统功能的变化。目前认为土壤微生物是表征土壤质量最有潜力的敏感指标之一，土壤微生物与环境的相互关系是通过对微生物的数量和多样性、微生物生物量、微生物的生物活性和土壤酶与环境因子的相关性来体现的。对微生物各项因子的数量研究，有助于对生态系统的结构与功能的更深刻的理解。

多数研究认为，微生物生物量、土壤呼吸及其衍生指数、微生物群体结构及功能多样性、土壤酶、微动物区系的功能多样性等均可看作目前具有潜力的评价土壤质量的生物学指标。土壤微生物群体尤其是微生物的生理生态指标的改变可以作为预示土壤变化的标志。因此，建立土壤质量的微生物指示指标体系受到了科学家们的高度重视。

一、土壤微生物多样性

土壤微生物多样性又叫土壤微生物群落结构，是指土壤微生物群落的种类和种间差异，包括生理功能多样性、细胞组成多样性及遗传物质多样性等。由于其能较早地预测土壤养分及环境质量的变化过程，并揭示微生物的生态功能差异，被认为是最有潜力的敏感性生物指标之一。土壤微小变动均可引起土壤微生物多样性变化，并与土壤生态稳定性密切相关，在能够精确测定土壤有机质变化之前,微生物群体动态是土壤微妙变化的最好证明。近年来,国内外学者采用 Biolog 碳素利用法、磷脂脂肪酸分析法(Phospholipid Fatty Acid, PLFA)及基于分子水平的测定法研究了土壤微生物功能和结构多样性,取得了一定的进展。

(一)自然环境中土壤微生物多样性

自然环境条件下,微生物多样性受气候、土壤类型、地理位置、植被、景观等影响。Pankhurst 等采用 Biolog 技术和 FAMUs 方法研究了盐碱土的微生物多样性,结果表明,盐碱因素降低了土壤细菌、真菌的多样性。阳离子代换量、碳酸盐提取磷的分析结果与 Biolog 碳利用能力具有相关性。Liu 等研究指出,土壤扰动会降低土壤微生物的多样性和活性,过度放牧、火灾、季节性干旱都能降低土壤微生物多样性。Broughtonand Gross 研究显示,土壤微生物区系与植物生产力、多样性没有相关性,而以 Biolog 碳源的颜色反应代表的微生物多样性与植物的生产力呈正相关,表明碳源利用能力可以代表土壤微生物的多样性。Derry 等应用 Biolog – GN 培养板研究了人为干扰较少和野生动物活动的北极区土壤的微生物多样性,野生动物活动区的土壤微生物多样性大于人为影响的土壤微生物的多样性。

Rilling 等(1997)观测了提高环境 CO_2 浓度和氮肥施用根际微生物多样性变化的影响,未发现氮肥与根际微生物利用不同碳源能力的相关性,增加 CO_2 浓度对土壤微生物菌群的潜在变化的影响还有待进一步研究。Schutter 和 Dick(2001)探讨了微生物 Biolog 活性对简单、复杂碳源的反应用以确定碳源利用能力与添加物的相关性,结果显示,土壤添加物类型影响土壤微生物类型的变化添加,葡萄糖的处理检测到较多的利用简单碳水化合物的菌群,而添加木质素的处理则检测到较高的利用有机聚合物的微生物类群,明胶、脯氨酸、豆科绿肥能够提高利用聚合物的微生物的多样性。

Staddon 等对加拿大西部不同气候带的土壤微生物多样性和结构进行了研究,土壤微生物功能多样性随着纬度增加而降低,与环境的温度、土壤 pH 呈正相关。北部土壤由于生产力低、养分贫乏和酸化导致微生物多样性下降。Thmetal 在北极圈土壤上研究了根际土壤、非根际土壤微生物的多样性,根际土壤的微生物多样性大于非根际土壤,这可能是根际碳源种类较非根际土壤丰富所致。

(二)土壤微生物多样性与农业生态条件

土壤微生物多样性受到土壤质地、土壤温湿度、土壤酸碱度和土壤中矿物质及有机物质的含量等多种因素的影响。由于不同的农业耕作方式、种植制度与农田植被类型影响着土壤的物理化学性质及土壤环境,而影响着土壤微生物的多样性。在农业生态系统内部,影响微生物多样性最重要的因子是土壤类型和土地利用方式。Bossio 等用 PLFA 法研究了土壤类型、施肥管理水平及空间变异等因素对土壤微生物多样性的影响,发现影响效应从大到小依次为土壤类型、施肥管理、空间变异。杨靖春报道,人参地与紫穗槐轮作,人参地真菌、放线菌及细菌均有变化,而细菌种群类型变化最明显,随着轮作年限的增加,氨化细菌和硝化细菌的数量比对照高几倍,固氮菌的数量亦有所增加。Lal 研究认为,农林混合或混农(多种作物轮作)系统能够增加土壤微生物多样性,提高土壤质量。Nilsson 等在研究不同植物枯落物对土壤微生物多样性的影响时发现,不同植物枯落物下土壤微生物的数量和活性均大于对照,但各处理之间差异不明显,而混合所有种类枯落物的土壤对微生物多样性最有利。Grayston 等用 Biolog 体系测试了不同利用方式土壤的微生物多样性,证实了作物类型能明显影响微生物的种类。Sderberg 等采用 PLFA 和 Biolog 方法研究发现 *Dactylis glomerata L.* 、*Phalaris arundinaceae L.* 、*Phleum pratense L.* 和 *Trifolium pratense* 4 种作物均存在根际效应,根际与土壤微生物群落结构均存在一定差异,且豌豆的根际效应最明显,不同作物根际的微生物群落也各不相同。

赵勇等利用 PCR – DGGE 技术研究发现,秸秆还田可改变土壤细菌群落组成。侯晓杰等用 Biolog 研究了长期不同施肥与地膜覆盖对土壤微生物功能多样性的影响,研究表明,裸地条件下,肥料合理配施可以增强微生物对碳源的利用程度(AWCD),显著增加微生物功能多样性(Shannon 指数);地膜覆盖和施肥的交互作用降低了微生物对碳源的利用率,降低微生物的丰富度,改变其均匀度。郑华等为了评价不同森林恢复类型与方式对南方红壤丘陵区退化生态系统土壤微生物群落的影响,比较研究了 4 种森林恢复类型土壤微生物的群落特性。结果表明,4 种森林恢复类型土壤微生物生物量碳、细菌数量差异显著,碳源平均颜色变化率(AWCD)和多样性指数(丰富度和多样性)在不同植被类型的土壤中也有明显差异,天然次生林土壤微生物群落利用碳源的整体能力和功能多样性比人工林和荒地强。其研究表明自然恢复更有利于改善土壤微生物的结构和功能。De Fede 等用 Biolog 方法对农田与森林中的土壤微生物群落进行了测定,研究结果表明,对微生物提取液进行稀释会使优势种群富集,劣势种群缺失。研究中还发现不同深度农田土壤中的微生物群落的代谢特性非常接近,这可能是农田土壤经常翻耕的结果。

（三）土壤微生物多样性与环境污染

微生物多样性是反映生态系统受干扰后细小变化的重点监测因子。恢复一个受干扰的生态系统,如矿山复垦,不仅要恢复植被,还要恢复微生物群落。通常情况下,重金属污染土壤或退化受损的土壤对微生物有两个明显效应:一是不适应生长的微生物种类数量的减少或绝灭;二是适应生长的微生物数量的增大与积累。

杨永华等应用 RAPD 和 Biolog 等方法研究了污染土壤的微生物群落,发现农药污染能导致微生物功能多样性和结构多样性的下降,群落多样性指数和均匀度指数均下降,微生物对碳素底物的利用能力也相应减弱。Baath 等用碳素利用法发现 Cu、Ni、Zn 等重金属严重污染会减少能利用有关碳底物的微生物的数量,降低微生物对单一碳底物的利用能力,减少了土壤微生物群落的功能多样性。滕应等用 Biolog 微平板研究了铅锌银尾矿区土壤微生物群落功能多样性,结果显示随着重金属污染程度的加剧,其土壤微生物群落结构发生了相应变化,尾矿区土壤微生物群落 AWCD 值及群落丰富度、多样性指数均显著低于非矿区土壤,且供试土壤间均达到极显著水平差异($P < 0.01$),表明尾矿区重金属污染引起了土壤微生物群落功能多样性的下降,减少了能利用有关碳源底物的微生物数量,降低了微生物对单一碳源底物的利用能力。

二、土壤微生物量

土壤微生物生物量(Soil microbial biomass),是指土壤中体积 $< 50\ 000\ \mathrm{m^3}$ 活的和死的生物体(不含活体植物根系)的总和,其主要生物类群有细菌、放线菌、真菌、藻类和原生动物等。

微生物的生物量自身含有一定数量的 C,N,P,S 等,可看成是一个有效养分的储备库,它对土壤养分具有储存和调节作用,具有"源与库"的调控功能。土壤微生物量虽然只占土壤有机质库很小的一部分,但却是控制生态系统中 C,N 和其他养分流的关键,微生物量库的任何变化将会影响养分的循环和有效性。通常情况下,土壤微生物生物量与土壤有机碳含量关系密切,土壤碳含量高,土壤微生物生物量也相应较高。由于土壤微生物生物量碳、氮能够敏感且及时地反映或预示土壤的变化,因而被越来越多地用作土壤质量的生物指示指标。微生物生物量能敏感地反映土壤过程的变化,因为它比土壤有机物质有更快的周转。研究土壤微生物生物量及其周转有助于我们系统地了解土壤肥力的形成及演变机制,弄清土地利用、环境因子及农业措施对土壤肥力的影响,为土壤培肥及养分诊断提供理论和技术指导。自 1976 年 Jenkinson 等创立熏蒸培养方法测定土壤微生物量以来,土壤微生物量成为国内外的研究热点,在土壤学科最负盛名的"Soil Biology and Biochemistry"杂志上,有关土壤微生物量的论文占近 1/3 之多。

(一)微生物生物量的测定方法

早期测定土壤微生物生物量的方法为显微镜观测法,尽管该方法被认为是研究土壤微生物各种群大小等的一种较为直观的手段,但测定过程繁琐,定量精度低。现在已经建立的几种生物化学方法如熏蒸法、底物诱导呼吸法、ATP 法避免了这一缺陷。这些方法通常通过测定土壤微生物的某种成分(如碳、氮、ATP 等)或生理活性(呼吸速率)来反映土壤微生物质量。目前应用较多的是熏蒸—培养法和熏蒸—提取法。

1.熏蒸—培养法(FI)

20 世纪初,人们采用熏蒸剂控制土传性植物病害时,发现会引起土壤的代谢(呼吸)改变。如果对熏蒸后除去熏蒸剂的土壤进行培养,在短期内熏蒸土壤比不熏蒸土壤会消耗更多的 O_2 和产生更多的 CO_2。Jenkinson 提出,氯仿熏蒸土壤比不熏蒸土壤在一定时间内要释放出较多的 CO_2,这一 CO_2 增量是由被氯仿杀死的土壤微生物被分解为 CO_2 所引起的。因此,通过测定熏蒸土壤呼吸释放出的 CO_2 增量,可以大约指示土壤微生物生物量。后经 Jenkinson 和 Powlson 的一系列研究,证明通过测定土壤 CO_2 的增量,完全能够估算土壤微生物生物量,因而提出了土壤微生物生物碳测定方法——熏蒸培养方法。

Powlson 和 Jenkinson 比较了 γ 射线、高压灭菌、干热灭菌及熏蒸灭菌的效果,发现氯仿熏蒸灭菌处理不会改变土壤物理和化学性质,而且容易从土壤中除去,99%以上的微生物可被杀死,熏蒸后培养过程中释放的 CO_2 增量来源于杀死的土壤微生物。

土壤微生物生物碳(B_c)可根据下面的公式计算

$$B_c = F_c/K_c$$

式中,F_c 为熏蒸与不熏蒸土壤在培养期间(10 d)CO_2 释放量的差值;K_c 为熏蒸杀死的微生物细胞中的碳在培养过程中被分解,并以 CO_2 释放出来的比例。

Jenkinson 等向土壤中分别加入冷冻干燥的 12 种微生物后(2 种酵母、2 种丝状真菌、1 种放线菌和 7 种细菌),以熏蒸培养 10 d 土壤所释放的 CO_2 量与不加入微生物土壤所释放的 CO_2 量之间的比值,计算加入微生物生物量碳的矿化率平均为 50.0% ±8.2%,即 K_c 值为 0.5。Anderson 和 Domsch 也曾作了类似的研究,目前 K_c 一般都采用 0.45。

2.熏蒸—提取法(FE 法)

熏蒸培养法测定土壤微生物生物碳,不仅需要较长的时间,而且不适合于强酸性、含有新鲜有机物质和渍水土壤。Voroney 发现,0.5 mol/L K_2SO_4 提取熏蒸土壤的碳量与土壤微生物生物量有很好的相关性。在此基础上,Vance 等建立了熏蒸提取法作为测定土壤微生物生物碳的基本方法。该方法用 0.5 mol/L K_2SO_4 作提取剂(土水比为 1:4)直接浸提熏蒸和不熏蒸土壤,浸提液中的有机碳用重铬酸钾氧化法测定。

土壤微生物生物碳(B_c)可根据下面的公式计算:以熏蒸与不熏蒸土壤提取的有机碳增量除以转换系数来计算土壤微生物生物碳

$$B_c = E_c / K_{EC}$$

式中，B_c 为土壤微生物生物碳（mg/kg），E_c 为熏蒸与不熏蒸土壤用 0.5 mol/L K_2SO_4 所浸提出来碳的差值，K_{EC} 为 0.5 mol/L K_2SO_4 所浸提出来的、被氯仿杀死的微生物生物量碳的比例。测定 K_{EC} 值的试验方法有直接法（向土壤加入微生物，再用 ^{14}C 底物标记土壤微生物）和间接法（与熏蒸培养法、直接显微镜检法、ATP 分析法及底物诱导呼吸法比较），很多研究者对此作了大量的研究，发现不同的有机碳测定方法得出的 K_{EC} 值不同，如采用化学分析方法，K_{EC} 值为 0.30，而仪器分析方法取 0.45。另外，一些研究者发现由于其他因素如土壤类型、根系等的影响，不同类型土壤（表层）的 K_{EC} 值为 0.20 ~ 0.50。Dictor 等的研究表明，同一土壤剖面不同深度土层土壤的转换系数 K_{EC} 有较大差异，0 ~ 20 cm 的土壤 K_{EC} 为 0.41，而 180 ~ 220 cm 的土壤 K_{EC} 为 0.13。

土壤微生物生物量氮是土壤有机氮中最活跃的组分，与土壤氮素转化有密切关系。但如何测定土壤微生物生物量氮是解决该问题的关键，因此国外围绕土壤微生物生物量氮的测定进行了大量的研究，早期多采用平板计数法测定土壤微生物生物量，再根据微生物体含氮量计算微生物生物量氮，该方法繁琐且不便于常规分析。Jenkinson 等提出的氯仿熏蒸培养法，奠定了简便、快速测定土壤微生物生物量氮方法的基础，相继有不少报道对该方法进行了改进。根据该方法，Shen 等提出氯仿熏蒸通气培养法，该方法根据熏蒸培养后提取的氮素增量及土壤微生物生物量氮的矿化系数（Kv）计算土壤微生物体氮的含量。研究发现，熏蒸培养期间释放的矿质氮既可被微生物利用，又可发生反硝化和氨挥发作用，引起氮素损失，影响测定结果，因此提出了氯仿熏蒸直接提取法，即在氯仿熏蒸后直接浸提释放出的氮素，以熏蒸与未熏蒸土壤浸提的氮素之差为基础计算土壤微生物生物量氮，之后又有不少报道论述了氯仿熏蒸直接提取法测定土壤微生物生物量氮的影响因子，如土壤湿度、预培养、灭菌时间及温度等，使氯仿熏蒸直接提取法测定土壤微生物生物量氮日趋成熟。与氯仿熏蒸培养法相比，氯仿熏蒸直接提取法具有测定快速、简便、适用土壤范围较广且测定结果的重现性较好等优点，目前氯仿熏蒸直接提取法已在世界上广泛应用。

（二）土壤微生物生物量对农业生态条件的反馈作用

土壤微生物生物量可以敏感地反映出不同土壤生态系统间的差异。Luizao 等发现，草地或林地开垦为耕地后会导致土壤微生物量的下降，这可能是由于耕作使土壤有机质很快分解，进而土壤微生物活性降低。Chander 等的研究表明，造林可以改进土壤有机质状态，增加土壤营养库与微生物活性。Wagai 等调查了美国中西部免耕及翻耕玉米生态系统内的土壤微生物量，发现耕作管理方式能影响微生物量。有人通过连续 3 年的采样测试发现，免耕土壤的微生物量明显高于翻耕土壤。许多报道认为，免耕土壤中微生物生物量和细菌功能多样性高于传统耕作土壤。一般认为，减少耕作能增加大团聚体数量，可能增加微生物多样性和微生物生物量。另外，Carter 和 Sarathchandra 等研究发现免耕或施用有机肥可使土壤表层微生物量增加。无机化肥的施用对土壤微生物的影响比较复杂，Lee 和 Jose 发现施用氮肥可导致棉白杨（Cotton wood）和火炬松（Loblolly pine）土壤微生物量降低。Lovell 等通过选用不同氮素管理方式的土壤，研究了厌氧培养条件下微生物量碳的变化情况，发现施氮处理草地的微生物量碳变化程度低于未施氮处理。Stark 等发现管理方式的不同对微生物生物量有影响，表明作物轮作与植被类型对土壤微生物量的影响大于施肥对其的影响。Imberger 和 Chiu 研究了台湾亚高山针叶林与草地土壤中的细菌与真菌生物量，发现森林土壤中的细菌与真菌生物量明显高于草地。Shanna 等在对锡金 Minlay 流域进行研究发现，当林地转变为农业用地和荒地时,能够导致土壤微生物的明显减少,其中林地转变为荒地会导致微生物生物量氮减少78%,微生物生物量碳减少73%,微生物生物量磷减少71%。

高云超等对免耕、连茬和翻耕三种农业措施下的土壤微生物生物量研究表明,土壤微生物生物量碳不仅与有机质呈明显正相关,而且与土壤全氮、有效氮、全磷和有效磷之间均呈极显著相关。张海燕等对不同利用方式的19个黑土样品的微生物生物量和养分状况进行了分析,结果表明土壤微生物生物量和土壤养分含量大体上都呈现出林地 > 大豆地 > 玉米地的趋势,同时土壤微生物生物量与土壤有机质、全氮、全磷、速效钾呈现出显著或极显著的正相关关系,并且土壤微生物的生物量碳比生物量氮更为灵敏。Tessier 等的研究发现,绿肥的施用增大了土壤微生物生物量的空间变异,微生物生物量的变异还与土壤 pH 值、地理位置等因素有关。

土壤微生物生物量的季节变异在欧洲已有报道,Uckan 和 Okur 对耕地和草地土壤中微生物生物量和酶活性的季节性变化进行了量化研究,发现不同取样时期土壤微生物生物量、可矿化碳和蛋白酶活性差异显著。Arunachalam 等在印度东北部亚热带成熟阔叶林研究了林隙大小和土壤性质对土壤微生物生物量动态的影响,结果表明,土壤微生物群体在温度和湿度较低时较小,在雨季达到峰值。隋跃宇等研究了不同施肥制度下黑土土壤微生物量碳氮在玉米生育期内的变化情况后指出,有机肥与 NPK 化肥配合施用比无肥、单施有机肥、单施化肥处理能显著增加玉米各生育时期的土壤微生物量碳氮,且各处理土壤微生物量碳氮均在玉米大喇叭口期达到最高。

由以上可以看出,土壤微生物对土壤有机质和养分有重要的调节作用,土壤微生物生物量与土壤养分之间密切相关,在不同的农业生态条件及环境条件下有显著的差别,是表征不同农业生态条件及环境条件下土壤肥力生物学状况的良好指标。

(三)土壤微生物量与环境污染

重金属污染对微生物量及其活性有永久性影响,除非有办法去除重金属元素。研究表明,重金属污染的土壤,其微生物生物量存在着不同程度的差异。Kandeler 等研究指出 Cu、Zn、Pb 等重金属污染矿区土壤的微生物生物量受到严重影响,靠近矿区附近土壤的微生物量明显低于远离矿区土壤的微生物量。研究表明,不同重金属及其不同浓度对土壤微生物生物量的影响效果也不一致。Chander 等研究了不同重金属浓度对土壤微生物生物量的影响,结果表明只有当重金属浓度达到欧盟制定的标准土壤重金属环境容量的 2 ~ 3 倍,才能表现出对微生物生物量的抑制作用。另有研究结果表明,低浓度的重金属能刺激微生物的生长,增加微生物生物量碳;而高浓度重金属则导致土壤微生物量碳的明显下降。Khan 等采用室内培养实验,研究了 Cd、Pb 和 Zn 对红壤微生物生物量的影响,当其浓度分别为 30 $\mu g/g$、450 $\mu g/g$、150 $\mu g/g$ 时导致微生物生物量的显著下降。土壤环境因素也影响重金属污染对土壤微生物生物量的大小,如 Baath 等研究表明,重金属污染对不同质地土壤的微生物生物量的影响是不同的,对砂质、砂壤质土壤的微生物生物量的抑制作用比壤质、黏质土壤大得多。

除重金属外,农药包括杀虫剂、杀菌剂和除草剂等对微生物生物量均能产生暂时性的或永久性的影响。3 种除草剂对微生物生物量影响的研究表明,施用西玛来 8 kg/hm^2、莠去净 4 kg/hm^2 对微生物生物量没有影响,但莠去净 8 kg/hm^2 的用量对微生物产生抑制作用,而敌草隆 4 kg/hm^2 则能全部杀死土壤微生物。俞慎等在研究红壤微生物生物量对多效唑及杀虫剂等有机农用物质的反应时表明,多效唑和杀虫脒施入土壤会影响土壤微生物的生存和繁殖,导致红壤微生物生物量的下降。

总之,土壤微生物对土壤中有害物质如重金属、农药、酸害、除草剂等反应敏感,因此可借助土壤微生物生物量的分析诊断土壤环境的健康状况。

三、土壤微生物生态学研究方法

土壤是一个多介质、多组分构成的复杂自然体。土壤的宏观类型和微观结构都相当复杂,并且许多是未知的。在自然土壤条件下,各类土壤微生物的组成和活动及其引起的生物化学过程又是相互交替、相互影响、错综复杂的。用以研究和描述土壤微生物生态学的相关指标和方法很多,大致有以下几个方面:(1)传统的微生物平板纯培养方法;(2)从微生物的代谢功能与生物活性来描述,主要包括土壤微生物呼吸(基础呼吸、底物诱导呼吸法)、土壤微生物生物量(氯仿熏蒸浸提法)、土壤酶活性、能量代谢类型等;(3)Biolog 微平板分析方法;(4)脂肪酸分析方法;(5)从分子水平来研究微生物群落结构的多样性,如从土壤微生物 DNA 基因多态性、从某一类群或者优势微生物种类组成及其数量来研究(对土壤中的固氮菌、根瘤菌、菌根菌、产甲烷细菌等的多样性的研究)。

(一)传统土壤微生物生态学研究方法

利用选择性或非选择性培养基来分离和筛选出土壤微生物,再根据其表型性状、生理生化性状等来分析微生物种群,这种方法对研究可培养微生物是很方便的,目前仍然是研究可培养微生物的主要方法。但由于土壤微生物种群和生活习性的多样性,实际上只有很少一部分微生物能够在培养基上生长,所以,此方法不可避免地会低估土壤微生物的种类和数量。另外,培养基的成分影响微生物的生长状况,故培养基的选择可强烈影响所得菌落的多样性。随着人们对土壤中微生物的原位生存状态的研究,越来越发现,这种传统的微生物纯培养方法,不能了解土壤微生物的原位生态功能,很难全面地估计微生物种群多样性,对大量的具有潜在应用价值的微生物资源无法很好地开发利用。因此这种传统的研究方法只能作为一种辅助手段,并且只有与其他先进方法结合起来才能较为客观而全面地反映微生物群落结构的真实信息。

(二)土壤微生物量研究方法

经过近 30 年的努力,目前已经建立了比较完善的土壤微生物量碳、氮、磷分析技术。比较费时、费力而且应用范围受到限制的熏蒸培养方法,早已经被熏蒸浸提方法所取代。Brookes 提出了一种直接的估计微生物 P、N 的方法(FE),并可测定微生物 C、S,是目前较好的微生物量测定方法,它适合批量测定,适用土壤范围广。但 FE 方法针对不同的土壤、不同的要素需要制定不同的参数。Anderson 和 Domsch 提出底物诱导呼吸方法(Substrate-induced respiration, SIR)来分析微生物量,此方法的产生基于微生物纯培养研究,根据微生物对易利用底物的反应强度与微生物量存在线性关系来测定土壤微生物量。

(三)Biolog 微平板法

Biolog 方法是将土壤悬液接种到 Biolog 微平板上,该平板上含有 95 种(GP - 板和 GN - 板)或 31 种(Eco 板)不同的 C 源,其中包括几种碳水化合物、羧酸、聚合物、胺类和氨基酸等,微生物在利用碳源过程中产生的自由电子,与四氮唑盐染料发生还原显色反应,颜色的深浅可以反映微生物对碳源的利用程度和情况。由于微生物对不同碳源的利用能力很大程度上取决于微生物的种类和固有性质,因此在一块微平板上同时测定微生物对不同单一碳源的利用能力(Sole carbon source utilization, SCSU),就可以鉴定纯种微生物或判定和分析微生物群落的功能代谢能力差异情况。

该方法由美国的 BIOLOG 公司于 1989 年开发成功,最初应用于纯种微生物鉴定,至今已经能够鉴定包括细菌、酵母菌和霉菌在内的 2 000 多种病原微生物和环境微生物。1991 年 Garland 和 Mill 开始将这种方法应用于土壤微生物群落的研究。Biolog 方法用于环境微生物群落研究,具有以下特点:(1)灵敏度高,分辨力强;对多种 SCSU 的测定可以得到被测微生物群落的代谢特性指纹(metabolic finger print),分辨微生物群落的微小变化。(2)无须分离培养纯种微生物,可最大限度地保留微生物群落原有的代谢特性。(3)测定简便,数据的读取与记录可以由计算机辅助完成;微生物对不同碳源代谢能力的测定在一块微平板上一次完成,效率大大提高。缺点是仅能鉴定快速生长的微生物。

从国内外近几年的研究来看,Biolog 微平板法在研究污染土壤微生物群落结构及其多样性方面发挥了越来越重要的作用。Banerjee 等用 Biolog 分析了灌溉污水污泥对土壤微生物群落结构和功能多样性的影响,发现高浓度污水污泥降低了土壤微生物多样性,但总的土壤微生物量和 N 的矿化速率并没有变化或增加。Busse 等利用 Biolog 技术和可培养方法研究了草甘膦对在不同土壤位点种植 *Pinus ponderosa* 的土壤的微生物群落的影响。结果表明草甘膦能毒害细菌和真菌,引起可培养细菌种群数量下降,随着草甘膦施用浓度的增大,存活细菌的生长速率和代谢多样性下降;微生物呼吸作用在草甘膦施用浓度为 5 ~ 50 μg/g 时没有变化,但施用浓度达到 100 倍以上时受到刺激;长期重复施用草甘膦对季节性微生物特性的影响则很小。姚斌等利用 Biolog 方法研究了甲磺隆除草剂对土壤微生物多样性的影响,发现甲磺隆除草剂在使用浓度较高时(10 mg/kg)明显降低土壤微生物多样性,并且这种抑制效果随时间而变化,培养初期影响不显著,随培养时间的推移甲磺隆对土壤微生物多样性的影响加剧。

(四)磷脂脂肪酸(PLEA)分析法

磷脂脂肪酸(Phospholipid fatty acid, PLFA)分析是一种生物化学的方法,它用于分析微生物群落的多样性主要基于以下原因:首先,PLFA 存在于除古细菌外的所有活细胞的细胞膜上,在细胞死亡后会很快分解掉,因此环境样品的 PLFA 图谱可代表整个活的微生物群落;其次,不同的微生物具有不同的 PLFA 种类,因此 PLFA 可以作为环境中微生物种类组成的指标;最后,微生物的 PLEA 含量与微生物生物量具有一定的比例关系,通过测定各类群微生物的 PLFA 含量可以获得各类群的微生物生物量,而其他方法,如现在普遍应用的熏蒸浸提法等只能测定整个微生物群体的生物量。

磷脂脂肪酸谱图分析法首先将磷脂脂肪酸部分用 Bligh 和 Dyer 法提取出来,然后用气相色谱分析,得出 PLFA 谱图。群落的微生物结构发生变化,即可以通过谱图的变化得到快速有效的监测。甲基脂肪酸(Fatty acid methyl ester,FAME)是细胞膜磷脂水解产物,该法是利用 MIDI 系统(一种气相色谱分析系统)分析出全细胞的 FAME 谱图。Wilkinson 和 Anderson 用 PLEA 谱图法找出了微生物群落结构与树木根系的关系。Haack 等人通过试验验证了 FAME 谱图法分析土壤微生物群落的可行性,还同时进行了生物量、分类结构的试验,结果表明 FAME 谱图法能够检测出土壤微生物群落细微变化,为人们提供了一个检测土壤微生物群落的常规方法。

(五)分子生物学方法

分子生物学技术应用于土壤微生物生态学研究,大大加速了该学科的发展速度,出现了土壤微生物分子生态学。顾名思义,土壤微生物分子生态学是利用分子生物学技术手段研究土壤微生物与生物(Biotic)及非生物(Abiotic)环境之间相互关系及其相互作用规律的科学,主要研究土壤微生物区系组成、结构、功能、适应性发展及其分子机制等土壤微生物生态学基础理论问题。

许多研究已经证实,通过传统的分离方法鉴定的土壤微生物只占环境微生物总数的0.1%~15%,这些传统方法显然难以反映土壤微生物群落的演变及其作用机制。应用现代生物化学和分子生物学方法的土壤微生物分子生态学,克服了传统土壤微生物生态学研究技术的局限性,获取了更加丰富的土壤微生物多样性信息,推动着当今土壤微生物生态学研究的进一步发展。

土壤微生物分子生态学研究方法主要是基于荧光显微技术、PCR 技术等理论基础发展起来的。以荧光为基础的显微技术在微生物生态学研究中应用广泛,主要包括荧光标记蛋白的应用、荧光原位杂交(Fluorescent in situ hybridization, FISH)等。基于 PCR 技术的研究方法非常多,主要包括 PCR – 限制性片段长度多态性(PCR-restriction fragment length polymorphisms, PCR-RFLP)、PCR-单链构象多态性(PCR-single strand conformational polymorphism, PCR-SSCP)、PCR-变性梯度凝胶电泳(PCR-denatured gradient gel electrophoresis, PCR-DGGE)和实时荧光定量 PCR 技术(Real time fluorecence quantitative, PCR)等。

1. 荧光标记蛋白的应用

许多微生物在环境变化过程中表现出一种"存活但不能被培养"(Viable but nonculturale, VBNC)的状态。在这种状态下,细胞不能在传统的培养基上生长,但仍然处于存活状态,并在一定条件可以恢复代谢活性并转入可培养的状态。Lowder 等人用绿色荧光蛋白(Green fluorescent protein, GFP)的一种短半衰期突变株作为新陈代谢的指示,对这种状态的微生物进行了研究。这种不稳定的蛋白不同于一般的 GFP,在"饥饿"或者 VBNC 状态下很快失去荧光。这样,我们就可以用 GFP 作为指示剂监测由于环境变化而引起的微生物新陈代谢的变化。

2. 荧光原位杂交

荧光原位杂交主要是用于研究原核生物,它可以直接鉴定以及定量分析样品中特定的微生物或者是分类群。该方法中,整个细胞是被固定的。它的 16S 或者 23S rRNA 与荧光标记的特异性寡核苷酸探针杂交,再由共聚焦激光扫描显微镜(Scanning confocal laser microscopy, SCLM)观察固定的细胞。由于杂交的是整个细胞,省去了提取 DNA、PCR 扩增以及克隆等步骤。Gall 和 Pardue 等于 1969 年最早介绍了荧光原位杂交技术。这项技术最早应用于放射性的互补序列作探针对 DNA 靶序列进行研究。荧光原位杂交(Fluorescence in situ hybridization, FISH),就像 Northern、Southern 印记一样,是基于两个寡核苷酸通过互补序列配对。但是对 FISH 来说,靶序列是留在组织中而没有必要像 Northern、Southern 技术一样在杂交之前首先要分离核酸。Uphoff 等人在研究海洋微小浮游生物的时候应用 FISH 技术来确定群落的丰度。

3. PCR-DGGE(PCR – 变性梯度凝胶电泳技术)

变性梯度凝胶电泳(Denaturing gradient gel electrophoresis, DGGE)原来是应用于染色体 DNA 点变异检测上的方法。在 1992 年,由荷兰科学家 Muyzer 在西班牙召开的第 6 次微生物生态学会议上,首次介绍了 DGGE 技术应用于微生物生态学研究上的可能性。1993 年 Muyzer 等首先在 Applied and Environmental Microbiology 上发表 DGGE 方法在微生物生态研究上的应用,随后 DGGE 便在欧洲迅速发展。几乎同时,德国学者 Smalla 于 1995 年建立了温度梯度凝胶电泳(Temperature gradient gel electrophoresis, TGGE)技术丰富了分子技术在微生物生态学上的应用。随后 1998 年在加拿大召开的第 8 次世界微生物生态学会议上就有约 80 份有关利用 DGGE 和 TGGE 的学术报告。可见这些技术在微生物生态学领域发展之迅速。

4. PCR-RFLP(PCR – 限制性片段长度多态性)分析方法

限制性内切核酸酶,又称限制酶(Restriction endonuclease),特异地结合于一段 DNA 的识别序列或其附近的特异位点上,并在此切割双链 DNA。因此,特定的限制性酶谱图可以对群落中的微生物加以区分。PCR-RFLP(PCR-restriction fragment length polymorphisms)法是将 PCR 引物中的一条加以荧光标记,反应后用限制酶切、电泳分析,再根据片断的大小不同以及标记片断种类和数量的不同分析群落的结构及组成多样性。现在很多研究人员利用 16S rRNA 来研究土壤微生物的多样性。耕作过的土壤中微生物种群结构的变化越来越多地引起人们的重视,Buckley 等提取土壤中微生物的 RNA,通过标记过的不同引物扩增,确定 16S rRNA 的丰度。同时可以根据 PCR 扩增的 16S rDNA 的荧光标记末端限制性片段长度多态性(Fluorescently tagged terminal restriction fragment length polymorphisms, T-RFLP)来判断微生物群落的生态状况。

5. PCR-SSCP(PCR – 单链构象多态性)分析方法

PCR – 单链构象多态性研究(PCR-Single strand conformational polymorphism, PCR-SSCP)方法近年来被应用到微生物分子生态学的研究。单链 DNA 片段呈复杂的空间折叠构象,这种立体结构主要是由其内部碱基配对等分子内相互作用力来维持的。当有一个碱基发生改变时,会或多或少地影响其空间构象,使构象发生改变。空间构象有差异的单链 DNA 分子在聚丙烯酰胺凝胶中受排阻大小不同。因此,通过非变性聚丙烯酰胺凝胶电泳(PAGE),可以非常敏锐地将构象上有差异的分子分离开,这是此方法用来分离不同 DNA 片段的理论基础所在。Frank 等人通过对根系微生物的分析表明 PCR-SSCP 可以很好地分析微生物群落的动态变化,并应用此方法研究了种植对土壤微生物群落的影响。Sabine 等用该方法研究群落的演替和菌种的多样性,并同传统的培养方法比较指出 PCR-SSCP 方法避免了传统培养的费时、费力以及误差大的干扰,适合对微生物群落结构和演替的分析。

6. 实时荧光定量 PCR 技术(Real time fluorescence quantitative PCR)

对定量 PCR(Quantitative PCR)技术最早描述的是 Holland 等人。后来,Gibson 等对实时 PCR(Real time PCR, RT-PCR)技术进行了描述。这种技术保留了 PCR 技术的敏感性和特异性,而且由于应用了荧光探针,可以通过光电传导系统直接探测 PCR 扩增过程中荧光信号的变化以获得定量结果,所以还具有 DNA 杂交的高特异性和光谱技术的高精确性,克服了常规 PCR 的许多缺点。

将传统 PCR 检测模式中的 PCR 扩增和检测相结合(即在同一个密闭容器中将 PCR 扩增反应与荧光标记探针检测结合在一起)检测目的核酸的方法纷纷出台。这样的检测方法称为"实时"PCR,表示 PCR 扩增产物可被实时检测。准确地说,"实时"是指在每一个 PCR 循环后检测扩增产物,当 PCR 扩增反应结束后,我们可以得到每个样品的 PCR 扩增产物变化曲线。通过分析这些反应曲线,可以对原模板的数量进行精确定量。实时荧光 PCR 技术基于荧光共振能量转移(Fluorescent resonance energy transfer, FRET)原理:当两个荧光基团靠近时,高能量荧光基团会将受激发产生的能量转移到相邻的低能量荧光基团上。由于标

记在探针上的两种荧光基团所发出荧光信号的变化可以反映 PCR 扩增产物的数量变化,从而使得荧光 PCR 技术可以起到实时检测的目的。目前,根据荧光基团在寡核苷酸探针上的不同标记形式,各种荧光 PCR 检测试剂盒所采用的荧光探针基本可以分为三种类型:Taqman 探针、分子信标和荧光杂交探针。

第三节　解磷微生物

　　磷是农业生产中最重要的限制因素之一,磷肥的供求不仅是现在而且更是将来农业生产的突出矛盾之一。近几年来,随着磷肥工业的发展,磷肥在农业中的用量不断增加,并且由于土壤特定的理化性状及磷酸盐的化学行为,作物对磷肥的利用率很低,当季利用率一般只有 5%~10%,加上作物的后效,一般也不超过 25%。因此大部分磷肥作为无效态(难溶态)在土壤中积累起来。然而,世界绝大部分耕地土壤又严重缺磷,全世界 13.19 亿公顷的耕地中约有 43% 缺磷,我国 1.07 亿公顷农田中大约就有 2/3 严重缺磷。据报道,至少有 70%~90% 的磷进入土壤而成为难以被作物吸收利用的固定形态。在这些土壤中,有效磷含量往往很低而全磷量较高,而有些微生物却能将土壤中的固定态磷转化为有效态磷,增加利用效率。

一、磷的地球生物化学循环过程

　　磷素的地球生物化学循环是典型的不完全循环,其中的磷素生物小循环又极为不活跃,加强磷素生物小循环就可减弱磷素生物地球化学大循环,进而就能缓解土壤缺磷、磷矿资源衰竭以及磷素非点源污染等问题。磷的地球生物化学循环过程主要包括:(1)植物根系分泌物和微生物的溶解作用或其他作用释出磷酸二氢根离子;(2)植物、微生物、动物合成有机磷化合物;(3)微生物分解动植物残体中的有机磷化合物;(4)土壤成分对无机磷或有机磷化合物的固定(如图 6 - 2 所示)。

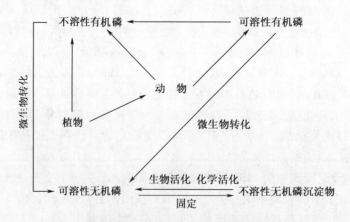

图 6 - 2　磷素生物地球化学循环图

　　生长在同一土壤中的不同植物以及生长在不同土壤中的同种植物,其含磷量往往不同,这说明不同植物利用土壤磷的能力或多或少有些差异,同种植物在不同土壤中对磷的地球生物化学循环的影响程度也不同。植物可以从土壤中吸收无机磷酸根，通过体内一系列生物化学反应过程合成有机磷，再以有机物形式归还于土壤。有机磷则在磷酸酶作用下分解成无机磷，从而完成磷的生物循环过程。

农业生态系统中，由于农产品被取走以及地表径流和侵蚀的影响，土壤中磷受到损失。磷素循环是开放型的，为了补偿这种损失和提高农作物产量需要施用磷肥，但这样更难以估计土壤磷素循环的作用。天然生态系统和农业生态系统中，进入土壤中的植物、动物和微生物残体（地上部分和地下部分），为维持营养元素循环提供了必要的能源，同时也保证了这些残体中的磷重新进入磷素循环系统。无脊椎动物在磷素循环中的作用，主要取决于它们刺激微生物活性的能力。

二、微生物在磷的地球生物化学循环中的作用

自然界中的微生物参与磷的地球生物化学循环，其作用是多方面的，既可以使有效磷固定化，也可以使无效磷有效化。总体来说，微生物对磷的分解作用强于合成作用，微生物可以推动土壤中磷的有效化。

土壤微生物与土壤磷之间关系的研究开始于 20 世纪初，Sackett 发现，一些原本不溶的磷酸盐和天然磷矿石能被一些细菌溶解利用。之后 Gerretsen 等研究了微生物对植物吸收磷的影响，结果表明，生长于不灭菌土壤中的植物干重比生长于灭菌土壤中的植物增加了72%~188%，吸磷量增加了79%~340%。他认为这是土壤微生物作用的结果，但他没能对其作用机理作出解释，在此之后，许多学者纷纷研究并报道了土壤微生物对固定态磷的利用和转化。

微生物分解含磷化合物的作用，分为有机磷化合物的分解和无机磷化合物的分解两个方面。前者主要是微生物产生的各种酶参与的结果。在土壤这个复合体中，有机磷的变化非常复杂，经常形成一些难分解的化合物。如有机磷化合物在泥炭、腐殖质中，可与某些有机质形成络合物。这些复杂的化合物只有在微生物相应酶的作用下才能分解。例如芽孢杆菌对植素的水解是根际有效磷的一个重要来源，细菌产生植酸酶可以水解植素。研究荧光假单胞菌和溶磷巨大芽孢杆菌分解卵磷脂和核酸的结果表明，磷酸酶是上述有机磷化合物分解的主要因素。此外，这两种细菌对腐植酸的分解能力也与它们分泌多酚氧化酶的强度有关。微生物促进磷有效化的另一重要方面是对土壤中无机磷化合物的溶解作用。这主要是它们在生命活动中产酸的结果。这种酸往往在细菌转化糖时形成，对多种矿物有溶解作用，甚至可以溶解难溶的天然磷灰石。这些有机酸对无效磷有效化起着举足轻重作用。

微生物对有效磷的固定化作用主要是指为了生命需要，微生物吸收土壤中的可溶性磷，合成菌体物质，将可溶性磷转化为有机磷暂时固定起来，不能为植物直接吸收利用。当微生物死亡后，微生物机体中的有机磷又重新以有效磷形式被释放出来。

（一）微生物对提高磷矿粉利用率的作用

为了提高磷矿粉直接施用时的肥效，国内外已经作了许多相关研究。

1. 提高磷矿粉肥效的微生物学途径

土壤中蕴藏着自然界最丰富的微生物资源，存在着许多不同生理型、营养型和生态型等丰富多样的微生物种类。解磷菌是具有分解含磷化合物或促进磷素有效化作用的微生物总称，它们能更好地改善磷矿粉的肥效。

2. 磷矿粉与微生物菌剂混施提高磷矿粉肥效

天津师范大学采用速效磷和全磷测定及扫描电镜观察的方法,对液体培养的用于制备微生物肥料的磷细菌的溶磷作用进行了研究,发现施用磷细菌肥料能使小麦、玉米增产,使甘蓝增产和早熟,水果增甜。魏以和等在综述《磷资源利用新途径的探索:磷矿的微生物处理》上也提到了用微生物来溶磷矿以提高肥效的想法。边武英等以针铁矿—磷复合体为唯一磷源,研究了高效解磷菌对矿物专性吸附磷的活化能力,其机制主要是通过产生有机酸与矿物吸附磷发生竞争吸附或配位交换作用。而 Hakanwallander 发现接种外生菌根菌如乳牛杆菌属也能增加松属科类对磷灰石中磷的吸收。增加含磷矿粉培养液中的磷含量,对解磷微生物 *Rhizobium*、*Bradyrhizobium* 溶磷能力影响不显著,增加 $CaCl_2$、$CaCO_3$ 和 $Ca(OH)_2$ 的量可使其溶磷效果提高。这说明离子浓度能在一定程度上影响磷矿粉的肥效。S. Banik 和 B. K. Dey 曾经在淤积土中分离到两株真菌和两株细菌,在实验室条件下发现两株真菌效果明显优于细菌,四株菌均能不同程度地溶解磷矿粉中的难溶性磷,但是田间试验却表明四株菌和磷矿粉混施时,效果不显著,尽管实验室摇瓶条件下能较高地提高含有 $Ca_3(PO_4)_2$、$AlPO_4$、$Fe_3(PO_4)_2$ 培养液中的有效磷。

(二)微生物在提高磷肥利用率与活化土壤中固定磷的作用

目前生产上应用最多、最广的是高水溶性磷肥,这类磷肥施入固磷能力强的土壤后很快被固定为植物难利用的形态,当季利用率很低。

很多因素影响土壤磷的利用效率,微生物对土壤磷的利用率、土壤磷的转化和有效性影响很大。为了进一步提高磷肥的当季利用率,减少土壤对磷酸盐的吸附固定,充分发挥难溶性磷酸盐的潜力,使其能为作物吸收利用,以保证农业的增产、高产和稳产,学者们提出了用微生物来减少磷肥固定的方式。关于溶磷细菌和真菌的研究除了提高磷矿粉肥效之外,另外就是针对土壤难溶性磷酸盐的溶解展开的,而对于以可变电荷矿物如高岭石、铁铝氧化物为主的土壤专性吸附磷的微生物转化和利用的研究较少。如何开发利用这部分固定磷以提高磷肥利用率成了当务之急。

土壤微生物是土壤养分转化和循环的动力,利用微生物来提高土壤固定态磷的利用率,是行之有效的方法。大量研究结果证明:土壤中存在大量微生物,能够将植物难以吸收利用的磷转化为可吸收利用的状态。

最近几年,何振立等对专性吸附的微生物利用作了一些研究。为避免土壤磷尤其是有机磷的干扰,何振立等利用人工合成的针铁矿、无定形氧化铝和天然高岭石等可变电荷矿物为研究对象,进行了可变电荷矿物表面专性吸附磷的微生物利用和转化研究。结果表明,微生物能有效地利用专性吸附磷,经过 3 周的培养,被高岭石、针铁矿和无定形氧化铝吸附的磷的微生物转化率分别达到 42%~43%、42%~46% 和 38%~43%,这比作物当季对可溶性磷肥利用率高出 4~8 倍。在被微生物转化的吸附磷中,有 17%~34% 是水溶性和可用 0.5 mol/L $NaHCO_3$ 提取的磷,23%~37% 转化为微生物磷,这部分被转化的吸附磷更利于植物有效利用。就微生物如何利用专性吸附磷这一问题,何振立认为主要有两个方面:一是微生物产生了低分子量有机酸,如草酸、柠檬酸等,较为明显的特征是培养基 pH 明显下降,这些有机酸能增强可变电荷矿物的溶解,从而释放吸附的磷。二是有机阴离子可与磷酸根竞争吸附,通过配位交换释放磷酸根。

三、细菌的溶磷作用

早在 1958 年就有人提出磷细菌的平板筛选法分离筛选模型,主要是依据微生物分解或转化植物难以利用的含磷化合物的能力，或促进植物吸收磷素营养的能力。其基本方法是：在缺磷的基础培养基上，加入控制磷源。如分离无机磷细菌时，通常用磷酸三钙或者磷矿粉为控制磷源；而分离有机磷细菌时，主要以卵磷脂或者植酸钙为控制磷源。

（一）国外关于磷细菌的早期研究

20 世纪 50 年代，在前苏联和东欧一些国家，"磷细菌"作为植物种子和土壤接种剂倍受青睐。在前苏联国营农场和集体农庄推广菌肥发现，磷细菌不仅改善植物磷素营养，也加强了土壤中硝化细菌和其他有益微生物的活动，显著地改善了植物根部营养。试验证明，在所有使用地区对谷类作物、蔬菜和饲料作物的增产效果很大。在黑钙土和栗钙土地区磷细菌肥料特别有效，在生草灰化土上同时施用有机肥料和磷细菌肥料时，冬麦、春麦、马铃薯、亚麻纤维等显著增产。在缺水及酸性土壤中增产效果不好，而在正确耕作条件下同时施用石灰、堆肥或厩肥时磷细菌的肥效良好。美国农业部的专家们曾在前苏联引进巨大芽孢杆菌，发现这种细菌很容易溶解难溶性的石灰性磷酸盐，在西红柿田地中施用该肥料，能使其产量增加 7.5%。磷细菌施用的方法，接种磷细菌的土壤性质以及土著微生物的种类、数量会影响到磷细菌肥料的使用效果。

Sperber 等检测出溶磷细菌所产生的各种有机酸，如乳酸、羟基乙酸、延胡索酸、琥珀酸等。他从土壤中分离得到的细菌中有半数以上能生长在以难溶性磷酸盐为唯一磷源的培养基上，且溶磷细菌培养基 pH 明显下降，认为这是细菌产酸的结果，同时也发现解磷微生物在根际的数量远远大于其在周围土壤中的数量，这可能与根际磷素消耗较快有关。H. A. Louw 等将分离得到的 100 多种细菌涂布于以钙磷灰石为唯一磷源的培养基上，发现在菌落周围产生溶解圈，认为这是产生乳酸和 2 - 酮基葡萄糖酸溶解钙磷灰石的结果，溶解机理是酸化和钙离子的螯合作用。Rajan 等虽报道在田间施入一种"超生物体"可提高磷肥有效性，但这种超生物体是磷矿粉、硫颗粒和硫细菌的混合物，它是通过硫氧化细菌的作用使硫颗粒氧化成硫酸，再由硫酸溶解磷矿粉，来提高磷肥利用率。

Aghu 和 Macrae 于 1948 年在深层水稻土中发现了解磷微生物，在厌氧和需氧条件下均能找到解磷微生物。Uarova 在《溶溶磷酸三钙的细菌》中指出小麦根际有能溶溶磷酸三钙 $[Ca_3(PO_4)_2]$ 的微生物存在，在水稻与燕麦种子中接种这些细菌能提高果实与秸秆中的磷含量。

（二）国内关于磷细菌的早期研究

我国对磷细菌的研究工作起步于 20 世纪 50 年代，曾在土壤中分离到了一些能够分解难溶性有机磷的菌种如巨大芽孢杆菌（*Bacillus megaterium*），假单胞菌（*Pseudomonas*）等。华中农业科学研究所的范芸六在《从施用混合肥料后的土壤中分离出硝酸细菌及其分溶磷矿石粉的能力》中指出，接种 10 d 后，接种磷细菌的水溶性磷是对照的 266%。东北农业科学研究所的磷细菌研究工作者们以 1954 年分离并经过室内矿化能力测定、盆栽试验初步确定的较优菌株进行了田间接种试验。同时东北农业科学院还作了磷细菌对大豆饼粉中有机磷化合物及磷矿粉中难溶无机磷化物转化为有效磷的初步试验。于 1957 年举行的中国土壤学会第二次会员代表大会指出，分解有机磷素能力强的细菌种类有作为磷细菌肥料的价值。王书锦和何锦星在福建省农业综合试验站所做的小麦细菌肥料试验，曾经将人粪尿与厩肥、福建连城磷矿粉按 10∶10∶1 混合，然后再加混合菌剂，其中包括矿质磷细菌，其产量比不接菌和只接自生固氮菌分别提高 9.08% 和 5.78%。

四、真菌的溶磷作用

溶磷真菌在数量和种类上远不及溶磷细菌,从同一土壤上分离出来的溶磷细菌数目可以是溶磷真菌的几倍、几十倍甚至上百倍。然而前人报道溶磷真菌的溶磷能力一般要强于细菌。目前研究报道的溶磷真菌多为青霉属和曲霉属。Asea 等用^{32}P 同位素标记技术研究表明,将一种青霉菌接种于小麦生长的土壤中,小麦吸收磷的 18% 来自于难溶性磷源。也有研究表明,小麦接种了具有溶磷能力的真菌,其干重和吸磷量均有所增加,外加矿物磷酸盐可使小麦干重进一步增加;在有效磷较低的黑钙土上接种该菌后,小麦干重可增加 1.7 倍,吸磷量增加 2.3 倍。

黑曲霉是一种溶磷效果非常好的菌株,但由于它是多种植物的病原微生物,在土壤中大量存在,可导致种子霉烂和根系腐烂,故黑曲霉等真菌不宜作为解磷菌剂在土壤中直接应用。

Asea 和 Kucey 通过进一步研究发现,铵根离子对所研究的溶磷真菌是不可缺少的,这说明其溶磷机制可能与铵离子同化过程中质子释放有关,而不是与产有机酸有关。此外,对曲霉的溶磷也有一些研究报道,Cerezine 和 Nahas 等报道了液体培养过程中,随着黑曲霉菌丝体的生长,不溶性磷酸盐的溶解能力增加。Vassilev 用甜菜残渣作培养基研究了黑曲霉对矿物磷酸盐的溶解,也发现矿物磷酸盐随着时间增加而溶解能力增加,最高达 292 μg/mL。Illmer 等也报道了黑曲霉等 4 种真菌都能有效地溶解难溶性磷酸铝,并认为黑曲霉溶磷的机理可能是与其能产生大量有机酸有关,如柠檬酸、草酸、葡萄糖酸等,而对于其他三种不产酸的真菌,溶磷的最好解释是与铵离子同化过程中质子释放有关。有关菌根真菌增加植物磷吸收的研究也较多,对其机理的解释也是多方面的,其中重要的一个方面是菌根真菌分泌有机酸,可以促进难溶性无机磷的溶解。

五、解磷微生物可促进多种作物生长

K. Raghu 在水稻根际和淹土中发现需氧和厌氧解磷微生物的存在,它们对水稻生产有刺激作用。Sudhansus(1998)在 60 种土样中分离到一株解磷菌,发现它们用在荞麦、苋菜和玉米等作物上均能提高作物产量和品质。通过在土壤中接种能溶解磷矿粉的微生物,能增加小麦、大豆的干重。我国研究工作者的试验表明,施用磷细菌肥料的土壤,其有效磷含量平均增加 2 mg/kg,小麦增产 10% 以上。无机磷细菌和有机磷细菌同时施用要比单一菌肥效果好。为改善烟株的磷素营养,黑龙江省烟草原料公司与黑龙江省科学院应用微生物研究所自 1988 年始,共同开展了解磷菌的分离筛选及其在烟草种植上的应用研究。他们从真菌中筛选出一株高效解磷菌,并证明其有较强的溶磷作用,对烟草增产、增质产生了积极影响,并能节省磷肥。这可能是因为该菌产生的有机酸与钙、铝、铁等金属离子形成较相应磷酸盐更稳定的化合物或金属有机酸复合体,从而释放出磷酸根离子,提高了难溶磷酸盐的溶解度。王富民等研制了溶磷固氮菌剂,可使小麦增产。Chabot 等报道解磷菌的溶磷作用是中、低肥力土壤上促进植物生长最重要的机制之一,他发现在中等肥力和低肥力土壤上接种 *Rhizobium leguminosarum* bv. *phaseoli* Rl,玉米和莴苣吸收磷量分别增加了 8% 和 6%。在石灰质土壤上接种 *P. bilajj*,小麦植株干物重增加了 16%,吸收磷量增加了 14%,磷矿粉存在时,*P. bilajj* 增加磷吸收量 11%。在温室栽培条件下,分别接种 *B. circulans* 和 *B. megaterium* var *phosphaticum* 可增加黍和豌豆的产量及磷的吸收量。*Peix A.* 研究发现溶磷细菌

Mesorhizobium mediterraneum 能够促进鹰嘴豆、大麦的生长,能够显著提高产量,在播种鹰嘴豆、大麦的田中增施难溶磷,然后接种解磷菌株 PECA21,能分别使鹰嘴豆、大麦的产量提高 100%、125%,并且接种后田间的干物质、氮、钙、锰显著增加。

利用 ^{32}P 标记技术发现,将细菌和真菌混合接入土壤会有效提高植物组织中氮、磷的积累。河北省科学院微生物研究所的曾广勤、刘荣昌通过多年盆栽、小区试验和田间简单对比试验,亩产小麦 16.7~42.7 kg,增产率 6.2%~19.8%,效果显著,并具有改善小麦品质、提高土壤速效磷含量、培肥土壤的作用。中科院武汉病毒研究所的魏辉和湖北农科院土肥所的沈中泉从土壤中分离筛选了具有溶磷能力的真菌 2 株、细菌 3 株,分别测定了它们在实验室条件下对磷矿粉中不溶性磷的溶解转化强度。

六、解磷微生物存在的条件与广泛性

(一)植物根际的解磷微生物

P. Vazquez 等人从树林生态环境中分离出多株根际微生物,接种在含磷酸三钙培养基上表现出了溶磷特性。其中黑曲霉溶磷效果较好,细菌中 *V. proteolyticus* 溶磷效果最好。气相色谱分析其无细胞培养液中的有机酸发现,有 11 种已知酸及其他未知的有机酸,而且挥发性酸、难挥发性酸均有。Louw 和 Webley 在《有关能溶解矿物磷肥与相关化合物的土壤微生物研究》中提到,从燕麦的根际分离出的微生物中有 100 多株能够在磷酸三钙培养基上产生透明圈的微生物,能将不溶的磷酸盐转化为可溶性磷酸盐,其中 82% 的微生物能够从磷矿粉中释放出磷。

(二)旱地、水田中的解磷微生物

种子携带的微生物中有 40%~70% 能够溶解难溶性磷酸盐。Katznelson 从大麦中分出了能在含有难溶性磷酸盐的培养基上产生透明圈的细菌。1970 年 Ponsner 的研究结果表明,土壤中大多数微生物在一定条件下有不同程度的溶磷能力,细菌菌落常利用植物根系的分泌物以产生各种有机酸和二氧化碳,并凭借这些代谢产物来溶解磷酸盐类。中国科学院南京土壤所的尹瑞龄经过研究发现,黑钙土中解磷微生物数量为 4.89×10^7 cfu/g 土,黄棕壤和白土中分别为 2.04×10^4 cfu/g 土、1.68×10^7 cfu/g 土。旱地土壤中的溶磷细菌有许多种,如芽孢杆菌属(*Bacillus*)、假单胞菌属(*Pseudomonos*)、沙雷铁氏菌属(*Serratia*)、固氮细菌属(*Azotobacter*;)、色杆菌属(*Chrmobacterium*)、欧文氏菌属(*Erwrinia*)、节杆菌属(*Arthrobacter*)、黄杆菌属(*Flavobacterium*)及产碱菌属(*Alcaligenes*)、土壤杆菌(*Agrobacterium*)、微球菌(*Micrococcus*)、根瘤菌(*Bradyhizobium*)、沙门氏菌(*Salmonella*)、硫杆菌属(*Thiobacillus*)、埃希氏菌属(*Escherichia*)等。真菌类有青霉属(*Penicillium*)、曲霉属(*Aspergillus*)、根霉属(*Rhizopus*)、镰刀菌属(*Fusarium*)、小菌核菌(*Sclerotium*)。放线菌有链霉菌(*Streptomyces*);另外还有 AM 菌根菌等。台湾中兴大学的杨秋忠等从水田中分离了 36 株解磷微生物,系统地研究了部分微生物溶磷特性。

(三)有机肥活化土壤中的磷细菌

浙江农业大学的章永松等在两种水稻土中分别加猪粪和纤维素,经过培养发现在好气条件下,猪粪能分别使两种土壤中的解磷微生物增加 24 倍和 4 倍;而纤维素分别使其解磷微生物数量增加 2 倍和 1 倍,从而能活化土壤中难溶性的磷素。有机肥为微生物提供所需物质养料和能量,微生物数量快速扩增,使土壤中的难溶性磷转化为植物可以利用的磷,农作物产量得以提高。由此可见,有机肥肥效主要通过微生物活动来发挥作用。

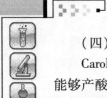

（四）生物体内的解磷微生物

Caroline C. 等研究了从蚯蚓物群中分离出的 9 株解磷微生物,他发现这些解磷微生物能够产酸、耐酸,能够溶解磷矿粉,并且可以在含葡萄糖、羧甲基纤维素钠(CMC)和无氮培养基中生长。

七、解磷微生物的分子生物学研究

迄今为止,关于微生物溶磷的分子生物学研究方面已有相当大进展。1983 年 Wanner 等人的研究结果表明,大肠杆菌中磷酸盐的调节子为 pho 因子,由 20 多个磷酸盐调节基因组成,这些基因受磷酸盐饥饿的诱导。Wanner 研究发现,编码碱性磷酸酶的基因为 phoA 基因。既然很多土壤都富含有机磷,含有这些基因的微生物可考虑作为微生物肥料的一个组分。Goldstein 等以大肠杆菌和草生欧文氏杆菌为材料,作了溶磷功能调节的研究。他们发现细菌溶磷能力直接受培养基中可溶态磷酸盐水平的调节。当培养基中可溶性磷酸盐水平高于 1 mmol/L 时,细菌菌落周围的透明圈明显缩小。当可溶性磷酸盐浓度高于 20 mmol/L 时,其生长就完全受抑制了。这说明土壤中有效磷含量较多时不仅造成浪费,而且还妨碍了微生物的利用,使其只能以无效磷的形式存在于土壤中。夏琪和姜卫红报道,细菌的磷代谢通常是由两组分调节系统即磷酸盐调节子所控制,并为正常的磷代谢提供了保证。从根本上说,任何磷化合物的利用需要两步进行,即磷的吸收和无机磷酸盐合成三磷酸腺苷(即 ATP),然后可用于如细胞膜上脂类、核酸等多种化合物的生物合成或为蛋白质翻译后加工提供高能磷酸键等。无论磷最终去向如何,磷化合物的吸收同化总是与 pho 调节子息息相关。

Goldstein 和 *Liu* 从 *Erwinia herbicola* 中分离到与吡咯喹啉醌(PQQ)合成酶相关的基因,而吡咯喹啉醌是葡萄糖脱氢酶(GDH)的辅助因子,并在 *E. coli* HB101 中得到了较好的表达。Babu - Khan 等分离到了与葡萄糖酸产生有关的基因 gabY。利用 TPMG 培养基(以 PDP 为底物)和甲基绿(MG)为染料,或者用含 5 - 溴 - 4 - 氯 - 3 吲哚磷酸盐(BCIP)的培养基来克隆酸性磷酸酶基因,选择不同的表达系统,Rossolini 报道已经得到了 14 种非特异性酸性磷酸酶编码基因。

八、解磷微生物作用机制研究

至于微生物溶磷机制,大部分认为是微生物能分泌有机酸,如柠檬酸、草酸、葡萄糖酸等,通过螯合或交换将土壤中的难溶性无机磷溶解下来。而在真菌中,根据 Illmer 的报道,黑曲霉、简易青霉、金黄青霉 3 种真菌都能有效地溶解难溶性磷酸铝,其中除了黑曲霉产酸外,其他菌均不产有机酸。这可能与 NH_4^+ 同化过程(生物体将从外界摄取的物质转变为对自身有用物质的过程)中质子的释放有关。Asea 和 Kucey 等研究青霉属的两株菌(*Penicillium bilaji* sp. 和 *Penicillium effuscum* sp.)对无机磷酸盐的溶解,发现培养基中氨态氮对有些青霉菌是不可缺少的,这就说明了上述观点的可能性。林启美等发现细菌能够分泌苹果酸、酒石酸、乳酸、乙酸、柠檬酸、丁二酸等。微生物还可以产生其他有机酸,如甲酸、丙酸、乳酸、乙醇酸、琥珀酸等,都有溶溶磷酸三钙的特性。其中以 α - 羟基酸的反应活性最强,这些有机酸可以与钙、铁等离子构成络合物,提高磷酸盐的溶解度,络合物越稳定,溶解出的磷酸盐越多。如假单胞菌属的细菌多能形成葡萄糖酸,巨大芽孢杆菌等细菌产生的有机酸主要为乳酸和柠檬酸,它们在土壤中产生葡萄糖酸的量大于乳酸和乙醇酸。杨秋忠等发现水稻根际三株固氮菌 *Azotobacter* sp. C57、C72 – 1 和 C80 – 2 均具有溶解铁磷的能力，pH 值变化及胞外酶均不是铁磷溶解的原因，而分泌的有机酸（柠檬酸、丙二酸及羟基酚酸类有机酸）是其溶磷机制。赵小蓉等发现溶磷量与培养液中的 pH 值存在一定相关性（R = – 0.732），同时也发现培养介质 pH 值的下降，并不是微生物溶磷的必要条件，很多学者发现二者之间相关性也比较微弱。印度用一株青霉作为磷矿粉的溶解剂时就发现在最佳溶磷能力、生物量与 pH 间没有相关性。

目前对有机酸活化酸性土壤磷的作用已经进行了大量的研究。许多研究认为，微生物分泌的有机酸可通过以下途径活化土壤中的磷素：

1. 有机酸与磷酸根之间竞争络合位点，降低土壤对磷酸根的吸附

有机酸，如柠檬酸、草酸、酒石酸等通过竞争吸附位点显著降低针铁矿、非晶氧化铝、高岭石和红壤对磷酸根的吸附。有机阴离子抑制磷酸根吸附的能力因有机酸的种类和性质不同而异。

2. 改变吸附剂表面电荷

在可变电荷为主的土壤上，由于有机酸和土壤中的铁铝氧化物、水化物之间的络合反应，从而改变这些吸附剂表面的电荷。通过比较不同化合物对 $Al(OH)_3$ 表面电荷的影响，发现 0.1 mmol/L 的柠檬酸在不同 pH 范围内，能比 Cl^- 更有效地降低 $Al(OH)_3$ 表面电荷，针铁矿吸附柠檬酸后，针铁矿表面电荷密度明显降低，在 pH 值为 6，柠檬酸浓度为 365 $\mu mol/L$ 时，针铁矿表面的电荷密度由 600 $nmol/cm^2$ 降低到 100 $nmol/cm^2$。因此可以推测，土壤吸附有机酸后，其表面正电荷降低，从而降低了土壤对磷酸根的吸附固定，提高了土壤磷的生物有效性。

3. 酸溶解作用

一般认为是溶磷微生物在生命活动中分泌的有机酸和一些酶类物质，使固定在土壤中的难溶性磷，如磷酸铁、磷酸铝以及有机磷酸物，溶解转化成作物能吸收的可溶性磷，供作物利用。或者说，有机酸既能够降低 pH 值，又能够与铁、铝、钙、镁等离子结合，从而使难溶性的磷酸盐溶解释放磷。研究发现，细菌分泌的有机酸有苹果酸、丙酸、乳酸、乙酸、柠檬酸等。

4. 消除土壤磷吸附位点

在石灰性土壤上，低分子量有机酸，如柠檬酸、草酸、苹果酸和酒石酸等能促进 $CaCO_3$ 的溶解；在红壤上有机酸能显著促进红壤 Fe、Al 的释放，消除大量非晶态的 Fe、Al 氧化物及水化氧化物，从而大大降低土壤对磷的吸附，同时促进 $CaCO_3$ 或 Fe、Al 氧化物和水化物所吸附的磷的释放。

5. 有机酸或者有机阴离子与 Fe、Al 和 Ca 等金属离子间的络合反应，造成含磷化合物的溶解，从而活化土壤中的磷。

在灰化土和淋溶土上，柠檬酸明显增加磷的累积释放量，且磷的释放量和 Fe、Al 的释放量之和呈显著正相关，表明柠檬酸主要释放与 Fe、Al 结合组分中的磷。同时，柠檬酸的加入，土壤中磷的相对扩散系数显著提高，植物生长所需的磷几乎完全是通过扩散方式进行迁移的。

有机酸和金属之间的络合反应与有机酸分子中的羧基和酚基的数量和位置有关。因此，不同有机酸活化土壤磷的能力有所不同。一般而言，三元羧酸的活化能力大于二元羧酸，而二元羧酸大于单羧酸。有机酸活化土壤磷的能力还与土壤类型有关。在非石灰性土壤上，草酸比柠檬酸和甲酸更能有效地活化土壤磷，但在石灰性土壤上，柠檬酸活化磷的能力最强。然而，在火山灰土壤上，不同有机酸降低土壤固定磷能力的次序为：柠檬酸 > 草酸 > 酒石

酸＞苹果酸＞水杨酸,与有机酸释放土壤 Fe、Al 能力的次序一致。有机酸对酸性土壤活化磷的作用要大于石灰性土壤,这是由于在酸性土壤上,腐殖质 Fe(Al)P 络合物所占比例要明显高于石灰性土壤(石灰性土壤中磷主要以钙磷化合物形式存在),而这一部分磷很容易被活化。前人研究表明,一般在酸性土壤上有机酸络合溶解 Fe 和 Al 的能力与活化磷的数量呈正相关。然而,也有研究表明有机酸溶解 Fe 和 Al 与活化土壤磷之间并无相关性。通过柠檬酸和苹果酸对 7 种酸性土壤养分活化作用的研究,发现尽管柠檬酸和苹果酸能活化土壤中的二价和三价金属,但在所有供试土壤中,柠檬酸只从一种含 CaP 较多且 pH 较高(pH 值为 6.91)的土壤上活化了磷,而并没有活化所有酸性土壤的磷,对于这种现象还缺乏深入研究。

而章永松等则发现土壤中活化的磷量、微生物数量、培养基中的溶磷量和总酸度之间均存在着显著或极显著的相关性,从而将好气条件下有机肥活化土壤中磷的机理简化为:有机肥促进土壤微生物增长→微生物对其生长的局部位置土壤起酸化作用→酸溶解难溶性磷为可溶性磷。

微生物还可以产生无机酸活化磷,如在呼吸作用中产生的 HCO_3^-,化能自养细菌产生的 NO_3^-、SO_4^{2-} 等。

酸性磷酸酶在土壤有机磷的矿化中起主要作用。编码磷酸酶的基因已经克隆出来,并且已经得到了在矿物磷溶解过程中起作用的几个基因片断。Shiping Den 曾在 *Sinorhizobium meliloti* 中发现两个非特异性膜间酸性磷酸酶:NapD 酶和 NapE 酶,其中 NapE 酶对对硝基苯磷酸盐、苯磷酸盐、α－萘磷酸盐均有显著活性。

李晓林曾以菌根菌为材料测定了磷酸酶的活性,说明土壤中有机磷的转化需要磷酸酶的参与。菌根菌的最显著作用是在低磷土壤中提高植物吸磷能力,原因在于:(1)能够利用较大土壤范围内的磷素;(2)促进了磷素向根内的转运;(3)提高了土壤磷素的可溶性。

菌根根外菌丝的生长远远超出无菌根植物根系的生长范围,改善了植物的磷素营养。真菌菌丝直接吸收和转运磷的能力已用 ^{32}P 试验证实。据报道菌根菌能促进解磷微生物的生长与繁殖。土壤细菌和真菌、植物根系均能分泌胞外磷酸酶,从而使土壤中的核蛋白、卵磷脂、植素等有机磷经酶作用后能为植物所利用。磷细菌还能促进土壤中自生固氮菌的活动、改善作物的氮素营养、分泌激素类物质、刺激种子发芽和植株生长。TKojima 等发现菌根真菌的内生菌丝里有一种碱性磷酸酶能够促进植物生长,并在菌根提取物中得到了磷酸酶的这条特异性条带。

有人认为解磷微生物所释放的磷量很少,接种解磷菌增加植物吸收磷量,是由于解磷菌分泌的生长调节物质,促进了根系生长的结果。也有些人认为解磷菌具有溶磷和促进生长的双重作用。业已发现解磷微生物能够产生生长素(IAA)、赤霉素(GA)、细胞分裂素(CK)、铁载体、HCN 等物质,具有 PGPR 菌株的许多重要性。Barea 发现 50 株溶磷细菌中 27 株溶解磷矿粉,20 株能够分泌上述 3 种激素类物质,43 株产 IAA,29 株形成 GA,45 株产生 CK 类物质。

综上所述,解磷微生物溶解难溶性含磷化合物的溶解机制可以分为下列几种:(1)解磷微生物在生长、代谢过程中产生有机酸如乳酸、氨基乙酸、草酸等;羟基乙酸中的羟基能与钙形成螯合物,使溶磷效果明显;(2)通过呼吸作用放出 CO_2,降低生长环境的 pH 值,从而使磷酸盐溶解;(3)解磷微生物释放 H_2S,与 $Fe_3(PO_4)_2$ 进行化学反应产生 $FeSO_4$ 和可溶性磷酸盐;(4)微生物腐解动植物残体产生腐殖酸、胡敏酸、富马酸等,这些酸能与难溶性磷酸盐中的钙、铁、铝、镁等螯合,从而释放出磷酸根,此外,腐殖酸等也能与铁、铝磷酸盐形成可溶性复合物,这些复合物可以被植物吸收利用;(5)微生物对 Ca^{2+} 的吸收使 PO_4^{3-} 释放出来;(6) NH_4^+ 同化作用释放出质子降低周围 pH 值,使磷酸盐溶解;(7)磷酸酶的作用。

微生物对有机磷酸酯的分解是通过分泌磷酸酶来实现的。微生物磷酸酶的分泌与胞内正磷酸盐的缺乏程度呈正相关。Norihard 和 Takashi 发现在植物组织中植物根细胞壁表面存在某些作用位点专门打断钙磷等难溶性磷酸盐的离子键进而释放可溶性磷,这种机制在微生物中也可能存在。除此之外,有的学者还试图通过信号通路途径去弄清楚解磷微生物溶磷机理及其调节方式。

不同施肥措施、不同土壤均能使磷细菌溶磷能力有所变化。了解解磷菌的溶磷条件对其溶磷机理有很大作用。

九、根际解磷细菌种群的分布与数量

解磷微生物按分解底物分为两类:其中能够将植物难以吸收的无机磷酸盐转化为植物可直接吸收利用形态的微生物称为解无机磷微生物,能够矿化有机磷化合物的称为解有机磷微生物。1957 年,Sperber 等发现不同土壤中,解磷微生物的数量差异较大,在植物根际的数量要远远大于其周围土壤中的数量。

随后,Katznelson 等研究发现,小麦根际的解磷细菌数量远比非根际要高,可达到 18 个数量级之高;而玉米、大麦等作物根际解磷细菌也要比非根际土壤高 1~2 个数量级。Paul 等进一步研究表明,小麦根际解磷细菌类群主要是芽孢杆菌、假单胞杆菌和链霉菌,而豆科植物根际解磷细菌主要是芽孢杆菌属。

在国内,赵小蓉等对农田(小麦—玉米)、林地(榆树)和菜地(花椰菜等)根际土壤解磷微生物数量和种群结构研究时,发现有机磷细菌的数量比无机磷细菌要多,有机磷细菌类群主要是芽孢杆菌属,其次是假单胞杆菌属,而无机磷细菌类群主要是假单胞杆菌属;菜地根际解磷细菌数量和种类最多,农田较少。

另外,赵小蓉等的研究表明,玉米和冬小麦根际土壤解磷细菌数量要比非根际高 1~2 个数量级,而且在夏玉米收获期间,其根际有机磷细菌类群主要是假单胞菌属和黄杆菌属;而无机磷细菌类群主要属于欧文氏菌属,冬小麦苗期根际土壤的有机磷细菌类群主要为假单胞菌属,而无机磷细菌类群主要为假单胞菌属和欧文氏菌属。

十、根际解磷细菌的实际应用

1996~1999 年,印度农业研究所在新德里测试了他们分离得到的解磷菌株对水稻和小麦产量及磷吸收的影响,结果表明,在根际接入解磷菌株菌液的情况下,小麦和水稻的产量、对磷的吸收率以及地上植株的干重均有不同程度的增加。

Ghani 用其分离得到的解磷菌株来改善磷矿粉的溶解性,制成生物酸化磷矿粉并得到应用。此外,Hakan 等发现接种外生菌根菌,如乳牛杆菌属也能增加松属科类植物对磷灰石中磷的吸收。Gulden 等接种解磷菌株 *Penicillium bilaii* 于生长袋中生长豌豆根际,并设立空白对照,研究的结果表明,接种处理后比对照增加根毛量 22%,根毛长度比对照增加 33%。Vessey 等在加拿大的两个地区用菌株 *P. bilaii* 接种豌豆,对其根形态、根长等参数的研究也表明该菌株具有很强的解磷能力,该菌制成的菌剂已在加拿大商品化生产。

在国内,王延秋等用分离的解磷菌株 AP22 制成磷菌肥,在黑龙江产烟区进行了 2a 的

田间试验,结果表明处理区比对照区的现蕾期提前 3 ~ 5 d,叶片成熟期要提前 5 ~ 10 d,单叶重、上等烟比例、均价等经济性状指标及烟叶内在品质均好于对照。

此外,郜春花等用解磷细菌 B2 和 B67 制成解磷菌剂,进行小麦、玉米、甘蓝、青菜、莜麦等的盆栽和大田对比试验,增产效果显著,并有明显提高土壤速效磷含量、培肥土壤的作用。

第四节　解磷微生物的分离、筛选与鉴定

一、解磷微生物的分离方法

解磷微生物是土壤中一类重要的功能菌,能够活化土壤中的难溶性含磷化合物,为植物提供所需的磷素营养,广泛存在于植物根际、土壤地表等环境。

（一）材料

1. 分离样品

各种土样采集若干,将采集好的样品置于无菌信封中带回实验室放入 4 ℃ 冰箱备用。

2. 培养基

（1）培养基 a

葡萄糖 10 g、酵母膏 2 g、$MgSO_4 \cdot 7H_2O$ 0.25 g、$CaCl_2$ 0.1 g、蒸馏水 1 000 mL、琼脂 15 ~ 20 g。分装于三角瓶,每瓶 50 mL,105 ℃灭菌 30 min。

另外准备 10% $CaCl_2$ 溶液、10% KH_2PO_4、0.1 mol/L NaOH 溶液,灭菌后备用。

制备磷酸钙盐培养基:在 10 mL 10% $CaCl_2$ 中加入 1 mL 10% KH_2PO_4 混合,出现大量白色沉淀。将此溶液全部倒入一瓶融化好的基本培养基中,混匀,用 0.1 mol/L 的 NaOH 调节 pH 值至 7.0,倒平板。

（2）培养基 b

葡萄糖 10 g、$(NH_4)_2SO_4$ 0.5 g、NaCl 0.3 g、KCl 0.3 g、$MgSO_4 \cdot 7H_2O$ 0.3 g、$FeSO_4 \cdot 7H_2O$ 0.03 g、$MnSO_4 \cdot H_2O$ 0.03 g、$Ca_3(PO_4)_2$ 5.0 g、蒸馏水 1 000 mL、pH 7.0 ~ 7.5、琼脂 20 g,105 ℃灭菌 30 min 后备用。

（二）方法

分别取 10 g 待测土样,无菌操作下将其放入装有 10 颗玻璃珠和 90 mL 无菌水的三角瓶中,在旋转式摇床上 200 r/min、25 ℃振荡 30 min 后,分别稀释到 10^{-5}、10^{-6}、10^{-7}。各吸取 0.1 mL 涂在装有培养基 a 的平板上,28 ℃倒置培养 48 h。将在培养基 a 上分离到的生长较快的菌株在培养基 b 平板上划线,观察其在培养基 b 上的生长状况及其对无机磷源的利用情况、透明圈的有无,等等。然后将其涂布在含不同磷矿粉的培养基上,观察并比较各菌的生长状况,记录结果。根据结果将各分离的菌落重新划线、涂布至镜检较纯、菌体形态一致为止。

目前也有科研工作者认为透明圈的有无及大小并不是微生物溶磷的唯一表征和必要条件。初筛和复筛实验结果也证明了这一点,即有的解磷微生物虽然没有透明圈、或者透明圈比较小,但它们的溶磷效果比某些有透明圈、透明圈更大的解磷微生物的溶磷效果更好。土壤样品中的解磷微生物以芽孢杆菌、假单胞菌、短小杆状细菌等为主,霉菌其次,球状细菌、酵母和放线菌种类最少。霉菌生物量大,透明圈较大,透明圈直径与菌落直径之比与细菌相

当。种子表面的解磷微生物酵母种类最多,其次是芽孢杆菌、短小杆状细菌和霉菌。全国各地土样和种子表面解磷微生物的分离情况见表6-5。由表6-5可以看出,土壤中解磷微生物分布十分广泛,种类也是多种多样。其中菜园土中解磷微生物最多。因为菜园土有机质含量高,能够为解磷微生物提供丰富的养分。种子表面也有很多解磷微生物,种子发芽时能够使种子吸收土壤中的难溶磷。不同地域、同种地区不同类型土壤中溶解无机磷和有机磷的微生物种类和数量不同。

表6-5 解磷微生物在土壤中和种子表面的分布情况一览表

分离样品来源	土样类型或者种子种类	解磷微生物数量	解磷微生物种类
陕西省西安市 秦岭山北	旱地(小麦地表)	+++	3
	猕猴桃果园土	+	7
	水稻土	++	4
安徽省庐江县白湖镇	菜园土	++	14
	水稻田	++	8
山东省诸城市水库边	菜园土	+++++	37
	小麦地	+++	20
	玉米地	+++	17
江西省新佘良山	菜园土	+++++	39
	草地	++++	7
	桂花树下	+++	6
南京化工磷肥厂	磷肥	++	2
	磷肥原料	++	3
	磷矿粉与土的混合物	+++++	18
	花坛地表土壤	+++++	15
	植被地表土壤	+++	10
福建晋江	水稻土	+++	5
	菜园土	+++	15
	草地地表土壤	+	7
四川成都苗圃	树林地表土壤	+++	4
	菜园土	+++++	26
江苏省农科院	象草根际土壤	+++	9
	象草地表土壤	+++	7
南京农业大学	菜园土	+++++	14
种子表皮	大豆种子	+++++	29
	青椒种子	+++++	17

二、高效解磷微生物的筛选方法

为了将解磷微生物分门别类,根据其菌落形状、菌体形态、溶磷效果和生长趋势等将菌株进行纯化、鉴定,得到多株解磷微生物,其中以细菌最多,其次为酵母、放线菌和霉菌。放线菌长势慢,不适合做微生物肥料,而病原微生物中以霉菌居多,所以也不以真菌为主。

(一)材料

1. 培养基

(1)磷酸钙固体培养基 葡萄糖 10 g、$(NH_4)_2SO_4$ 0.5 g、NaCl 0.3 g、KCl 0.3 g、$MgSO_4·7H_2O$ 0.3 g、$FeSO_4·7H_2O$ 0.03 g、$MnSO_4·H_2O$ 0.03 g、$Ca_3(PO_4)_2$ 5 g、H_2O 1 000 mL、琼脂 15 ~ 20 g,pH 7.0 ~ 7.5,105 ℃灭菌 30 min。

(2)磷矿粉固体培养基 葡萄糖 10 g、$(NH_4)_2SO_4$ 0.5 g、NaCl 0.3 g、KCl 0.3 g、$MgSO_4·7H_2O$ 0.3 g、$FeSO_4·7H_2O$ 0.03 g、$MnSO_4·H_2O$ 0.03 g、H_2O 1 000 mL、磷矿粉 5 g、琼脂 15 ~ 20 g,pH 7.0 ~ 7.5,105 ℃灭菌 30 min。

(3)有机磷(卵黄)培养基 蛋白胨 10 g、牛肉膏 3 g、NaCl 5 g、琼脂 15 g、H_2O 1 000 mL,pH 7.0,121 ℃灭菌 20 min。临用时每 50 mL 中加入新鲜蛋黄液 3 mL(蛋黄与生理盐水等比例混合)。

(4)有机磷(植酸钙)培养基 葡萄糖 10 g、$(NH_4)_2SO_4$ 0.5 g、NaCl 0.3 g、KCl 0.3 g、$MgSO_4·7H_2O$ 0.3 g、$FeSO_4·7H_2O$ 0.03 g、$MnSO_4·H_2O$ 0.03 g、去离子水 1 000 mL、植酸钙 5 g、琼脂 15 ~ 20 g,pH 7.0 ~ 7.5,105 ℃灭菌 30 min。

(5)种子培养基 蛋白胨 10 g、牛肉膏 5 g、NaCl 5 g、去离子水 1 000 mL,pH 7.2 ~ 7.4,121 ℃灭菌 20 min。

(6)发酵培养基 葡萄糖 10 g、$(NH_4)_2SO_4$ 0.5 g、NaCl 0.3 g、KCl 0.3 g、$MgSO_4·7H_2O$ 0.3 g、$FeSO_4·7H_2O$ 0.03 g、$MnSO_4·H_2O$ 0.03 g、去离子水 1 000 mL、磷矿粉 5 g,pH 7.0 ~ 7.5,105 ℃灭菌 30 min。

2. 菌株

从土样中初步分离出的多株解磷微生物。

3. 磷矿粉

4. 试剂

(1)钒铝酸试剂 溶解 12.5 g $(NH_4)_6Mo_7O_{24}·4H_2O$ 于 200 mL 水中,另将 0.625 g NH_4VO_3 溶于 150 mL 水中,冷却后加入 125 mL 浓硝酸,冷却至室温。将铝酸铵溶液缓慢倒入 NH_4VO_3 溶液中,随时搅拌,用水稀释至 500 mL,装入干净试剂瓶备用。

(2)6 mol/L NaOH 24 g NaOH 溶于去离子水中,稀释至 100 mL。

(3)4 mol/L NaOH 溶解 16 g NaOH 于 70 mL 去离子水中,用去离子水定容至 100 mL。

(4)1 mol/L H_2SO_4 吸取浓 H_2SO_4 6 mL,徐徐加入 80 mL 水中,边加边搅动,冷却后加水至 100 mL。

(5)2,6 或 2,4 - 二硝基酚指示剂 0.25 g 二硝基酚溶于 100 mL 水中(饱和),备用。

(6)50 mg/L 磷标准溶液 准确称取 105 ℃烘至恒重的 KH_2PO_4 0.219 5 g,溶于少许水中并转入 1 L 容量瓶加水至 400 mL,加浓硝酸 5 mL,用水定容。此为 50 mg/L 的磷标准溶液(即含磷 0.05 mg/mL),可长期保存使用。

(7)铝锑抗试剂 称取酒石酸氧锑钾 0.5 g,溶解于 100 mL 水中,制成 0.5% 的溶液。

另称取(NH_4)$_6$$Mo_7$$O_{24}$·4$H_2O$ 10 g,溶于 450 mL 水中,徐徐加入 153 mL 浓 H_2SO_4,边加边搅拌。再将 0.5% 酒石酸氧锑钾溶液 100 mL 加入到铝酸铵溶液中。最后加水到 1 L,充分摇匀,贮于棕色瓶中,此为铝锑混合液。临用当天称取 1.5 g 左旋抗坏血酸,溶解于 100 mL 钼锑抗混合液中,混匀,即钼锑抗试剂。该试剂有效期 24 h,如贮藏于冰箱中则有效期较长。

(8)6% H_2O_2 将瓶装 30% H_2O_2 取 10 mL 稀释 5 倍,得到 6% H_2O_2。

5. 仪器

722 型分光光度计;电子天平;烘箱;离心机;振荡式摇床;电炉;消煮炉;马弗炉等。

(二)方法

1. 初筛

将纯化好的各菌株按相同稀释度进行稀释,然后在磷酸钙固体培养基、磷矿粉固体培养基以及有机磷固体培养基上进行划线、涂布,24 ~ 36 h 内观察菌落生长状况。再分别挑取生长较快的菌落,经镜检后用斜面保藏。

2. 复筛

(1)种子液制备

将初筛出的各菌株进行活化,斜面经镜检后全部刮入装有 200 mL 种子培养基的三角瓶中,于旋转式摇床以 200 r/min 转速、28 ℃培养,培养时间以 48 h 为宜,经镜检后接入发酵培养基。

(2)液体发酵

每种磷矿粉样品分别设空白、接灭活菌、接活菌 3 个处理,每种处理设 3 个重复。先按 10% 接种量接入装有 50 mL 发酵培养基的容量为 250 mL 的三角瓶内,然后取 1 mL 种子液于 9 mL 无菌水中将其稀释成 10^{-7}、10^{-8}、10^{-9},计算其活菌数,或者经适当稀释后用血球计数板计数。将剩余种子液于 121 ℃下 40 min 灭活,经活菌染色确定无活菌后按 10% 接种量接入各标有"灭活"处理的三角瓶中。最后同样加等量无菌水于标有"空白"的三角瓶中。将各三角瓶放于 90 r/min 往复式摇床上 29 ℃下培养 7 d。

(3)发酵液中可溶性磷含量的测定

一般土壤中有效磷的化学浸提方法有五种:①用水作提取剂;②以饱和 CO_2 的水为提取剂,应用于石灰性土壤有效磷的测定;③以有机酸溶液为提取剂,常用的有机酸为柠檬酸、乳酸、醋酸等;④以无机酸为提取剂;⑤以碱溶液为提取剂,等等。上述几种方法分别适应不同的土壤。

具体操作方法是:将摇瓶取下,发酵液于 0.1 MPa 灭菌 40 min,然后加 6% H_2O_2 2 滴于各三角瓶中,60 ℃水浴 48 h。发酵液于无磷滤纸上过滤完全后,将瓶壁上黏附的磷矿粉洗净,并将其定容至 55 mL。分别吸取滤液 15 mL 于离心管中,以 4 000 r/min 离心 10 min 后,吸取 5 ~ 10 mL 于容量瓶中(视滤液上清有效磷含量而定)。同时,分别吸取 5 mg/L 的磷标准液 0 mL、2 mL、4 mL、6 mL、8 mL、10 mL,放入 50 mL 容量瓶中,加水至约 30 mL。然后与上述发酵液一起,每个容量瓶中滴加二硝基酚指示剂两滴后加 4 mol/L NaOH 溶液直至溶液变为黄色,再加 1 mol/L H_2SO_4 1 ~ 2 滴,使溶液黄色刚刚褪去。然后加钼锑抗试剂 5 mL,再加水定容至 50 mL,摇匀。25 ~ 30 ℃之间显色 30 min,在 700 nm 波长用 722 型分光光度计进行比色。数据进行处理后有效磷以百分含量或者 mg/L 来表示。

(4)磷矿粉中磷含量的检测

①磷矿粉中有效磷含量的检测

磷矿粉中的磷大部分是强酸溶性,而其枸溶部分只占全磷的5%~12%。磷矿粉中的有效磷采用2%柠檬酸或中性柠檬酸铵提取,用钒钼黄比色法测定其有效磷含量。称取磷矿粉1.100 0 g置于干燥的250 mL三角瓶中,用移液管吸取100 mL预先加热至25~30 ℃的2%柠檬酸溶液注入三角瓶中,塞紧瓶塞,保持温度在25~30 ℃之间振荡30 min。立即用干燥漏斗和双层干燥滤纸过滤于干的三角瓶中,弃去最初滤液,制成待测液。吸取待测液1.00 mL(使含磷0.05~1.0 mg)放入50 mL容量瓶中,加水至约35 mL,加入2,4-二硝基酚2滴,用6 mol/L NaOH调节溶液至微黄色;准确加入10 mL钒钼酸试剂,然后加水定容。放置20 min后,在分光光度计上选择470 nm波长比色测定。同时作试剂空白试验,以空白溶液调节吸光值零点。

工作曲线的绘制:分别吸取50 mg/L磷标准溶液0(空白)、2.50 mL、5.00 mL、7.50 mL、10.00 mL、15.00 mL、20.00 mL,放入50 mL容量瓶中,各加入1 mL 2%柠檬酸溶液,加水至约35 mL,同上步骤显色和比色,系列磷标准溶液的浓度为0、2.5 mg/L、5.0 mg/L、7.5 mg/L、10.0 mg/L、15.0 mg/L、20.0 mg/L。结果计算:

$$有效磷\% = M \times 显色体积 \times 分取倍数 \times 100 / (W \times 10^6)$$

式中　M——从工作曲线查得待测液中磷(P)的浓度(μg/L);

　　　10^6——将mg/L换算成g;

　　　W——样品质量(g)。

②磷矿粉中水溶性磷含量的检测

称取磷矿粉1.100 0 g置于干燥的250 mL三角瓶中,用移液管吸取100 mL预先加热至25~30 ℃的去离子水注入三角瓶中,塞紧瓶塞,保持温度在25~30 ℃之间振荡30 min。立即用干燥漏斗和双层干燥滤纸过滤于干的三角瓶中,弃去最初滤液,制成待测液。吸取待测液1.00 mL(使其含磷0.05~1.0 mg)放入50 mL容量瓶中,加水至约35 mL,加二硝基酚指示剂2滴,滴加4 mol/L NaOH溶液直至溶液转变为黄色,再加1 mol/L H_2SO_4 1滴,使溶液黄色刚刚褪去。然后加5 mL钼锑抗试剂,再加水定容至50 mL。放置20 min后,在分光光度计上选择700 nm波长比色测定。同时做试剂空白试验,以空白溶液调节吸光值零点。工作曲线的绘制同①。

③磷矿粉中全磷的检测

称取过100目筛子的磷矿粉样品0.21××g放入100 mL三角瓶中,用少量水湿润后,加1∶1 HNO_3 10~15 mL,加上小漏斗,消煮炉上徐徐加热20 min,用水洗净小漏斗,将溶液低温蒸发至约1 mL(勿蒸干),加入20 mL沸水,再加热至微沸,用无磷滤纸过滤,滤液接收在100 mL容量瓶中,用热去离子水洗涤滤纸3~4次,定容。

吸取2~10 mL待测液(含磷0.05~2 mg)于50 mL容量瓶中,加2滴二硝基酚指示剂,用6 mol/L NaOH中和至刚现微黄色,加水至约35 mL,准确加钒钼酸试剂10 mL,定容,20~30 ℃显色20~30 min后470 nm检测其吸收值。同时做空白实验。

结果计算同①磷矿粉中有效磷含量的测定。

第五节　固氮微生物

人们通常将具有固氮功能的微生物称为固氮微生物。从 19 世纪后期至 20 世纪前半期，只知道少数几种微生物能够固氮。20 世纪 50 年代以来，由于同位素（^{13}N、^{15}N）标记技术和乙炔还原分析（ARA）法的应用，已报道的固氮微生物多达 100 余属，它们都是原核生物，至今还未证实真核生物中有固氮的种类。即使已知固氮原核生物中，不是每一属中的全部种都能固氮，甚至在固氮的某些属种中，也只是部分菌株具备这一能力。固氮微生物的共同点是当环境中缺少化合态氮时能够同化分子态氮。在其他生理特性方面，固氮微生物则是一个庞杂的类群，包括真细菌和古细菌。真细菌的许多生理群以及蓝细菌和放线菌中都有固氮的属种。固氮微生物生理特性的多样性反映了它们生态分布的广泛性，在生物圈的各种生境中都能找到固氮微生物；在植物圈中固氮微生物的数量和种类更多，它们存在于植物表面的各个部位。

根据固氮微生物同植物的关系和固氮的生境，可以将固氮作用分为 4 个类型（见表 6－6）。

表 6－6　固氮作用和固氮微生物的类型

类型	代表属	固氮生境
共生固氮	根瘤菌属、慢生根瘤菌属 弗兰克氏菌属 鱼腥藻属	异科植物根瘤 非豆科植物根瘤 蕨类植物小叶内
内生固氮	固氮弧菌属	禾本科植物根内
联合固氮	固氮螺菌属	植物根表和根圈
自生固氮	固氮菌属、类芽孢杆菌属、梭菌属	植物根圈、堆肥、苗床、沼气池等

已发现的固氮微生物都能在实验室培养，能吸收同化分子态氮。共生固氮微生物只同植物共生时表现旺盛的固氮活性。内生固氮指在植物根内生活，固氮弧菌的某些种能够生活在水稻根的细胞内和细胞间，进行固氮作用。它们同植物的关系密切，但不形成特殊结构。联合固氮的特点是，微生物生活在植物根的表面和黏质鞘套内，有的甚至可以进入根皮层细胞之间，不进入细胞内。它们和植物的关系表现一定程度的特异性，但远不如共生关系密切，更不形成特殊的共生结构，而且它们都是自生固氮微生物。自生固氮不依赖于植物，这类固氮微生物在土壤的各部位和其他生境中固氮，种类很多。

固氮微生物只是一个生理群，其中的某些种类按其他性状来划分时又可归属于不同的生理群。个别种，如肺炎克氏杆菌，是条件致病细菌，它既是很好的研究材料，又必须慎重对待。

另外，有些固氮微生物也生活在植物地上部分的表面，存在于叶面和一些器官中，如猪笼草捕捉昆虫的叶腔中有固氮酶活性，某些植物叶瘤内部和表面也可分离到固氮微生物。有的固氮微生物也存在于动物躯体中，如白蚁的瘤胃中便发现过固氮细菌，但它们和动物的关系尚不清楚。

一、自生固氮微生物

自生固氮是指有些固氮微生物在土壤或培养基中能够独立地完成固定大气中的分子态氮的作用,其固氮量远远低于共生固氮。自生固氮菌的研究始于19世纪,1893年维诺格拉斯从土壤中分离到第一个自生固氮菌——厌氧的巴斯德菌,1901年Beijerinck分离到好气性固氮微生物——圆褐固氮菌,以后的研究证实了这种固氮菌在自然界中广泛存在,并又发现了一些类似的细菌。自生固氮菌不需与植物共生即能固氮,但固氮能力一般较弱,每年每公顷土地中自生固氮细菌的固氮量为5~25 kg。多数自生固氮细菌可不依赖阳光获得固氮所需的能量,可从分解有机物获得固氮所需的能量,虽然普遍认为自生固氮菌的固氮量很低,但由于其与共生固氮菌不同,它不需要与一定的植物配合,具有适应性广的特点。它们能在碳源贫瘠、碳素营养丰富的环境中大量繁殖,在一般环境中不能形成优势种,这些固氮细菌在太古代地球表面的氮素转换方面曾经作过重大贡献,此后它们的地位被后起的蓝藻和共生固氮菌所取代。它们对农业生产已没有重大的经济价值,但在微生物学及固氮作用机理的研究方面则有重要的意义。

(一)自生固氮细菌概述

1928年Drewes发现某些蓝藻能固氮,并获得了多形鱼腥藻(*Anabaena variabilis*)、点状念珠藻(*Nostoc punctifirme*)等的纯培养物。1956年中国水生生物研究所开始了固氮蓝藻的研究,并分离出4种固氮蓝藻,其中3种属于鱼腥藻属,一种为林克氏念珠藻,并获得了纯培养,固氮能力很强。1958年以来在水稻盆栽和田间试验中,接种固氮蓝藻都取得了增产的效果,引起了普遍重视。蓝绿藻是一种分布非常普遍的自生固氮微生物,不仅在洼地、海洋可以找到,在许多贫瘠的荒地也有分布,特别是地耳(*Nostoc commune*)、发菜(*Nostoc flagelliforme*),它们属于蓝细菌类(Cyanbacteria),不仅有特殊的耐干旱特性,而且吸水后在极短的时间内就能恢复光合固氮效能,生物量(干重)最多可达5.6 g/m²。

到目前为止,除蓝藻外,自生固氮菌很少作为肥料在土壤中应用。在自生固氮体系中,发现一株嗜热放线菌(*Streptomyces thermoautotrophicus*)有耐氧的固氮酶,为最终通过转基因手段实现非豆科植物自主固氮提供了可能的突破点。

自生固氮细菌属中温性细菌,最适活动温度为28~30 ℃,适宜中性土壤,但好气性固氮细菌与兼性固氮细菌对土壤的适应性不同。前者当土壤pH降至6.0时,固氮活性就会明显受影响,而后者在pH 5.0~8.5范围均有较高活性,所以在酸性的森林土壤中,好气性固氮细菌不占主要地位。兼性固氮细菌广泛分布在森林土壤中,甚至在酸性沼泽化泥炭中也可以生长,它们的固氮能力虽不如好气性固氮细菌,但它们适应性强,在森林土壤中数量可超过好气性固氮细菌十倍甚至百倍,所以兼性固氮细菌对森林土壤固氮起着重要的作用。

1. 自生固氮细菌的种类

固氮菌科中的黄杆菌属是一类兼性自养的氢细菌,能形成黄色的菌落,原先称为自养棒杆菌(*Corynebacterium autotrophicum*)的固氮细菌,由于能利用H_2自养生长,也能利用乙醇或其他有机物营异养生长,微需氧固氮,不同于棒杆菌科的其他种类,所以列入此属,改名为自养黄杆菌(*Xanthobacter autotrophicus*)。此外,以前在分类学上有过争议的黄色分枝杆菌(*Mycobacterium flavum*)也归入此属,改名为黄色黄杆菌(*X. flavus*),它耐酸,不能利用糖类。

固氮菌科中的拜叶林克氏菌属(*Beijerinckia*)与黄杆菌属、固氮螺菌属、根瘤菌属等更为接近。它们都产脂、不需要大量的Ca^{2+}、耐酸、对氧敏感,这些特性都与固氮菌属及氮单胞菌属不同,地理分布上也不相同。

德克斯氏菌属是兼性自养的,有些菌株能在 $H_2 + O_2$ 下以 CO_2 作为唯一的碳源,而固氮菌属与拜叶林克氏属的菌株则无此能力。DeSmedt 研究了一些自生固氮细菌的 16S rRNA 在属内和属间菌株的相似性,认为德克斯氏属与产碱菌属及色杆菌属(*Chromobacterium*)较为接近。

Thompson 和 Skerman 及 De Smedt 等都对固氮菌科的分类重新进行过研究,并对其所包括的种属作了较大的变动。

一些根瘤菌和弗兰克氏菌在特定的条件下可以脱离宿主植物自生固氮,但在自然界中主要是与植物共生固氮的。

关于自生固氮菌的科属,表 6 - 6 中所列的并非每一属的所有物种都能固氮,就是能固氮的种类也不是所有的菌株都有固氮能力。根据现有资料,各属中具有固氮能力的种类有的占大部分,有的占四分之一左右,表 6 - 7 列出其中一些例子。

表 6 - 7 能固氮的微生物在该属(种)中所占的数量

属(种)	留存的数目	能固氮的数目	固氮种类所占比例/%
克氏杆菌	134	38	28
欧文氏菌	18	4	22
芽孢杆菌	35	29	82
脱硫弧菌(5 种)	10	7	70
宽球藻	12	7	58
织线藻	25	16	64
黏杆藻	5	5	100

2. 自生固氮细菌的类型

由于生理特点的不同,固氮细菌也像其他微生物一样分成不同的类型。根据它们对 O_2 的依赖和敏感程度,固氮细菌可分为厌氧的、兼性的和需氧的三大类。按其营养生活方式,固氮细菌可分为自养的与异养的两大类型。自养型细菌能以 CO_2 为碳源自制有机碳化物为营养,不需由外界供应已制成的有机碳化物,也称无机营养型。所需能量有的是利用光能(光能自养),有的是利用代谢有机物时释放的化学能(化能自养)。异养型细菌只能利用现成的有机碳化物为营养料,也称有机营养或化能异养型。有机碳化物一方面是碳源,同时也是能量的来源。它们在分解有机物过程中产生的能量可供细胞合成代谢之需。但是,以上这些类型的划分都不是绝对的,不少微生物是兼性的;有兼性厌氧的,例如克氏杆菌;也有兼性异养的,例如红螺菌,它能利用光能以有机碳化物作为供氢体来还原 CO_2 合成细胞有机物。嗜酸红假单胞菌在光照下营光能自养,而在黑暗时则营化能自养生活。

(1)化能营养的固氮细菌

①厌氧型

这类固氮细菌只能在无氧或基本上无氧的环境中生长和固氮,大部分为异养型,少数为化能自养。能固氮的专性厌氧种类有梭菌、脱硫弧菌和脱硫肠状菌三属。

梭菌属严格厌氧,有氧时形成孢子,能耐热和干燥,营化能异养生活。梭菌属中的巴氏梭菌(*Clostridium pasteurianum*)是第一个被发现的固氮微生物。于1893年首先在巴黎的田野里分离得到,当时取名为 *C. pastorianum*,到了1920年才改为现名。它是著名的自生固氮微生物,固氮能力很强,许多固氮酶机理的研究多取材于它。

脱硫弧菌和脱硫肠状菌属于硫酸还原菌。它们比梭菌对氧更为敏感,培养时器皿内残留的痕量氧要用焦性没食子酸除去才行。硫酸还原菌能用硫酸中的氧原子供呼吸代谢之用,产生硫化物和水。它们也容易在各种含有机物质的培养基中生长,乳酸盐是其最适的能量来源之一。脱硫弧菌属中的固氮种类在海洋生态中有一定意义,它们可能是海洋中非光合固氮细菌中唯一的乡土种属,对于海洋沉淀物中氮化物的形成有贡献。

②兼性厌氧型

这类固氮细菌当有氮化物存在时,能在微氧或有氧条件下生长;没有可利用的氮化物时,可以在无氧或微氧条件下固氮生长。芽孢杆菌科的芽孢杆菌属和肠杆菌科等的一些属中都有兼性固氮的种类。这些细菌有些接近厌氧菌,有些接近需氧菌,其间没有明确的界限,而且在不同生活条件下对氧的需求情况也有较大的差异。就种类数目来说,它们占固氮细菌的大多数。

③好氧型

这类细菌的代谢需要氧,有氧时才能生长和固氮。氧对固氮不是直接需要的,只是固氮所需的能量供应与氧有关。属于此类的固氮细菌主要有固氮菌科、螺菌科和甲基单胞菌科等的一些种类。

固氮菌科的固氮细菌是需氧的。但对氧的反应也有程度上的差别,其中德克斯氏菌属对氧最敏感,拜叶林克氏菌次之,最不怕氧的是固氮菌属的棕色固氮菌和圆褐固氮菌。棕色固氮菌是荷兰生物学家 M. W. Beijerink 于1901年报道的,是第二个被发现的自生固氮细菌。对这两种固氮菌的固氮生化已了解较多,它们对生境中固氮作用的贡献不很显著。

固氮螺菌属是微需氧的固氮细菌,培养时常在培养基表层的下面形成一层菌膜,因为那里的溶解氧含量正适合其固氮。它们是禾本科植物根际的一类重要的固氮微生物,能与禾草联生,在农业生产上有一定的应用潜力。

甲基单胞菌科中的固氮种属都是严格需氧的细菌,它们是专性或兼性的甲烷利用菌。贝氏硫细菌是另一类微需氧性固氮细菌,属于无机化能营养的硫细菌,在氧化硫化氢或硫磺为硫酸的同时,同化 CO_2 合成有机物。体内常有硫磺小滴积累,细胞常连接成丝状体漂浮水面。

(2)光能营养的固氮细菌

光合固氮细菌能利用光能固定 CO_2 而生长繁衍,包括紫色非硫细菌(如红螺菌等)、紫色硫细菌(如红硫菌等)和绿色硫细菌三类。它们都是革兰氏阴性菌,分布于淡水、含硫泉水及海水中,其中能固氮的种类不多。随种类以及生活条件的不同,它们同样也有需氧与厌氧、自养与异养之分,且有一些兼性的类型。

光合细菌所含的光合色素是菌绿素,不同于真核生物及蓝藻的叶绿素。绿细菌主要含菌绿素 c 或 d 和少量的 a;红光及红外区的吸收在 735~755 nm。紫细菌含菌绿素 a,有时也含有 b。含 a 的细胞吸收峰在 850~910 nm,而含有 b 的细胞则在近 1 100 nm 处。光合细菌还含有细菌胡萝卜素(也不同于藻类和高等植物的胡萝卜素),其含量多寡随种类不同而异,因而与菌绿素混合后细胞出现从黄到紫(紫细菌)和从绿到绿褐(绿硫菌)的不同颜色。

硫细菌的光合作用的主要特点是:它不像真核生物和蓝藻那样用水作为电子(氢)的供

体以还原 CO_2 生成有机物,而是用 H_2S、H_2、硫代硫酸盐等作为电子供体,所以没有 O_2 的释出,其反应通式可以写作:

$$CO_2 + 2H_2A \xrightarrow{\text{光}} (CH_2O) + 2A + H_2O$$

光合产物主要是氨基酸或 β - 多聚羟丁酸等。除了 CO_2 外,也可利用一些有机物作为碳源。因而细菌的光合作用在利用光能生成细胞所需的碳化物方面与高等植物的光合作用有很大的差异。

绿硫菌和紫色硫细菌(红硫菌)在利用 H_2S 作为电子或氢供体光合同化 CO_2 的同时,作为氧化作用的产物有元素硫产生;所有的绿硫菌都能分泌元素硫于细胞外,大多数的紫色硫细菌则沉积元素硫于细胞外。有些光合硫细菌能氧化硫成硫酸。

除了利用 H_2S、H_2 及一些硫化物外,许多光合硫细菌还能利用一些二羧酸、脂肪酸或丙酮酸等有机物作为电子或氢的供体;这些物质同时也可作为碳源,但不是主要的来源。例如绿硫菌 d 通常用 CO_2 作碳源,但也能在以乙酸盐作为唯一碳源的条件下生长。

与绿硫菌和紫色硫细菌不同,紫色非硫细菌不能利用 H_2S 作为电子供体,硫化物也会抑制其生长,它需要有机物质作为碳源,是电子供体的主要来源。此外,紫色非硫细菌除能在光下厌氧生长并固氮外,不少种类在暗中可以利用有机物进行需氧生长,在此条件下一般不会固氮。所以,紫色非硫细菌是光合细菌中一大类兼性厌氧和兼性光合营养的细菌。总之,光合细菌的光合作用是完全无氧的过程,不放 O_2 是细菌光合作用与植物光合作用的主要区别。

二、共生固氮微生物

共生固氮是指固氮微生物和宿主植物生活在一起,直接从宿主植物获取能源,完成固氮作用。共生固氮是生物固氮的一个分支。它是指固氮微生物只有和植物互利共生时,才能固定空气中的分子氮。由于其固氮能力强,在农业生产中的意义也最大,常见的如根瘤菌与豆科植物的共生固氮,蓝细菌与满江红的共生固氮等。

(一)与豆科植物共生的固氮菌

豆科植物的结瘤固氮是生命科学中的重大基础研究课题之一,全世界豆科植物共有19 700 种,分 3 个亚科:Caesalpinioideae,Mimosoide 和 Papiliomoideae。大部分可以被根瘤菌感染而结瘤,其中已知可以结瘤固氮的有 2 800 多种。

1. 根瘤的形成和发育

豆科植物是主要的固氮植物,大约有90%的豆科植物都能固氮。根瘤是豆科植物与根瘤细菌的共生体。在氮素量低的土壤中的豆科植物,所需氮素的 80% 由根瘤提供。根瘤的形成过程是个比较复杂的过程,它不仅涉及到植物的遗传背景和根瘤菌自身的遗传背景,且涉及到植物与根瘤菌两者的信号物质的识别、交换、协同作用并能随环境条件和细胞内生理状态变化而自主调节的复杂过程。主要分为以下 3 个阶段。

(1)根际的殖民化

结瘤早期,植物在根系分泌黄酮类化合物、酚类化合物和甜菜碱,根瘤菌同时有趋化作用而集中于植物根部,并利用钙结合蛋白吸附到发育中的根毛表面。最早的吸附可能是非特异性的,在非共生伙伴之间也可以发生所谓松散结合。特异性的吸附只在共生伙伴之间发生,吸附的初期可被凝激素半抗原洗脱,而在后期不能被洗脱,二者之间产生了一种更牢固的结合。在该过程中,信号得到识别和交换,导致根瘤菌和宿主植物发生特定的生理反

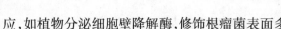

应,如植物分泌细胞壁降解酶,修饰根瘤菌表面多糖,被修饰的表面多糖引起植物对侵染的根瘤菌作出反应,等等。

(2)根毛细胞变形和卷曲、侵染和侵染线的形成

在植物根系分泌物的诱导下,根瘤菌结瘤基因启动,合成结瘤因子。结瘤因子能诱导根毛变形、分支、卷曲,在根毛卷曲部位植物细胞壁局部水解,细胞质膜向内生长,同时新的细胞壁物质沉积在内陷的质膜处,形成管状结构,即侵染线。细菌通过侵染线传递到根内皮层的植物细胞中。

(3)根瘤原基、根瘤形成

侵染线向根毛基部伸长,穿过表皮层向皮层内部推进,刺激内皮层细胞分裂产生四倍体新细胞,构成根瘤原基,然后发育成根瘤。细菌在植物体内完成转化,发挥固氮作用。细菌由源于植物的类菌体周膜包被,分化成内共生状态,即类菌体。

2. 根瘤菌的形态特征

根瘤菌侵入豆科植物根形成根瘤,产生共生固氮作用。根瘤中的根瘤菌与在土壤和人工培养基上的形态不同,称之为类菌体。自从1858年荷兰学者贝叶林克第一次获得根瘤菌的纯培养以来,已对根瘤菌的形态特征和生理特性进行了较充分的研究。近年,由于生物工程技术的出现,对根瘤菌的研究日趋深入。在根瘤菌的自生固氮、根瘤菌氢酶、根瘤菌与植物细胞离体固氮、根瘤菌与宿主的关系、根瘤菌的质粒以及快生型大豆根瘤菌的研究上都有许多新进展。

根瘤菌的形态(如图6-3所示)一般为短杆状,两端钝圆,但随生活环境和发育阶段的变化,形态上有所不同。在琼脂培养基上,根瘤菌呈杆状,不同种的大小略有差异,约为(0.5~0.9)×(1~3)微米。革兰氏染色阴性,能运动,有鞭毛,端生或周生,不形成芽孢。细胞内常常含有许多折光性的聚β-羟基丁酸颗粒,使细胞染色不均匀,有时呈环节状,是贮藏性物质。有黏液物质围绕在细胞壁外面,在含碳水化合物多的培养基上生长时黏液尤其丰富。

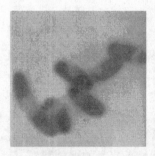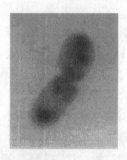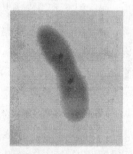

图6-3 根瘤菌电镜照片

根瘤菌侵入豆科植物根部形成根瘤,开始进入根内时为小杆状,无鞭毛,着色良好,染色均匀。随着根瘤的长大,杆状体停止分裂,逐步延长变大,菌体内出现液泡,原生质收缩成环节状,染色不匀,一端膨大成棍棒状或分叉,成为梨形、棒槌形、“T”形或“Y”形。这种菌体称作类菌体。不同种的根瘤菌的类菌体形态不同。例如大豆根瘤菌的类菌体和培养基上的菌体形态差不多,仅略膨大一点或稍稍弯曲。豌豆根瘤菌(如图6-4(a)所示)的类菌体分叉,呈“X”形、“Y”形等。苜蓿根瘤菌(如图6-4(b)所示)的类菌体一端膨大伸长或弯曲和

分枝。紫云英根瘤菌的类菌体一端膨大像茄子状。

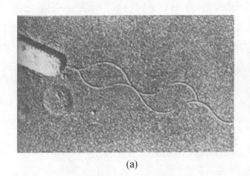

(a)　　　　　　　　　　　　　　　　　　　　　(b)

图 6-4　不同根瘤菌的类菌体形态图

(a)有两根极生鞭毛的豌豆根瘤菌(×14 000);(b)苜蓿根中类菌体的扫描电镜照片(×640)

根瘤菌在碳水化合物酵母汁平面培养基上发育的单个菌落为圆形,直径 0.5~1.5 mm,有的种可达 2~4 mm。菌落边缘整齐,无色或白色、乳白色。例如苜蓿、紫云英根瘤菌落无色半透明,较稀薄;花生、大豆根瘤菌为乳白色黏稠状。个别种类具有其他颜色,如从百脉根上分离的根瘤菌形成红色菌落。在培养基内如加有刚果红、结晶紫时,则菌落不吸色或早期不吸色,而其他杂菌菌落则易吸色。在培养基内的埋藏菌落细小呈梭形。根瘤菌在液体培养基中,培养液逐渐变混浊,稍有沉淀,表面无菌膜。培养时间久时,接近液面的管壁上有黏胶物质。

各种根瘤菌生长速度不同,可分为快生型和慢生型两种类型。豌豆、菜豆、苜蓿和三叶草等快生型根瘤菌,接种 2 d 后在培养基表面即出现菌落,35 d 后能长出中等大小或较大的菌落,直径可达 2~4 mm。大豆、豇豆等慢生型根瘤菌培养 3~5 d 才能勉强见到有菌落生长,甚至在 10 d 以后,长成的菌落一般也不会超过几毫米。

3. 根瘤菌的生理特征

根瘤菌最适培养温度为 25~30 ℃。人工培养的根瘤菌在 2~7 ℃ 的低温下也能繁殖,但速度较慢,0 ℃ 以下停止繁殖,但不死亡,对高温敏感,在 60~62 ℃ 的温度下就会死亡。

根瘤菌适宜的 pH 值为 6.5~7.5,过酸过碱都会抑制其生长。不同根瘤菌的耐酸能力是不一样的,如苜蓿根瘤菌耐酸性较差,豇豆根瘤菌则较耐酸。在生长过程中,根瘤菌的某些种能产酸或碱。

根瘤菌是化能异养微生物,可以利用多种碳水化合物作为能源,以单糖、双糖、多元醇(甘油、甘露醇)为好,其中葡萄糖、甘露醇为最好。慢生型根瘤菌在有五碳糖的培养基上生长最佳。

根瘤菌在人工培养基上的氮素营养以可溶性有机氮化物合适,如酵母汁、豆芽汁等。根瘤菌也能利用无机氮化物,如硝态氮或铵态氮,但如果培养基中只有无机氮化物时一般生长得不好。一些根瘤菌在非共生条件下能够进行固氮作用,用分子态氮作氮营养。

根瘤菌需要多种营养物质,对磷素的要求尤其较高。微量元素铝、硼、锰等能促进根瘤菌的生长。铁是合成豆血红蛋白所必需的元素,当缺少二价阳离子钙、镁时生活力显著下降。维生素类物质可促进根瘤菌生长,当培养基中含有 B 族维生素时可旺盛生长。

4. 根瘤菌的分类

在根瘤菌属中,不同的根瘤菌能侵染不同的豆科植物结瘤。其中有的根瘤菌只侵染一种豆科植物;有的根瘤菌能侵染多种豆科植物。例如,大豆根瘤菌只能在大豆根上结瘤,不能在苜蓿、三叶草等豆科植物上结瘤。而豌豆根瘤菌不但能在豌豆根上结瘤,还能在蚕豆、苕子等豆科植物根上结瘤。根据每种根瘤菌只在特定的互接种族植物上结瘤,把根瘤菌和它们的寄主分成不同的族。在族内,一种植物的根瘤菌可以使所有其他植物都结瘤,反之也是这样。对于根瘤菌,则以它们寄主的名称分成不同的种(见表6-8)。

表6-8 根瘤菌-豆科植物互接种族

互结种族	结瘤的根瘤菌	根瘤的寄主植物(属)
苜蓿族	苜蓿根瘤菌	紫花苜蓿、黄花苜蓿、草木樨等
三叶草族	三叶草根瘤菌	白三叶草、红三叶草等
豌豆和野豌豆族	豌豆根瘤菌	各种豌豆、蚕豆、箭舌豌豆、苕子等
菜豆族	菜豆根瘤菌	四季豆、扁豆、豇豆
羽扇豆族	羽扇豆根瘤菌	各种羽扇豆
大豆族	中华根瘤菌 慢生型大豆根瘤菌	各种大豆、野大豆等 羽扇豆、鸟足豆
豇豆族	豇豆根瘤菌	豇豆、花生、绿豆、赤豆
紫云英族	紫云英根瘤菌	紫云英

根据根瘤菌的寄主范围将豆科植物分族的分类方法应用在农业生产实践上有一定意义。但随着研究工作的深入,发现互接种族之间还存在着交错现象。例如,羽扇豆、大豆和豇豆族之间可互相侵染;豌豆与三叶草族之间也可交叉侵染。最近,在慢生型大豆根瘤菌中还发现生理特性特殊的快生型。快生型和慢生型根瘤菌都可侵染同一种豆科植物。在一个族里的根瘤菌与寄主之间常常具有高度的专一性,甚至寄主的不同品种与根瘤菌也有不同程度的特异性。由此可见,根瘤菌侵染寄主结瘤是非常复杂的。通常在一个根瘤中只有一种根瘤菌菌系,现在则发现,两个类似的根瘤菌可以存在于一个根瘤中,甚至在一个根瘤中还发现有快生型和慢生型根瘤菌同时存在。最近特里尼克从一种榆科植物 *Parasponia rugosa* 上分离出的根瘤菌可在豇豆上结瘤。因此,根据寄主范围把根瘤菌分族的分类方法受到了冲击。有人提出用数值分析和DNA同源性作为根瘤菌的分类方法。最近的研究还证明,根瘤菌的侵染性和有效性都是由质粒决定的。

根瘤菌在世界上广泛存在,它在农业生产上具有重要意义。根据根瘤菌侵染分族在目前还是可行的,这样可克服接种的盲目性。不过,不应把一个族看作绝对不可改变的独立单位。在一个族内,不是所有的植物都可被本族内所有根瘤菌有效结瘤,也可能无效结瘤,而且一族的根瘤菌可以在另一族植物上结瘤。

慢生型根瘤菌只有一个典型种,即大豆根瘤菌(*R. japonicum*)。这个属的根瘤菌还包括了可以在豇豆族、羽扇豆等豆科植物上结瘤的慢生型根瘤菌。

1982年,美国凯泽(Keyser)与中国胡济生共同从中国的大豆根瘤中分离出快生型大豆根瘤菌,它与慢生型大豆根瘤菌在生理生化、共生效应及遗传特征上相差很大,因此,美国孟菲斯大学的 Shollam 等提出,将从中国分离的快生型大豆根瘤菌定为根瘤菌属中的一个新种,即弗氏根瘤菌(*Rhizobium fredii*),以区别慢生型大豆根瘤菌,其命名是为了纪念美国根瘤菌研究的先驱 Fred(1887—1981)，因而定名 *Rhizobium fredii*。

根瘤菌可分为快生根瘤菌（*Sinorhizo biumfredii*）和慢生根瘤菌（*Bradyrhizobium japonicum*）两类。

快生根瘤菌（*Sinorhizo biumfredii*），杆状，大小为 $(0.5 \sim 0.9) \times (1.2 \sim 3.0) \mu m$，不利生长条件下常为多种形态，生长速率在标准的 YMA 培养基上为 6 h 以下，多数在 3～4 h，有一根极生、亚极生鞭毛或 2 根周生鞭毛，能运动，菌落圆形，中凸，半透明，隆起，黏液状，直径一般 2～4 mm，平皿上菌落数量小时，甚至可发育至 5～8 mm，液体培养 2～3 d，即可产生明显浑浊，碳源利用广泛，不产气，在 YMA 上产酸，胞外多糖多，氮源利用广泛，铵盐、硝酸盐、亚硝酸盐和多数氨基酸可作为氮源，菌株（G＋C）摩尔百分比为 59%～64%。

慢生根瘤菌（*Bradyrhizobium japonicum*）的许多基本特征与快生根瘤菌近似，但在标准 YMA 培养基上生长速率为 6 h 以上，多数为 8～10 h，菌落圆形，不透明，少数半透明，乳白色，凸起，在 YMA 培养基上培养 5～7 d，菌落不大，直径一般 1 mm 左右，有的有胞外色素，与快生型根瘤菌一样，不产生 3 - 酮基乳糖，细胞（G＋C）摩尔百分比为 61%～65%，许多慢生型根瘤菌均可以在特殊碳源培养基上实现自生固氮。

（二）与非豆科植物共生的固氮菌

1. 放线菌

前根瘤是放线菌根瘤发育过程中的一个重要特点。前根瘤中只有少数细胞被内生菌侵染，这些细胞比未被侵染的细胞大得多，有浓密的颗粒状细胞质，细胞核膨大并常呈瓣状，有许多小液泡。目前还不知道这些细胞以及真正的瘤细胞是否也和豆科根瘤细胞一样为多倍体细胞。未被侵染的细胞含有大量的淀粉粒，液泡中含有多酚类或单宁物质。内生菌在前根瘤发育期间有时已出现泡囊，但不固氮。前根瘤并不继续生长成为真根瘤，真正的根瘤是从另外的根瘤原基发生长成的。

根据形态结构，放线菌共生的真根瘤大致可分为两种类型：桤木型与杨梅型。桤木型的根瘤原基发生于被侵染细胞邻近的维管束鞘，通过分裂增生形成瘤组织，在发育过程中其薄壁细胞不断被前根瘤来的内生菌所侵染，随后瘤组织突破根表皮长成瘤瓣。由于根瘤原基分生组织有两歧分叉的特性，反复分裂后形成粗短、分枝、瓣状的珊瑚状根瘤。桤木、仙女木、普氏木、胡颓子、马桑、迪斯卡等属植物的根瘤属于这种类型。桤木属的根瘤原基呈球型（如图 6 - 5 所示），与呈锥形的侧根原基容易辨别，木麻黄的根瘤原基呈锥形，但总是发生在被感染细胞的附近，不久就被充满单宁的细胞所包围，并渐渐木栓化。未见有因生长根瘤而减少侧根数目的报道。

杨梅型根瘤的植株在形成前根瘤时，一些根瘤原基就同时发生于维管束鞘，其发育类似于侧根的生长，瘤组织中也有维管束、内皮层及皮层等的分化，皮层细胞中有弗兰克氏菌共生。初期，根瘤原基发育较慢，形成扁薄的瓣状根瘤簇。经过一段时间（几天至几星期）的停滞后，瘤瓣的分生组织往往径自生长成一条侧根，不被内生菌感染，与一般的侧根在结构上没有什么不同，只是具有背地性，因而整个根瘤变成一簇向上生长的小根，每枝小根的基部带有一个瘤瓣。杨梅、香蕨木、覆盆子等属植物的根瘤属于这一类型。有人认为在沼泽地区生长的一些杨梅属植物，其瘤根有助于通气。香蕨木只有部分的根瘤长根，它的瓣状根瘤生长很快，常聚成堆。

根瘤原基长大后，中央部分的组织分化为维管束，与根的中柱相连，维管束外有内皮层围绕，外部皮层因细胞增生及过度生长而膨大。皮层细胞大多被内生菌感染，有时混有少量

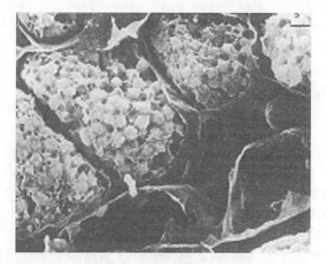

图 6 - 5　红枝桤木的一个根瘤
（扫描电镜显微照片，标尺 = 5 μm）

未被感染的小细胞。年幼的被感染细胞，其线粒体、核糖体、内质网及质体增加，淀粉粒消失，细胞核肥大，常有大核仁及许多小液泡。马桑及野麻属的根瘤，其宿主细胞核有时可多达 6 个。成熟的根瘤细胞常充斥泡囊，有很强的固氮能力。放线菌根瘤常可生存几年，基部细胞逐渐衰老解体，前段部分可继续生长。桤木、木麻黄及美洲茶等的根瘤直径可达几厘米，呈橘红色、棕色或浅黄褐色，但水培的常呈红色，可能含有花青素。培养的沙棘及美洲茶的根瘤则呈白色。

内生菌丝多分枝，有隔膜，含大量细胞核物质和间体，原生质膜外有一层明显的细胞壁。在宿主细胞内被宿主细胞的原生质膜包围；在此膜与内生菌之间还有一层荚膜，类似于豆科根瘤中的侵染线。围绕菌丝部分的荚膜较厚（0.5～3 μm），常将 2～3 个菌丝围在一起，包围泡囊部分的荚膜较薄，电子密度较高。虽然它像细胞壁的延伸，但组成不同，主要由半乳糖醛酸单体构成，不含纤维素。荚膜的来源尚未有一致的看法，可能是由宿主细胞分泌沉积形成的。与豆科根瘤中内生菌不同，共生的弗兰克氏菌永远被禁锢在这包膜中，不被释放到宿主的细胞质中去。

泡囊是放线菌中只有弗兰克氏菌才具有的一种特殊结构，由菌丝末端发育形成，膨大成泡或作杆状。囊内含有固氮酶，囊外围有由 12～15 层薄膜紧贴而成的泡囊包膜，此膜有防止 O_2 向内扩散的功能。一些试验表明，环境中氧含量很低时不分化泡囊，此时菌丝可以合成固氮酶。有 O_2 条件下在无氮培养基的弗兰克氏菌能长出泡囊，并有固氮活性（O_2 含量30% 左右活性最高，40% 以上活性明显下降）；生长在含氮复合培养基上的，菌丝增生成团，但不分化泡囊。木麻黄根瘤细胞壁木栓化，瘤内氧含量较低，可能固化不分化泡囊。桤木、杨梅等根瘤的细胞间有空隙，空气可达到被侵染的细胞，所以有泡囊生成。

2. 弗兰克氏菌

放线菌能与植物的根建立联系，形成放线菌菌根（如图 6 - 6 所示）。弗兰克氏菌菌株能与 8 个非豆科植物形成放线菌菌根（见表 6 - 9）。它们能够进行固氮作用，这对于乔木和灌木特别重要。例如，这种共生关系可发生于花旗松森林被伐光的林区，以及以月桂树和桤木为主的沼泽和荒野环境中。有些放线菌的菌根形成的瘤有大理石那么大(如图 6 – 7 所示),有些植物(如 *Alnus*、*Ceanothus*)具有棒球大小的瘤;而有些植物(如 *Casuarina*)结的瘤接近足球的大小。

图 6 – 6　由弗兰克氏菌诱发形成的放线菌菌根

表 6 – 9　与弗兰克氏菌形成共生体的非豆科的结瘤植物

科	属	能否分离到弗兰克氏菌	分离到的菌株是否具有侵染性
木麻黄科 (Casuarianaceae)	*Allocasuarina*	+	+
	木麻黄属(*Casuarina*)	+	+
	Ceuthostoma	–	–
	Cymnostoma	+	+
马桑科(Coriariaceae)	马桑属(*Coriaria*)	+	+
四数木科(Datiscaceae)	*Datisea*	+	–
桦木科(Butulaceae)	桤木属(*Alnus*)	+	+
杨梅科(Myricaceae)	*Comptonia*	+	+
	杨梅属(*Myrica*)	+	+
胡颓子科 (Elaeagnaceae)	胡颓子属(*Elaeagnus*)	+	+
	沙棘属(*Hippophae*)	+	+
	水牛果属(*Shepherdia*)	+	+
鼠李科(Rhamnacea)	*Adolphia*	–	–
	Ceanothus	+	–
	Colletia	+	+
	Discaria	+	+
	Kentrothamnus	–	–
	Retanilla	+	+
	Talguenea	+	+
	trevoa	+	+
蔷薇科(Rosacea)	*Cercocarpus*	+	–
	Chaemabatia	–	–
	Cowania	+	–
	多瓣木属(*Dryas*)	–	–
	Purshia	+	–

(a) (b)

图 6 - 7 放线菌菌根

(a)在 *Comptonia* 根周围的放线菌菌根的光学显微镜照片；
(b)两个被侵染的木麻黄皮层细胞的扫描电镜照片(来自放线菌菌根的菌丝体正在穿过宿主细胞)

弗兰克氏菌属菌生长较慢，直到 1978 年才能够将这种放线菌与植物分开培养。从那时以后，人们能够在补充了代谢中间产物如丙酮酸盐的特殊培养基上培养弗兰克放线菌。对这种放线菌的生理学、遗传学和分子生物学的研究已经取得了一些重要的进展。

（1）弗兰克氏菌的形态特征

①结构特征

随着电镜技术的应用和发展，20 世纪 80 年代以后，*Frankia* 菌的菌丝、孢囊及泡囊结构得到了详细的研究。

菌丝：在体外培养为分枝状的营养菌丝，菌丝可分隔，粗细不一，直径 $0.6 \sim 1.4$ μm。桤木弗兰克氏菌为绝对共生菌，有发育良好的基质菌丝体，无气生菌丝体。

②形态特征

菌丝弯曲，分枝有隔，粗细不均，直径 $0.4 \sim 1.3$ μm，在中间或末端膨大形成孢囊；革兰氏阳性，好氧到微好氧。细胞壁组分含有甘氨酸、阿拉伯糖和半乳糖。电镜下，细胞壁由内外两层高电子层组成。

孢囊：是在营养菌丝的顶端或中间通过纵横分裂、膨大形成的多腔孢囊，形状不规则，呈圆球形、卵形、锥形、草莓形、纺锤形、棒形等，表面不光滑，有的有孢囊柄，柄上有横隔。孢囊大小不一，通常 $10 \sim 60$ μm，最大的可达 100 μm，内含许多孢子，数量从几个到几百个不等，孢子的年龄和营养状况有关。孢子球形或梨形，无鞭毛，不游动，成熟孢子的孢壁外有 $2 \sim 3$ 层膜状结构。孢囊上有粗大的孢囊柄，囊柄上有明显的横隔。在不良的环境下，*Frankia* 放线菌以孢囊孢子的形态保持其生命延续能力；在营养丰富的条件下孢子萌发、形成菌丝体。该菌生长、代谢缓慢，受其代谢产物毒害的影响也较少。因此，*Frankia* 放线菌能长期存在于自然界和在实验室长时间保持其活性。

泡囊：泡囊体表面呈光滑的球形或卵形，着生在菌丝体一侧的细小分枝上，直径 $3 \sim 4$ μm，成熟的泡囊具有许多被隔膜分开的小室，泡囊隔膜是内生菌细胞壁的延长，在泡囊的分隔小室中分布着核物质、核糖体和中间体等，用蔗糖密度梯度离心法可分离得到完整的泡囊，内生菌泡囊被认为是非豆科根瘤固氮酶活跃的场所。是 *Frankia* 菌最具有特征性的结构。无氮培养基可诱导菌丝体产生泡囊。泡囊作为固氮作用位点,在发生氮饥饿时表现不同,但无论是自由生长的泡囊还是放线菌植物根瘤内的泡囊都富含固氮酶。泡囊壁是具有非特征性脂质的多层单层泡囊包膜组成的结构,此膜状结构的厚度受环境中 O_2 浓度的影响,能有效防止 O_2 向内扩散进入泡囊,壁内含有的脂层能够防护局部高氧压对固氮酶的损害。*Frankia* 菌中具有含 Mn 和含 Fe 的两种过氧化物歧化酶,它们参与对 O_2 危害的防护。*Frankia* sp. 菌株 CpI1 泡囊内的固氮酶隐藏于具有多层膜结构的泡囊中,不易受到氧的侵害,而且具有决定再长出具生长活性的菌丝的能力。

③生长特征

Frankia 菌微好气,是生长最慢的一类放线菌。一些菌株在固体培养基上生长,2 ~ 3 周以上可以看见菌落,一些菌落要生长半年以上。在固体培养基上,形成的菌落质地坚硬、紧密、半透明、无色素、呈放射状;用液体培养基培养时,该菌在培养液底部生长,呈团絮状,培养液不混浊,菌丝体沉在容器的底部,一些可以附着在容器壁上,或紧密或疏松。菌落形态多呈絮状、颗粒状、圆球状、少数呈片状。通常用液体培养基来培养和保存 *Frankia* 菌。*Frankia* 菌在不同的培养基上生长的直径不同,从 1 ~ 2 mm 至 4 ~ 5 mm 不等。菌丝体在液体培养基或固体培养基上可以表现出不同的颜色:无色、黄色、橙黄色、橘红色、灰褐色、棕褐色、绿色等,有一些菌株还可以产生可溶性色素:黄、绿、棕、红、黑等。这些颜色和色素的形成往往随着菌株、培养成分、培养时间、培养方式的不同而有变化。

(2)弗兰克氏菌的生理生化特性

Frankia 菌一般无特别的营养要求,在含一定的无机盐培养基中能生长良好。能利用包括糖、脂肪酸、Tween 在内的多种碳源,也能利用 N_2、NH_4^+、NO_3^-、尿素、有机氮等氮源。

大量的研究结果表明,碳源的种类是影响 Frankia 生长的重要因子。不同寄主来源的菌株对碳源的利用存在一定的差别。

(3)弗兰克氏菌的生态特征

Frankia 菌在自然界有两个重要的生态部位,一个是根瘤,一个是土壤。1892 年,Nobbe 用无氮栽培实验证实了银柳胡颓子(*Elaeagnus anoustifolia*)的结瘤固氮现象,但 *Frankia* 菌在土壤中的生长状态尚不清楚。土壤中存在着 *Frankia* 菌与种植的宿主植物无关,即使从来没有栽培过放线菌结瘤植物生长的土壤也能使引进的放线菌结瘤植物结瘤,但土壤中的 *Frankia* 菌有其特定的宿主范围。

(4)弗氏放线菌的营养和生理

①营养

弗氏放线菌的营养要求很严格,在配制的人工培养基中必须提供一些有机和无机,包括微量元素等补充成分,方能生长。弗氏放线菌不含糖酵解酶系,对糖类的利用能力不一,但善于利用简单有机酸作碳源。赤杨、杨梅型菌株有利用丙酸、乳酸的特性。而细枝木麻黄的菌株对丙酸、乳酸、丙酮酸都是合适的碳源。弗氏放线菌根瘤中含有各种糖类,蔗糖、葡萄糖和果糖是存在的主要种类,通过根瘤细胞的代谢转化成有机酸后,方能供作碳源。弗氏放线菌营养需要多种微量元素钼、硼、锰、钴、锌、铜,都是人工配制的培养基中必备的成分,需量虽微却影响着这类菌能否在培养基上生长或良好生长,其中钼、硼、钴更是对这类菌的共生固氮具促进作用。

②生理

与氧的关系:弗氏放线菌由于特殊的固氮结构——泡囊,以及在呼吸中对氧的消耗,固氮最适氧分压为 0.3%,比根瘤菌的耐氧程度高。

木麻黄、赤杨、杨梅等属植物的根瘤内都含有类似血红蛋白的物质,被认为能像血红蛋白一样起着调节供氧的作用。Tjepkema 等报道有木质化细胞壁的木麻黄和香杨梅根瘤中血红蛋白的含量低,而没有木质化细胞壁的红梅赤杨根瘤中,含血红蛋白的量很低,表明在防氧屏障内,需要血红蛋白对氧的传递和供应。弗氏放线菌具有含 Mn 的过氧化物歧化酶(SOD),在固氮作用中尚可诱导出含 Fe 的 SOD。弗氏放线菌都含有固氮酶,固氮过程中伴随产生的氢(H_2)在固氮的作用中羟化释放电子并产生 ATP,加强固氮作用。

三、联合固氮微生物

联合固氮是指某些固氮菌在高等植物根际和叶际之间的一种特殊的共生固氮作用,这种固氮作用被认为是介于典型的共生固氮和自生固氮之间的一种中间型。所以,又被称之为"弱共生"或"半共生"固氮作用。

联合固氮作用与典型的共生固氮之间的区别在于,联合固氮不形成根瘤那样独特的形态结钩。它不同于普通的自生固氮作用是因为它有较大的专一性,并且固氮作用比在自生条件下强得多。产生联合固氮的固氮菌群居在植物的根际中或根表上,甚至可进入根的皮层细胞内。在植物-细菌之间的联合共生固氮体系中,植物供给固氮菌以光合作用产物,如有机酸、碳水化合物、维生素或其他生理活性物质,而进入根内的固氮菌可从植物根中的维管组织获得到这些物质,同时固定空气中分子态的氮供给植物。

联合固氮作用近几年引起了世界各国微生物学家的兴趣和重视,它为禾本科粮食作物的生物固氮指出了一条新的、独特的途径。

(一)种类和分布

固氮细菌种类繁多,在自生固氮菌中究竟有哪些属、种能与非豆科植物建立联合固氮体系,迄今还不清楚。近年来,随着研究工作的广泛开展,新发现的参与联合固氮体系的固氮菌不断增加,目前,发现和研究得较多的与植物联合固氮的一些微生物种属:雀稗固氮菌、粪产碱菌、生脂刚螺菌(*Spirillum Lipoferum*)、印度拜叶林克氏菌、德氏拜叶林克氏菌、弗李明拜叶林克氏菌、多黏芽孢杆菌、浸麻芽孢杆菌、梭菌属、紫色色杆菌、德克氏菌属、阴沟肠杆菌、凝聚肠杆菌、产气肠杆菌、草生欧文氏菌、肺炎克雷伯氏菌、假单胞菌、内生固氮菌、黄单胞菌、氮单胞菌等。

这些固氮菌分布广,但对一些属而言,仍具有局限性,如拜氏菌虽然在温带甚至两极地区都存在,但多限于热带地区,克雷伯氏菌不仅分布于植物根际,也存在于水稻叶上。土壤中 pH 也影响固氮菌的分布,如固氮螺菌,最适为 7.0,pH 低于 4.8 则很少分布。

(二)联合固氮系统的形成

联合固氮体系与其他固氮体系不同,没有形成特异分化组织。Dbereiner 提出把联合固氮菌作为联合固氮体系形成的标志之一。形成联合固氮体系大致经历趋化、结合和侵入 3 个阶段。

趋化是联合固氮菌所具有的一种通过细菌鞭毛的旋转运动对根分泌的有机酸、糖、氨基酸形成的梯度和低氧浓度表现出化学激活现象,且这些细菌向植物根际靠近的能力。联合固氮菌可以利用这种能力选择宿主根际环境,使联合固氮体系双方有一定的专一性。结合是联合固氮体系形成过程中的关键一步。联合固氮细菌结合到根表面可分成两个阶段:第一阶段称为吸附,该阶段快速(不超过 2 h),不稳定,由细菌蛋白质来决定;第二阶段称为固定,所需时间长(8 h 后开始,116 h 后达最大值),稳定不可逆,决定于细菌表面胞外多糖。在植物根表面存在许多能够诱导固氮菌在植物根系定殖的有机物,包括植物黏质、根表糖基、植物凝集素;在细菌表面也有很多适合与植物根系结合的物质和组织,包括细胞外多糖、鞭毛、细胞表面蛋白性多束纤维素。这些物质和组织之间相互识别后,细菌和植物根系就完成结合。联合固氮菌能够通过伤口、根毛和表皮层部位进入植物组织内,定殖于表皮和皮层细胞的间隙,有的甚至进入中柱组织细胞,定殖于维管束细胞。这种入侵后形成的联合固氮体系非常有利于提高固氮效率。在植株内部的固氮菌更容易取得群落优势,所受到外界环境的影响较小,固氮的产物更易被植物吸收利用等。

(三)几种联合固氮细菌的特征

1. 雀稗固氮菌

雀稗固氮菌是最早发现的联合固氮菌,它对雀稗表现严格的专一性,它们只存在于几种生态型的雀稗的根际。据报道,用这种细菌接种几种植物根系没有成功。它们的生长对培养基 pH 值的适应范围狭窄(6.0~7.0)。但可以存在于生长在 pH 为 4.9 的土壤中的点状雀稗根系上。点状雀稗根系的分泌物对该菌有刺激作用。此菌的大部分菌株不能还原硝酸盐,其固氮酶能耐 20 mM 的 NO_3^-,能在 NH_4^+ 中生长;细胞的固氮酶阻遏作用在 10 mM 硝酸盐中和不加硝酸盐时是相同的。0.1 M 的亚硝酸盐阻止细胞生长,1 mM 浓度时则抑制细胞的固氮酶活性。

2. 粪产碱菌

粪产菌碱是首次从我国广东省水稻根分离出来的,粪产碱菌广泛分布在我国水稻上。该菌性状是革兰氏阴性杆菌,不含脂肪体,以周身鞭毛运动。它不利用糖类生长,只利用有机酸如苹果酸、乳酸等生长。粪产碱菌能在无碳的培养基中生长,并同化二氧化碳,即以氢为能源,以 CO_2 为碳源固氮生长,是一种化能自氧细菌。粪产碱菌的固氮酶与固氮螺菌不同,其铁蛋白不需要活化酶活化。固氮率为每消耗 1 g 碳源(苹果酸)固定 40 mg 氮。固定氮的同化途径与固氮螺菌相同。

3. 内生固氮菌

内生固氮菌是近年来首次发现的一类固氮菌。这类固氮菌为宿主提供相当高的氮素。它们在土壤中不能生存或生存能力很差,而有相当高的数量存在植物组织内,没有引起宿主任何不良反应。

目前被研究的几个种皆为微好氧固氮菌,在有机酸中生长良好,但不能利用碳水化合物,只能利用少数氨基酸。当生长在乙醇和蛋白胨培养基上时,菌落呈淡黄色。

4. 固氮螺菌

固氮螺菌首先是从巴西热带禾本科牧草俯仰马唐根际分离得到的,由于它分布广泛,联合寄主种类很多,尤其是可与许多禾本科作物及牧草联合共生,成为最受重视的联合共生固氮菌。

第六节 解钾微生物

钾素(Potassium)是地壳中的十大元素之一,既是土壤矿物晶格组成的重要部分,也是植物生长发育的三要素之一。钾素在土壤中的含量变化很大,一般在 0.1%~3%,平均在

1%左右。一般情况下,植物吸钾量大于吸磷量,大于或接近吸氮量。钾素能促进植物光合作用,提高 CO_2 同化率,提高酶活性,增强植物的抗逆性等,因此施用钾肥对获得作物高产、改善品质等有着重要作用,是作物的"品质元素"。

世界上钾肥资源有限,而我国钾肥资源更是贫乏,仅在交通不便的青海盐湖有品位较高的钾矿。与此同时我国耕地中有 1/4 ~ 1/3 缺钾或严重缺钾,尤其是长江以南的稻麦轮作区,我国北方地区缺钾现象虽不如南方严重,但也陆续出现施钾增产报道。显然随着作物产量、复种指数的提高和氮、磷肥用量的加大,加之土壤钾素有效补充方式之一的有机肥施用量逐年下降,北方缺钾的问题也会越来越严重,钾肥将会成为限制我国农业生产的战略要素。

一、解钾微生物的研究意义

解钾微生物是植物根际土壤中广泛存在的一类能分解硅酸盐矿物的细菌的俗称,根据它们具有分解硅酸盐类原生态矿物功能又把它俗称为硅酸盐细菌,该类细菌能分解土壤中铝硅酸盐类的原生态矿物,使其中难溶性的磷、钾、硅等元素等转变为可溶性物质供植物生长利用,同时还可以产生多种生物活性物质促进植物生长。因此,解钾细菌是目前广泛应用的微生物肥料中的一种重要功能菌株。同时,大量田间试验也肯定了解钾细菌在挖掘土壤潜在肥力、提高作物产量等方面具有重要的利用价值。

最早对解钾细菌(硅酸盐细菌)的研究是 1912 年前苏联学者 Bassalik 首先从蚯蚓肠道中分离出一株细菌,发现其能分解长石、云母等铝硅酸盐类的原生态矿物,使土壤中难溶性钾转变为可溶性物质供植物生长利用;到了 1939 年,又有研究者直接从土壤中分离出这种细菌,根据其所分解的底物命名为硅酸盐细菌(Silicate bacterium);1950 年,Alexandrov 从岩石材料中也分离出一株产黏液的能分解硅酸盐的细菌,并正式将其定名为胶质芽孢杆菌硅酸盐亚种(Bacillus mucilaginosus subsp. siliceus)。

二、解钾微生物的解钾效应

20 世纪 60 年代,陈华癸以长石、云母为钾源对其分离的钾细菌解钾能力作了研究,接种培养 10 d,以重量法计算溶液中水溶性钾比对照分别增加 87% 和 65%,以容量法计算比对照分别增加 25% 和 35.7%。Zahra 等通过在土壤中接种解钾细菌菌株发现其能风化土壤中的硅酸盐矿物;Karavajko 等也发现硅酸盐细菌能分解石英中的二氧化硅。

殷永娴等从南京地区分离出一株钾细菌能利用钾铝酸盐中的钾及磷矿石中的磷,其解钾能力为 15.61 mg/kg;蒋先军等把解钾细菌 SB121 和 SB138 接入加有矿粉、土壤的缺钾培养液中发现菌株使矿粉和土壤中游离的钾分别比对照增加 2.7% ~ 40.5% 和 1.6% ~ 21.6%。

而连宾则指出,在用 GY92 解钾细菌菌株处理伊利石时,细菌浸出伊利石中的钾后,由于菌胶团的形成和大量菌体的生长,相当数量的钾被菌体吸附或成为细菌的组成物质,因此溶液中的水溶性钾不高,甚至可能低于对照,但 X - 衍射证明,试验样品中伊利石矿物含量明显减少,矿物晶格层间距增大,说明该菌对伊利石具有一定的分解作用。盛下放等把解钾细菌 NBT 菌株接种到以钾长石为钾源的培养液中,接菌组中的游离钾比对照增加了127.3%;通过扫描电镜对对照组及接种组中的钾长石进行观察,发现对照组中的钾长石表面较为光滑,而接菌组中钾长石表面凹凸不平呈珊瑚状,从培养液中游离钾增多及矿物表面结构的破坏现象可得出,解钾细菌能够破坏钾长石的晶格结构并使矿物中的钾释放出来,从而增加溶液中游离钾的浓度。

刘五星等的研究也表明解钾细菌对钾长石、云母、土壤矿物等硅酸盐矿物均有分解作用;同时他用 BET 低温氮气吸附法测定经菌株处理前后的矿物的表面积和平均孔径,发现经该菌处理后每克土壤矿物的表面积是处理前的 266.39%,平均孔径是处理前的 114.33%;这与连宾的 X - 衍射试验结论基本一致。

三、解钾微生物的解钾作用机理

亚历山大罗夫认为解钾细菌生长过程中分泌的有机酸是溶解硅酸盐矿物并释放钾的主要原因。而陈华癸的研究表明,解钾细菌在试验过程中很少产酸;另外,他将钾细菌用火胶棉与磷灰石分开,发现钾细菌不能生长,磷灰石也不被分解。因此,他认为解钾细菌解钾的途径可能有以下两种:(1)钾细菌和矿石接触并产生特殊的酶破坏矿石结构而释放出其中养分;(2)钾细菌和岩石矿物表面接触从而进行交换作用。Malinovskaya 等指出钾、硅从硅酸盐矿物中析出是由于解钾细菌释放的胞外多糖及低分子量酸性代谢物的综合作用。连宾在综合已有的试验证据的基础上并结合理论分析提出了解钾作用的综合效应学说:(1)不断增殖的细菌通过其胞外多糖与钾长石形成细菌矿物复合体;(2)细菌矿物复合体对有机酸及一些无机离子强烈吸附,从而导致该复合体微区域发生变化;(3)被包裹在复合体中的矿物颗粒被生物侵蚀,导致 K^+ 释放,K^+ 与酸根离子结合,同时在缺钾情况下细菌主动吸收复合体中的 K^+,从而打破了矿物溶解与结晶过程中的动态平衡,促进矿物降解及 K^+ 的进一步释放。

此外,盛下放通过对解钾细菌 NBT 菌株对钾长石的分解作用研究,也认为其晶格结构的破坏与 NBT 菌株分泌的草酸、柠檬酸、酒石酸和苹果酸等有机酸、氨基酸及荚膜多糖的溶解、络合作用密切相关。

四、解钾微生物的解钾条件

Belkanova 研究了解钾细菌对矿物的溶解作用,指出该类细菌对矿物组成元素的分解具有一定的选择性。Podgorskii 研究认为,解钾细菌对岩石的分解是由其生长过程中代谢产物所引起,并与其营养环境中 N/C 比存在一定关系。罗薇等研究表明,解钾细菌对 4 种不同类型矿粉所表现的解钾能力不同,顺序为碳渣 > 石骨子 > 绿豆岩 > 正长石。而且解钾量与矿粉粒径大小成负相关。池景良等将标记为 GK、BK 的 2 个解钾细菌菌株分别接种在草甸棕壤土和山地棕壤土中后,对土壤中速效钾的变化研究表明,解钾细菌在贫钾土壤中的解钾活性更强。

五、解钾微生物的应用

(一)解钾细菌在农业上的应用

由于解钾细菌能够分解含钾硅酸盐矿物,因此以此菌剂为主要活性成分的生物钾肥在国内外被广泛应用。在 20 世纪 50 年代,对使用解钾细菌制剂(生物钾肥)带来的增产效果已有广泛研究。近年来,国内大量田间试验也表明生物钾肥对各种作物如甘薯、烟草、水稻等有明显的增产作用。解钾细菌作为微生物肥料中的有效成分,其在植物根际的定殖及在作物生长周期保持较多数量的成活是人工接种菌剂能否有效提高作物产量的重要因素。

盛下放等通过在无菌和有菌条件下培养和抗生素标记法测定表明,解钾细菌 NBT 菌株在小麦根际能够定殖并保持较多数量,其对作物的增产原因普遍认为是该菌能对土壤中的云母、长石、磷石灰等含钾、磷的矿物进行分解,释放出钾、磷等元素,改善作物的营养条件。但龙键等认为生物钾肥在实际生产应用中,它们的增产作用不是因为增加了土壤中可溶性钾的含量,而可能和它们能合成维生素类、生长激素类物质以及和添加剂有关。蒋先军等认为解钾细菌的增产作用不应当只从它能分解硅酸盐矿物释放出钾来考虑其作用,还应当考虑到硅酸盐细菌作为一种根际微生物在植物微生物系统中的作用,而且作为根际微生物本身它还会产生各种作用,如影响植物营养的有效吸收、植物病原物的活动和病害以及其代谢产物对植物生长的影响。刘荣昌等从河北省农田玉米根际土样中分离筛选了一株溶磷、解钾能力强,且可以产生多种生理活性物质的解钾细菌菌株。薛智勇等研究表明,硅酸盐细菌在大田条件下具有解钾、溶磷以及解硅的功能,能明显促进甘薯的增产。李凤汀等采用不同底物进行解钾效果试验,结果显示,解钾细菌不仅释放出矿物中的磷、钾元素,同时亦能释放出 Fe,Mg,Mo 等元素。池景良等对分离自辽宁南部菜田根际土壤中的 2 株解钾细菌菌株的解钾活性研究表明,纯培养条件下,以钾长石为底物,其解钾量可达 39.7% 和 32.3% ;施入土壤中,无作物栽培的情况下,在草甸棕壤土中速效钾可提高 110.6% ,山地棕壤中速效钾可提高 335.1% ;此外,Budilova 等研究表明解钾细菌还具有降解纤维素的活性。林启美等从蚯蚓肠道中分离得到 1 株不仅具有溶解硅酸盐矿物的能力,而且对小麦幼苗生长有促进作用的解钾细菌菌株,经鉴定为胶质芽孢杆菌(RGBc13);并将此菌株接种到土壤进行番茄盆栽试验,发现该菌株在番茄根际和非根际土壤大量繁殖,根际区域有效磷、钾含量大幅度提高,番茄生物量明显增加,番茄根系对磷钾元素的吸收能力也显著增加。

解钾细菌作为一种有益根际微生物,在土壤系统中的作用受到诸多因子的影响,根际微环境必然对其成活、定殖等方面产生影响。而且作为根际微生物本身,它还会对植物产生各种作用,如影响营养的有效性和吸收,植物病原物的活动,代谢产物对植物生长的影响等。

近年来,随着植物根圈促生细菌的研究发展,有关植物微生物区系(包括有益的和有害的微生物)对植物生长和产量有显著影响的证据也日益增加。

(二)解钾细菌在工业上的应用

除了在农业方面的应用外,解钾细菌在工业上也有着较为广泛的应用。Dyers 等报道,解钾细菌具有从溶液中浓缩铱的能力,它还能溶解火成岩和陨石中的铱。Melnikova 等研究了该解钾细菌对硅酸盐矿的作用,证明菌株 *B. mucilaginosus* 能降解铍(Be)矿石,经处理的Be 矿石溶液中 Be、Al 和 Si 的量比对照高出 5 ~ 20 倍,经解钾细菌分解,每升溶液中含有10 ~ 100 mg Be_2O。Rusin 等通过解钾细菌的生物还原作用从难熔氧化矿中获得 Ag、Mo 等金属,回收率可达到 86% ~ 93% 。Uiberg 发现,利用解钾细菌可从石英岩中有选择地溶解其中的金属,他们证实并测定了从石英岩中优先溶解 Na,Ca,Mg,Fe 和 Mn。此外,除了提取金属外,解钾细菌还可用于矿石除杂,提高矿石品质等方面。

第七节　促生微生物

根际土壤微生物与植物生长的关系密切。植物根际微生物种类多、活性高,构成根际特定的微生物区系。根际微生物区系主要以细菌为主,根际细菌可分为对植物有益、有害和中性 3 类。能够促进植物生长、防治病害、增加作物产量的微生物被称为根际促生菌

（Plantgrowth - promotingrhizobacteria）。

一、根际促生微生物的概述

（一）根际促生细菌的概念

植物根际促生细菌（简称 PGPR）是指与根有密切关系并定殖于根系,能促进植物生长的一类细菌。1978 年 Burr 和 Schroth 首先报道马铃薯 PGPR,随后国内外研究已经证实多种 PGPR 的广泛存在,目前报导最多的 PGPR 菌株有假单胞菌属（*Pseudomonas*）、芽孢杆菌属（*Bacillus*）、农杆菌属（*Agrobacterium*）、埃文氏菌属（*Eriwinia*）、黄杆菌属（*flavobacterium*）、巴斯德氏菌属（*Pasteuria*）等。

（二）根际促生细菌与植物的关系

在陆地生态系统中,植物是最主要的生产者,土壤微生物是有机质的分解者;植物向微生物提供碳源和能源,而微生物则将有机物矿质化,向植物提供无机养分。这种微生物－植物之间的相互作用维系或主导了陆地生态系统的生态功能。PGPR 对植物生长有利,与植物的关系密切,PGPR 的生长和分布受植物根系分泌物的影响,且随植物的生长发生变化。PGPR 对植物生长的影响比其他土壤微生物显著,目前研究最多的是 PGPR 的促生作用和生防作用。促生作用是指 PGPR 能合成某些化合物（如氨基酸、生长激素、赤霉素等）有利于植物的生长,或者产生一些物质（有机络合剂）促进植物对营养物质的吸收。生防作用是指 PGPR 能够减轻或抑制植物病原微生物,间接促进植物的生长,因此,有人将 PGPR 的生防作用又称为间接促生作用。

（三）根系分泌物与根际促生细菌

根系分泌物是在一定的生长条件下,活的且未被扰动的根系释放到根际环境中的有机物质的总称。20 世纪初,德国微生物学家 Hiltrer 提出"根际"概念,随后这个概念被土壤学、植物病理学和土壤微生物学等学科采纳。20 世纪后期根土界面的化学过程已成为一个研究热点,根系分泌物的研究也成为根际微生态系统研究的重要组成部分。

植物根系分泌物含有大量的生物活性物质,含有各种对微生物有益的维生素、酶、生长调节剂及氨基酸等物质,吸引微生物在根际的聚集并促进其生长,进而对根际微生物的种类、数量和分布产生影响。根际和非根际微生物种群有明显的差异,研究发现,微生物种群的生物量与根系分泌物的分布有一定的相关性。许多微生物的数量与根际分泌物的积累呈正相关。

例如在小麦的生长发育过程中,随着根系分泌物的增加,根际环境中反硝化细菌数明显增加,豆科植物根系分泌物黄酮和异黄酮对根瘤菌结瘤起着诱导作用。根系分泌物还可以对病原微生物起抑制作用,如棉花根系分泌物可抑制棉花大丽轮枝菌（*Verticillium dahliae*）引起的棉花土传病害。植物根际在物理、化学和生物学特性上不同于根外土壤,是植物—土壤—微生物相互作用的场所和特殊的微生态系统。根系充当植物个体与根际微生态环境相互作用的直接载体,其分泌物承担传递信息的功能。在植物—微生物相互识别过程中涉及到多种根系分泌的化学物质,包括植物分泌的凝集素（Lectin）和类黄酮,微生物合成的胞外多糖、脂多糖、荚膜多糖和根钙黏素（Rhicadhesin）等,其中植物合成的凝集素对于植物—微生物之间的识别和 PGPR 的定殖具有重要作用。凝集素广泛存在于各类生物,是一类非酶、非抗体的糖结合蛋白,功能复杂多样,在不同细胞之间的识别过程中起着重要作用。不同植物凝集素的糖结合专一性不同,可特异识别相关的根际微生物,表现出植物根部对根际微生

物的选择作用。

根系分泌物与 PGPR 的作用是相互的,因此 PGPR 的存在对根系分泌物也有重要影响,根系分泌物作用于根系周围环境产生根际效应,而根际微生物向植物根系趋向性聚居,通过各自的代谢活动分解、转化根系分泌物和脱落物,对根系分泌物起着重要的修饰、限制作用。人们总结归纳出微生物对根系分泌物的作用主要有 4 条途径:(1)影响根细胞的通透性;(2)影响根代谢;(3)修饰根分泌;(4)改变根际营养成分。这种影响是多方面的、复杂的,很可能还存在另外的影响。

二、促生细菌的作用机制

植物根围促生细菌(简称 PGPR)主要来自叶围、土壤或其他生境的细菌,包括产生直接促生作用和通过病原菌的生物防治而间接促进生长的细菌。考虑到包括的细菌范围很广,有时也泛指所有的植物有益菌(Plant-benificial bacteria,PBB),因此最近有人建议将其划分为两大类,即:生防 PGPR(Biocontrol-PGPR)和 PGPR,据不完全统计,有 20 多个属的 PGPR 具有防病促生潜能。大多数 PGPR 是通过减少有害微生物群体,而间接达到促进植物生长的作用;而有的研究认为植物促生菌是通过诱导植物生理代谢发生变化直接促进植物生长。PGPR 以何种方式发挥促生作用,其作用机制不外乎下面 2 种。

(一)PGPR 促进植物生长的机制

一般 PGPR 促进植物生长的机制,可分为直接与间接 2 种方式。直接的促进作用包括产生植物生长激素、固氮作用、加强对营养物质的吸收利用(最重要的是对铁离子的利用和固态磷的溶解)等。间接的作用方式指的是通过抑制病原菌的生长及改善病原菌对植物的侵染条件,从而促进植物的生长。

1. 植物生长调节作用

许多微生物(某些致病病原菌或某些促生菌)可通过干扰植物的内源激素或提供外源激素而影响作物。植物促生菌主要通过调节植物生长素和乙烯水平来达到促进作物生长发育的目的。植物激素对植物生长发育的影响,以生长素的作用最为明显。植物生长素主要是 IAA(吲哚 3 - 乙酸)及其类似物。在一定浓度时,IAA 专司细胞伸长,具有刺激生长之功效。此外,IAA 可引导植物茎对光作出反应使其向上生长,可引导根对重力作出反应使其向下生长。

大量的研究表明,大部分与植物有关的细菌都产生 IAA。据估计,土壤细菌中约有80% 的细菌产生 IAA,并对植物内源 IAA 库产生影响。促进植物根系生长是植物促生菌的一个主要特征。植物根围的促生菌可合成 IAA,并提供给植物根系成为促进根系生长的外源 IAA。乙烯的正常生理功能是协助打破种子休眠、促进植物成熟和衰老。植物的大部分生长发育阶段只需水平很低的乙烯,只是在接近成熟和衰老阶段才大量合成乙烯。然而,当植物在生长发育阶段如遇不良环境因素(如淹水、高温等)、机械损伤或病虫害侵袭时会产生大量乙烯作为植物对环境的一种生理应激反应。应激乙烯的产生在某种意义上来说是植物的一种自我保护反应,如诱导在被病原侵染处或受伤处形成栓化组织来防止侵染扩大,或通过乙烯再进一步诱导抗生酶类产生等。

最近研究发现,多种植物促生菌可分泌 ACC 脱氨酶。这种酶可将植物乙烯前体 ACC 分解,通过 ACC 脱氨酶,植物促生菌将 ACC 作为氮源利用,从而可大大减少植物有害乙烯的产生,促进植物的生长发育。

此外,PGPR 在代谢过程中除了产生植物生长素和乙烯外,还产生细胞分裂素、脱落酸、赤霉素等生长因子。不同类型的 PGPR 产生的生长因子的种类与数量是有差异的,不过它们在发挥促生功能时可能是以低的浓度从生理与形态上调节,以一种为主,并结合其他的几种调节植物生长。

总之,微生物的生长物质是否对植物产生好的或坏的影响,取决于它们的总体和相对浓度,大多数研究报道认为产生好的影响,但也有相反的结论。

2. 促进植物的营养功能来促进植物生长

植物促生菌通过产生嗜铁素向植物提供铁 – 嗜铁素复合体,从而增加植物对铁营养的吸收。此外,土壤中有大量的磷,但这些磷属于不溶性的,植物不能利用。PGPR 可生产大量的有机酸,使不溶性的磷溶解,从而加速土壤中无效磷的有效化,增加土壤中磷对作物的供应。另外,大部分 PGPR 可产生固氮酶,可将根围的氮素供给作物。这方面也许不是 PGPR 在农业上的重要功能,因为同共生固氮相比,其固氮能力相差很远。但在长期缺氮的环境中,它们对植物氮素的积累有一定的促进作用,随着基因技术对自身固氮能力的 PGPR 的改造,人们将会选育出具有更强固氮能力的促生菌。

3. 抑制微效病原菌间接促进植物生长

微效病原菌(DRMO)指的是一类靠其代谢作用而非寄生来影响植物的微生物,一般只限于影响到根或幼苗使其发育不良,生长缓慢,而不产生其他明显的症状。PGPR 可通过在根部的预先定殖和产生抗生素,而直接或间接地减轻微效病原菌对植物的有害影响,从而保护植物健康地生长发育。

(二)PGPR 生物防治的机制

PGPR 不仅能够促进植物生长,增加作物的产量,还能提高防病能力。近 20 年来,有关 PGPR 的研究主要偏于其对植物病害,尤其是对土传病害的生物防治方面。不同的 PGPR 有不同的生防机制,一种 PGPR 可以同时具有几种机制,已知的作用机制主要有抗生作用、营养和空间竞争、重寄生以及诱导植物系统抗性等几个方面。

1. 抗生作用

在病害生物防治中,抗生素起着重要的作用,一直以来被认为是假单胞杆菌类防病的重要方面。同一 PGPR 菌株可以产生多种抗生素,不同的 PGPR 可产生相同的抗生素。Pierson 等证明通过转座子插入突变 *Pseudomonas aureofacience* 可获得不产生抗生素羧化吩嗪的突变体,其对病原菌的抑制能力有所减弱。随后发现了更多由不同属植物促生菌产生的抗生素,它们包括:Agrocin(土壤杆菌素)84、Agrocin434、2,4 – diacetylphloroglu – cinol(2,4 – 二乙酰间苯三酚)、Phenazines、Pyoluteorin 等,这些物质都可在很大程度上抑制各种真菌病原。

2. 营养与空间的竞争

根围内的各类微生物每时每刻都争夺着这一生境中的有限的营养与空间。某些植物促生菌在植物根或种子周围具有很强的营养及空间竞争能力,并通过此方式抑制病原菌的繁衍和发展。例如棉花种子分泌亚油酸等长链脂肪酸,它们是 *Pythium* sp. 孢子萌发所必需的,同时 *Enterobacter cloacae* 和 *Pseudomonas* sp. 也可以利用长链脂肪酸作为营养,后来通过突变株证实,*Enterobacter cloacae* 等也可通过竞争种子分泌物中的长链脂肪酸从而达到抑制病原菌的效果。

众所周知,生防菌与病原菌都是异养生物,需要从外界获取特定的营养而得以生存,营养来自于其生存的生态空间——根围,其中植物根系分泌物对其根围的微生物群落有着直接的影响,它是根围微生物的主要营养来源。此外,植物残体、根系脱落物等都可为微生物提供营养,这些物质中有微生物生存所需的碳水化合物、氨基酸、无机盐、维生素和次生代谢产物等,土壤中的微生物数量与种类繁多,要在同一有限的空间内繁殖而得以生存,势必要对有限的物质进行争夺,得到营养的一方得以生存,而另一方由于缺乏营养饥饿而死,这就是微生物间的营养竞争。生防菌可以通过这一途径掠夺营养来抑制病原菌,从而达到防治病害的目的,其中最典型的是铁竞争(Iron competition)。环境中的根际可供微生物合成代谢所用的铁是非常有限的,几乎所有生物的生长都需要铁,因此在陌生的环境,根际中一种微生物能否生存取决于该微生物是否具有从铁有限的环境中吸收足够多的铁的能力。尽管铁在地壳中含量非常丰富,但是大部分是以不能溶解的氧化高铁形式存在,Fe^{3+} 在 pH 值 7.4 的水中溶解度约为 $10 \sim 18$ mol/L,而微生物正常生长所需要的可溶性铁的浓度为 10^{-6} mol/L。因此,为了在这种环境中生存,细菌通过长期的进化发展了对铁具高亲和力的吸收系统,最典型的系统是一种可以结合铁的配体嗜铁素(Siderophore)和一个将嗜铁素运送到细胞的吸收蛋白。

参 考 文 献

[1] 李冰冰，肖波，李蓓. FISH 技术及其在环境微生物监测中的应用[J]. 生物技术，2007，17(5)：94-97.

[2] 孙寓姣，王勇，黄霞. 荧光原位杂交技术在环境微生物生态学解析中的应用研究[J]. 环境污染治理技术与设备，2004，5(11)：14-20.

[3] 左丽丽，刘永军. 荧光定量 PCR 技术在环境微生物检测中的应用[J]. 西安航空技术高等专科学校学报，2008，26(1)：43-45.

[4] 彭会清，余盛颖，赵欢. PCR 技术在环境微生物检测中的应用[J]. 资源环境与工程，2007，21(5)：610-612.

[5] 李怀，关卫省，欧阳二明，等. DGGE 技术及其在环境微生物中的应用[J]. 环境科学与管理，2008，33(10)：93-96，99.

[6] 于洁，冯炘，解玉红，等. PCR-DGGE 技术及其在环境微生物领域中的应用[J]. 西北农林科技大学学报：自然科学版，2010，38(6)：227-234.

[7] 金敏，李君文. 基因芯片技术在环境微生物群落研究中的应用[J]. 微生物学通报，2008，35(9)：1 466-1 471.

[8] 张于光，李迪强，肖启明，等. 基因芯片及其在环境微生物研究中的应用[J]. 微生物学报，2004，44(3)：406-410.

[9] 刘灿，谢更新，汤琳，等. 基因传感器在环境微生物功能基因检测中的应用[J]. 微生物学通报，2008，35(4)：565-571.

[10] 史继诚. 石油污染物的微生物降解及其生产生物表面活性剂的初步研究[D]. 大连：大连理工大学，2005：3-13.

[11] 阮志勇. 石油降解菌株的筛选、鉴定及其石油降解特性的初步研究[D]. 北京：中国农业科学院，2006：12-16.

[12] 杨乐. 石油降解菌群的构建及其生物修复研究[D]. 新疆：石河子大学，2008：4-12.

[13] 张鹏. 石油降解菌的分离、鉴定及降解特性的研究[D]. 济南：山东师范大学，2006：8-14.

[14] 吴翔，甘炳成. 微生物降解有机磷农药的研究新进展[J]. 湖南农业科学，2010(19)：84-87.

[15] 王乃亮，杜斌. 微生物对环境中农药的降解作用[J]. 甘肃科技，2010，26(21)：93-95.

[16] 章春芳，解庆林，张萍，等. 煤炭生物脱硫技术研究进展[J]. 矿业安全与环保，2008，35(4)：69-71，88.

[17] 王琴，傅霖，辛明秀. 微生物降解煤的研究及其应用[J]. 煤炭加工与综合利用，2009(3)：38-41.

[18] 江平. 荧光原位杂交技术及其在环境微生物学中的应用[J]. 能源与环境，2006(3)：

34 - 35.

[19] 陈公安,戚严磊. 可完全生物降解蛋白质塑料[J]. 天津化工,2006,20(3):31 - 33.

[20] 任昱宗. 多氯联苯降解菌的筛选、菌株性质研究及其活性酶的性质分析[D]. 上海:东华大学,2008:1 - 11.

[21] 蔡志强,叶庆富,汪海燕,等. 多氯联苯微生物降解途径的研究进展[J]. 核农学报,2010,24(1):195 - 198.

[22] 张静. 金属 Fe - Mg 混合粉末对土壤中多氯联苯的降解作用研究[D]. 北京:北京化工大学,2010:1 - 20.

[23] 孙红斌,刘亚云,陈桂珠. 微生物降解多氯联苯的研究进展[J]. 生态学杂志,2006,25(12):1 564 - 1 569.

[24] 蒋建东. 多功能农药降解基因工程菌的构建及其环境释放安全评价研究[D]. 南京:南京农业大学,2006:1 - 6.

[25] 刘春,黄霞,杨景亮. 基因强化在难降解污染物生物处理和修复中的应用[J]. 微生物学通报,2008,35(2):286 - 290.

[26] 蒋建东,顾立锋,孙纪全,等. 同源重组法构建多功能农药降解基因工程菌研究[J]. 生物工程学报,2005,21(6):884 - 891.

[27] 王龙贵,张明旭,欧泽深,等. 白腐真菌降解转化煤炭的机理研究[J]. 煤炭科学技术,2006,34(3):40 - 43.

[28] 竺桦,陈涌英. 煤的生物脱硫(Ⅰ)——脱黄铁矿硫[J]. 煤炭综合利用,1990(2):40 - 44.

[29] 竺桦,陈涌英. 煤的生物脱硫(Ⅱ)——脱有机硫[J]. 煤炭综合利用,1990(3):1 - 6.

[30] 崔中利,李顺鹏. 化学农用的微生物降解及其机制[J]. 江苏环境科技,1998(3):1 - 5.

[31] 石成春,郭养浩,刘用凯. 环境微生物降解有机磷农药研究进展[J]. 上海环境科学,2003,22(12):863 - 867.

[32] 史延茂,董超,赵芊,等. 甲胺磷农药的微生物降解[J]. 河北省科学院学报,2003,20(3):179 - 182.

[33] 李兆坤,李杰. 甲胺磷农药的微生物降解研究进展[J]. 山东省农业管理干部学院学报,2008,23(6):160 - 161.

[34] 刘淑娟,肖军. 农药残留的微生物降解技术[J]. 泰山学院学报,2004,26(6):97 - 100.

[35] 段玉梅. 农药的微生物降解[J]. 污染防治技术,2003,16(4):167 - 168.

[36] 郑重. 农药的微生物降解[J]. 环境科学,1990,11(2):68 - 73.

[37] 王伟东,牛俊玲,崔宗均. 农药的微生物降解综述[J]. 黑龙江八一农垦大学学报,2005,17(2):18 - 22.

[38] 虞云龙,樊德方,陈鹤鑫. 农药微生物降解的研究现状与发展策略[J]. 环境科学进展,1996,4(3):28 - 36.

[39] 李顺鹏,蒋建东. 农药污染土壤的微生物修复研究进展[J]. 土壤,2004,36(6):577 - 583.